JN190515

準平原の謎

盆地は海から生まれた

高橋雅紀 著

技術評論社

はじめに

前回は『分水嶺の謎』を解く旅でした（高橋、2023）。今回は『準平原の謎』解きの旅です。準平原と聞くと、なんとなくロマンを感じます。地形に関心のある方なら、一度は聞いたことがあるでしょう。高校で地理を履修された方は、授業で習ったはずです。

ただし、「準平原って何ですか？」と聞かれても、きちんと説明できる人は多くないかもしれません。地形学において非常に古くからある用語ですが、台地とか段丘のような記載用語ではなく、地形研究者の頭の中にだけある概念だからでしょう。目の前に広がっている風景そのものではなく、かつてはこういう地形だったと研究者が考える、架空の地形なのです。

地形学における独特の概念。その筆頭が、アメリカの地形学者のウィリアム モリス デービスが１００年以上も前に提唱した侵食輪廻説であり、その最末期の地形である準平原でしょう。地形は私たちの目の前に広がっていて、誰でも見ることができます。だから、地形学は確固とした学問体系を持つ自然科学であって、どのような地形についても、説得力のある説明がなされると信じている人は少なくないはずです。

しかし、地形学は地質学と同じように、歴史科学の一分野です。目の前の景色は、今この瞬

間につくられたわけではありません。地質学的時間をかけてつくられた、地表の形態のスナップショットです。言い換えるなら、過去から現在までの歴史を積分（重ね合わせ）した結果が現在の地形なのです。歴史を無視した地形学は、あり得ないのです。

ところが、地球の歴史を扱っているのは地質学です。もともとは、地質学の中で地形が研究されていました。地形学者の吉川虎雄先生によると、日本における地形研究は、日本政府に招かれて１８７５年に来日したドイツ人地質学者ナウマンと、ドイツで地質学を学んだ原田豊吉の大地形論に始まるとされています（『新編 日本地形論』吉川他、１９７３）。それは、１８８０年代の後半でした。

明治17年（１８８４年）には東京帝国大学予備門に地理学-地文学の科目があるので、すでに地理学の教育が始まっていたようです。そして、日本に独立した科学として地形学を打ち立てたのは、地理学者の山崎直方とされています。その後、１９１９年に東京帝国大学に地理学科が開設されると、山崎直方の指導を受けた地形学者の辻村太郎が地理学の講座を受け持つことになりました。そして、地質学から地理学が分かれると、両分野は関連しつつも、やはり別の分野として発展していきました。それからすでに、１００年以上も経過してしまいました。

日本の地形学黎明期には、地質学者が地形について熱く語っていました。しかし今日では、地質研究者が地形に関する研究論文を発表することは希です。もちろん逆のケースも。

それは、それぞれの学問分野が閉鎖的であったからではなく、今日の研究者には、隣の分野にまで出かけていく余裕がないからでしょう。もちろん、地質学や地形学だけではありません。あらゆる分野において、融合が進みにくい状況にあるように思えます。ただし、専門性を隠れ蓑にしている研究者にとって、それは都合の良いことかもしれません。

地質学者である私は、地質学から隣の地形学の領域に踏み込むことにしました。もしかすると、「挨拶もなく土足で上がり込んできて、ずいぶん失礼な奴だ」と地形研究者に思われているかもしれません。でも、理由があるのです。

私が研究してきた日本列島の成り立ちは、骨格については概ね完成しました。つぎは肉付けの段階です。「フィリピン海プレートの運動によって日本列島の大地は盛り上がり、世界有数の山国に成長した。あとは、隆起した大地を川が侵食すれば、目の前に広がる日本列島の地形が完成する」。

地形は二つの力（営力）によってつくられます。一つは内的営力で、もう一つは外的営力です。内的営力とはエネルギーのもとが固体地球の内部にあるもので、隆起などの地殻変動や火山の噴火などです。何も起こらなければ、地球は密度の大きさに準じた同心円（球）のままですから、地球の表面に多様な地形がつくられることはありません。

一方、外的営力とは、風や雨、氷河や波などの作用です。大雑把にいえば、内的営力によってつくられた地球表面の凸凹(でこぼこ)を、外的営力が消し去っていくのです。内的営力による〝出る杭(くい)〟を外的営力が〝叩く〟。その構図は、地形に限らずどこの組織でも目にしますね。そのスナップショットが目の前に広がっている地形であり、現在の私たちといえるでしょう。

地形の内的営力である地殻変動を解いた私は、あとは外的営力である侵食にバトンを手渡せば、日本列島の美しい景色がつくられると信じていました。そして、フィリピン海プレートがコントロールする日本列島のテクトニクス(地球変動史)を書籍にまとめようと思いながら、2023年の3月に職業研究者をリタイヤしました。その予定を裏切ったのが、実は地形の外的営力なのです。

論文を読んでも、専門書で調べても、地形研究者に聞いても、「地形は河川の侵食によってつくられる」としか答えてくれません。しかし、地形図を見れば見るほど、疑問は大きく膨(ふく)らむばかり。外的営力の主役は、川ではなく海なのではないか……、と。

私はスッキリしたいのです。河川の争奪(そうだつ)があってもなくても構わない。中国地方の吉備高原(きびこうげん)が、デービスが提唱した準平原でも構わない。「ああ、そうか」と納得したいのです。腑(ふ)に落ちれば十分なのです。喉(のど)の奥に刺さった魚の小骨が取れるように、「ああ良かった。ホッとした」と合(が)点(てん)できれば満足なのです。それまでは、諦(あきら)めることなどできないのです。

旅の行く先は、『準平原の謎』解きです。準平原も、喉に刺さった魚の小骨です。小骨は一本一本取り除いていくしかありません。誰かにお願いしても、誰も取り除いてはくれません。だから、自分で取り除くしかないのです。

今回の旅も、前回の『分水嶺の謎』の旅と同様に、「私には地形がこのように見えますが、みなさんにはどのように見えますか？」というスタンスは変わりません。独り言の旅にお付き合いいただけたらありがたいです。

高橋雅紀

もくじ

本書の本文中に登場する山の標高は、小数点以下を四捨五入して表記しました。また、地名の読み方は原則として「角川日本地名大辞典」に基づいています。

本書で扱う地形図・地質図について

例

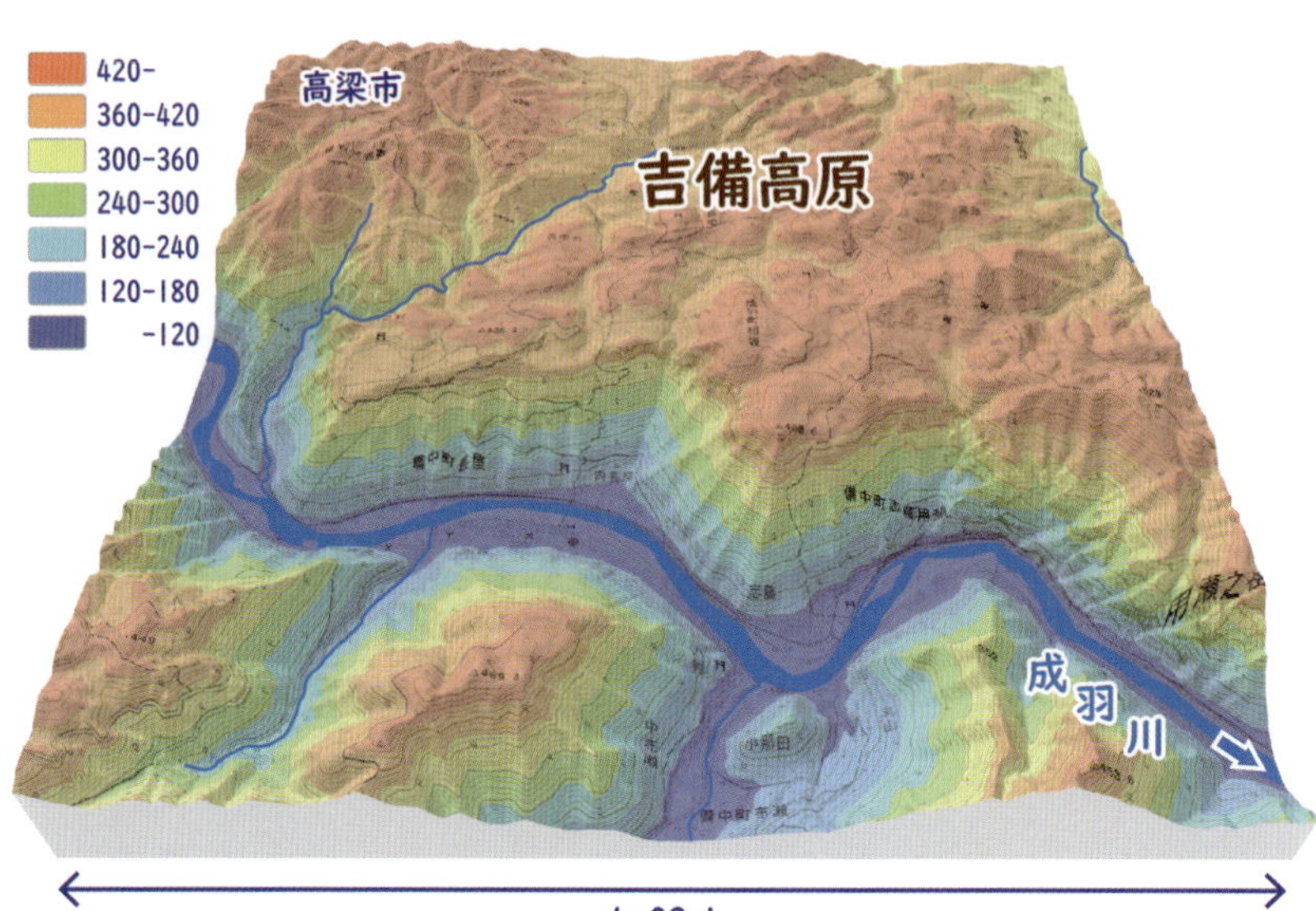

図1-4　吉備高原中央部の隆起準平原。〔34.79,133.46〕

①本書に掲載した地形図は、国土地理院がインターネットで公開している地理院地図(電子国土Web)を使って作成しました。また、地質図は産業技術総合研究所地質調査総合センターの20万分の1日本シームレス地質図®V2を使用しました。
②地形図や地質図の向きは、とくに断りがない限り、上あるいは奥が北です。
③地形図中の➡は、とくに断りがない限り川の流れを示しています。
④峠の高さは地理院地図の標高区分を1mずつ変えては表示を繰り返し決めました。そのため、数m以下の不確実性が含まれています。
⑤標高の凡例について、同じ色分けでも、図によって標高の区分が異なるので注意してください。
⑥キャプションの最後に記載している〔34.79,133.46〕は、図1-4の地形図の緯度・経度情報です。地理院地図(電子国土Web)やGoogleEarthのウェブサイトを開くと、画面左上に検索ウィンドウがあります。ここに、34.79,133.46を半角で入力しエンターキーを押すと、図1-4の場所に移動できます。

旅の準備

侵食輪廻説と準平原

出発する前に、準備をしておきましょう。一つはデービスの侵食輪廻説と、その仮説の中に登場する準平原についてです。そしてもう一つは、前回の『分水嶺の謎』の旅で得た、『準平原の謎』を解くための〝鍵〟となる谷中分水界や片峠の成因です。

平坦な火砕流台地は堆積面

世界の中では狭い国土ながら、飛騨山脈（北アルプス）や赤石山脈（南アルプス）など3000m級の急峻な山岳地帯が発達している日本列島は、世界有数の山国といえるでしょう。日本の河川は水源から河口までの道のりが短く、大陸の河川に比べて日本の川は滝であると語られるのもうなずけます。その急流によって隆起した大地は下刻され、急峻な山岳地形がつくられると考えられています。

その一方で、険しい日本の山地において、傾斜が緩く起伏の小さい地形が認められていて、それらは侵食小起伏面と呼ばれています。そのような地形の成因も、多くの地形研究者によって研究されてきました。まず、大地が削られてできた侵食小起伏面について説明しましょう。

平坦な地形には、さまざまなタイプがあります。たとえば、図1-1は九州の鹿児島湾に面した姶良市周辺の地形です。標高250mほどの平坦な地形が見事です。この地形は、およそ3万年前の姶良カルデラの大噴火によって放出された、大量の噴出物（入戸火砕流堆積物）によってつくられました。真っ平らなので、その上に鹿児島空港がつくられています。

入戸火砕流は九州南部全域を一瞬のうちに被覆し、上空まで舞い上がった火山灰は、北海道を除く日本列島の広い範囲に飛散しました。その火山灰層は姶良Tn火山灰と呼ばれていて、等時間面を決める重要な広域テフラとして知られています。

このような巨大噴火の発生頻度は高くはありませんが、ひとたび噴火が起こるとその被害は計り知れません。およそ7300年前に発生した鬼界カルデラの巨大噴火によって、縄文遺跡数は九州全体でおよそ3分の1に、九州南半部では4分の1に激減したとされています（桒畑、2020）。もはや、噴火がないことを祈るしかありません。

さて、シラス台地は九州南部に広がっていて、

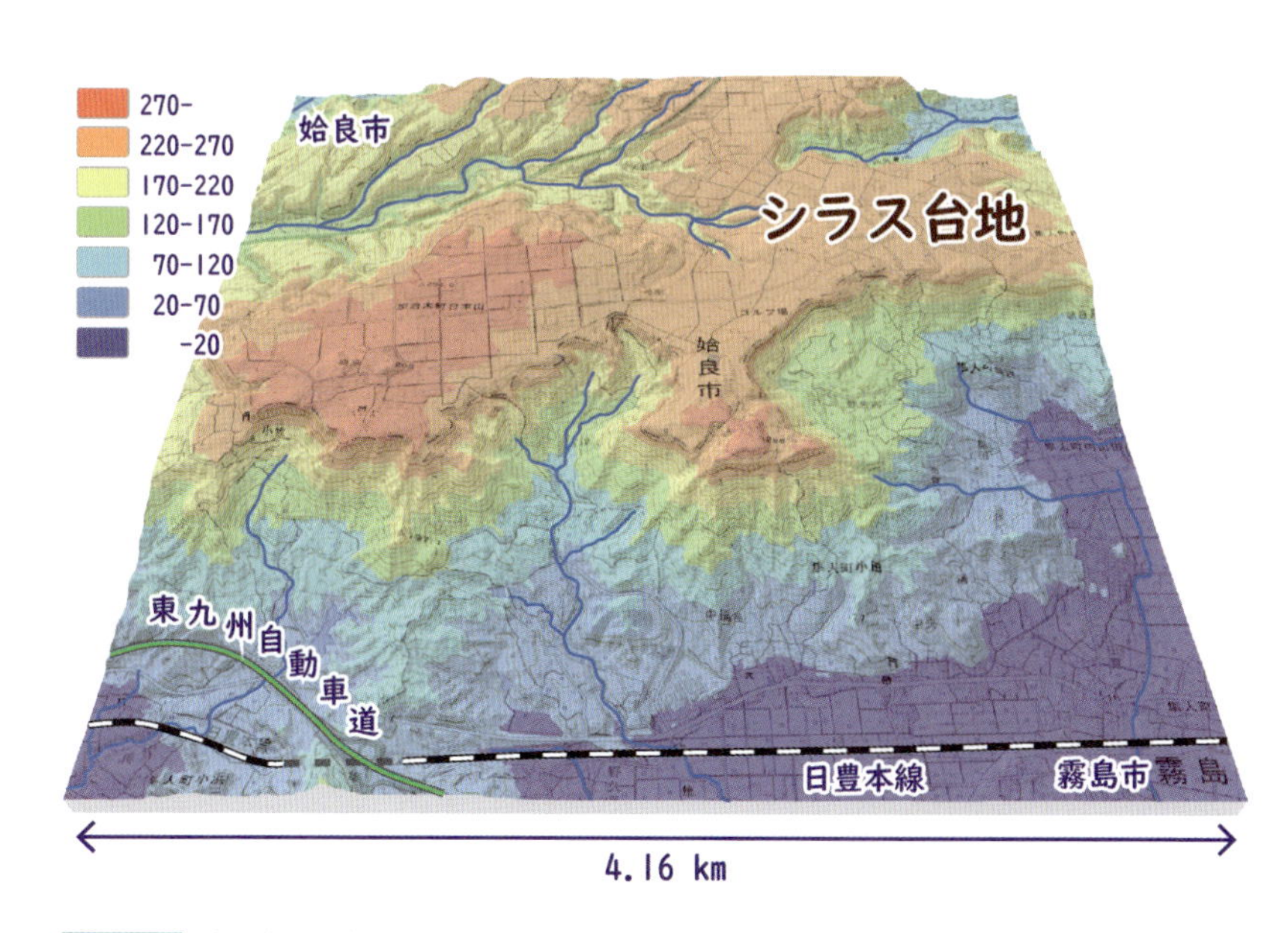

図1-1 鹿児島県姶良市のシラス台地。およそ3万年前の入戸火砕流堆積物による平坦な堆積地形。〔31.75,130.71〕

平坦な地形は火砕流が堆積してできた堆積面です。火砕流堆積物に限らず、流動性のある大量の玄武岩溶岩が広がれば溶岩台地がつくられます。火山地帯に見られる平坦な地形は堆積面である場合が多いので、侵食小起伏面であるのかどうか、地質図で確認しなければなりません。

平らな平野の地形も堆積面

平らな地形の代表は平野ですね。たとえば、北海道の十勝平野は見渡す限り真っ平らです。といいたいのですが、私は行ったことはありません。でも、地理院地図を見ているだけでも、広大な十勝平野を満喫できる気がします。物足りない場合はＧｏｏｇｌｅ Ｅａｒｔｈの出番です。それでも我慢できないようなら、現地に行くしかないですね。行ってみたいです。

十勝平野には、西から十勝川が、北から音更川が、そして南から札内川が集まり、川が運んできた大量の土砂がまんべんなく広がって広大

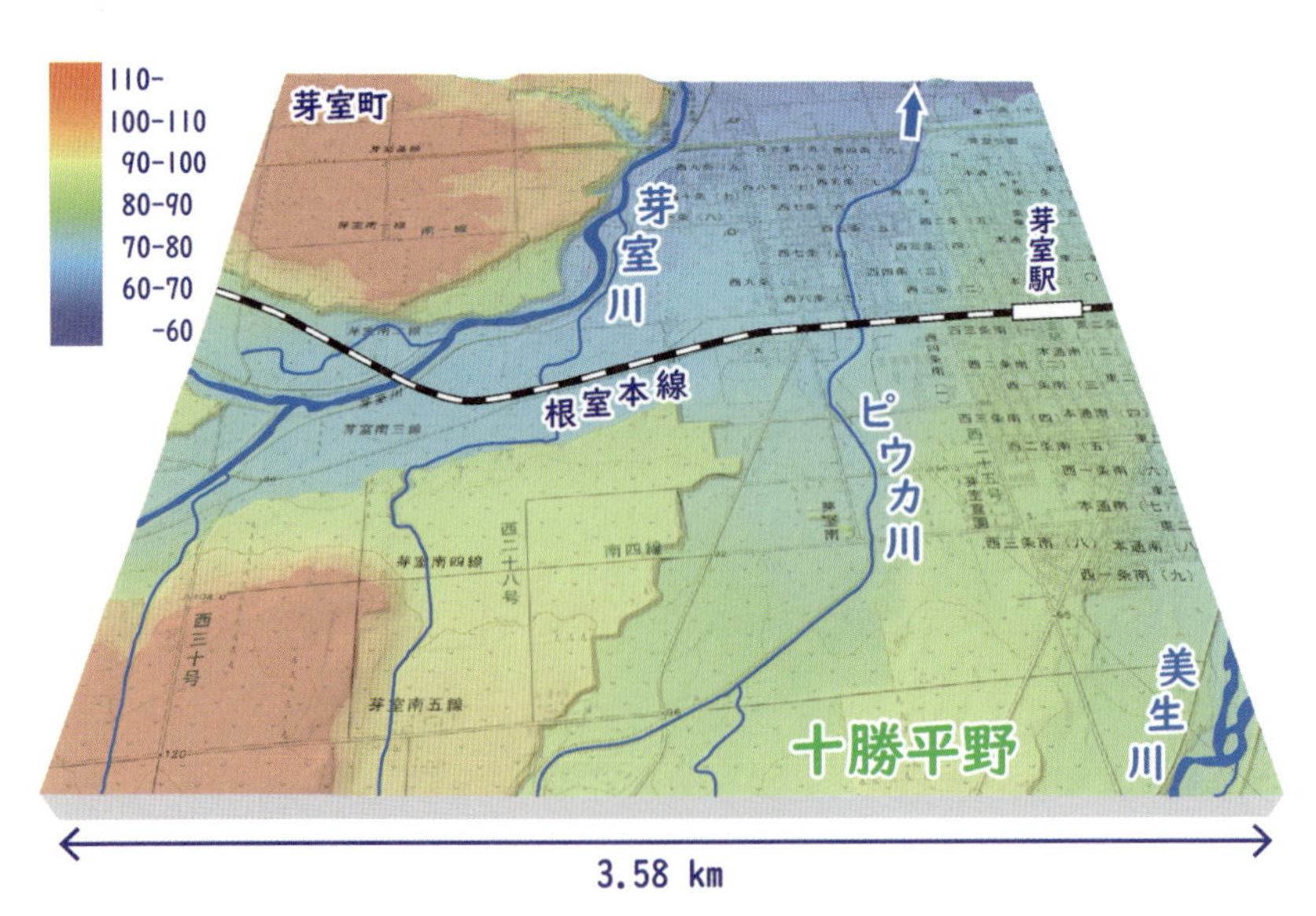

図1-2 段丘地形が見事な十勝平野。(42.91,143.03)

な平野をつくっています。段丘崖の段差は小さいですが、段丘が何段もつくられています。シームレス地質図で確認すると、段丘堆積物の下にはおよそ100〜200万年前の非海成層が伏在しているようです。十勝平野は厚い地層が堆積してできた平坦面なので堆積面です。侵食面ではありません。

日本列島の侵食小起伏面

侵食小起伏面は侵食作用によってつくられた起伏の小さい地形なので、明らかに地層の重なりや岩石を削ってできた地形を指します。なので、地質図を確認すれば、侵食地形かどうか判断することができます。侵食小起伏面は流水の作用によってつくられた地形で、陸上で河川によって削られてできたと考えられています。最初に、日本列島の侵食小起伏面の分布を見てみましょう。

図1-3は、岡崎（1967）による日本列島の侵食小起伏面の分布を、地理院地図の地形図に重ねてつくりました。岡崎（1967）は、周囲の急傾斜・大起伏の地形に比べて明らかに緩傾斜・小起伏で、相対的に平らであると認められた、ある程度の広がりを持つ地帯を侵食小起伏面と認定しました。具体的には、斜面の傾斜が20度以下で起伏量が300m以下（北海道ではそれぞれ10度以下、100m以下）、さらに幅が100m以上の地形を侵食小起伏面と規定し、5万分の1の地形図を使って全国的な分布を明らかにしました。

現在ではデジタル地形図があるので、基準値を入力すれば、日本中の侵食小起伏地形を短時間に図示できるかもしれません。日本全国をカバーするために必要な5万分の1の地形図は、優に1000枚を超えるでしょう。それだけの労力をかけてでも、当時の地形研究者にとって、日本列島の地形の謎解きは高いモチベーションになっていたのです。

ここで図1-3を詳しく見ると、北海道では天

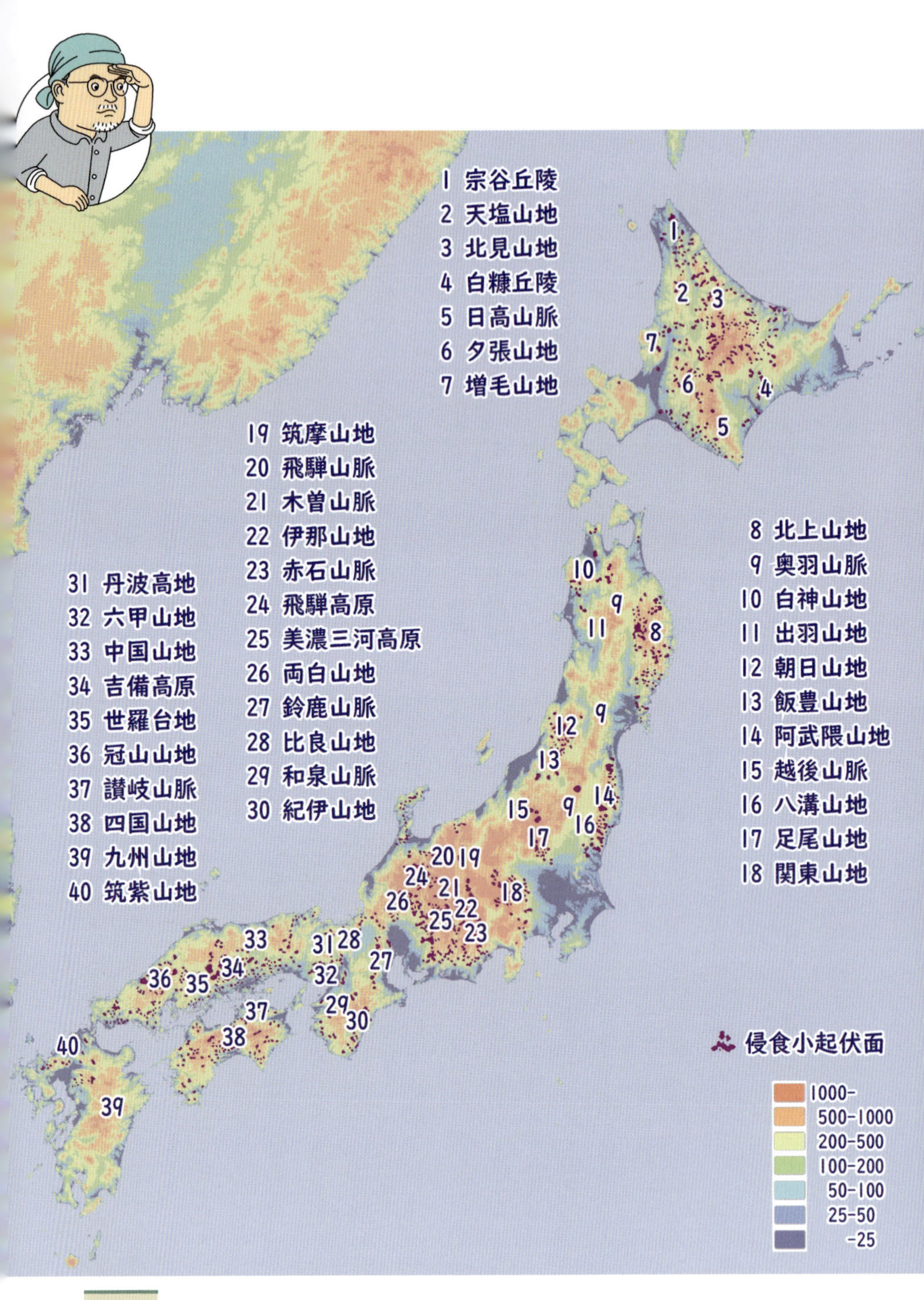

図1-3 日本列島の山地における侵食小起伏面の分布（岡崎、1967より作成）。

塩山地や北見山地など、比較的なだらかな山地に侵食小起伏面が分布しています。反対に急峻な日高山脈では少なく、火山噴出物の多い石狩低地帯以西ではほとんど分布していません。広大な十勝平野も堆積面なので、この図には示されていません。十勝平野に限らず、日本の海岸平野に侵食小起伏面が図示されていないのは同じ理由です。

東北地方では北上山地（高地）や阿武隈山地に多く見られますが、それらは比較的なだらかな山地なので直感的にはうなずけます。北上山地や阿武隈山地は、地質学的には西南日本の中国山地に対応します。北上山地と阿武隈山地は太平洋側、一方、中国山地は日本海側に位置していますが、両者は地質学的にも地形学的にも非常に類似しています。

東北地方の日本海側に位置する白神山地や朝日・飯豊山地は、日本列島がまだ大陸だった頃（主に中生代）に形成された古い岩石が侵食された山地です。越後山脈や足尾山地も古い岩石が広く露出していて、侵食小起伏面の分布が認められます。

一方、東北地方の中軸部を南北に連なる奥羽山脈は、雨水を太平洋側と日本海側に分ける分水嶺になっています。奥羽山脈に沿っては日本海拡大以降（１５００万年前以降）に噴出した火山が多く、侵食小起伏面がほとんどありません。山間盆地も平坦ですが、川が運んできた土砂が堆積しているので、侵食面ではなく堆積面による地形と判断されています。

中部地方では、急峻な赤石山脈（南アルプス）に侵食小起伏面が多いのは意外ですね。飛騨山脈（北アルプス）や木曽山脈（中央アルプス）の西側には飛騨高原や美濃三河高原が広がっていて、それらは侵食小起伏面の密集地帯です。鈴鹿山脈から両白山地、さらに比良山地には、琵琶湖を囲むように侵食小起伏面の分布が続いています。

丹波高地から吉備高原、さらに世羅台地にかけては侵食小起伏面の宝庫です。西南日本の脊梁山地である中国山地や冠山山地に沿っては分水嶺が通過しています。第四紀の火山が少ないせいか、東北地方の分水嶺（奥羽山脈）とは対照的に、侵食小起伏面がたくさん確認されています。さらに、中国地方の瀬戸内海沿岸に沿って、侵食小起伏面が帯状に分布していますね。海岸平野が少なく、海岸近くまで中生代などの古い岩石が露出しているからでしょう。

四国山地は急峻な山岳地形の象徴ですが、侵食小起伏面があちこちに分布しています。一方、第四紀の火山や火砕流台地が広がる九州では、侵食小起伏面の分布は北部に限られています。九州の南部にもあるのかもしれませんが、厚い火砕流台地の下に埋もれてしまい、隠されているのかもしれません。

侵食小起伏面は隆起した準平原？

このように、日本列島では北上山地や阿武隈山地、美濃三河高原や吉備高原などで侵食小起伏面が発達しています。それらの地形は、地殻変動（隆起運動）が長い期間にわたって静穏だったため、河川によって海面付近まで侵食されてできたと考えられています。すなわち、もともとは準平原であったと、日本の地形研究者は考えているのです。

その準平原が現在では標高の高い場所にあるので、隆起したことは間違いありません。そのため、日本各地に確認されている侵食小起伏地形は隆起準平原と呼ばれています。

たとえば、日本列島の侵食小起伏面は、『新編日本地形論』（吉川他、1973）や『日本列島の地形学』（太田他、2010）、『地形学』（松倉、2021）では隆起準平原として扱われています。また、『日本の地形1総説』（米倉他編、2001）や『風景の中の自然地理』（杉谷他、

2005）でも、山地に見られる侵食小起伏地形はもともと準平原であったとされています。『写真と図で見る地形学 増補新装版』（貝塚他、2019）では、隆起準平原の典型例として吉備高原が紹介されています（図1-4）。また、『建設技術者のための地形図読図入門 第3巻 段丘・丘陵・山地』（鈴木、2000）では、阿武隈山地の西側に広がる侵食小起伏面が隆起準平原として取り上げられています。『地形の辞典』（日本地形学連合編、2017）によると、小藤（1908）が中国山地の吉備高原を隆起準平原として記載したのが最初とされ、日本の地形学に関する最初の教科書『地形学』（辻村、1923）では、中国山地の準平原についてすでに考察がなされています。

『中国地方の地形』（小畑、1991）では、中国地方の準平原に関する研究史と問題の詳細がまとめられていますが、中国地方の地形の成り立ちは、準平原すなわち海面付近まで侵食された平坦な地形から始まったと考えられています。

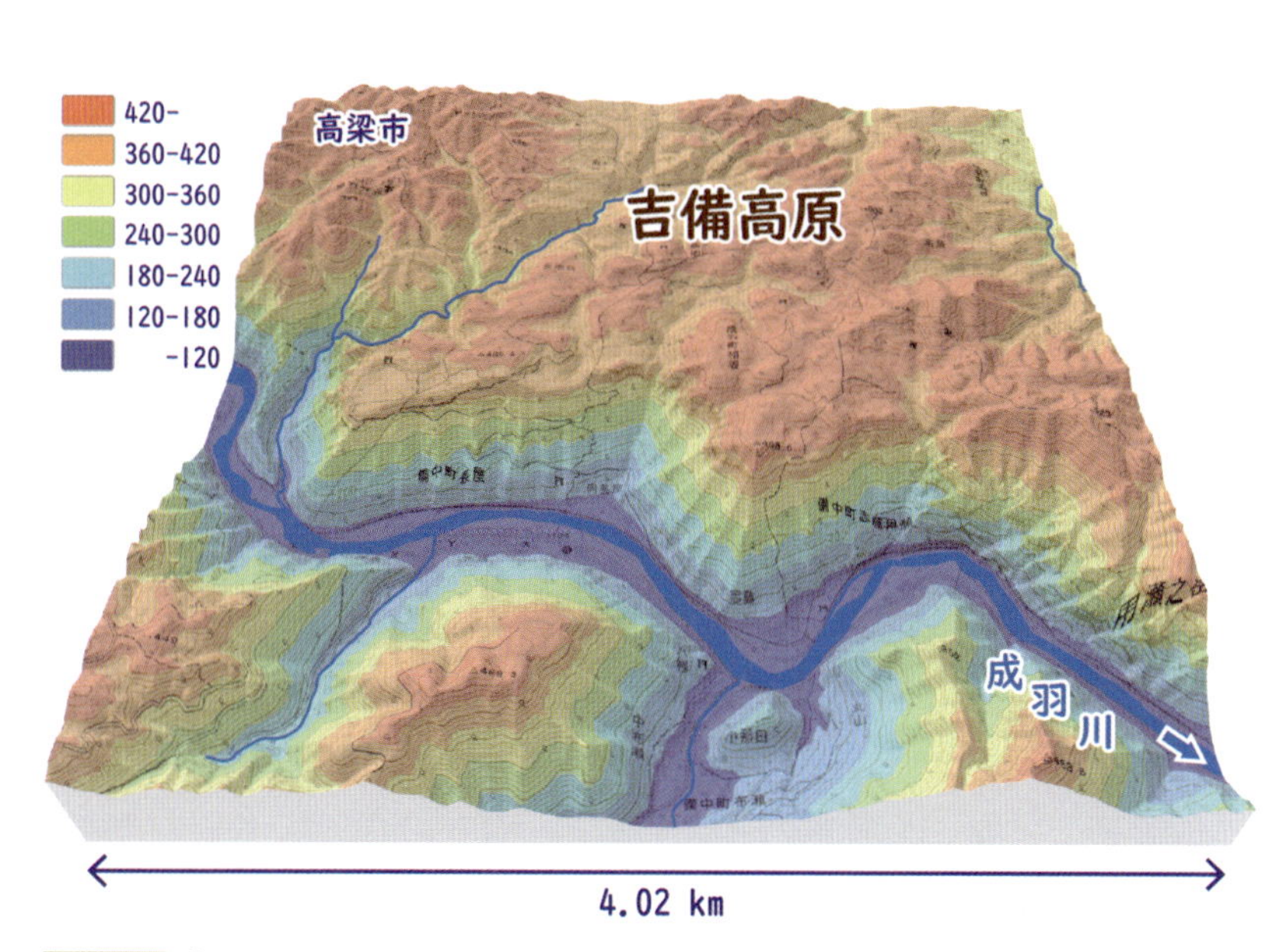

図1-4 『写真と図でみる地形学 増補新装版』（貝塚他、2019）で紹介されている、吉備高原中央部の隆起準平原。〔34.79,133.46〕

図1-5　茨城県常陸太田市の段丘の上から見た阿武隈山地の地形。真っ平らに見える地形は定高性のある尾根で、実際に平坦な地形が広がっているわけではない。高さのそろった尾根を連ねた仮想面を背面といい、隆起した準平原であると考えられている。〔36.54,140.53〕

私が調べた限りにおいて、日本列島の広い範囲に確認されている侵食小起伏面は、河川の侵食によって陸上でつくられた平坦な地形、すなわちもともとは準平原であったとされています。

準平原は架空の地形

このように、地形の記載用語である侵食小起伏面は、実際には隆起準平原と同じ意味で使用されています（図1-5）。そして、隆起準平原は、隆起する前には準平原だったはずです。したがって、侵食小起伏面はもともと準平原であったと、日本の地形研究者は考えてきました。日本列島の地形の成り立ちは、侵食基準面である海面付近まで河川によって削られてできた、平坦な地形である準平原から始まったと、日本の地形研究者は信じてきたのです。

　高校で地理を選択した方は、準平原という用語をなんとなく覚えているかもしれません。準平原は字のごとく平原に準ずる地形なので、広大でなだらかな地形を思い浮かべるでしょう。そして、準平原がある場所は狭い日本ではなく、モンゴルなど大陸の内陸部を想像するかもしれません。

　しかし、実際の準平原が、世界のどこかに確認されているわけではありません。アメリカの地形学者デービスが１００年以上も前に提唱した、侵食輪廻説の中に登場する架空の地形なのです。準平原とは概念なので、「現地に連れて行ってください」と頼まれても、案内することはできません。まず、デービスの侵食輪廻説のおさらいをしておきましょう。

ウィリアム・モリス・デービス
1850 - 1934

誕生間もない火山は原地形

　侵食輪廻説とは、原地形から始まって、幼年期地形⬇壮年期地形⬇老年期地形⬇準平原で１サイクルとなる地形の成り立ちの概念です。地形の輪廻におけるスタートは原地形で、侵食が始まる直前の状態です。たとえば、マグマが噴出して巨大な成層火山が陸上に形成されたとすると、この火山体は誕生した瞬間から流水による侵食作用を被ります。つまり、この最初の火山地形は原地形です。

　一例として、薩摩富士として知られる鹿児島県の開聞岳（９２４ｍ）を見てみましょう（図１-６）。形成間もない成層火山は、きれいな円錐形をしていますね。日本を代表する端正な火山といえば富士山ですが、個人的には開聞岳が最も美しいと思っています。標高は１０００ｍに満たない山ですが、二次関数のグラフのようなスカイラインはいつまでも見とれてしまいます。

図1-6 JR指宿枕崎線の西大山駅から見た開聞岳の端正な火山地形。〔31.19,130.57〕

海面から一気に立ち上がる斜面を眺めると、〝昇天〟の2文字が脳裏を横切ります。JR指宿枕崎線の西大山駅はJR日本最南端の駅だそうで、無人の駅に降り立てば至福の時間がお出迎えです。少し歩いたその先にはキャベツ畑が一面に広がっていて、日々の喧噪からの逃避には一押しの場所。もう一度、行ってみたい場所の一つです。

火山は地質学的には短期間に突然地表に現れた地形の高まりなので、大地の隆起などの地殻変動がなければ、風雨による侵食作用が一方的に地形を改変していきます。具体的には、火山は斜面を流れる流水によって谷が刻まれ、削られた土砂は最終的には海まで運ばれて海底に堆積します。谷が深く削られて急斜面はときどき崩落し、火山体は徐々に蝕まれて火山の内部が露出していきます。そのため、古い時代に活動を終えた火山ほど、もとの形が分からないほど侵食されてしまい、マグマの通り道である火道くらいしか残っていないものもあります。

群馬県西部の妙義山はおよそ300万年前には活動を終えた火山で、無残に侵食された崖には火山の断面が露出しています（図1-7）。奇岩が林立する妙義山は、赤城山および榛名山と並んで上毛三山と呼ばれ、群馬県民に親しまれています。標高は1000mほどですが、岩登りコースはかなりの高度感があって、私は上まで登ったことはありません。

近頃のネット動画は高画質で、最近はNHKの『ジオ・ジャパン絶景100の旅』でご一緒した、山岳ユーチューバーのかほさんの動画を見ています。侵食の進んだ絶壁には火山角礫岩が見事に露出していて、「ちょっと待って、もう少し左下！」などと叫びながら、〝エア地質調査〟をしています。Google Earthとそのストリートビューも、山岳ユーチューバーの方々のネット動画も本当にありがたいです。老後になっても、自宅の2階で研究が続けられる良い時代だと感謝しています。

話が脱線してしまいましたね。妙義山の地形から、この山がもともと火山だったと思う人はあまりいないでしょう。このように、火山地形は風雨によって一方的に侵食され、原地形は破壊されてしまいます。

図 1-7　300万年ほど前に活動を停止した群馬県の妙義山。
〔36.28,138.74〕

デービスが描いた侵食輪廻説

しかし、デービスがとくに注目していたのは、地殻変動によって平坦な大地が隆起したあと、河川によって侵食されていく地形の進化過程です（図1-8）。たとえば、海底が隆起したり海面が低下したりして海底が露出すると、生まれたばかりの大地は真っ平らです。雨が降れば川が流れますが、標高の低い平らな大地の上では、川は蛇行しながらゆっくり流れます。

このときはまだ侵食基準面である海面との高度差が小さいので、河川の侵食作用は働きません。それどころか、川によって運ばれてきた土砂は、流れが遅いために堆積してしまいます。土砂の堆積にともなって川底は徐々に高くなり、川はときおり河岸の自然堤防を越流して流路を変えるでしょう。河川の侵食が始まっていないので、この状態は原地形ではありません。

ところが、地殻変動によってこの平らな大地が急速に隆起すると、侵食輪廻が始まります（図1-8の①）。もちろん、雨が全く降らなければ、大地が隆起しても河川の侵食は起こらないので、平坦な地形はそのまま保持されます。しかし、日本のような降雨の多い地域では、大地が侵食されないまま何百mも隆起するとは考えられません。デービスは、深さが1000mを超えるグランドキャニオンの周囲に、標高が2000mもある平坦なコロラド高原が広がっている光景を見て、急速な隆起を想定したのでしょう。

さて、高く持ち上げられた平坦な地形は海面との高度差が大きくなり、雨が降れば川は侵食基準面である海に向かって流れを強めます。河川による侵食が始まる直前の地形を、デービスは原地形と名付けました。そして、地殻変動（隆起）が停止すると、あとは河川による侵食が地形形成の主役です。

流水は谷を深く下刻し、侵食した土砂を海まで運び去ります。平坦な原地形には河川の下刻によりV字谷が形成され、急流や滝がつくられていくでしょう。急流や滝は、河川による侵食

図1-8 地形学者デービスが提唱した侵食輪廻の概念図。

作用が最も盛んな場所です。しかし、まだ侵食作用が始まったばかりなので、平坦な原地形は残されています。デービスはこの状況を幼年期地形と名付けました（図1-8②）。

さらに河川の侵食が進行し、V字谷が深くなればなるほど谷幅は広がっていきます。そして、隣接する二つの谷の斜面が接合すると原地形の平坦面は消失し、痩せた尾根と深い谷からなる急峻な地形になります。この段階を、デービスは壮年期地形と呼びました（図1-8③）。

その後、河川による侵食は続き、痩せた尾根は高度を下げつつ丸みを帯び、谷底との高度差も小さくなっていきます。山の斜面は徐々に緩傾斜になり、急峻な山岳地帯は起伏の小さい丘陵地帯へと変わっていきます。この状態をデービスは老年期地形と呼びました（図1-8④）。

そして最終的には、大地は河川によって侵食基準面である海面の高さ付近まで削剥され、なだらかな平原になります。デービスは、この起伏の小さい侵食地形を準平原と名付けました（図1-8⑤）。侵食輪廻の終末期の地形が準平原であると、デービスは考えたのです。

その後、地殻変動が再び開始して準平原が一気に隆起すればそれが原地形となり、そのあとは河川の侵食によって新たな侵食輪廻が始まります。もちろん、侵食の途中の幼年期や壮年期に、地殻変動が再開することもあるでしょう。デービスは最もシンプルなケースを想定し、侵食輪廻説として提唱したのです。

目の前に広がる地形は、このサイクルの途中のある段階を見ているとデービスは考えました。侵食輪廻説は、陸上における河川の侵食によって地形が変化する過程を表しています。そのため、地殻変動（隆起）と河川の侵食が、地形をつくる両輪を担っています。そして、地殻変動が停止し、河川の侵食によって海面近くまで削られた起伏の小さいなだらかな地形が準平原です。ただ平らなだけでは、準平原とは呼べないのです。

侵食輪廻説でみる日本の幼年期地形（下総台地）

日本列島に見られる多様な地形も、デービスの侵食輪廻説のさまざまな段階を見せているのでしょうか。そこで、侵食輪廻説の幼年期地形や壮年期地形、そして老年期地形と思われる地形を地理院地図で探してみました。

図1-9は千葉県の下総台地です。およそ12万5000年前の海底が隆起して離水し、平坦な台地を形づくっています。このように隆起し陸化した海底面の場合、侵食の最前線（侵食フロント）は侵食基準面である海岸（海食崖）からスタートし、内陸に向かって徐々に侵食域を拡大していきます。そのため、海岸から離れた内陸部には、かつての海底面である平坦な地形（原地形）が原形を留めています。

日本列島では、海岸平野に見られる○○台地といわれている地形がこの状況です。房総半島から北に広がる下総台地の谷は、土砂によって

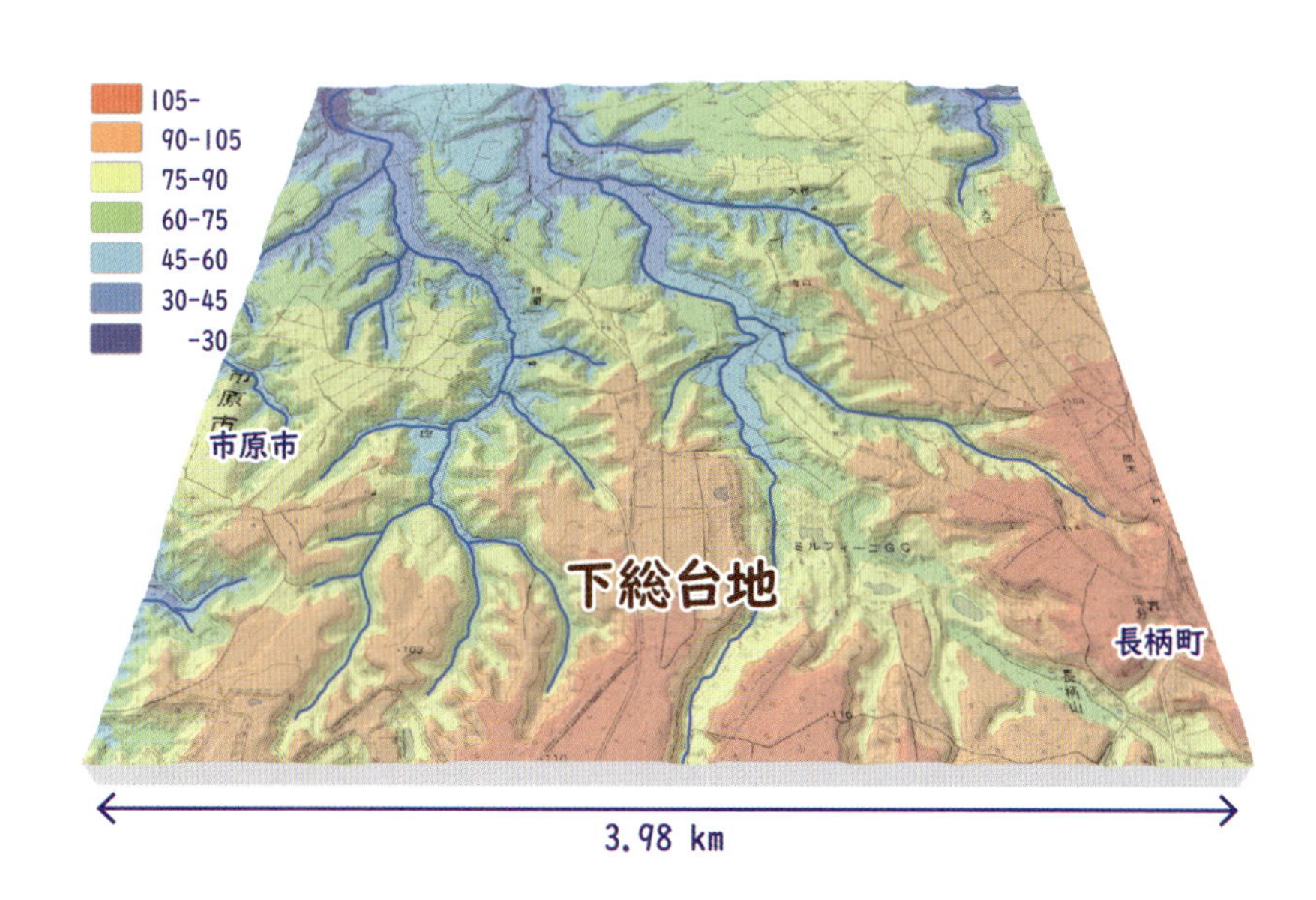

図1-9 幼年期地形と考えられる千葉県の下総台地。〔35.46,140.17〕

埋積されているのでV字谷とはいえませんが、平坦面（かつての海底面）を河川が侵食し始めているので幼年期の地形に相当するといえるでしょう。

ただし、このあたりの標高はたかだか100mほどです。標高が2000mの平坦な地形が保存されているコロラド高原とは大違いです。下総台地を構成するのは数十万年前以降に浅い海底に堆積した地層なので、それほど硬い岩石ではありません。そのため、河川の侵食によって容易に削られてしまうでしょう。

だからといって、陸になってから100mほどしか隆起していない平らな原地形は、木の枝が広がるように無数の谷によって蝕まれ始めています。デービスが下総台地を見たら、なんというでしょうか。私には、標高が2000mのコロラド高原の地形の方が、特殊のように思えます。

侵食輪廻説でみる日本の壮年期地形（房総丘陵）

図1-10は、下総台地の南側に広がる房総丘陵の地形です。千葉県で一番高い山は愛宕山で、標高は408mしかありません。房総丘陵で一番高いのは標高377mの清澄山で、図1-10の元清澄山の標高は344mです。清澄山から東西に続く稜線は、標高の低い千葉県では比較的高い山並みなので、このあたりは清澄山地と呼ばれることもあります。

房総半島の南部（房総丘陵）は北部（下総台地）に比べて隆起量が大きいために、河川の侵食によって、かつての平坦な海底面（原地形）は消失しているのでしょう。山はたいして高くはありませんが、侵食輪廻説に立脚すれば、房総丘陵は壮年期地形に相当することになります。したがって、同一地域で台地と丘陵が隣接している場合、丘陵は台地よりも先に隆起して侵食が進んでいるはずです。台地も時間がたてば丘陵

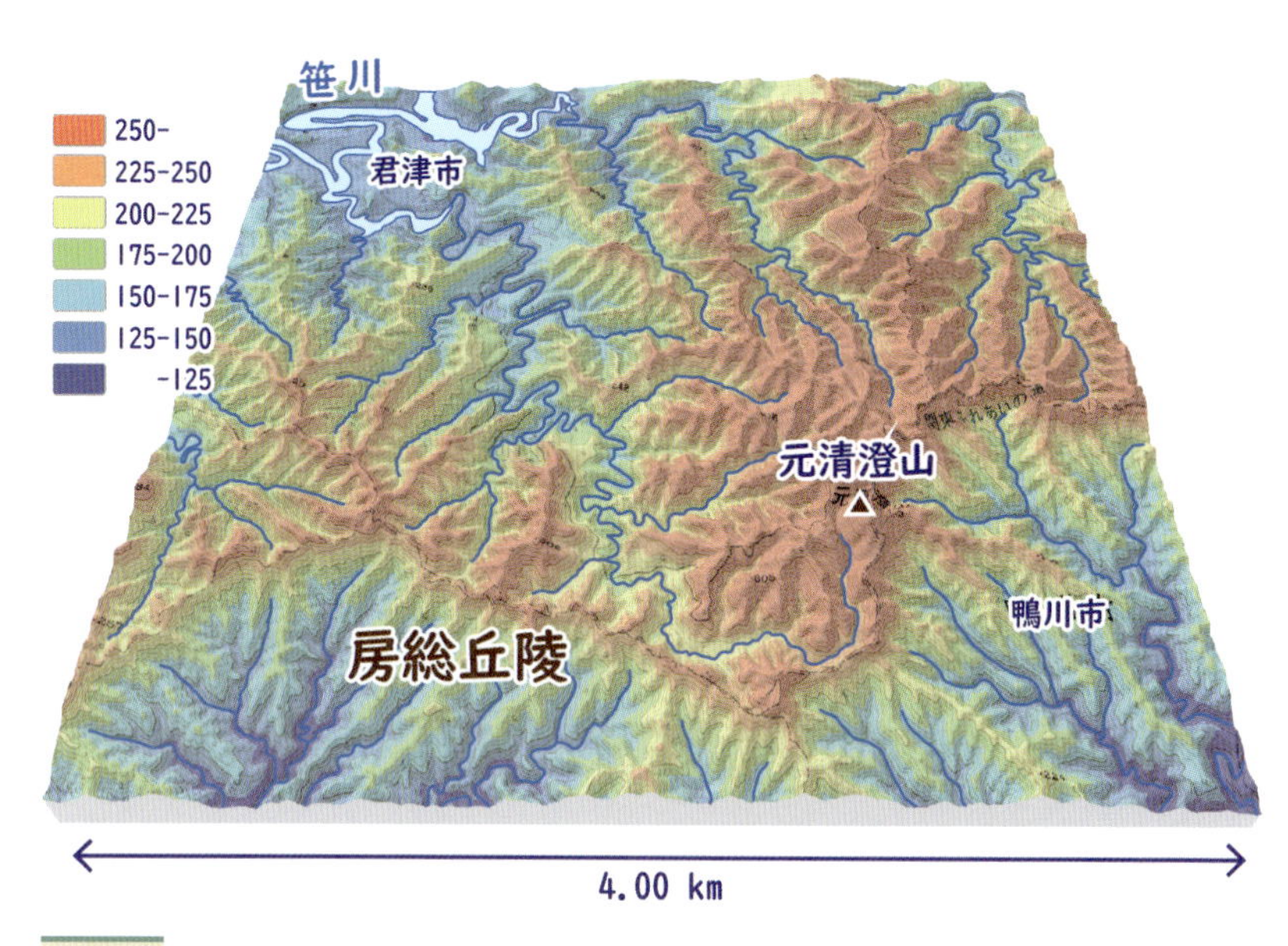

図1-10 壮年期地形と考えられる房総丘陵。〔35.18,140.09〕

になっていくのです。

ただし、房総半島は現在でも隆起しています。海成段丘の形成年代と標高から、房総半島の南端では年5㎜ほどの隆起速度が見積もられています。この値は、日本列島では最も早い隆起速度の一つです。同様に、急速に隆起している赤石山脈（南アルプス）の隆起速度は年4㎜程度と推定されています。

つまり、房総丘陵が尾根と谷からなる地形でも、地殻変動（隆起）が完全に停止したあと、原地形が侵食されたとするデービスの壮年期地形に厳密（げんみつ）には合致しません。そもそも日本列島は現在隆起しているので、隆起が停止してから侵食されてできた壮年期地形などないのかもしれません。

ところで、房総半島を構成している比較的柔らかい堆積層が、仮に赤石山脈を構成する岩石くらい硬かったとしたら、房総半島は標高3000ｍ級の大山脈になっていたでしょう。その結果、東京湾の東側には急峻な〝房総山脈〟

が連なっていて、週末には大勢の登山者が訪れていたかもしれません。幻の〝房総山脈〟ではなく、今度は実際の急峻な山脈を見に行ってみましょう。

侵食輪廻説でみる日本の壮年期地形（日高山脈）

　北海道の日高山脈は、典型的な壮年期の地形と考えられています。図1-11は日高山脈中軸部のエサオマントッタベツ岳（1902m）周辺で、標高2000m近い山並みが連なっています。稜線から谷底まで、高度差が1000mに達する急斜面が一気に落ちこんでいます。谷が深いため尾根と尾根の間隔が広く、サッカーボールの縫い目のような多角形の稜線が続いています。

　稜線が会合するピークはおおよそ120度の角度で三方向に分岐していて、どこもかしこも〝三国山〟と名付けたくなります。川は大きく蛇行していますが、斜面を下る谷は直線的で、房総丘陵とは地形のスケールが違います。これなら、壮年期の地形といわれても違和感はないでしょう。

　日高山脈がつくられたのは、新生代の中新世（ちゅうしんせい）という地質時代です。年代値でいうと、およそ1500万年前から数百万年前です。日本海が拡大して日本列島が現在の位置に移動したあと、ユーラシアプレートに属する北海道の西部と北アメリカプレートに属する北海道の東部が衝突して地殻がめくれ上がり、日高山脈がつくられました。ところが数百万年前になると、衝突による地殻変動は日高山脈から北海道の西側に場を移し、東北地方の日本海側に続く変動帯に沿って活動が続いています。

　となると、日高山脈の隆起が一息ついたのはたかだか数百万年前です。すでに平坦な地形が消滅している標高2000m級の日高山脈は、デービスの考える壮年期地形と考えて良いのでしょうか。コロラド川に下刻されている広大なコロラド高原の標高は、日高山脈とほぼ同じ２０００ｍです。

片や標高２０００ｍの日高山脈を壮年期地形とし、片や標高２０００ｍのコロラド高原を幼年期地形とするのは違和感を覚えます。コロラド高原を構成する地質に比べて日高山脈の地質が軟弱なため、短期間に侵食されてしまったとも思えません。両者の違いは隆起速度の違いが原因なのでしょうか。

侵食輪廻説でみる日本の老年期地形（北上山地）

地殻変動による隆起が停止して侵食作用のみが続くと、壮年期の急峻な地形は平坦化が進み、老年期の地形になるとデービスは考えました。老年期地形では尾根と谷底の高度差が小さくなり、谷底低地（こくていていち）の幅は広がっていきます。そして、侵食が進んだ山地では山麓の緩斜面（かんしゃめん）が形成され、谷底と谷壁の境界が不明瞭になっていきます。

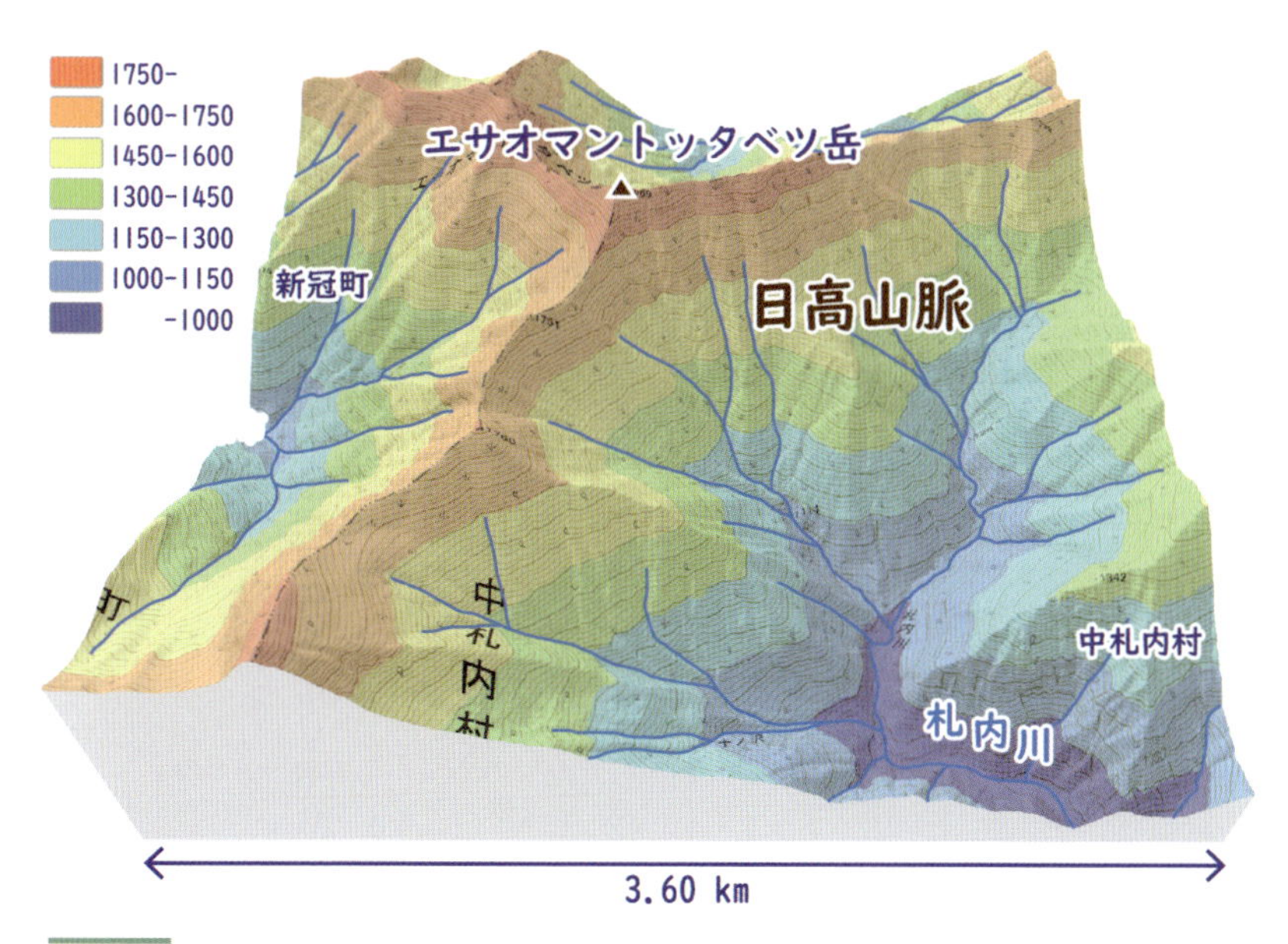

図1-11 壮年期地形と考えられる日高山脈。〔42.68,142.77〕

日本列島で老年期の地形というと……、難しいですね。日本列島の広い範囲は現在隆起しているので陸地になっています。陸地の大部分は隆起地域なので、隆起が停止して侵食され続けている地域を探すことは、そもそも無理なのかもしれません。

後述するように、本来、日本列島の広い範囲は水没しているはずなので、隆起を停止した場所は海面下に没してしまいます。大陸のように地殻が厚ければ、その浮力によって陸地として存続できます。ところが、地殻の薄い日本列島は、隆起を停止したら陸地ではなくなってしまうのです。というわけで、老年期の地形として挙げられそうなのは……、北上山地（高地）でしょうか（図1-12）。

北上山地を流れる小本川（おもとがわ）支流の大川（おおかわ）の源流域には、標高が1200mほどの山並みに囲まれたなだらかな地形が広がっています（図1-12上）。川が流れる谷は浅く、谷と谷の間は尾根というよりも緩やかな高まりです。標高が1200mを超える山とは思えないほど稜線はなだらかで、登山道でもなければルートを間違えそうです。幅の広い谷がいくつか見られますが、斜面の最大傾斜方向に刻む谷はほとんどありません。日本の山地はたいていV字谷に刻まれているので、この地形は異様です。まるで、厚地の毛布を被せたような地形です。

シームレス地質図で確認するとこのあたりの地質はジュラ紀の付加体（ふかたい）なので、なだらかな地形は間違いなく侵食地形です。ジュラ紀の付加体は日本列島の骨格をなす地質といわれ、足尾山地や関東山地、丹波高地や四国山地など、日本列島のあちこちで観察することができます。

ジュラ紀の付加体に含まれるチャートは緻密（ちみつ）でとても硬く、侵食に耐えるので険しい地形をつくります。前回の『分水嶺の謎』の旅では、篠山盆地（ささやまぼんち）の北縁にそびえる多紀（たき）アルプスを通過する際、チャートがつくる急峻な地形を体感しました。

しかし、ここ北上山地では、チャートがつく

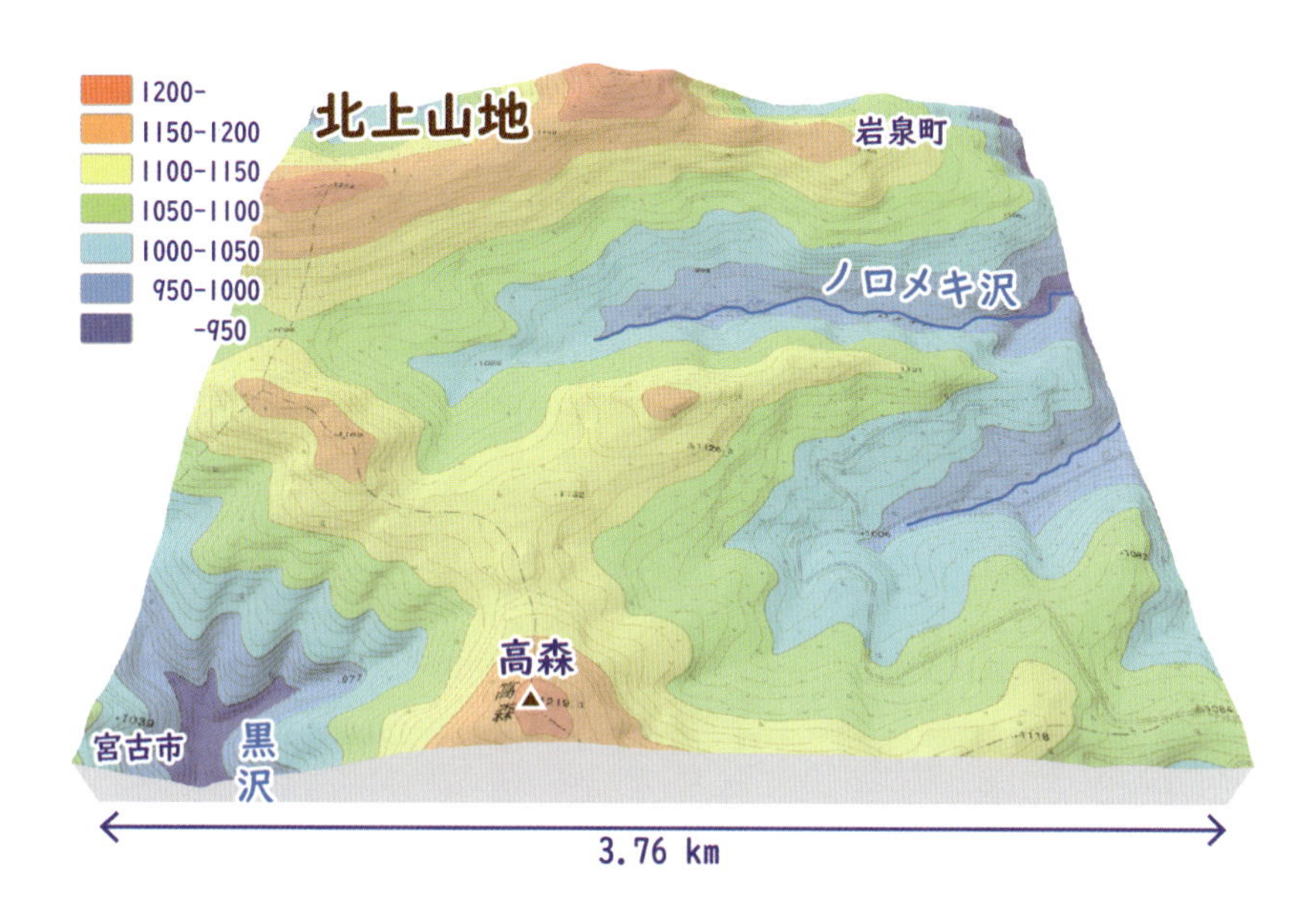

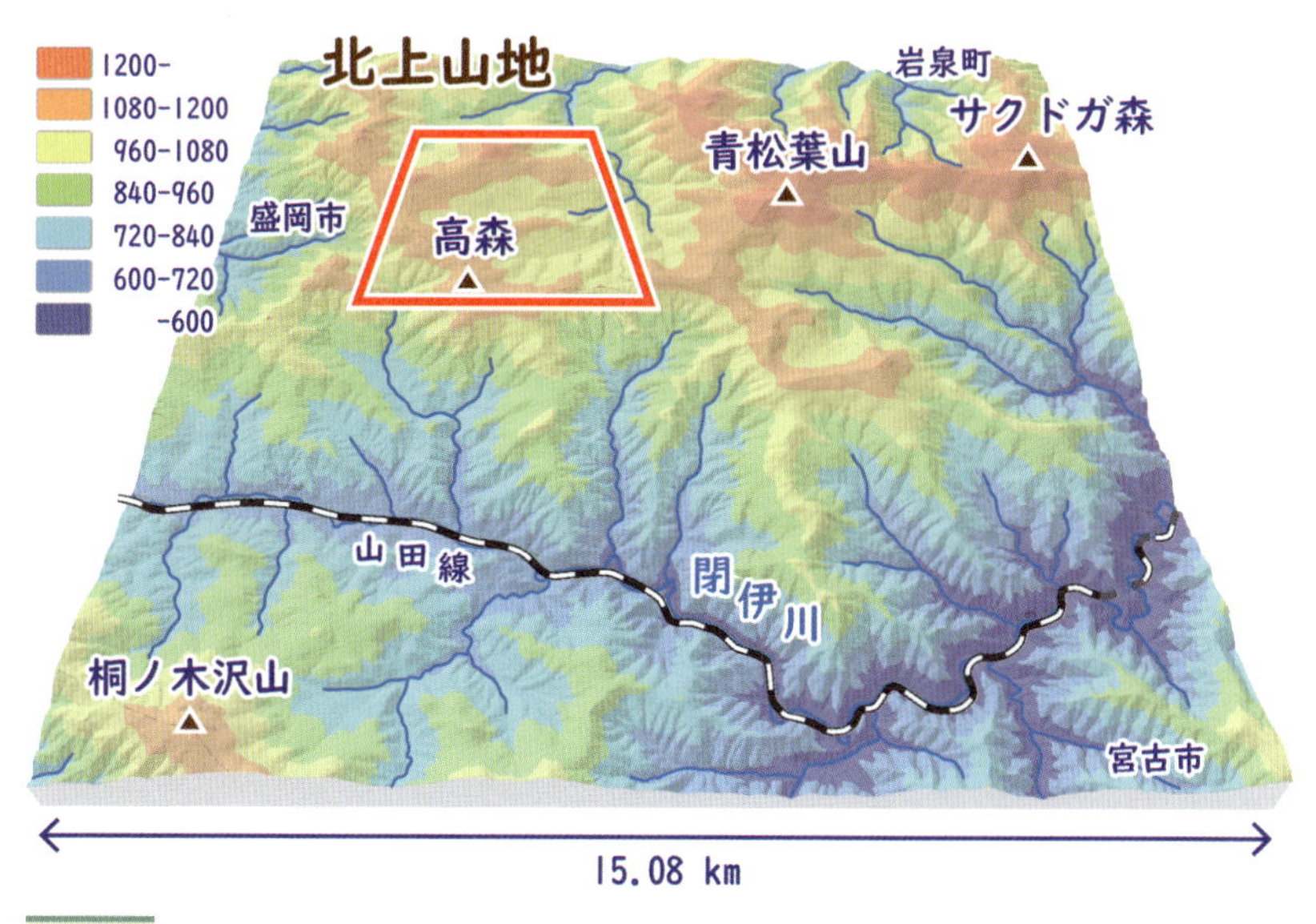

図 1-12 岩手県北上山地、大川源流域の地形(上)と、その広域地形図(下)。〔39.68,141.45〕

る険しい地形など全く見られません。岩石の硬さの違いなど関係なく、紙やすりで擦ったように凹凸の小さいなめらかな地形です。北上山地のこの地形は、デービスの考える老年期の地形なのでしょうか。

　少し広い範囲を観察してみると、なだらかな大川源流域の南側には、東西に続く深いV字谷に沿って閉伊川が東に流れています。その閉伊川からは南北両方向に向かっていくつもの深い谷が発達し、緩やかな大川源流域とは対照的です。つまり、標高の低い場所では侵食地形がつくられ、標高の高いところにはなだらかな侵食地形が残されているのです。

　文献を調べると、北上山地の標高の高い場所にある起伏の小さい地形は、隆起した準平原であると考えられているようです。つまり、老年期地形がさらに侵食されて海面付近まで低下した準平原が、再び隆起して標高1000mの高さに持ち上げられているというのです。北上山地のなだらかな地形は、デービスのいう老年期の地形ではないようです。

“老年期的”な地形？“末期的”な地形？

　困ったのでいろいろ文献を調べてみると、『建設技術者のための地形図読図入門 第3巻 段丘・丘陵・山地』（鈴木、2000）に具体的な地域が紹介されていました。図1-13の上は岩手県九戸村の“老年期的”な山地、下は福島県塙町の老年期の“末期的”な山地と紹介された地形です。確かに、尾根は丸みを帯びていて稜線と谷底の高度差が小さく、全体的に起伏の小さい地形です。

　ただし、どちらの場所も標高は400mを超えています。このままさらに数百m侵食され、海面付近まで低くなって準平原になるのでしょうか。か細い川の流れによって、これらの地域が数百mも削剥されていくのでしょうか。

　「地形の辞典」（日本地形学連合編、2017）で調べてみると、「老年期の地形と準平原とは、概念的には区別できても実際に区別するのは困

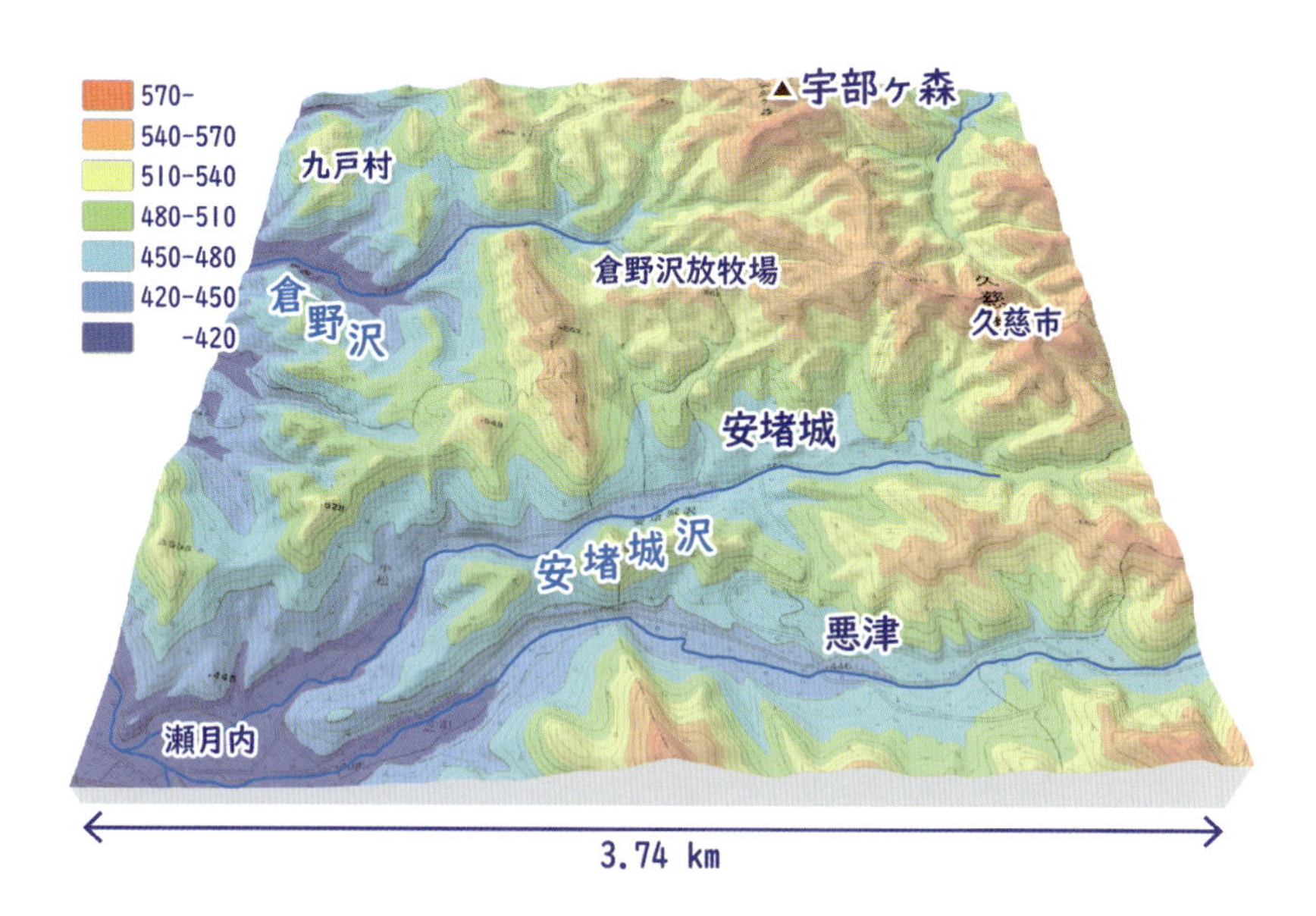

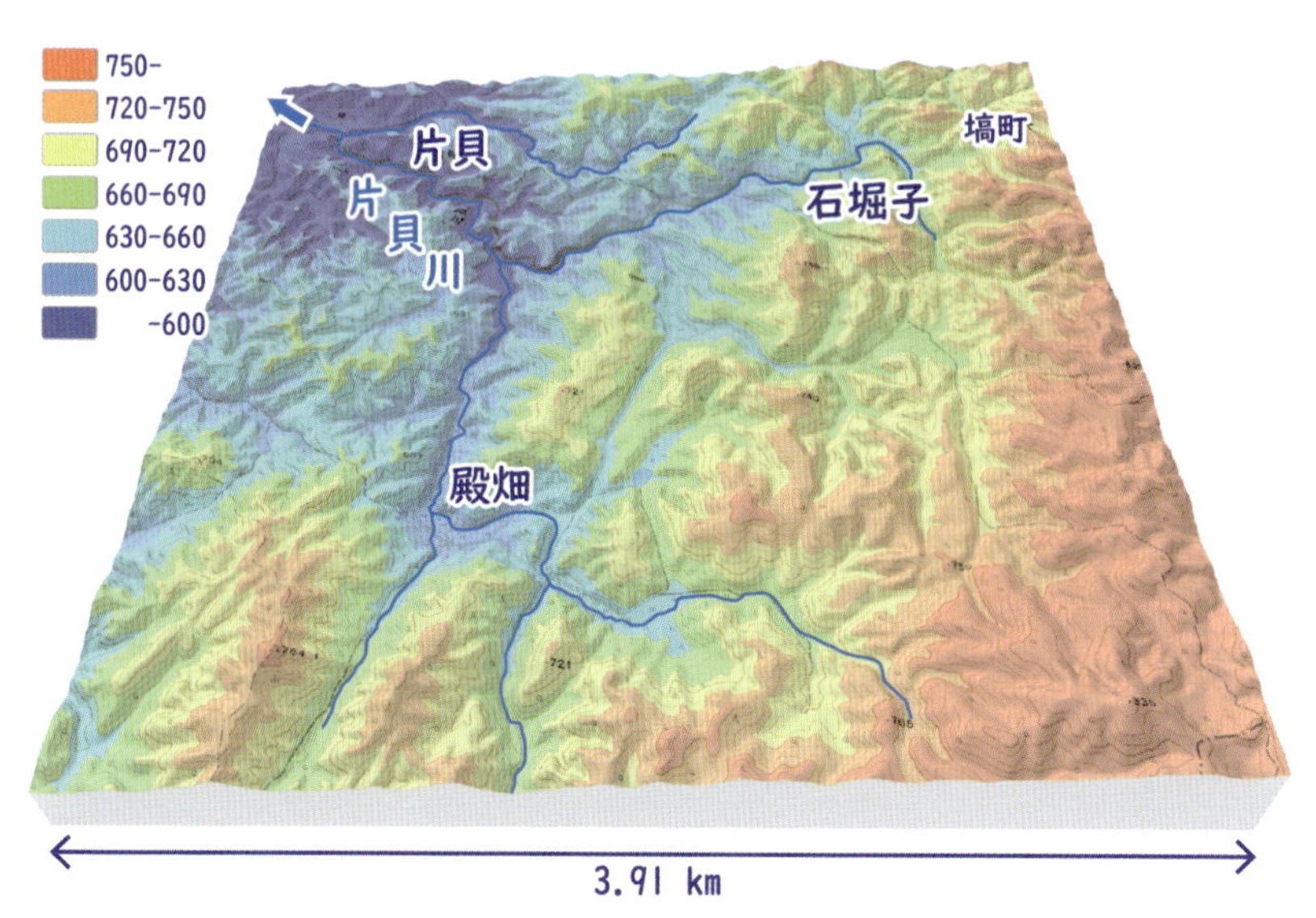

図 1-13 鈴木（2000）による岩手県九戸村の老年期的な山地（上）と、福島県塙町の老年期の末期的な山地（下）。〔40.13,141.46〕および〔36.87,140.52〕

難で、従順化された丘陵が分布する侵食小起伏面を準平原と呼ぶことが多い」と書かれています。〝実際には区別することが困難な区別できる概念〟とは、一体どういうことなのでしょうか。現在でも隆起を続ける日本列島では、デービスの侵食輪廻説の老年期地形に合致する地形を探すことは、そもそも無理なのかもしれません。

侵食輪廻説でみる日本の準平原

そして、侵食輪廻の最終段階が準平原です。河川の侵食作用によって大地は侵食基準面である海面付近まで削られ、起伏の小さい平原状の地形が広がった状態が準平原です。デービスによると、所々に侵食され残った小さな高まり（残丘）が見られるとされています。日本列島では……、探してみたけれどなかなか見つかりません。もしかすると、北海道の宗谷丘陵がデービスの考える準平原かもしれません（図1-14）。

宗谷丘陵の地形は、先ほどの北上山地の地形

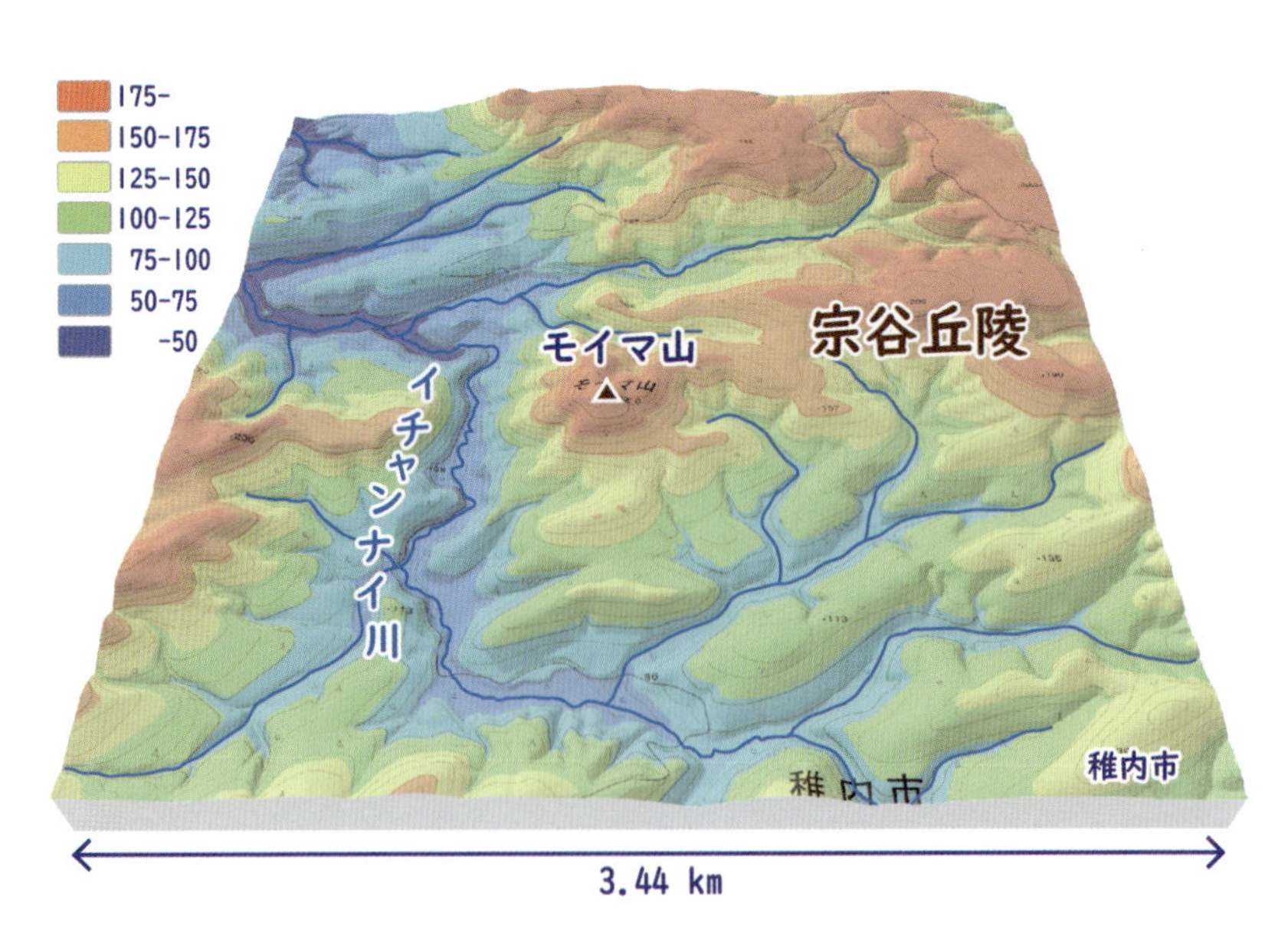

図1-14 準平原と思われる北海道の宗谷丘陵。〔45.39,141.92〕

と似ていますね。標高も200m以下なので、「侵食基準面（海面）付近まで侵食された……」の条件は、どうにかクリアできているかもしれません。痩せた尾根とV字谷が発達する本州では、宗谷丘陵のように、皿を裏返したような地形はあまりお目にかかれません。宗谷丘陵は準平原なのでしょうか。

ところが、北海道北部に見られるこのように緩やかな起伏の丘陵は、デービスの侵食輪廻説の末期の地形ではなく、氷期につくられた周氷河地形であると考えられているようです（鈴木、1960）。確かに、海のうねりのような円滑な丘陵や、地表を覆う角礫からなる岩塊流堆積物は、それらが地中水の凍結・融解の繰り返しによってつくられた周氷河地形の特徴に一致します。

ただし、私が気にしているのは、日なたに置いて溶け始めた板チョコレートのように、角の取れたなだらかでなめらかな地形ではなく、起伏の小さい地形が広域に広がっていることなのです。

侵食地形は地質図で判断

図1-11の日高山脈を構成する地質は千数百万年前の深成岩なので、間違いなく侵食地形です。地下数〜十数kmの深部で冷えて固まった深成岩が標高2000mほどの山地に露出しているのですから、日高山脈が千数百万年前以降、大きく隆起したのは間違いありません。その隆起が日高山脈をつくり、侵食されてこの急峻な地形ができたのです。

これに対し、宗谷丘陵では、褶曲した厚い地層が地表に地質断面として現れています（図1-15）。図1-15には、第四紀の地層と貫入岩（玄武岩）を除いて古い方から番号を書き込みました。この地域で最も古いのは白亜紀の地層（図の⑦）で、その上を古第三紀の海成層（図の⑥）が覆い、さらにその上に新第三紀の地層（図の①〜⑤）が重なっています。

古くは8000万年前から新しいほうでは数百万年前の地層が地表に現れているのは、これらの地層が大きく褶曲していることが原因です。もし地層が変形せずに水平だったとしたら、地表には数百万年前以降の新しい地層しか露出しません。それよりも古い地層は地下に埋もれていて、地表に現れるはずはありませんから。

つまり、図1-15の地質図において、白亜紀から新第三紀まで海底に堆積した厚い地層が繰り返して分布しているのは、それらが大きく褶曲したあとほぼ水平に侵食されたからです。この地質図は、褶曲した地層の水平地質断面図でもあるのです。

ということは、宗谷丘陵は、これらの地層の厚さ以上に侵食されているはずです。つまり、少なくとも数千m程度は削剥されているでしょう。その削剥のすべてが周氷河作用で賄われるはずはありません。褶曲した地層が大きく削剥されたのち、氷期の周氷河作用によって、角が取れてなめらかな地形になったと考えられます。例えるなら、彫刻刀（侵食）によって大地は荒削りされ、紙やすり（周氷河作用）によって角が丸くなったというわけです。周氷河地形は、大地形そのものをつくったわけではありません。地形の表面をなめらかに加工しただけでしょう。

このように、標高が低い宗谷丘陵のなだらかな地形は間違いなく侵食地形です。この地形は、デービスの定義した準平原なのでしょうか。準平原とはデービスが考えた概念です。実際に地球上にあるのかどうか、誰も確かめてはいません。「この地形は準平原と考えられる」などと解釈されることはあっても、「これが準平原です！」と自信を持って明示した例を私は知りません。

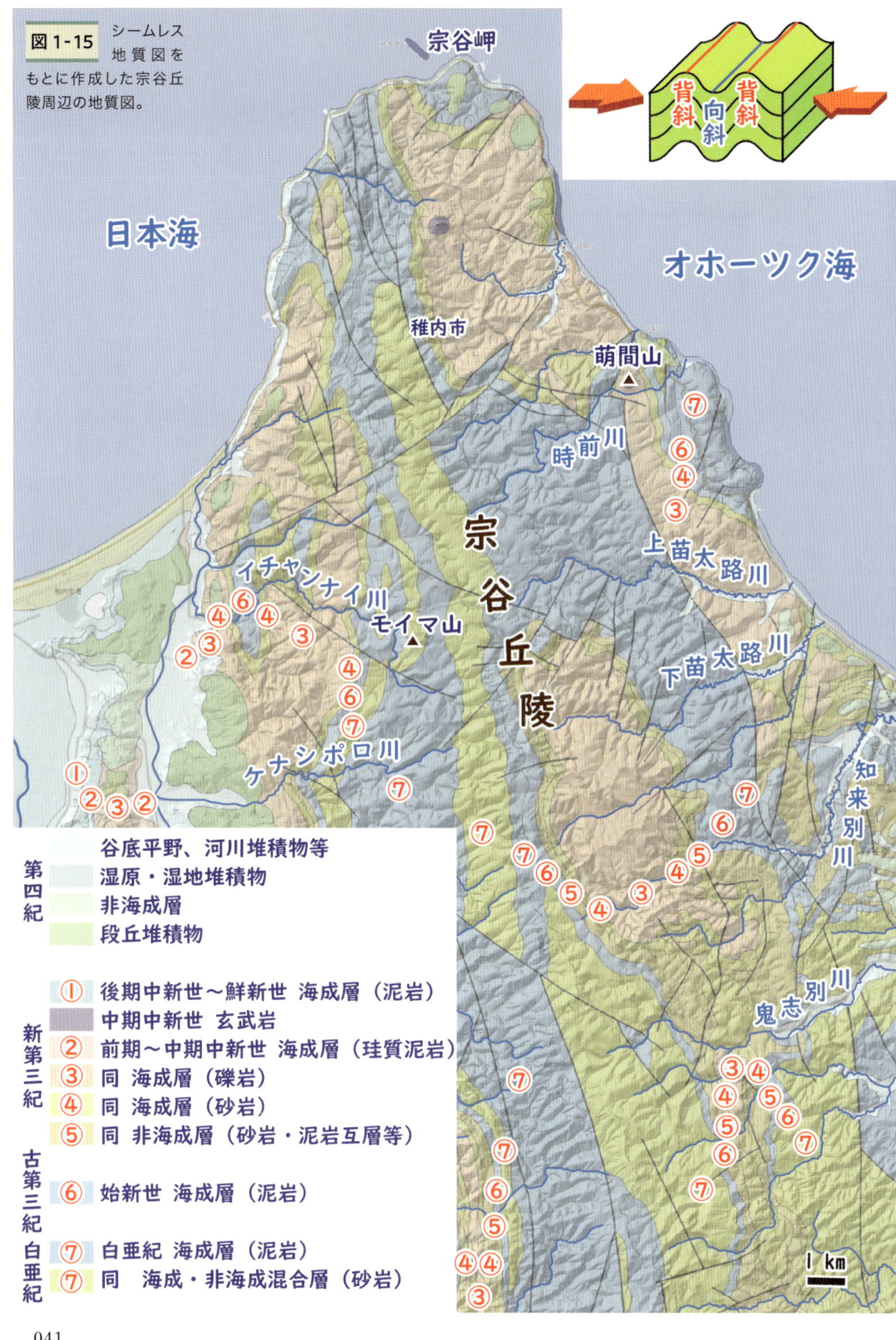

図 1-15 シームレス地質図をもとに作成した宗谷丘陵周辺の地質図。

準平原が見つからない

日本では準平原らしき地形が見当たらないので、Google Earthで世界中を探してみました。海面の高さくらいまで侵食された平坦な地形は、どのように探したらいいのでしょうか。海岸付近の平坦な地形ですぐ目につくのは海岸平野です。世界中には、標高が数十m以下の広大な海岸平野がたくさんあります。しかし海岸平野は、川が運んできた土砂が、浅い海底を埋め尽くしてできた堆積面です。侵食地形ではないので準平原ではありません。

侵食地形かどうか、どのようにして確認したらいいのでしょうか。地質図を見れば、おおよそ判断することができます。宗谷丘陵のように、地層の重なりが地形に現れていたら、それは侵食によって地層の断面が露出していることを意味しています。つまり、地表は侵食されてできた地形であることが分かります。

地質図がなくても、植生（しょくせい）のない乾燥地域では、褶曲した地層の断面が地形によく現れています。とくに、パキスタンからイランにかけてのアラビア海沿岸部には、インドの衝突によって褶曲した地層が海面近くまで侵食されていて、平坦な地形には地層がつくる細かい起伏の縞（しま）模様が確認できます。「これこそが準平原か！」と思いましたが〝ぬか喜び〟でした。

冷静に考えてみれば、この地形は陸化した海食台でしょう。周囲を流れる川は、乾燥地域なのでほとんど水は流れていません。標高が20mに満たない平原を流れる蛇行河川の流路は、褶曲した地層のわずかな高まりを横切っています。つまり、地質構造を切断して流れています。

これらのか細い水流が縦横無尽（じゅうおうむじん）に流路を変えて侵食し、この平らな平原を削ったとはとうてい思えません。川が削ってできた平坦な侵食地形ではなく、波浪（はろう）によって平らに削られた海食台が隆起して離水し、平原として広がっているのでしょう。

大陸はなぜ大陸？

そもそも、大陸はなぜ大陸なのでしょうか。密度の小さい（軽い）地殻が密度の大きい（重い）マントルの上に浮かんで釣り合っている状態をアイソスタシー（地殻均衡（ちかくきんこう））といいます（図1-16下）。前回の『分水嶺の謎』の旅でも紹介しました。大陸の地殻は厚さが数十km以上あり、その浮力によって海面よりも高い陸地が支えられています。標高が高い大陸ほど地殻が厚いのです。海水に浮かんだ氷山と同じですね（図1-16上）。厚い地殻の浮力によって、広い範囲が海面上に持ち上げられているので大陸なのです。

このアイソスタシーの理論に基づいて、簡単な考察をおこなってみましょう。標高が3000mの山地を海面の高さまですべて侵食したら、地殻の厚さは3000m薄くなります。ところが、地球の表層ではアイソスタシーが作用しているので、削った分だけ標高が下がるわけではありません。たとえば、海に浮かんでいる氷山を考えてみてください。海面より上の氷をすべて削り去っても、氷は必ず海面上に顔を出します。海面より下に沈んでいる氷の浮力によって、氷は浮き上がってしまうからです。

重いマントルに浮かんでいる地殻も同じです。海面より上に出ている軽い地殻をすべて削剥しても、マントルに浮かんでいる地殻の浮力によって大陸は少し上昇してしまいます。その結果、大陸の標高は海面よりも高くなってしまいます。

このアイソスタシーは100km四方くらいの広がりに対して成り立ち、狭い範囲では機能しません。でも、準平原というなら最低でも関東平野よりは広いでしょうから、アイソスタシーの効果は無視できません。

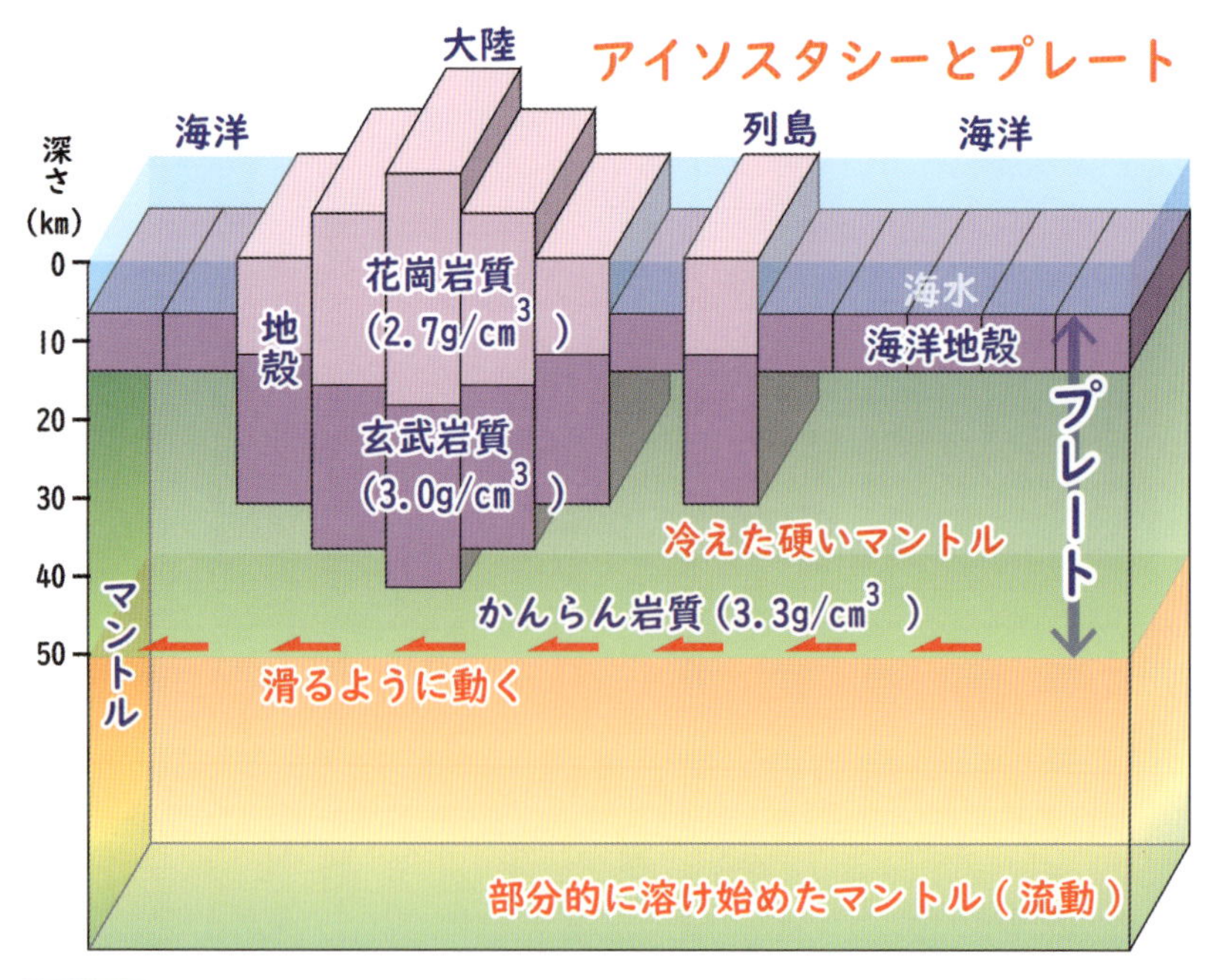

図 1-16 海鷹丸(東京海洋大学)から見た南極海に浮かぶ氷山(上)と、アイソスタシー(地殻均衡)の概念図(下)。

図1-17 地殻の厚さと大地の標高の関係。海の水深を3800m、大陸や列島の花崗岩質地殻と玄武岩質地殻の厚さは同じと仮定し、図1-16の岩石の密度を用いて計算。

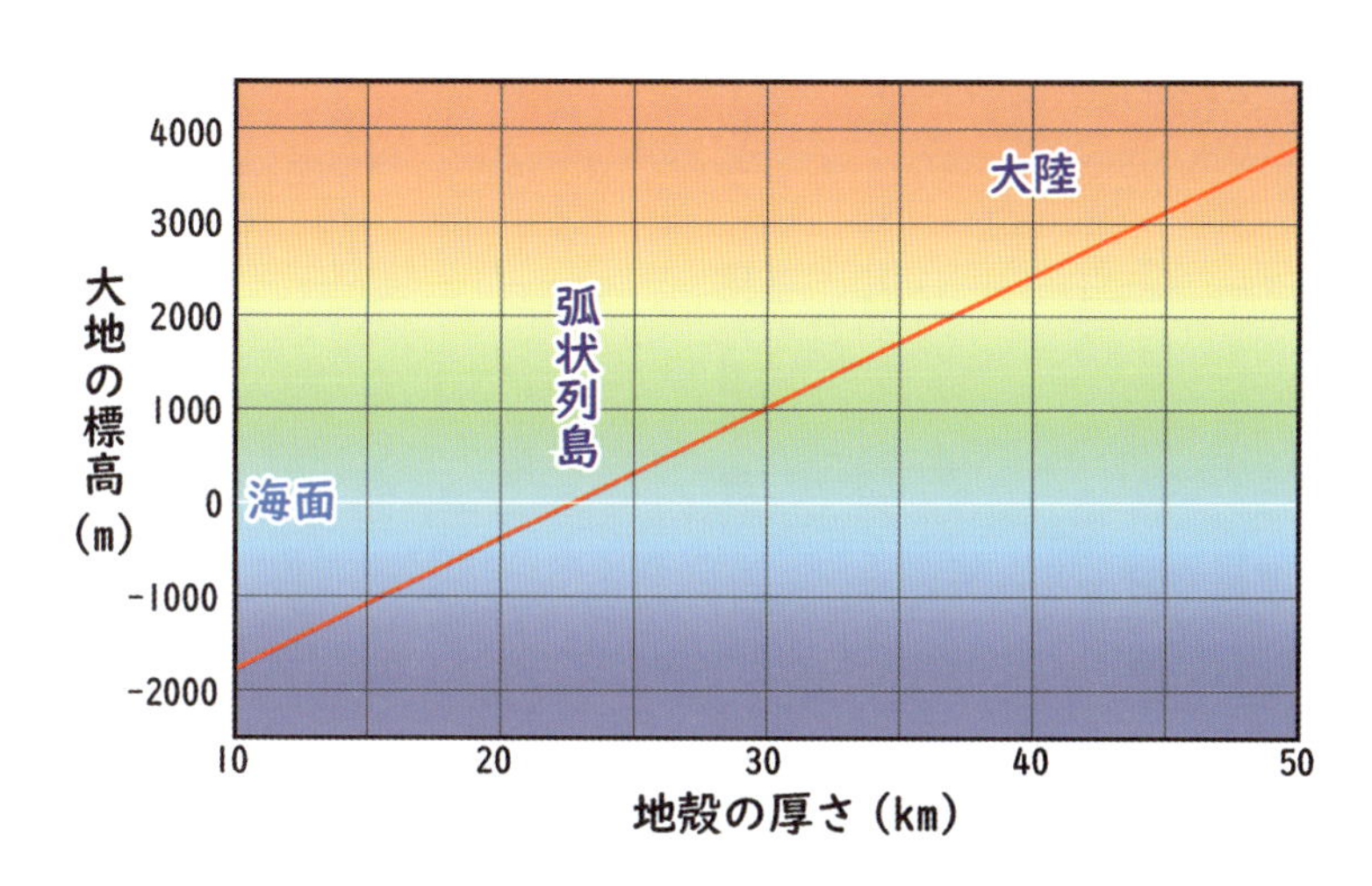

地球の表層は、海水が広く覆っています。海水の平均水深を３８００ｍとし、海水の密度を簡便な値（１㎤あたり１ｇ）とすると、海面すれすれに陸が露出するための地殻の厚さは23㎞程度と算出されます（図1-17）。そのため、地殻の厚さが数十㎞を超える大陸の標高は、海面上の陸地をすべて削剥しても、海面すれすれまで下がることはありません。削剥して荷重が減った分、大陸は浮き上がってしまうからです。

では、大陸を海面すれすれまで低下させるためには、どうしたらいいでしょうか。山の標高だけでなく、大陸の地殻そのものを23㎞程度の厚さまで侵食させる必要があります。それはさすがに不可能でしょう。河川の侵食によって大陸の地殻が23㎞程度まで削剥されて準平原ができたというのなら、厚い地殻を有する大陸はそもそも存在していないことになります。

つまり、地殻の厚い大陸において、海面の高さまで侵食されている準平原を探すことはそもそも不可能なのです。海岸付近の標高の低い平原は、離水した海底面（海食台）や広大な湖などが埋め立てられた堆積面で、河川による侵食面ではありません。海面付近まで侵食された準平原など、存在しないのではないかと思うのです。準平原って、本当にあるのでしょうか。今回の旅のテーマは『準平原の謎』解き。出発前から完全に迷子になってしまいました。

デービスが見た準平原

そもそもデービスは、どの地形を見て準平原といっているのでしょうか。彼は北アメリカ大陸の東部に広がるアパラチア高地において、定高性のある（高さのそろった）尾根をかつての平坦面（背面という）の名残と考えました。遠方から眺めると真っ平らに見える尾根群は、かつて侵食基準面（海面）付近まで陸上で侵食された平坦な大地が隆起し、侵食され残った遺物であるとデービスは考えたのです。陸上における侵食作用によって形成された地形として、これを準平原と呼んだのです（岡、１９８６）。

「エッ、準平原って、実在しているわけではないのですか？ 古生代の末期の地殻変動によって褶曲し形成された山地が、中生代の白亜紀には侵食し尽くされて準平原となり、それが新生代の曲隆（緩く褶曲した背斜状の隆起）によってアパラチア高地が出現。白亜紀の準平原の痕跡が、定高性のある尾根として残っているということ？」。

デービスが書いた本の日本語訳である『地形の説明的記載』（水山・守田訳、１９６９）を確認してみると、１３４ページにスケッチがありました（図１-18）。図のAはフリードリヒゼンによる天山山脈のスケッチ、BとCはデービスのスケッチです。原画は白黒なので、トレースしたあとに私の判断で色を付け加えています。

フリードリヒゼンのスケッチを見ると、定高性のある稜線が見事です。一方、デービスのスケッ

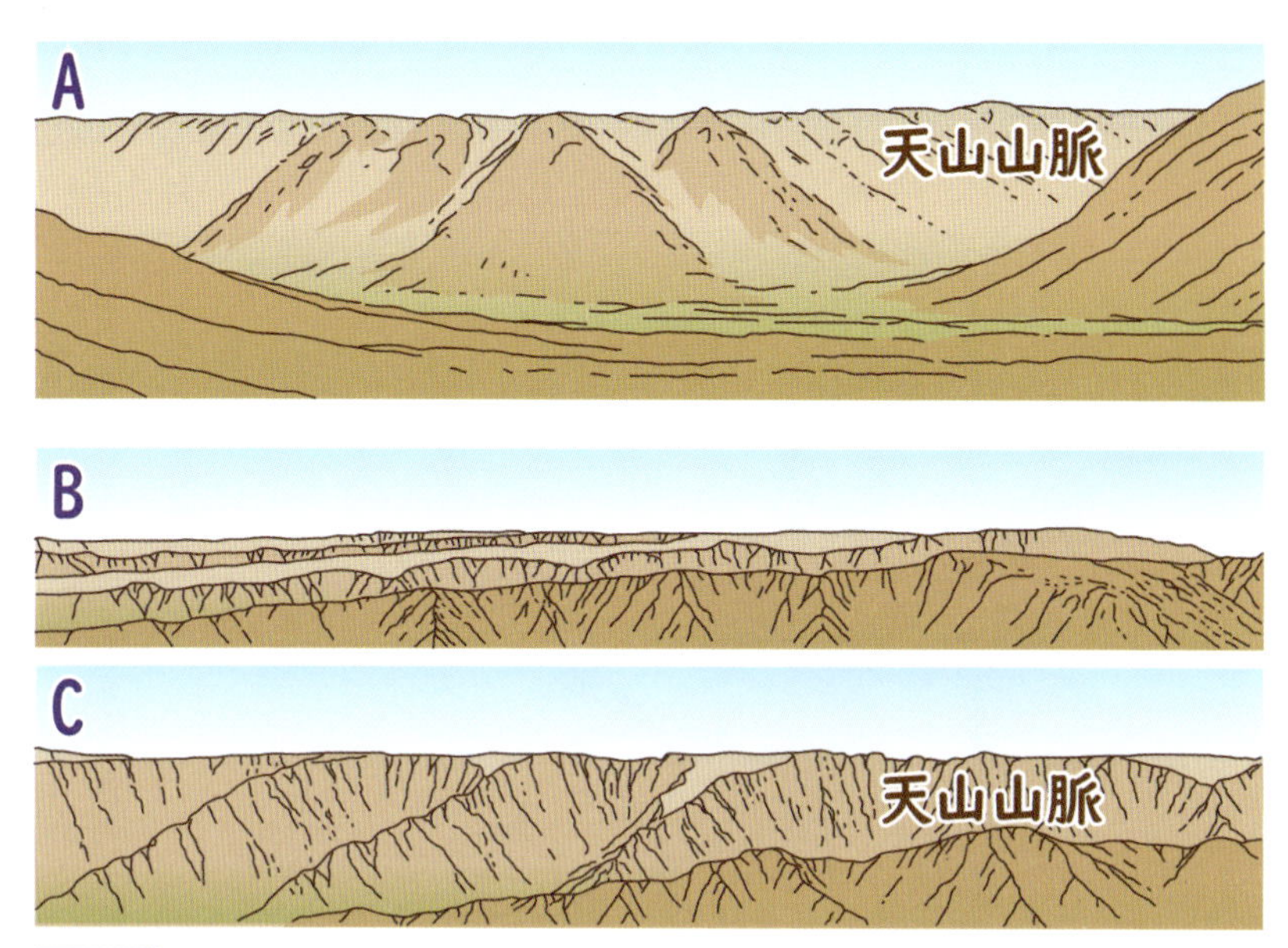

図1-18 かつては準平原であったと考えたフリードリヒゼン（A）とデービス（BおよびC）の天山山脈のスケッチ。『地形の説明的記載』（水山・守田訳、1969）をもとに作成し着色。

チを見ると、定高性のある尾根だけでなく、山頂部には平坦な地形が残っています。この地形を見てデービスは準平原を確信したのでしょう。

本文の記述を読むと、「……山地構造は著しく擾乱（じょうらん）されているにもかかわらず、山地の大部分は大きな地塊（ちかい）により種々の高度の広い高地平坦面を伴い、不完全な開析（かいせき）で特色づけられている」と書かれています。そして、「……種々の高さの高地平坦面が、以前には低い平地あるいは準平原を形成していたと信じようと思う」と続いています。「エッ、……信じようと思う……ですって？」どうやらデービス本人も、準平原そのものを見てはいないようです。

デービスが見ていたのは準平原そのものではなく、隆起した準平原（と考えた地形）の名残なのです。準平原ではなく、隆起準平原だったのです。デービスの準平原は、本当に実在しているのでしょうか。もしかして、そもそも存在していない準平原について、私は今からその謎を解こうとしているのでしょうか。それはまるで、風車を巨人と思い込み、全速力で突撃したドン・キホーテのようです。準平原の謎解きの旅は、出発前から前途多難です。

ひとたび概念を仮定すると、概念は存在し続ける

アイソスタシーの概念は１８００年代にジョージ ビドル エアリーとジョン ヘンリー プラットが提案し、クラレンス エドワード ダットンによって、１８８９年にアイソスタシーと命名されたそうです。デービスが最初に侵食輪廻説を発表したのは１８８４年といわれているので、彼がアイソスタシーの概念を、自身の仮説に取り入れて検討するには時期尚早だったのかもしれません。

ライト兄弟が有人動力飛行に成功したのは１９０３年ですし、グスターヴ ホワイトヘッドの初飛行（１９０１年）が世界初としても、デービスが航空機に乗って上空から地形を詳しく観察することは難しかったでしょう。１７００年代の後半には気球による浮揚実験が始まっていたので、気球による上空からの地形観察は可能だったかもしれません。しかし、Ｇｏｏｇｌｅ

Earthはもちろん詳細な地形図もない時代に、ほぼ地表からの地形観察で侵食輪廻説を提唱したデービスの想像力には敬服します。

ところで、デービスの侵食輪廻説を振り返ると、地質学者である私は地質学における造山運動（説）を思い出します。造山運動は英語ではオロジェニー（orogeny）といって、山をつくる造山地運動（mountain building）ではありません。地質学の中だけで考えられてきた非常に観念的な用語で、実在している事物に対する記載用語ではないのです。地質学的な観察事実から、そのような地殻変動があったのだろうと推定し、その解釈にあてがった用語です。理論でも学説でもなく一つの解釈であり、証明することも反証することもできない非常に抽象的な概念なのです。地向斜（geosyncline）も然り。

もちろん、デービスが侵食輪廻説を組み上げたのは19世紀初頭ですから、地形の観察からそのような仮説を組み上げたのは理解できます。

しかし、21世紀の今日でも、その概念が生き残って地形学の根幹になっていたとは……、ちょっと驚きです。

デービスによれば、地殻変動が再開して準平原が隆起すると、地形面に対して侵食基準面（海面）が相対的に低下するので侵食作用が復活し、新たな侵食の輪廻が始まるとされています。そして、幼年期地形から壮年期地形へと発展し、さらに山地は侵食されて老年期地形となったあと、最終的には準平原に戻るというのが侵食輪廻説です。準平原は侵食輪廻説と切っても切れない関係なのですが、どちらも突っ込みどころ満載の仮説です。

このように、デービスが提唱した侵食輪廻説は、現在でも地形学のパラダイムです。このパラダイムにおいて私が最も注目しているのは、大地を侵食するのは川であるということ。デービスに限らず世界中のすべての人は、大地を削るのは川だと信じています。私はそれを疑っているのです。

日本の準平原問題は、吉備高原から始まった

準平原の問題は、日本列島の地形学において古くから議論されてきました。私が大学生だった1980年代でも、学会では日本における準平原問題といった講演があって、「自分の専門には遠いけれど、いかにもロマンのある世界だなぁ」と感じていました。

最近では、日本列島の準平原問題についてはほとんど耳にしませんが、それは未解決のまま研究者の関心が薄れていったからなのでしょう。デービスの侵食輪廻説の提唱から始まって、アメリカを中心とする準平原と多輪廻学説の発展と批判・後退、そして日本における準平原論・多輪廻論の展開については、岡義記先生の詳しい論文（岡、1986、1990）があります。久々に骨太の論文を読みました。最近では、村中・於保（2011）に、研究史が分かりやすくまとめられています。そこで、これらの文献を参考に、日本における準平原問題について簡単に振り返ってみましょう。その舞台は、前回の『分水嶺の謎』の旅で訪れた中国地方です（図1-19）。

中国地方の脊梁山地はやや北寄りに続いていて、その南側には標高が数百mほどの起伏の小さい平坦な地形が広がっています。地質学者の小川琢治（小川、1907）はこの平坦な地形を吉備高原と呼び、地質学者の小藤文次郎（小藤、1908）は吉備高原を隆起準平原であると指摘しました。今から100年以上も前になります。

1949年にノーベル物理学賞を受賞した湯川秀樹博士が小川琢治の三男であることは有名ですね。小藤文次郎といえば、日本に近代地質学を導入したドイツ人地質学者のナウマンが指導した最初の学生です。ナウマンは東京帝国大学地質学教室の初代教授で、私が入所した地質調査所（現産総研）を設立したのもこのナウマンです。日本の地形学の黎明期には、そうそう

たる地質学者が新しい学問分野を切り開いていたのです。

侵食輪廻説から多輪廻仮説へ

その後、標高１０００ｍを超える中国山地の山頂付近にも平坦な地形が見つかると、地形学者の辻村太郎はその侵食面を脊梁山地面と呼びました（辻村、１９２９）。つまり、中国地方には、吉備高原面と脊梁山地面の、標高が異なる二つの侵食地形が確認されたのです。複数段の隆起準平原の成因に関する議論は、このあと混乱していくことになります。

この頃は西洋の学問を日本に輸入する時代でしたので、準平原についても野外による記載と認定が中心でした。その後の昭和期には、準平原に代わって平坦面とか侵食面とか小起伏面などの用語が使われ、準平原の概念を拡大解釈した多輪廻地形論が支配的であったとされています。中国地方には準平原と思われる平坦面が何段もあるので、単純な１サイクルの侵食輪廻では説明ができなかったからでしょう。

私の母校である東北大学理学部地質学古生物学教室の初代教授である矢部長克は、「……準平原の生成は津山盆地等の瑞穂統海成層を生ぜる浅海の侵入後なりと考ふる場合に寧ろ上掲諸氏（小藤文次郎、加藤武夫、小沢儀名）によりて記述せられたる種々の事実をより満足に説明し得るものと思わる」と１９２６年に述べています（息が続かない、はぁー）。つまり、現在の知見で読み替えると、吉備高原の基盤岩からなる平坦面は、１８００～１６００万年前の備北層群（海成～陸成層）に薄く覆われていて、基盤岩だけでなく備北層群も侵食されているので、その地形がつくられたのは備北層群の堆積したあと（１６００万年前以降）だというわけです。

中国地方の準平原に関する記述を見ると、「第三紀のある時代において地形が準平原化された……」とか、「中新世末には準平原であった平坦な地形が、その後の地殻変動によって……」な

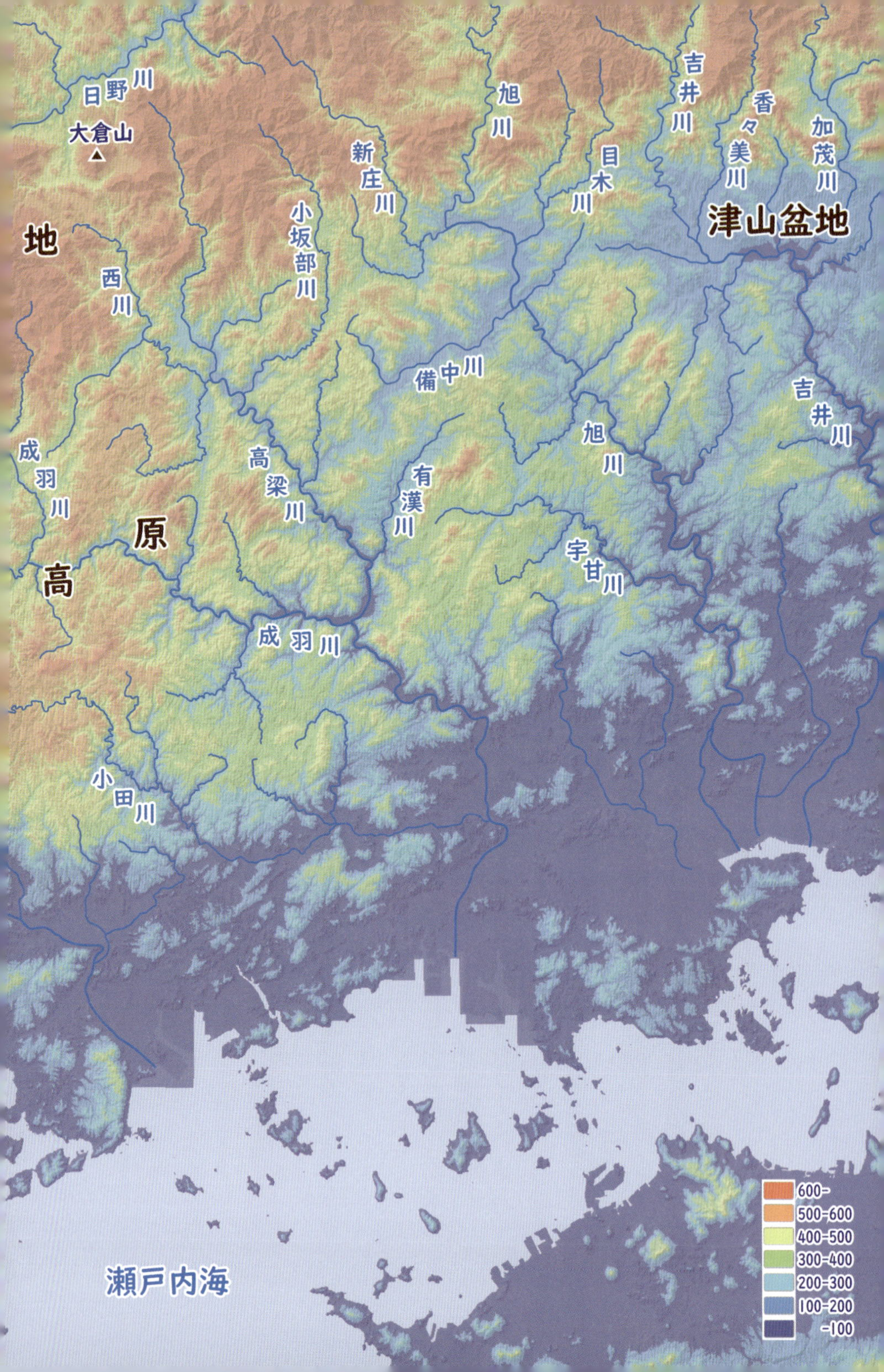

日野川
大倉山
旭川
新庄川
吉井川
香々美川
加茂川
目木川
津山盆地
小坂部川
地
西川
備中川
吉井川
旭川
成羽川
高梁川
有漢川
原
宇甘川
高
成羽川
小田川
600-
500-600
400-500
300-400
200-300
100-200
-100
瀬戸内海

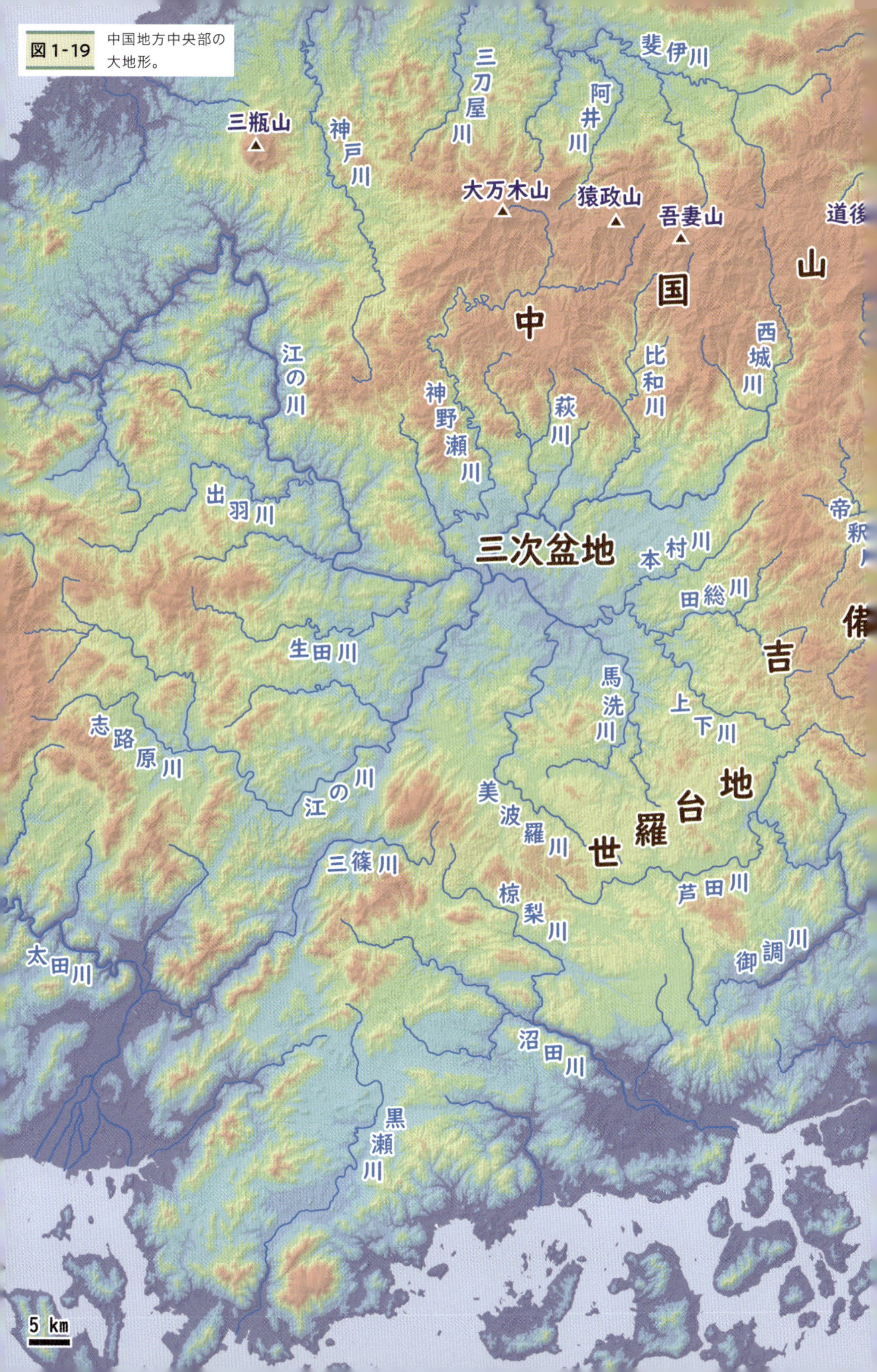

図1-19 中国地方中央部の大地形。

どと書かれています。〝第三紀〟という学術用語は現在使われていないので、現段階で適切な表現としては、「備北層群が堆積した新生代新第三紀前期中新世後期以降のある時点で、中国地方の地形は平坦化されていた」となるでしょう。もはや、解説ではなく呪文ですね。

準平原と聞くと、広大な大陸のどこまでも続く平坦な大地をイメージし、研究者だけでなく一般の方でもロマンをかき立てられます。しかし、中国地方の準平原とされた平坦面は、少なくともおよそ2000〜1500万年前の日本海の拡大のあとに形成された侵食地形なので、大陸時代の名残ではないですね。ちょっと残念。

ただし、図1-20を見ると、基盤岩がつくる津山の盆地底に、勝田層群（備北層群相当層）が侵食され残るように分布しています。鍋の底についているカレーの残りのようです。このことは、備北層群（＝カレー）が堆積し始めた1800万年前、備北層群を貯める器（＝鍋）の底として、すでに平坦な地形が存在していたことを表しています。

私は地質学者なので、津山盆地の現在の平坦な地形だけではなく、備北層群が堆積し始めた1800万年前の基盤岩の平坦な盆状構造にも興味があります。地質を丁寧に読み解けば、さらに古い地形（古地形）が復元できるのではないかと期待しているのです。

さらに岡先生の1986年の論文を読み進むと、地質学者の大塚彌之助が「……一見中新世以前の説と鮮新世の説が対峙しているように見えるが、実は両説は別なものを説明しているので、すなわち一つは中新統下のもので、他は中新統上のものであった」と述べていると書かれています。当時の混乱がうかがえますが、私の狙いは両方です。

とはいえ、どちらも難題であることには変わりません。まずは後者、すなわち現在の平坦な地形の問題に挑戦しましょう。現在の地形に認められる平坦な侵食小起伏面の成因が、今回の旅の主目的です。

図1-20 津山盆地の地形と備北層群相当層の分布。〔35.06,134.03〕

準平原を仮定すると、準平原は存在する

20世紀の前半、デービスの侵食輪廻説は地形発達モデルとして全盛時代を迎えていましたが、戦後になると世界的な批判的風潮に変わっていったようです。どの分野でもそうですが、一時代を席巻した学説に対して、その後、その説に対する批判的な風潮になることは珍しくありません。それは、本質的ではない部分について説明ができていないとか、過度な演繹であって帰納的でないなど、いろいろな要因が学界の雰囲気を左右します。

地質学においては、地向斜（造山）論からプレートテクトニクスへ移行したときの日本国内の論争や、プレートテクトニクスに対する批判に似ています。泊次郎さんの『プレートテクトニクスの拒絶と受容』（泊、２００８）には、その様子が詳しく書かれています。私より一ないし二回り上の世代の地質研究者はその状況を目撃していたわけですが、日本の地質学における混乱と収束は、おおよそトーマス クーンの『科学革命の構造』（中山訳、1971）に書かれている通りでした。

そのデービスの侵食輪廻説は、とくに海外で酷評を受けていたようですが、それは彼の説が地形学に大きな影響を与えたものであった裏返しでもありました。そのような繰り返しで、科学は進歩するものなのです。

そして日本においても、デービスの侵食輪廻説は、そのまま、あるいは多少の拡大解釈をして、日本列島の大地形の形成論に適用されていきました。その経緯に対し、批判的・反省的風潮もあったようです。そのような状況で、地史学の中に準平原を組み入れた地形年代学が、地質研究者を中心に進められました。地球の歴史を扱う地史学において、当時は年代を論じる手法が乏しかったからです。高い位置にある準平原ほど古いとする相対年代は、当時では有用な情報だったのです。

これは、高い平坦面ほど古い時代につくられたとする段丘と同じ考え方ですね。そして、日本の地形は、PD面（準平原面）、DI面（多摩丘陵のような背面）、Du面（武蔵野のような台地面）、A面（沖積面・沖積段丘面）に大きく分類され、全国的な対比が試みられました。

問題は、「日本列島にはかつて〝準平原が存在〟し、それは一つの等時間面として、地史学の中に組み入れることが可能である」と仮定したことです。〝存在する〟ことを仮定すると、必ず〝存在する〟とする結論に至ることは、自然科学に限らずあらゆる場面で遭遇します。「準平原が存在する」と仮定していながら、結論では「準平原は存在しない」となるはずはありませんから。そして、その後、地形学と地質学は、同じ地形を扱いながらも別個に研究が進行していきました。

この傾向に対し、地形学者の辻村太郎は、「……風雨の憂いを知らない室咲きの花のように穏やかに育って来たのが、わが国の準平原論である。

その原因は一にして足らないが、ただ一人の地形学者である三野與吉（みのよきち）を例外として、ペネプレーン（準平原）の問題を取り扱ったのは悉（ことごと）く地質学者であり、そこには必要な程度の懐疑論（かいぎろん）がなく、慎重な批判的態度も見られなかった」と1952年に書いています（辻村、1952）。地質学者の私としては、耳が痛いです。

辻村太郎は東京帝国大学の地質学科に進学した地形学者で、歯に衣着せぬ人柄なのでしょう。自分の目で観察しオリジナルな視点を生み出すことよりも、海外の流行をいち早く国内に導入し、とりあえず借り物の解釈をあてがって論文を量産する昨今の状況とも重なります。

その辻村先生が大正12年（1923年）に書いた『地形学』（辻村、1923）は、日本語による初めての地形学の教科書です。私も『地形学』の古本を購入して読みました。読めない漢字が多く苦労しましたが、本質的な点に関しては、今日の地形学とあまり変わらない印象を持ちました。

その『地形学』の中で、辻村先生はデービスの侵食輪廻説や準平原を疑うことなく紹介しています。さらに「現在の地形を論ずるためには、過去にさかのぼらなければならない」とも述べているのは、辻村先生の研究のスタートが地質学だったからでしょう。1952年の辻村先生の苦言（くげん）は、日本における30年あまりの地形学の足踏みを、歯がゆく思っていたからかもしれません。中国地方の地形は、まだ何も語ってはくれなかったようです。

複数段の侵食小起伏面をどう考える？

昭和25年（1950年）には、中国山地西部に吉備高原よりも低い標高200m前後の侵食小起伏面が発達するとされ、貝塚爽平先生によって瀬戸内面と名付けられました（貝塚、1950）。前述の津山盆地の侵食小起伏面も、標高に基づけば瀬戸内面になります。しかし、その対比は、「同じ高さの平坦面は、必ずしも同時期に、同じ要因によって形成されたわけではない」と辻村先生に叱られそうですね。

複数段に分かれた侵食小起伏面が認められる中国地方の地形の成因として、日本の地形研究者は間欠的な地殻変動（隆起）を想定しました。地殻変動の停止によって侵食小起伏面がつくられ、地殻変動の再開によって侵食小起伏面が隆起して河川の下刻を被り、再び地殻変動が停止して一段低い侵食小起伏面がつくられる。この繰り返しによって、中国地方に複数段の隆起準平原がつくられたと地形研究者は考えたのです。まるで、河成段丘のでき方そのものです。

ところが、脊梁山地である吾妻山（1238m）から備北層群が発見（図1-21）され、異なる標高の侵食小起伏面は、もともと同一の平坦面であったとする説が1980年に発表されました（多井、1975：多井他、1980）。複数段の侵食小起伏面が異なる時期に形成されたとするそれまでの多輪廻説に対し、同一の侵食小起伏面が地殻変動（隆起量の違い）によって異なる高さに分かれたとする考えです。現在では、こちらの説が支持されているようです（村中・於保、2011）。

その後、侵食小起伏面は、標高の高いほうから道後山面、高野面、比和面（吉備高原面）の三つに区分されました。最近では、標高1000m付近の脊梁山地面、標高400～600mの吉備高原面、標高300～450mの世羅台地面、標高100～200mの瀬戸内面に区分されています。

これらの侵食小起伏面は、中国山地から瀬戸

図1-21 中国山地の吾妻山に分布する備北層群。露頭の位置は多井他(1980)に基づく。〔35.07,133.03〕

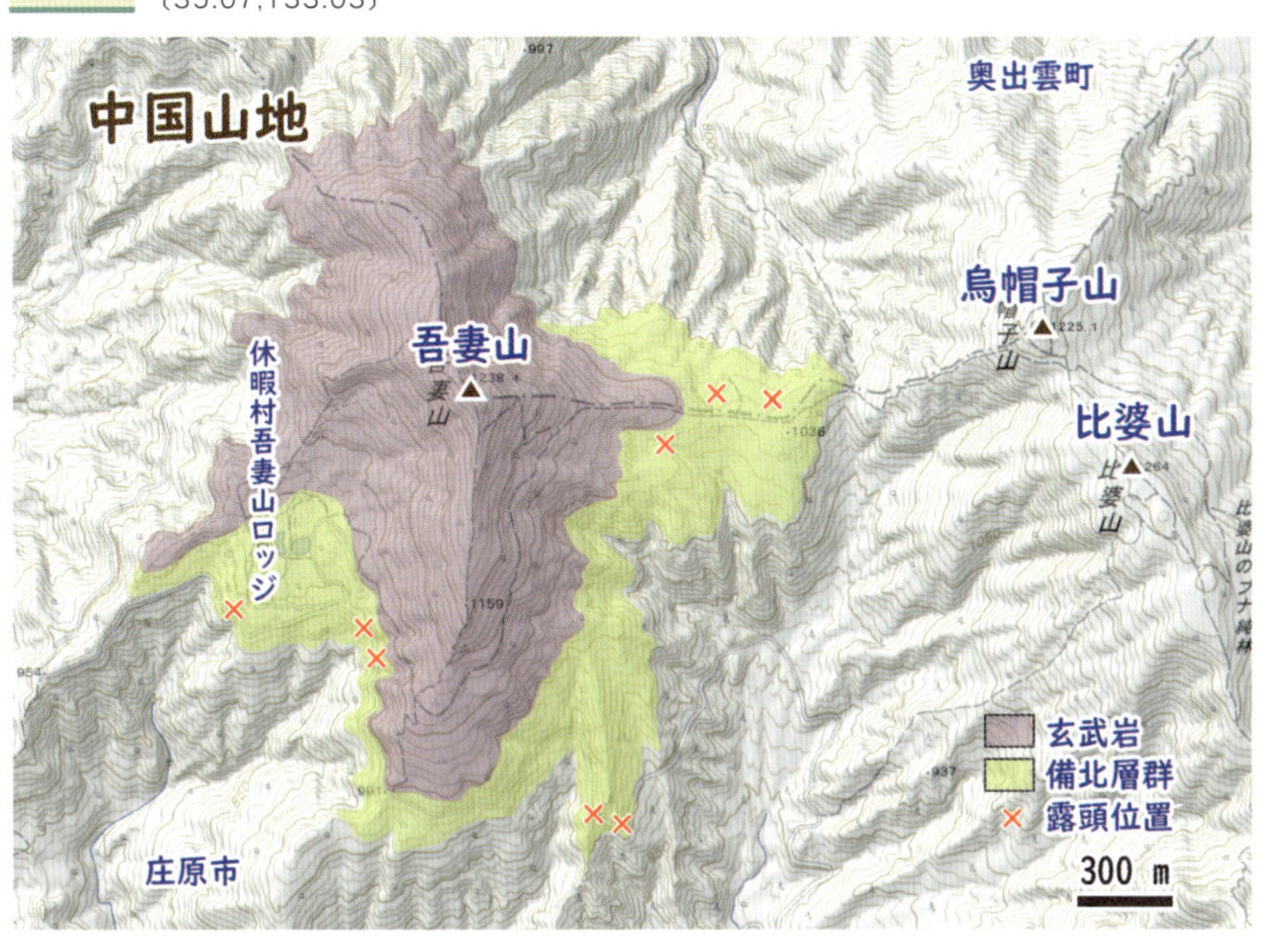

内海に向かって標高の高い面から低い面へと階段状に分布する場合や、そうではないケース、吉備高原面を取り囲むように一段低い世羅台地面が分布していたり、さらに低い瀬戸内面が取り囲むケースなど単純ではなさそうです。この複雑で複数段の侵食小起伏面の成因を、デービスの侵食輪廻説と準平原の考えを適用して理解しようと試みた100年あまりが、日本の地形学の歴史であったということができるかもしれません。

「山はどうしてできたの?」と誰もが疑問に思うように、中国地方の準平原問題は、100年以上にわたって多くの地質学者・地形学者を惹(ひ)きつけてきました。当初はデービスの侵食輪廻説の輸入と適用から始まり、その拡大解釈である多輪廻仮説によって、複数段の侵食小起伏面の成因を解釈することが試みられました。

そして、海外の批判的風潮を横目で見ながらも、デービスの侵食輪廻説から脱却(だっきゃく)することはなく、また日本独自の視点を生み出すこともできませんでした。いつしか地形研究者の関心は地形発達史に移行し、侵食小起伏面を同時面として対比することにより、地形の形成過程を復元する方向へと移っていったのです。侵食小起伏面そのものの成因を追求することもなく。

日本の第四紀地質学においてひとしきり流行した広域テフラ（火山灰）の対比は、そのための準備段階といえるかもしれません。その中で、年代論が乏(とぼ)しい山地の地形発達に関する研究テーマから、ほとんどの地形研究者は離れていきました。

退職を控えた1985年に書かれた東京大学の吉川虎雄先生の『湿潤変動帯の地形学』（吉川、1985）を読むと、日本の地形学界に対するそのような不満を読み取ることができます。中国地方の準平原問題は、解決しないままほとんど忘れ去られてしまったのです。

そのような問題、私は好きです。一周遅れの一等賞になれるかもしれません。そもそも誰かと競争することもなく、誰からも急かされることもなく、ときには古い論文や書籍を読みながらノスタルジーを味わいつつ、ゆっくり思考実験の世界に浸れます。つづいて、準平原の謎を解くために必要な〝鍵〟についてお話ししましょう。前回の『分水嶺の謎』の旅で得た、谷中分水界の成因という〝鍵〟です。

谷中分水界の成因

謎を解く一つ目の〝鍵〟は 谷中分水界

『準平原の謎』を解くために必要な〝鍵〟は、谷中分水界です（図1-22）。前回の『分水嶺の謎』の旅にご一緒された方は、すでにこの〝鍵〟をお持ちのはずです。一方、今回の『準平原の謎』の旅に初めて参加される方は、谷中分水界の読み方すら分からないかもしれません。谷中分水界は「こくちゅうぶんすいかい」と読みます。地形学においてそれほど知られた用語ではありませんが、一部の地形研究者や地形マニアの方は、すぐ河川の争奪を思い浮かべるでしょう。

広島駅でＪＲ芸備線9時発の三次行き「快速みよしライナー」に乗ると、1時間ほどで向原駅に停車します（図1-22上）。向原駅は本州を太平洋側と日本海側に分ける分水嶺の太平洋側に位置し、駅を出発して８００ｍほど走行すると、そこはすでに日本海側。幅の広い真っ直ぐな谷を走っているので、乗客の誰も峠を越えているとは思わないでしょう。とうてい尾根とは思えない谷底を分水界が横切っているので、谷中分水界と呼ばれています（図1-22下）。

ここ向原の谷中分水界の標高は２１４ｍ。芸備線が走るこの谷は、かつて東側と西側の島に挟まれた、南北方向の細長い海峡でした。中国地方が隆起すると、その海峡は一番浅い場所から陸化し始め、その両側の海底が徐々に干上がって、向原の谷が生まれたのです。

最初に陸化した場所は最も標高が高いので、空から降ってくる雨を南と北に下るなだらかな谷に分水します。すなわち分水界です。もともと平らな海底だった谷の途中のほんのわずかな高まり（尾根）が、向原の谷中分水界になりました。「快速みよしライナー」は、かつての海底を走っているのです。

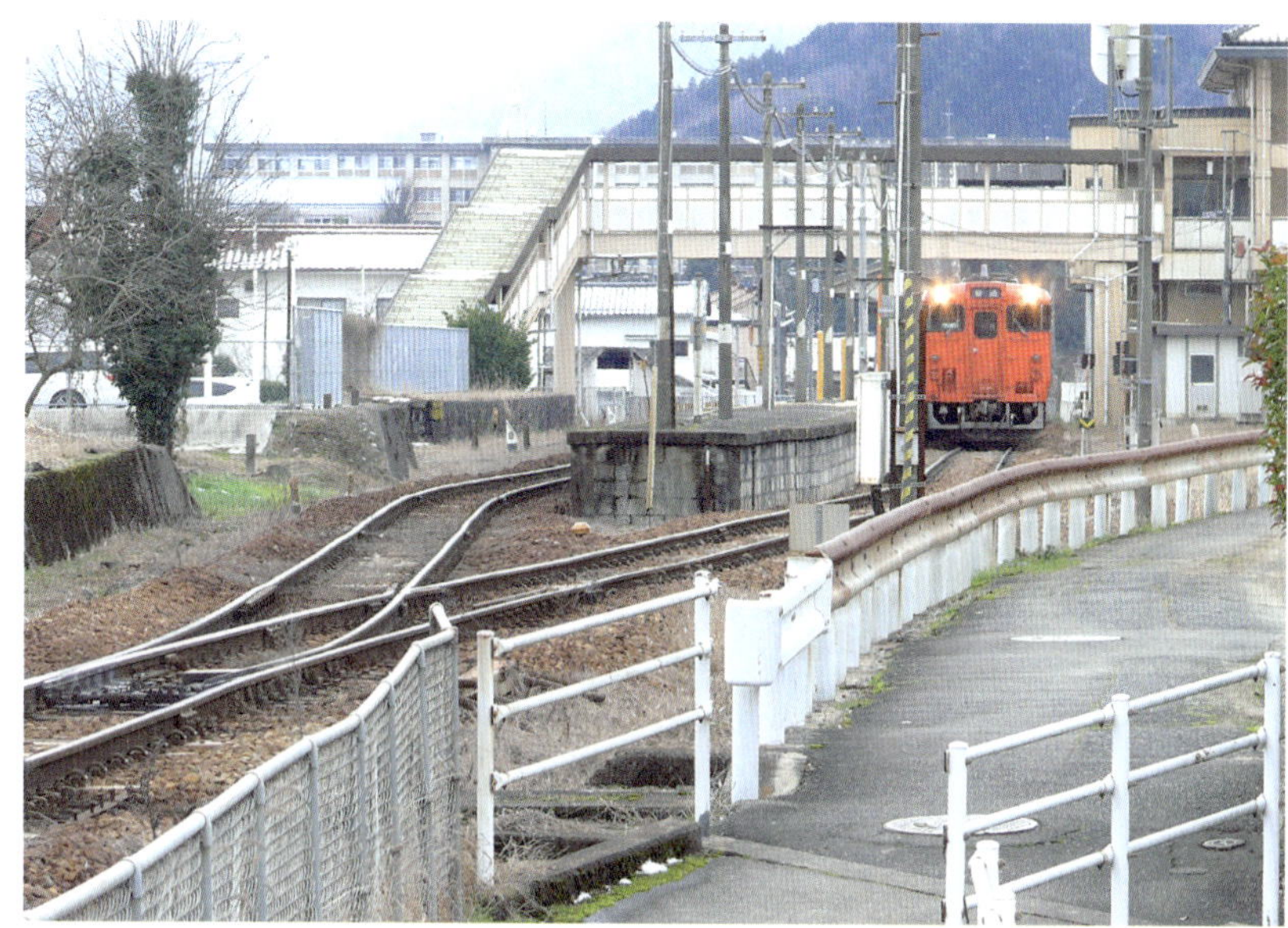

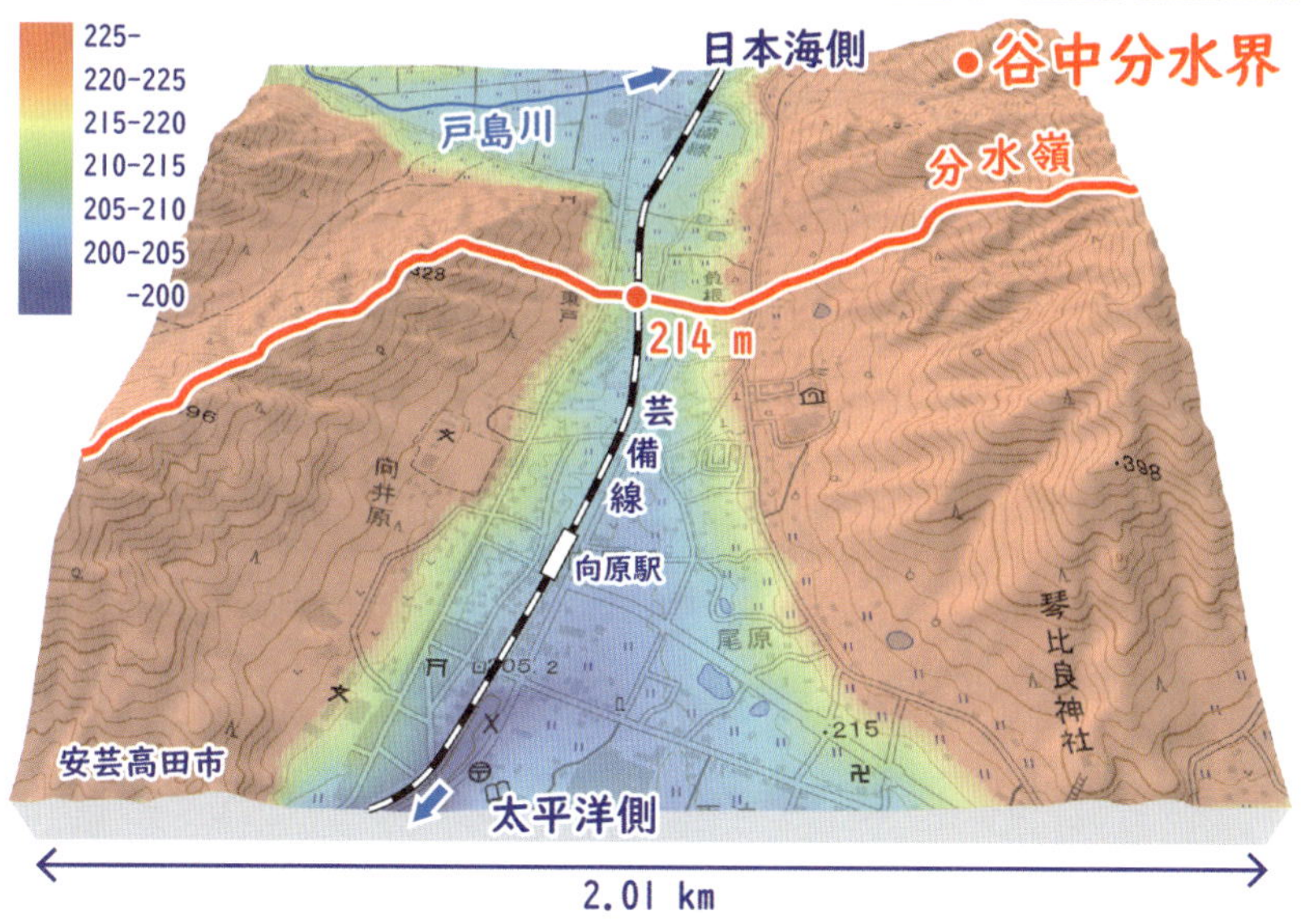

図 1-22 分水嶺を通過するJR芸備線の向原駅(上)と、向原の谷中分水界周辺の地形(下)。〔34.62,132.72〕

スプーンですくったアイスクリーム？

三次駅でキハ47＋40系からキハ120形気動車に乗り換え、さらに備後落合駅でJR木次線を見送ると、ここから列車は〝空気〟を運ぶといわれる芸備線の核心部に突入。つぎに停車する道後山駅は、分水嶺の800mほど手前です（図1-23上）。個人的には日本一と思う日野原の谷中分水界を気動車は通過し、小奴可駅までは6分の道のり。緊張の〝必殺徐行〟運転から、ちょっと解放されてホッと一息。ここで途中下車すると、つぎは20時33分発の最終列車なので5時間半待ち。さすがにそれは長すぎるので、列車の車窓から周囲の地形を眺めます。

　地形学者である三野與吉は、この地域の地形の特徴を典型とし、小奴可地形を提唱しました。先生の論文はかなり難しく、理解できないもどかしさは今も続いています。しかし、先生が小奴可地形に興味を持つ理由は分かります。斜面の最大傾斜方向に刻む谷がほとんどない猫山（1195m）や白滝山（1053m）。それらの山の急斜面から幅の広い谷に連続する緩斜面を眺めると、中学校で初めて二次関数のグラフを方眼紙に書いたときの、ちょっとドキドキした気持ちを思い出します。

　前回の『分水嶺の謎』の旅では、猫山から日野原の谷に一気に下り、休む間もなく白滝山へ急登したため、ゆっくり考える時間の余裕はありませんでした。気になっていたその地形が小奴可地形と呼ばれていることは、帰宅後に知りました。私は同様の地形を研究室の窓から毎日見ていたのです。そう、筑波山（877m）です。花崗岩と斑れい岩からなる名峰・筑波山は、スプーンですくったアイスクリームのような斜面が特徴です。雨水は斜面の最大傾斜方向に流れるので、谷は等高線とほぼ直交する方向に刻まれます。ところが、筑波山や猫山には斜面を刻むそのような谷が少なく、雨水に侵食される前の原地形に思えるのです。言い換えるなら、地形図そのものが接峰面図に見えるのです。

図 1-23 日野原の谷中分水界周辺の地形（上）と、向原付近の三篠川から望む大土山に続くなだらかな山稜（下）。〔35.01,133.19〕および〔34.61,132.73〕

似たような地形はたくさんあります。北上山地の早池峰山（１９１７ｍ）や房総半島の嶺岡山地、『分水嶺の謎』の旅で訪れた海見山（８７０ｍ）や恐羅漢山（１３４６ｍ）などなど。向原の近くの大土山周辺は、バナナといおうか鰹節といおうか、なめらかな斜面に囲まれた、いかにも原地形と思われる地形が続いていて、ずっと気になっていたのです。

向原の近くを流れる三篠川の河床には大小さまざまな大きさの石ころが転がっていて、この程度の水量とこの程度の研磨剤（石ころ）で、周囲の山が削られたとはとうてい思えません（図1-23下）。その違和感の理由を明らかにして、スッキリしたいです。その際には、小奴可駅にも立ち寄りたいのです。

つれづれ話をしていたら、あっという間に芸備線の終着駅の備中神代駅に到着です。時計を見ると15時52分。広島駅から備中神代駅までは7時間の長旅ですが、二回も通過する分水嶺は、いずれも本州でベスト10に入る谷中分水界です。

存続か、それとも廃止か……、ローカル線の見直しの舞台となる芸備線。私は乗り鉄というわけではありませんが、一度は訪ねてみたい路線なのです。

片峠は二つ目の〝鍵〟

もう一つの〝鍵〟は片峠です。片峠は「かたとうげ」と読みます。片峠は『地形学辞典』（町田他編、１９８１）や『地形の辞典』（日本地形学連合編、２０１７）にも記載がないので、いわゆる業界用語です。片峠という語を見て河川の争奪をすぐ連想された方は、かなりの地形マニアです。そして、谷中分水界や片峠を聞いた瞬間に海峡をイメージされた人は、前回の『分水嶺の謎』解きの旅にご一緒された方ですね。間違いなく、世界で最初に峠が海峡に見えるようになった方です。

片峠の典型例として、広島県の上根峠を紹介しましょう（図1-24）。国道54号が通過する真っ

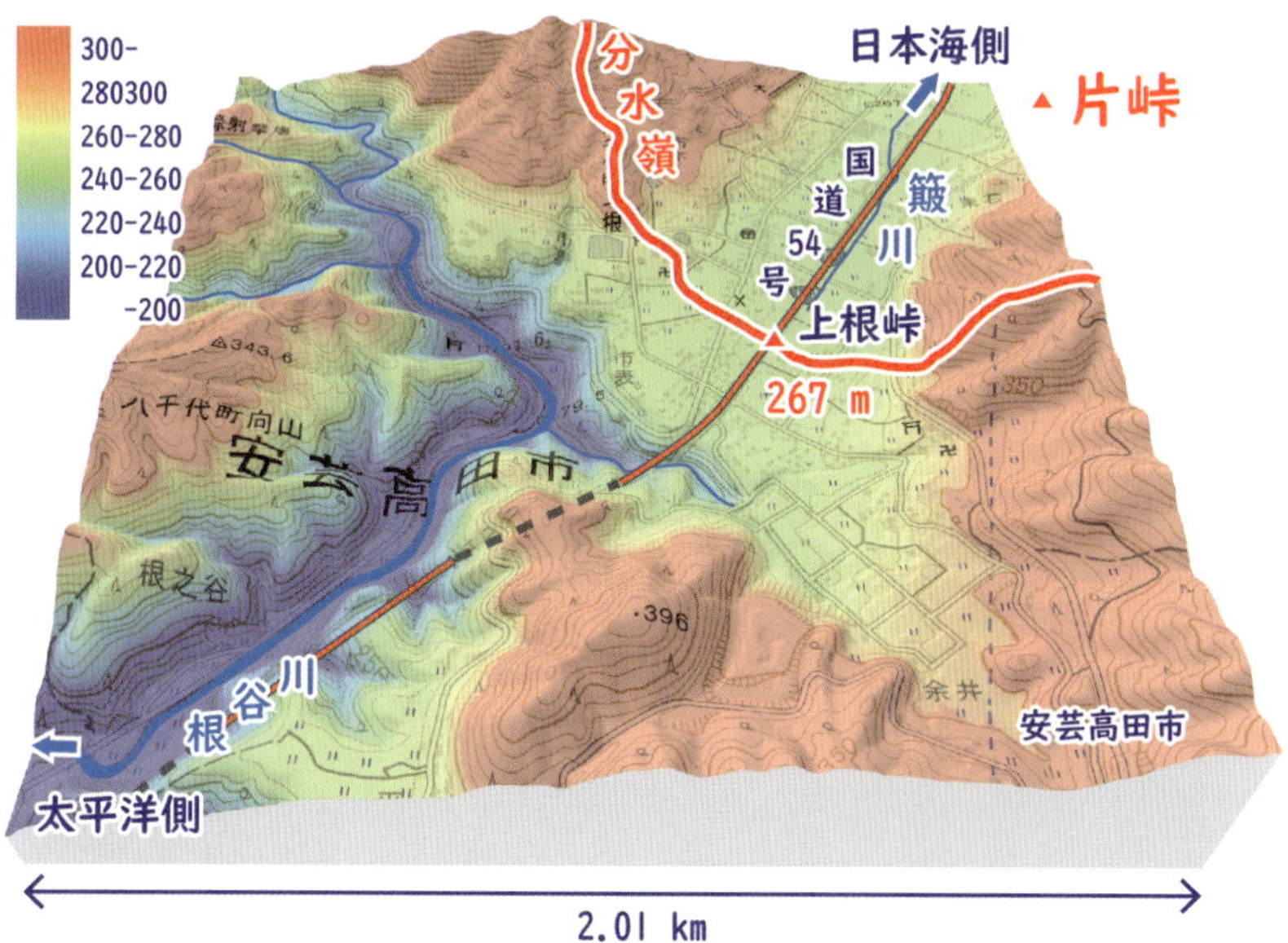

図1-24 分水嶺が通過する上根峠の片峠(上)と、周辺の地形(下)。
〔34.58,132.58〕

平らな谷を、分水嶺が横切っています。日本海側は江の川の支流の簸川、一方、太平洋側は太田川支流の根谷川です。一見すると向原の谷中分水界に似ていますが、根谷川の側が深く侵食されていて、片側だけが急斜面の峠になっています。両側ではなく片側だけが傾斜しているので、片峠と呼ばれています。

　実際に現地に立ってみると、本当に不思議な地形です（図1-24上）。真っ直ぐに走る国道の先を、目線を下げて見てみると、分水嶺のところがわずかに盛り上がっているのが分かります。国道を走っている車の運転手は、今この瞬間に本州を太平洋側と日本海側に分ける分水嶺を越えていることなど気がつかないでしょう。しかし、空から降ってくる雨にとっては、越えることができない尾根なのです。

　そして、真っ平らな道路のその先は、ジェットコースターのように一気に下ってしまいます。標高２６７ｍの上根峠には、この場所を分水嶺が通過していることを示す、立派な看板が立てられています（図1-24上）。国道を走る車は途切れませんが、カメラを持って立ち止まる酔狂な人には出会えませんでした。

　それでは続いて、典型的な谷中分水界とちょっと変わり種の片峠の地形の成因をおさらいしましょう。前回の旅にご一緒された方から「ああ是非東北つくってほしい」とリクエストがあったので、東北地方の不思議な峠をご案内します。

芭蕉が歩いて越えた堺田の谷中分水界

　谷中分水界の例として、宮城県の大崎市と山形県の最上町の境界に位置する堺田周辺の地形を図1-25に示しましょう。図1-25上の地形図を見ると、幅が広く傾斜が緩い谷が東西に延びていて、その谷の真ん中をＪＲ陸羽東線が走っています。前回の『分水嶺の謎』の旅では、胡麻（ＪＲ山陰本線）や石生（ＪＲ福知山線）、生野北峠（ＪＲ播但線）や日野原と向原（ＪＲ芸

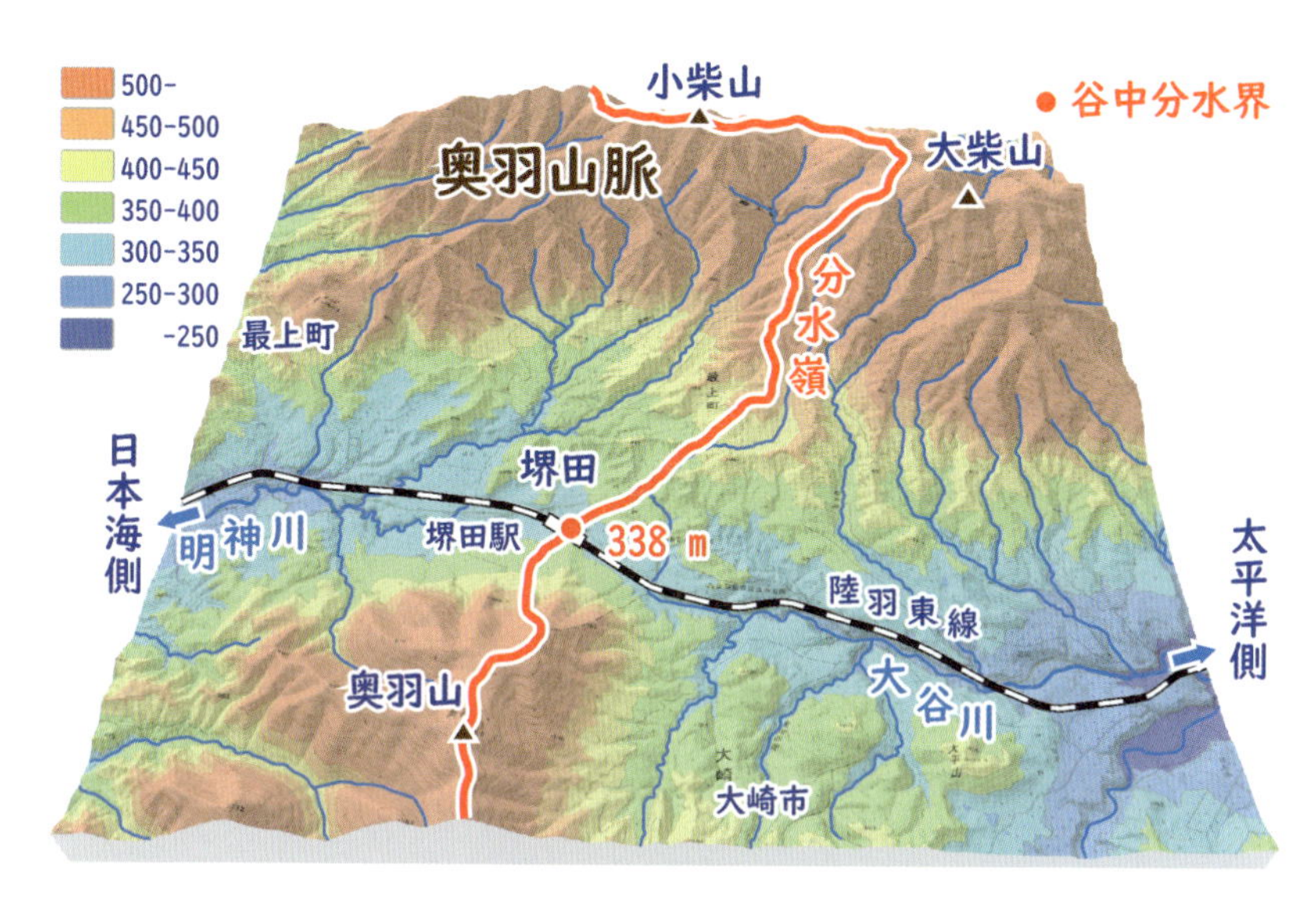

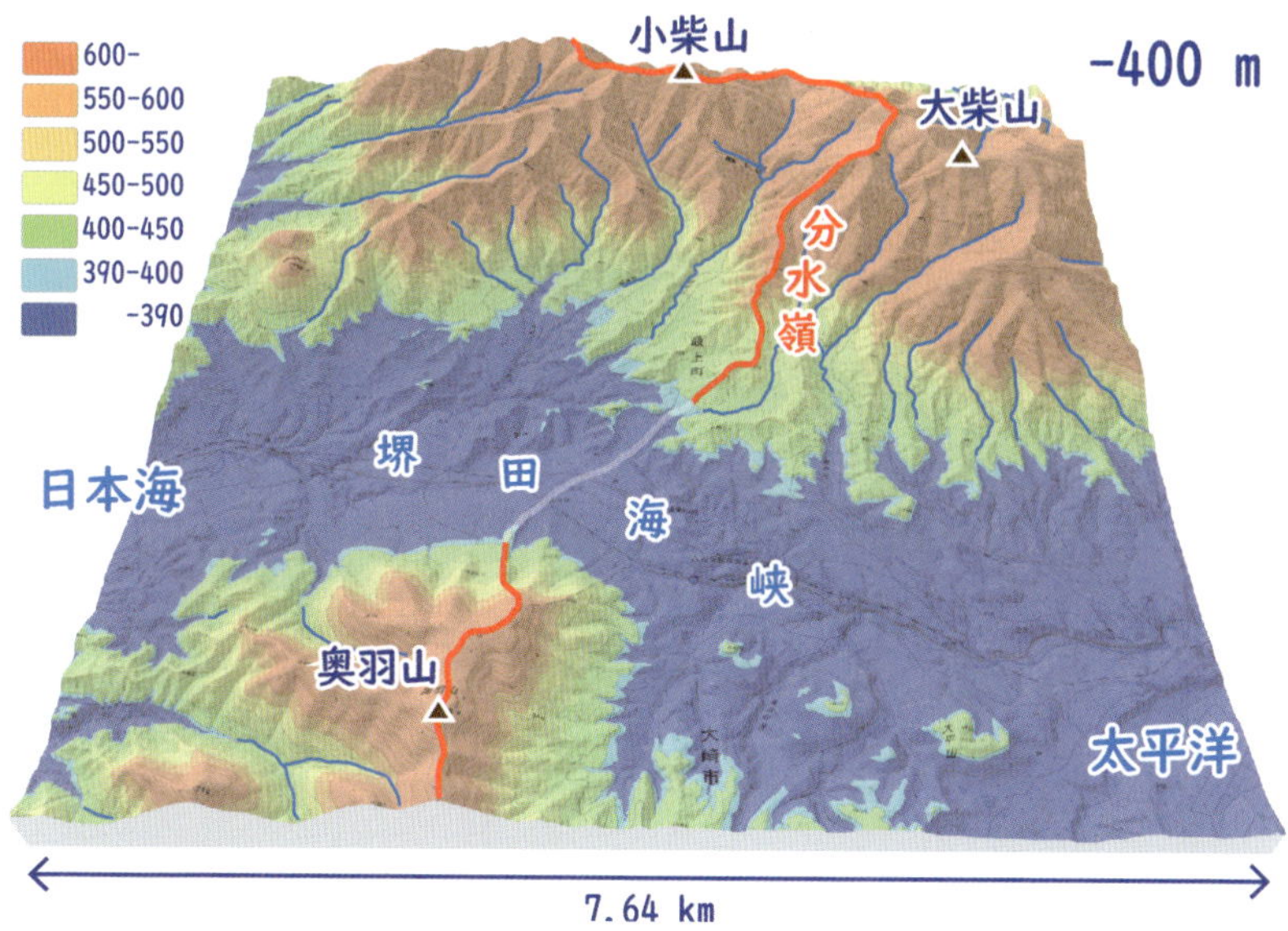

図 1-25 宮城県と山形県の県境にある堺田の谷中分水界の地形(上)と、現在よりも400m低かった頃の様子(下)。〔38.74,140.61〕

備線）、そして上下（JR福塩線）など、鉄道が通過している谷中分水界をいくつも訪れました。

陸羽東線が通過するこの谷によって、南北に連なる奥羽山脈は分断されています。そして、図の赤線で示したラインは、本州に降った雨を太平洋側と日本海側に分ける分水嶺です。本州を太平洋側から日本海側に移動するためには、必ずこの分水嶺を越えなければなりません。太平洋側の小牛田駅と日本海側の新庄駅を結ぶ陸羽東線は、標高338mの堺田の峠で奥羽山脈を越えているのです。

峠といってもなだらかな坂を上り緩やかに下るので、ループトンネルやスイッチバックは不要です。また、線路を大きくカーブさせて、急勾配を緩やかにする必要もありません。陸羽東線は東西に延びる幅の広い谷に沿って、真っ直ぐ走って峠を越えています。

車窓から景色を眺めている乗客の誰も、東北地方を縦断する急峻な奥羽山脈を越えているとは思いもしないでしょう。ここ堺田の峠は、急な坂を上って急な坂を下る普通の峠とは全く異なる不思議な峠なのです。

本州を太平洋側と日本海側に分ける分水嶺は南北に続いていて、ちょうど陸羽東線の堺田駅を横切っています（図1-26）。そして、堺田駅を境に東に流れる大谷川は太平洋に、西に流れる明神川は日本海に注いでいます。二つの水の流れを分ける境界が分水界ですね。大谷川と明神川を分ける分水界は、東西に続く谷の真ん中を横切っているので谷中分水界です。つまり陸羽東線は、起伏が小さい堺田の谷中分水界を横切って、奥羽山脈を越えているのです。

堺田の谷中分水界から9㎞ほど東に下ったところに、江戸時代の関所である尿前の関があります。尿前の関は出羽街道の関所で、当時は最上と伊達の両氏の対立が続いていたために、人馬や物資の出入りが厳しく取り締まられていました。俳人・松尾芭蕉は元禄2年（1689年）にこの関所で怪しまれ、厳しい取り調べを受けました。この地で詠んだ「蚤虱 馬の尿する 枕も

図 1-26　分水嶺が横切る晩秋の堺田駅（ＪＲ陸羽東線）。乗降客が一人もいなかったこの雰囲気、私は嫌いではありません。

と」の句は有名ですね。

　ようやく尿前の関を通過した芭蕉はなだらかな出羽街道を西に歩き、堺田で奥羽山脈を越えました。当時は詳しい地形図などない時代だったので、芭蕉は険しい脊梁山脈の峠越えを意識することなく堺田を通り過ぎたでしょう。難儀（なんぎ）だった関所の通過に比べれば、起伏の小さい谷中分水界の峠越えは、拍子抜け（ひょうしぬけ）するくらい容易だったはずです。

堺田の谷中分水界の成因

　このような谷中分水界は、とくに中国地方にたくさん見られます。谷中分水界の成因は、かつて大きな川によって幅の広い谷がつくられたのち、河川の争奪によって流れの向きが変わったために、谷の真ん中に分水界ができたと考えられてきました。その詳細は、前回の『分水嶺の謎』の旅で詳しくお話ししました。ちょっと重複しますが、ここでは私が考える堺田の谷中分水界の成因を説明しましょう。

　数百万年前の日本列島は、広い範囲が海面下に水没していました（図1-27）。ところが、およそ300万年前に始まった地殻変動によって日本列島は東西方向に押しつぶされ、海底は盛り上がって大地となり、さらに隆起して山国に成長したのです。この地殻変動は東西圧縮と呼ばれていて、現在でも進行中です。

　東西圧縮によって日本列島にはさまざまな絶景がつくられましたが、ときおり被害をもたらす内陸地震もこの東西圧縮が原因です。自然現象に必ずプラスの側面とマイナスの側面があるのは、人間目線で考えた場合です。自然は自然の摂理（せつり）に従って、淡々と自然現象を発生させているだけなのです。

　東西圧縮と呼ばれるこの地殻変動は、フィリピン海プレートの運動によって引き起こされています。フィリピン海プレートが北西に移動すると日本海溝が西に移動し、その結果、東北地方は東西に押しつぶされているのです。

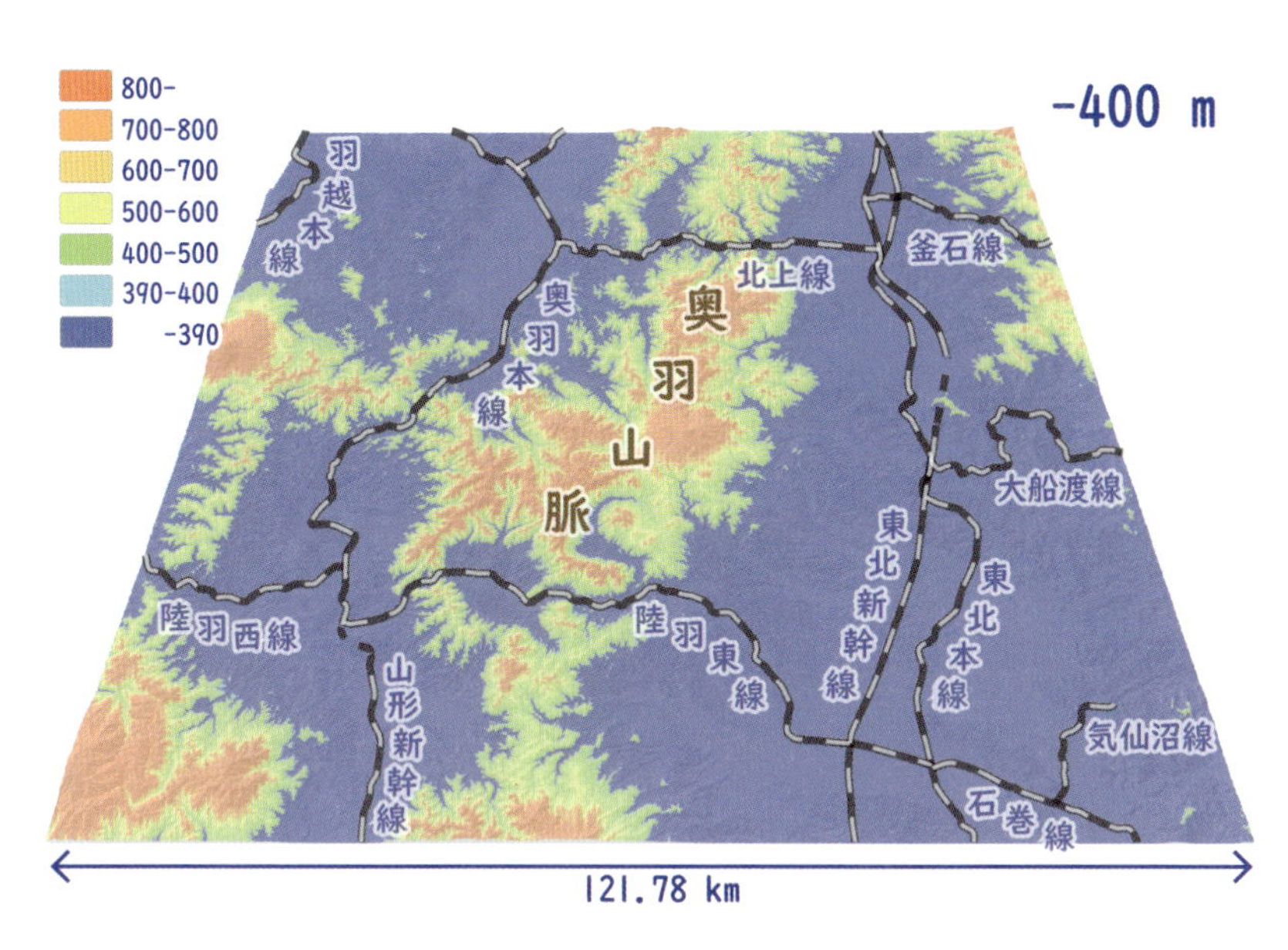

図 1-27　現在に比べて400m低かった頃の東北地方の様子。位置関係が不明瞭なため、現在の鉄道網を追記。

東西に短縮した東北地方の大地は逆断層や褶曲運動によって上下に押し出され、隆起して高くなった場所が山地になります。一方、山地と山地の間の相対的な凹みが山間盆地になりました。南北に連なる山地と盆地が繰り返す東北地方の大地形は、東西圧縮によってつくられているのです（図1-28）。

東西圧縮によって隆起し続ける東北地方の大地は、過去にさかのぼれば徐々に低下して、ついには海面下に戻されます。たとえば、隆起速度が1年間に1㎜だとすると、50万年で500m低下します。言い換えるなら、標高500mの山地は、50万年前には海面付近にあったことになるわけです。隆起速度が2倍の2㎜だったとしたら25万年前に、5㎜ならばわずか10万年前に海面付近に戻されます。

標高が2000～3000m級の山並みが連なる赤石山脈（南アルプス）は、1年間に4㎜ほどの速度で隆起していると考えられています。高さが日本第2位の北岳（きただけ）（標高3193m）ですら、１００万年前には海面下に戻されてしまう速度です。もちろん、隆起速度が一定であったと仮定しての推定です。

それでは、堺田の谷中分水界を、過去にさかのぼって復元してみましょう。仮に現在よりも４００m低かった頃の様子を、地理院地図を使って推定してみました（図１-25下）。といっても、地理院地図で標高ごとの色分けを少し変えただけです。標高４００m以下の部分を青色系統の色で塗って海域とし、標高４００mより高い部分は50mごとに色分けしました。図１-25の上と下は同じ範囲の地形図なのに、ずいぶん印象が違いますね。

堺田付近が現在に比べて４００m低かった頃、陸羽東線が走っている幅の広い谷は、東西に延びる海峡だったことが分かります。この海峡を仮に〝堺田海峡〟と呼びましょう。当時の東北地方は〝堺田海峡〟によって分断され、太平洋と日本海はつながっていました。芭蕉が歩いて越えた出羽街道は、実はかつての海峡だったの

図 1-28 山地と山間盆地が繰り返す、東北地方の地形の形成過程を再現した模型。

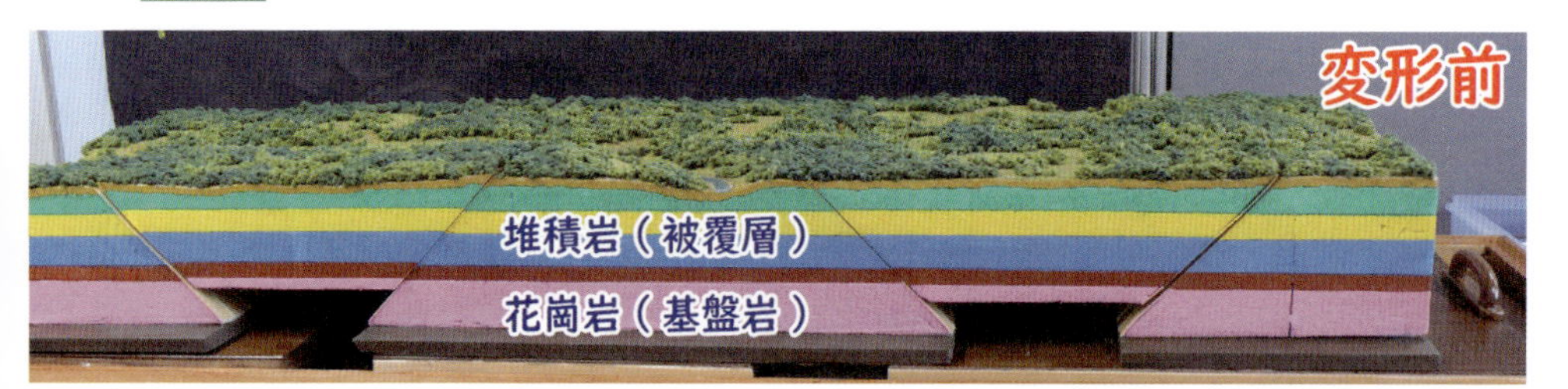

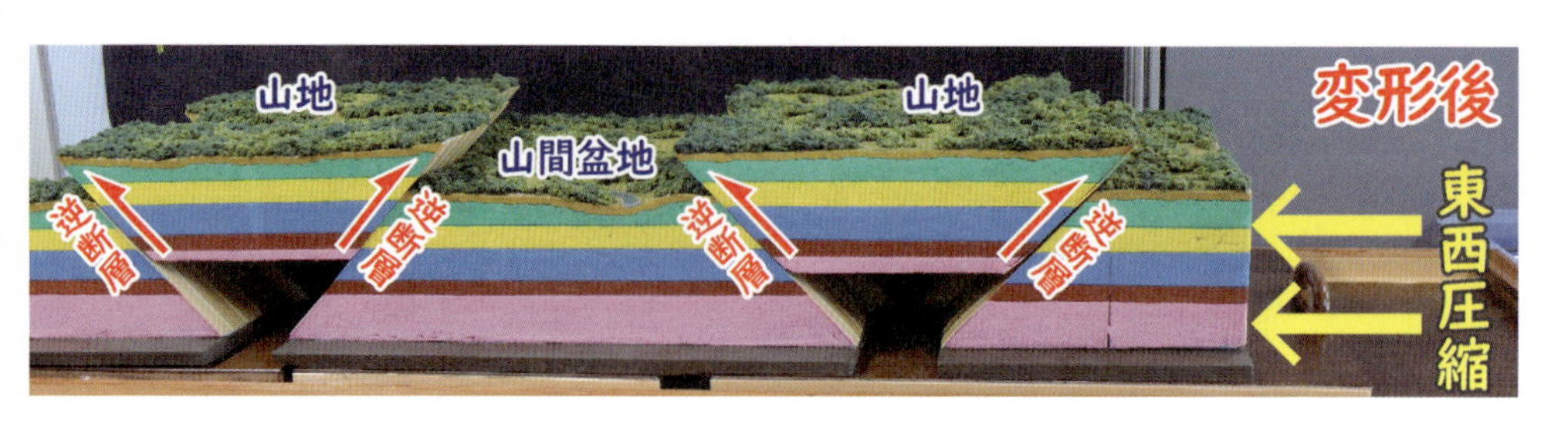

です。もちろん、そのようなことなど芭蕉は知る由もありません。もし芭蕉がこの本を読んだとしたら、どのような句を詠んだでしょうか。「牡蠣 帆立 烏賊が墨吐く出羽海道」とか。

東北地方で最も低い分水嶺

東北地方全体を一様に４００ｍ低下させると、ＪＲ北上線が通過する標高２８９ｍの谷中分水界も水没してしまいます（図１-29下）。岩手県の北上盆地と秋田県の横手盆地をつなぐ北上線は、谷中分水界の地形を上手に利用して奥羽山脈を越えています。かつての街道は太平洋側と日本海側を結ぶ鉄道や国道に変貌し、重要な流通の動脈となっているのです。

国道１０７号が分水嶺を通過する場所には巣郷温泉があり、峠とは思えないこの谷中分水界は巣郷峠と呼ばれています。標高は２９６ｍで、２㎞ほど北で分水嶺を通過する北上線の標高はわずかに低く２８９ｍです（図１-29上）。鉄道も国道も緩くカーブするだけで、奥羽山脈を苦もなく越えています。陸羽東線が通過する堺田の谷中分水界と同じです。

ここ巣郷の谷中分水界は東北地方で最も低い分水嶺ですが、その分水嶺をそのまま南に追跡していくと、巣郷峠より低いのは琵琶湖（滋賀県）と敦賀湾（福井県）を結ぶ塩津街道（国道８号）までありません。その峠は新道野越とか塩津越と呼ばれていて、標高２５７ｍの典型的な谷中分水界になっています。ということで、巣郷峠の谷中分水界は、東北地方と関東地方では最も低く、中部地方を加えても２番目に低い分水嶺です。

現在よりも標高が４００ｍ低かった頃の東北地方は〝巣郷海峡〟と〝堺田海峡〟によって三分され、３００ｍ低かった頃は〝巣郷海峡〟によって二分されていました。いずれの頃も堺田から南に続く分水嶺は福井県までつながっていて、それは〝古本州島〟がその範囲まで拡大していたことを示唆しています。もちろん、日本

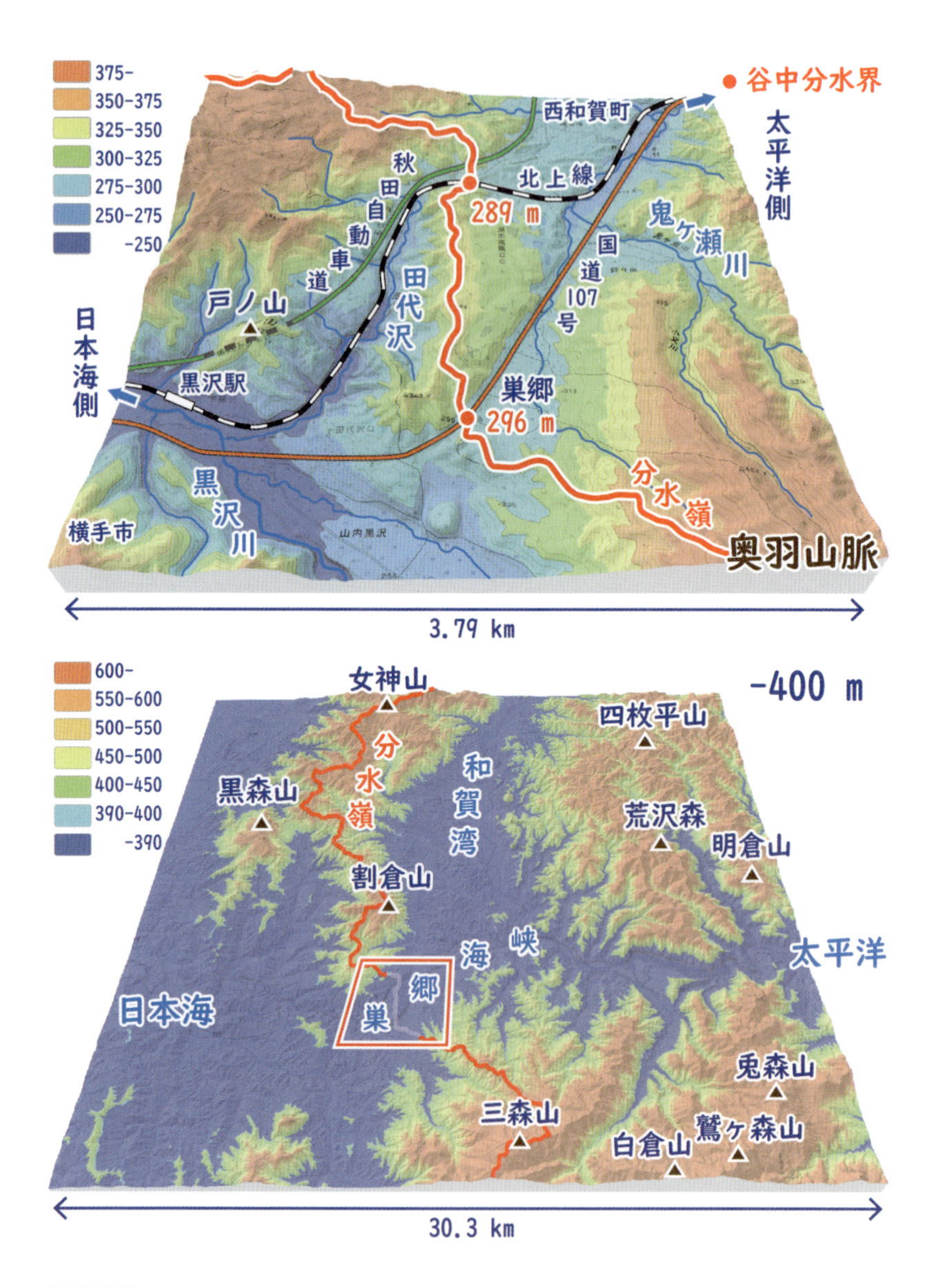

図1-29 岩手県と秋田県の県境にある巣郷峠の谷中分水界の地形（上）と、現在よりも400m低かった頃の様子（下）。〔39.28,140.72〕

列島全体の隆起速度が同じだったと仮定した上での推定です。

実際には、隆起速度は地域によって異なるので、〝巣郷海峡〟や〝堺田海峡〟のほかにも東北地方を横断する海峡があったかもしれません。それらの海峡が離水して、谷中分水界がつくられました。谷中分水界の特異な地形は、海がつくった地形だったのです。

東北地方が現在に比べて400m低かった頃、巣郷峠や堺田の谷中分水界は十分深い海峡でした。その年代は隆起速度によって異なります。たとえば東北地方の隆起速度が1年間に1㎜だったとしたら40万年前、2㎜ならば20万年前です。いずれも第四紀の末期で、地質学的には「つい先ほどの出来事」などといったら第四紀研究者に叱られてしまうかもしれません。2000~1500万年前の日本海の拡大を研究してきた私にとって、10万年は誤差なのです。なので、日本史は苦手です。

このように、幅の広い真っ平らな谷を横切る不可思議な谷中分水界は、もともとは海峡だったと考えられます。島と島の間の浅く起伏の小さい海底が離水して、両側に緩く傾く幅の広い谷が生まれました。海峡が離水するとき、最初に陸化するのは最も浅い場所です。その場所が谷中分水界となり、その場所を境に幅の広い谷が両側に緩やかに下っています。そして、雨水は谷中分水界によって分水され、なだらかに下る幅の広い谷に沿って細々と流れ下っているのです。鉄道を通すには、もってこいの地形なのです。

片峠はちょっと特殊な谷中分水界

つづいて、谷中分水界の仲間の片峠を紹介しましょう。宮城県の白石(しろいし)市から西へ国道113号を走っていくと、七ヶ宿(しちかしゅく)あたりから白石川が流れる幅の広い谷が山形県境まで続いています。幅の広い平らな谷に沿って緩やかに上る国道は、分水嶺の手前で水芭蕉の群生地を通り過ぎると、幅の広い谷が突然消えてしまいます（図1-30下）。そして、その先は一気に下る急斜面となり、谷底との高度差が150mもある大滝川の渓谷に沿って、国道113号の旧道が九十九折りを下っていきます。

分水嶺が通過する二井宿峠は確かに峠なのですが、山形県側（日本海側）は急坂なのに、宮城県側（太平洋側）は緩やかに下る非対称な地形の峠です。学術用語ではありませんが、片峠と呼ばれています。

片峠も平らな谷を横切る分水界なので、谷中分水界の一種です。この不思議な地形も河川の争奪によってつくられたと考えられていて、多くの地形研究者や地形好きな人たちを惹きつけてきました。ネットで河川争奪という用語を検索すると、たくさんの例がヒットします。その多くは片峠と組み合わさって考察されています。

ここ二井宿峠の不思議な地形も河川の争奪によってつくられたと考えられているので、その根拠と成り立ちを見てみましょう。

二井宿峠の河川争奪説

二井宿峠が河川の争奪によってつくられたとする考えは、1976年に発表されています（浅野、1976）。それによると、水源から北に流れる大滝川が二井宿峠の手前で流れの向きを90度変えていること、二井宿峠付近より上流側で大滝川の標高が高いこと、そして、白石川に続く幅の広いなだらかな谷が二井宿峠でバッサリ切断されていることが河川の争奪の根拠とされています。言葉を換えるなら、白石川に続く支流と大滝川のいずれも、地形が不自然だというのです。

とくに、大滝川の河床縦断曲線が大滝の少し上流付近でなめらかにはつながっていないことから、大滝川の上流はかつて白石川のほうに流れていたと解釈されました。実際、大滝よりも上流側の河床縦断曲線（図1-31のオレンジ曲線）を切り取って左右反転させると、そのまま二井宿峠から玉ノ木原を通過して白石川に続く

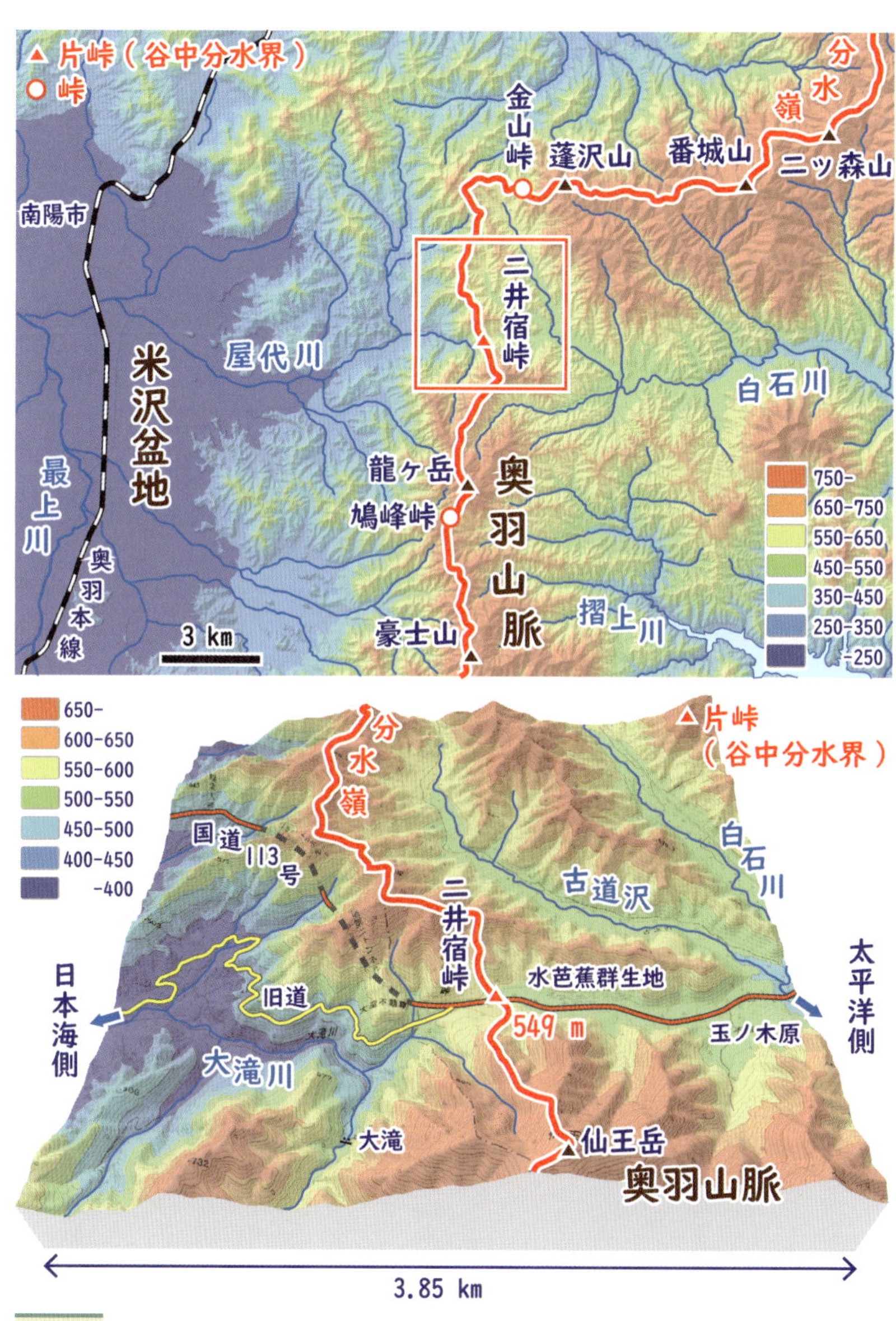

図 1-30 奥羽山脈に続く分水嶺（上）と、二井宿峠の片峠（下）。〔38.02,140.28〕

図1-31 河川の争奪後（上）と争奪前（下）の、白石川と大滝川、およびそれらの支流の河床縦断曲線。

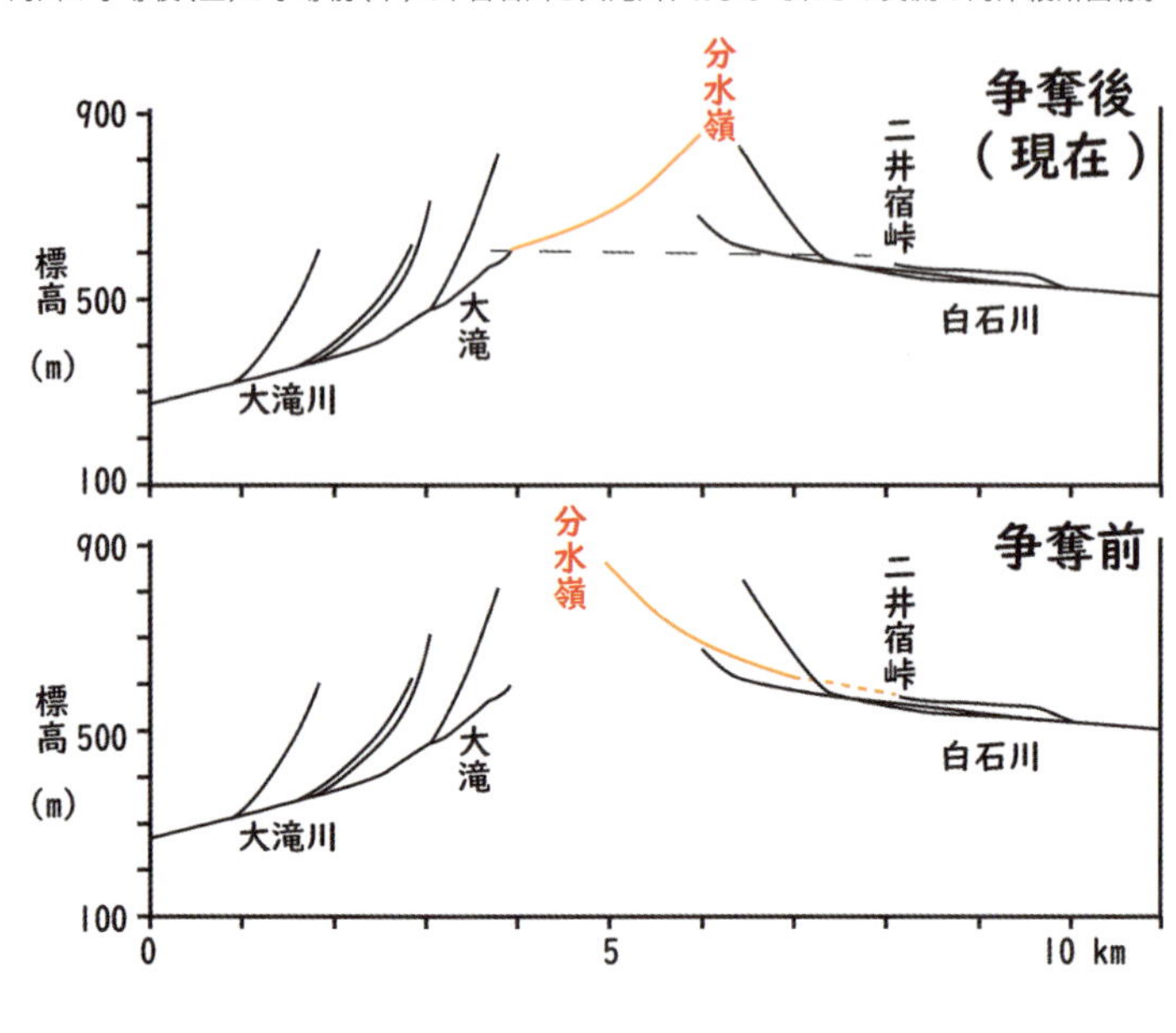

なめらかな曲線になります。これらの理由から、大滝川が白石川の支流を争奪して、二井宿峠の片峠がつくられたと解釈されました。

河川の争奪が起こると、集水域の大規模な変更が起こります。図1-32は大滝川が白石川の支流を争奪する直前（上）と争奪後（下）の、それぞれの集水域を表しています。白石川支流の集水域は玉ノ木原付近を起点に、大滝川の集水域は上宿（かみしく）付近を起点に描きました。大滝川が白石川の支流を争奪する直前、大滝川の集水域はわずかでした。一方、白石川の支流の集水域は、大滝川の集水域の2倍くらいあります。

ところが、大滝川の谷頭侵食（こくとうしんしょく）（侵食フロント）が西から迫ってきて、白石川の支流との分水界に侵入すると河川の争奪が始まります。そして、大滝川の侵食フロントがついに白石川の支流に到達すると、その場所よりも上流域に降った雨はすべて大滝川のほうに流れていきます。白石川の支流の集水域を、大滝川が争奪したわけです。そして、白石川の支流と大滝川の間には新

図 1-32　河川の争奪前（上）と争奪後（下）の、白石川支流と大滝川の集水域。

たな分水界がつくられ、二井宿峠になりました。

　さらに、集水域を獲得した大滝川は一気に水量を増し、谷を深く下刻しました。それに対し、上流域を奪われた白石川の支流は水量を失い、幅の広い谷には不釣り合いな小川が水芭蕉の群生地に注いでいます。そして、二つの水系を分ける谷中分水界を境に幅の広いなだらかな谷と深く険しい渓谷が対峙し、二井宿峠の片峠がつくられたというのです。

デービスの考えた河川の争奪

　この河川の争奪とは、今から100年以上も前に、アメリカの地形学者デービスによって提唱された仮説です。前回の『分水嶺の謎』の旅にご一緒された方は、重複するので先に行って構いません。今回初めて参加された方には、ここで簡単に解説しましょう。

　図1-33上に示したように、東に流れる河川Aと、南に流れる河川Bを考えてみましょう。流れの向きを、それぞれ緑色と青色の矢印で区別しました。二つの川の間には、雨水を分ける分水界が存在します（図1-33上の赤線）。その分水界に向かって、南から河川Bの谷頭侵食（侵食フロント）が迫っています。

　そして、ついに河川Bの谷頭が分水界を越えて河川Aに侵入すると河川の争奪が始まります。それまで河川Aに集められていた雨水のうち、争奪地点より上流に降った雨は、今度は河川Bの方に流れていきます。つまり、河川Bが河川Aの上流域を争奪したのです。

　河川が争奪されると、河川Bは争奪河川、河川Aは被奪（ひだつ）河川となります。そして、上流域を奪われた河川Aは一気に水量を減じてしまい、争奪地点付近には幅の広い谷が残されます。その谷は幅に比べて不釣り合いな細流しか流れないので、河川Aは無能河川と呼ばれます。反対に、水量を増した河川Bは谷を深く下刻し、侵食の手を上流へと広げていきます。

　さらに、河川Bは争奪地点で流れの向きが大

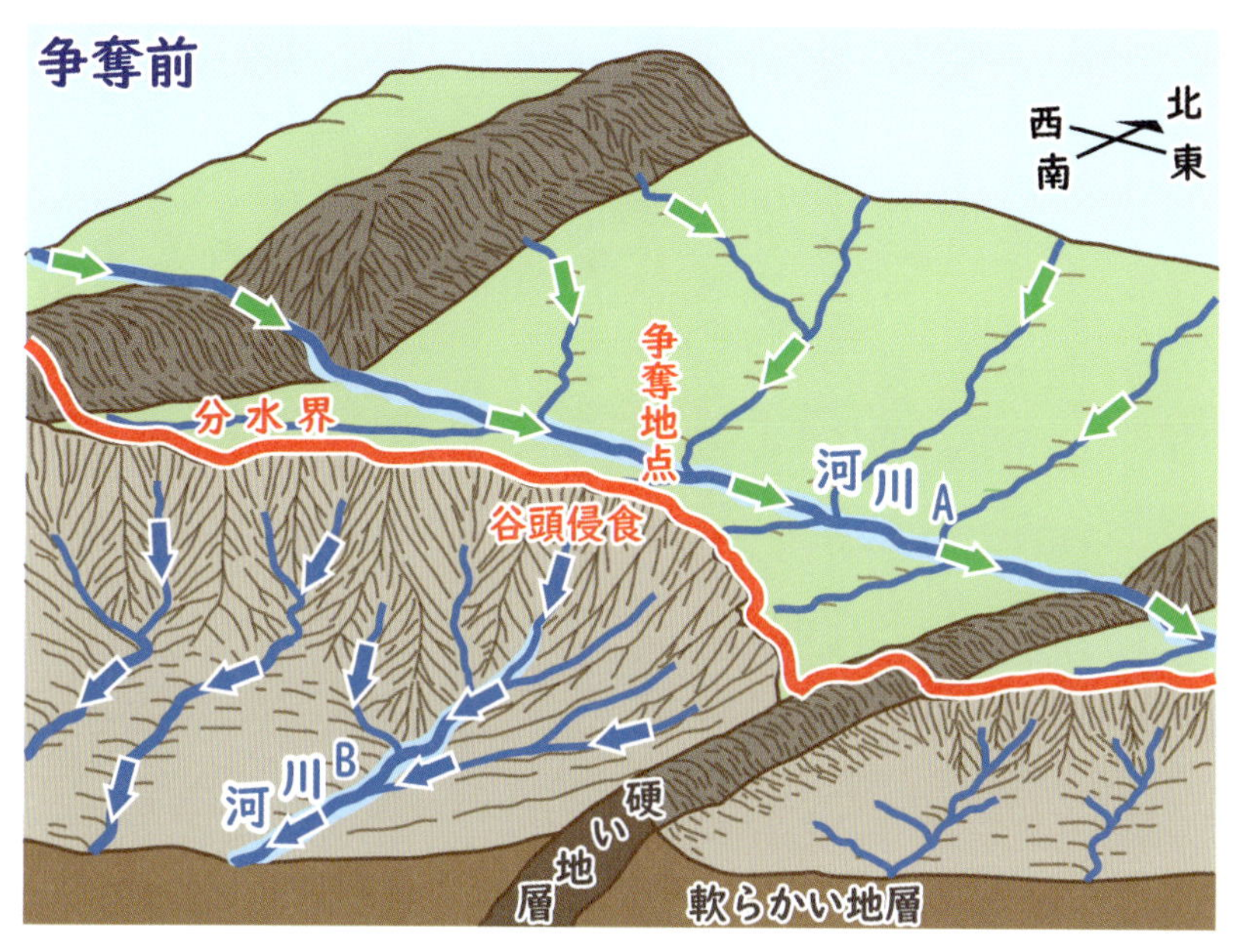

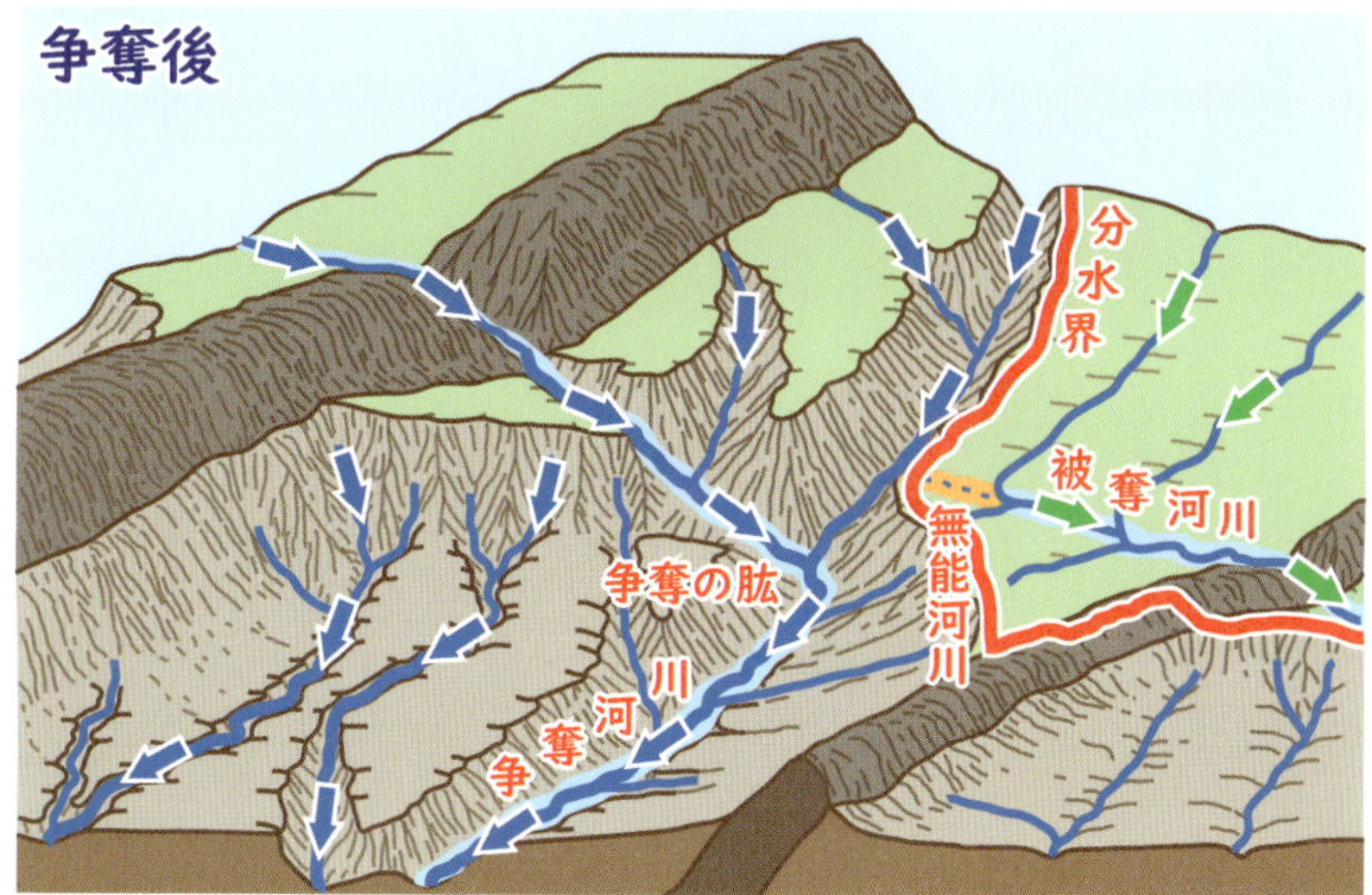

図1-33 デービスが考えた河川争奪の概念図。

きく変わるので、この流路の転向を争奪の肱といいます。これらの特徴が認められれば、その場所で河川の争奪があったと判断されるのです。

　このような河川の争奪によって片峠がつくられたとする報告は、日本中にたくさんあります。そのいくつかは、前回の『分水嶺の謎』の旅で紹介しました。しかし、河川の争奪によって片峠がつくられたとする解釈には、致命的な欠陥があります。

　たとえば、大滝川のような争奪河川の谷頭（侵食フロント）が分水界を越えて隣の水系に侵入するためには、境界の尾根を侵食しなければなりません。しかし、尾根には上流がないので、降った雨が尾根を侵食することはできません。谷を下刻するためには、研磨剤である土砂と研磨剤（土砂）を動かすエネルギー源（水流）が必要です。ところが尾根には水流がないので、雨水は尾根を削ることができません。すなわち、谷頭侵食が尾根を越えて隣の水系を侵犯することはないのです。

海がつくった片峠（丹生山地）

　では、二井宿峠のような片峠は、どのようにしてつくられたのでしょうか。ほとんど水が流れていない幅の広い緩やかな谷は、なぜ片峠でバッサリ切断されているのでしょうか。二井宿峠は奥羽山脈に沿って続く分水嶺を越える峠です。分水嶺ですから、二井宿峠は太平洋と日本海の両方から遠く離れた山奥です。その謎を解くヒントは海にあります。そこで、今度は海岸に沿って、似たような地形を探してみましょう。ここでは3地域の例を紹介します。

　福井平野の西側には、丹生山地という比較的小さな山地があります（図1-34上）。丹生山地は高い山でも標高が６００ｍほどですが、山地の西縁は日本海の荒波に削られて、高度差が３００〜５００ｍもある急崖が続いています（図1-34下）。出入りの少ない直線状の海岸線は海食崖で、隆起する丹生山地が波浪によって削られ続け、この急斜面がつくられたのでしょう。

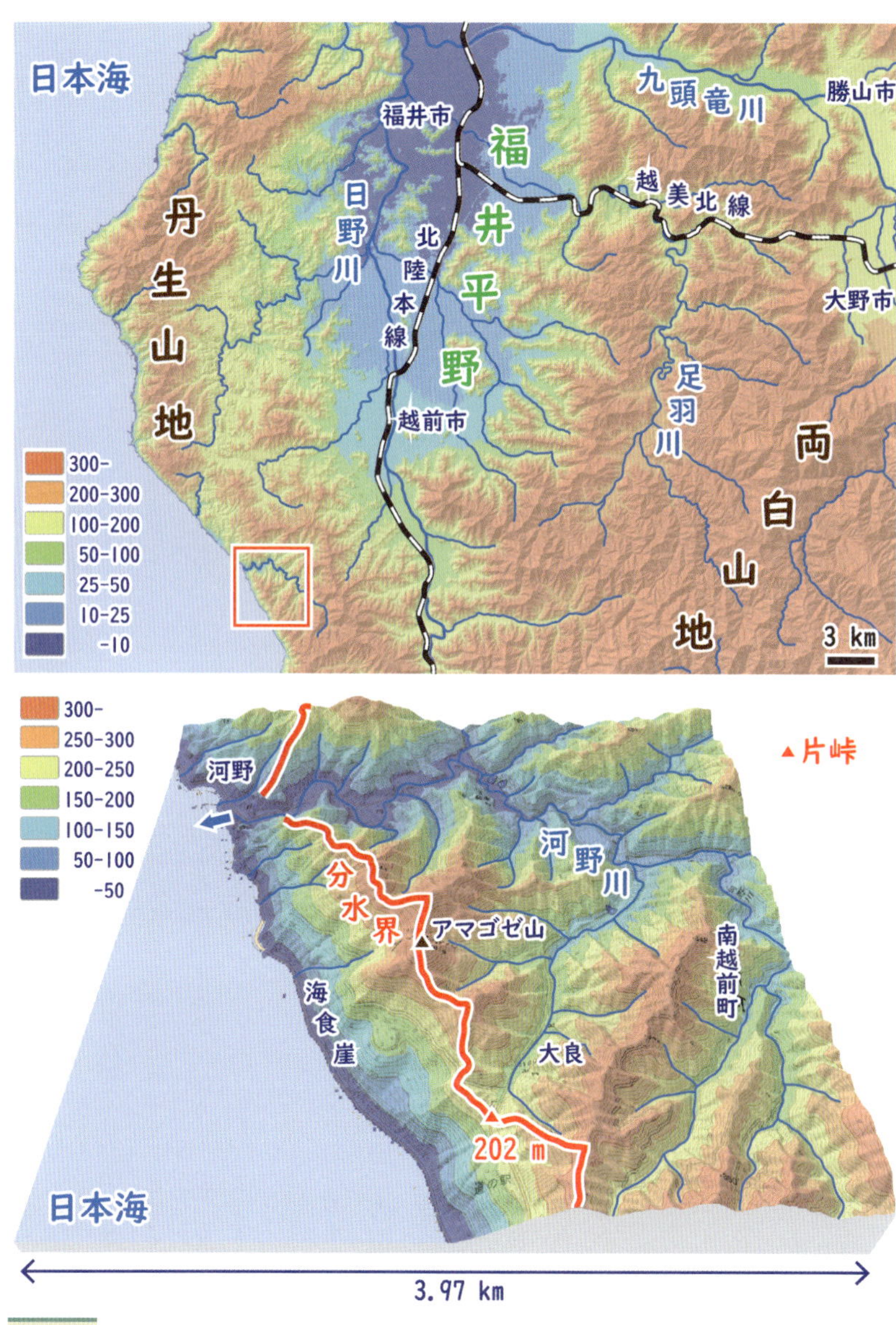

図 1-34 福井平野周辺の地形（上）と、河野川の河口付近の地形（下）。〔35.80,136.09〕

日本海の荒波に削られてできた親不知・子不知に勝るとも劣らない難所であることは、地形図から読み取ることができます。

ここで、丹生山地のすぐ南を流れる河野川の流域を見てみましょう。標高400〜700mの分水界に囲まれた範囲に降った雨は河野川に集められ、河野付近から日本海に流れ出ています。河野川の本流は蛇行しながら河口を目指していますが、本流から大良に続く支流は谷幅が広く、緩やかな谷の中を小さな川がほとんど蛇行せずに流れています。

この谷を南にさかのぼっていくと、幅の広い谷地形は突然切断され、その先は日本海に向かって落ちこむ高度差200mの断崖になっています。その場所には、この支流を流れる雨水と日本海側の崖に降る雨を分ける分水界が存在し、標高202mの片峠（大良の片峠）になっています。

ここで、この地域が何十mか隆起して、日本海の海底が陸化した状況を想像してみてください。河野川が流れる山地とその西側に広がる平野を脳裏に描くことができるでしょう。そして、山地と平野の境に、高度差が200mに達する見事な片峠がイメージできるはずです。この片峠は河川の争奪によるのではなく、海（波浪）による侵食によってつくられたことは容易に理解できると思います。

もちろん、大良の片峠はかつて河川の争奪によってつくられて、そのあとに西側の大地が水没した可能性もゼロではありません。シームレス地質図で確認するとこのあたりの地質はジュラ紀の付加体なので、現在見られる地形は、少なくともおよそ2億年前から現在までのある時点でつくられたのですから。そこで、もう一つの例を示しましょう。

海がつくった片峠（福江島）

今度は東シナ海に浮かぶ五島列島の福江島です（図1-35上）。福江島の地質は日本海が拡大

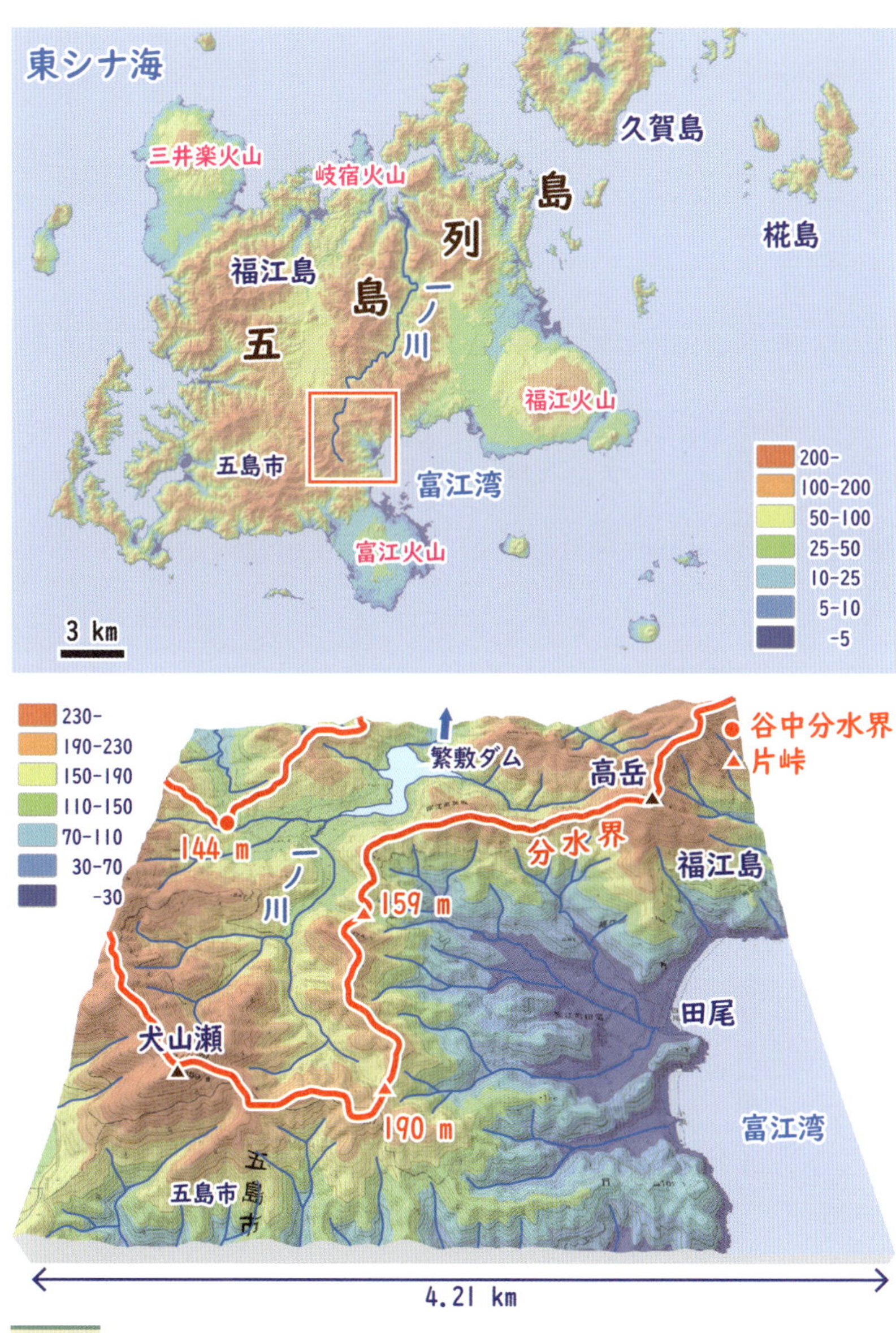

図1-35 福江島の地形(上)と、島の南部に見られる片峠(下)。〔32.64,128.75〕

していた頃の堆積岩と、その上に重なる火山噴出物から構成されています。また、福江島の真ん中には、花崗岩が分布しています。すなわち福江島の地形は、およそ1500万年前の堆積岩や貫入岩が侵食されてできました。

さらに、福江島の周縁には、三井楽、岐宿、福江、そして富江の活火山が、比較的平坦な地形をつくっています。玄武岩がつくる起伏の少ない地形はハワイの火山を連想させます。

ここで、島の南端から北に流れる一ノ川の源流付近を詳しく観察すると、高岳（379m）から南下して、犬山瀬（360m）から北に大きく屈曲する一ノ川の分水界を描くことができます（図1-35下）。この分水界に囲まれた一ノ川の源流域には、起伏の小さいなだらかな地形が広がっています。

それとは対照的に、分水界の富江湾の側は海岸まで近いため、侵食の進んだ谷の谷頭（侵食フロント）は分水界近くまで到達しています。そのため、分水界に沿って典型的な片峠を確認することができます。

ここで、標高190mの片峠に注目してください。この片峠は二井宿峠に似ていませんか。一ノ川を白石川の源流とし、田尾に向かう幾筋もの谷を上宿に集まる大滝川の水系と考えるとそっくりでしょう。そして、富江湾が干上がれば米沢盆地になるわけです。

強いていうなら、幅が広い被奪河川の延長部と争奪の肱がありません。それでも、まず海峡が干上がって谷中分水界が誕生し、その後、海水準が相対的に低下していく過程で、片側の斜面が波浪によって侵食（海食）されたとしましょう。すると、二井宿峠とそっくりな片峠をつくることができます。反対に、これらの片峠を河川の争奪で説明するのは困難でしょう。

海がつくった片峠（島根半島）

三つ目の例は島根半島です（図1-36）。現在の島根半島は本州と陸続きになっているので半

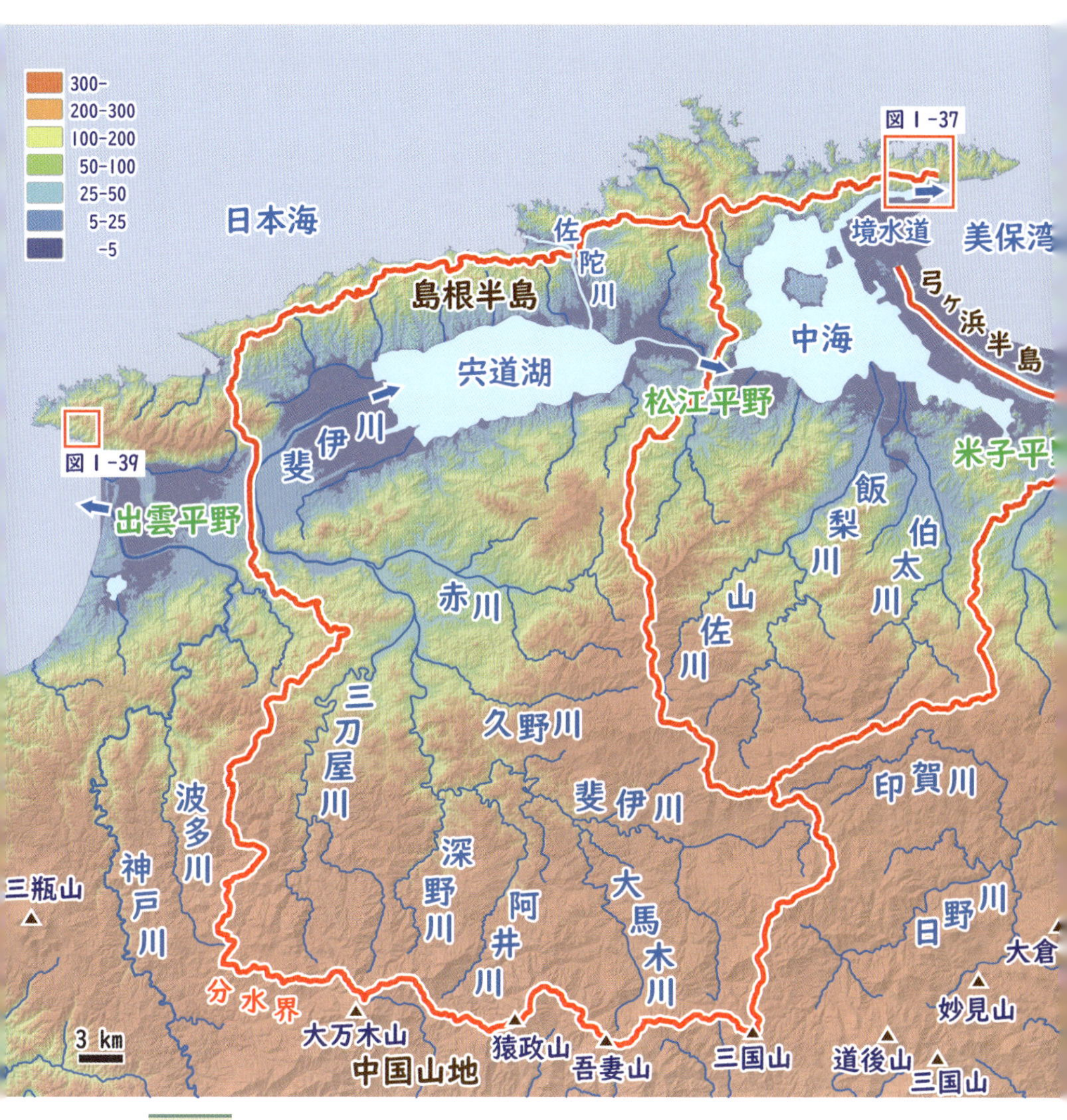

図1-36 宍道湖および中海の集水域と周辺の地形。

島ですが、海面が数m上昇すれば、半島ではなく〝島根島〟になってしまいます。もちろん海面が上昇しなくても、陸地が沈降すれば半島は島になってしまいます。いいえいいえ、日本列島はゆっくり隆起しているので、過去にさかのぼれば、島根半島は日本海に浮かぶ島だったはずです。

島根半島の東の端は、中海と日本海をつなぐ境水道によって本州と隔てられています。境水道の幅は300mくらいしかありません。米子平野から延びてきた砂州（弓ヶ浜半島）はカーブの美しい海岸線をつくり、今にも島根半島とつながりそうです。

1788年に宍道湖と日本海をつなぐ運河（佐陀川）が開削されるまでは、境水道が宍道湖および中海の唯一の排水口でした。そのため、斐伊川の広大な集水域に降った雨は宍道湖に流れ込み、松江平野を通過して中海に注いだあと、境水道から日本海に排水されます。その結果、弓ヶ浜の砂州にどれほど砂が供給されても、砂州は境水道から排水される大量の雨水によって流されてしまいます。したがって、弓ヶ浜半島が島根半島につながることはありません。

境水道を挟んで北側の急峻な島根半島と南側の真っ平らな米子平野のコントラストは、実は砂州と川の攻防の最前線だったのですね。島根半島がなければ、弓ヶ浜の砂嘴はもっと沖まで延びることができたでしょう。

その島根半島には日本海側と宍道湖および中海側を分ける分水界が東西に続いていて、標高が62mの法田峠は典型的な片峠です（図1-37上）。東隣の諸喰峠（135m）も片峠ですね。いずれも、日本海へなだらかに傾斜する真っ直ぐな谷と、境水道に向かって一気に下る斜面を分ける非対称な峠です。

とくに、法田峠から北へ法田港に続く谷を見ると、流れる河川の水流は少ないでしょうが、谷の幅が異常に広いですね。これは、片峠や谷中分水界でよく見られる特徴です。

法田峠の片峠を河川の争奪説で説明するのは

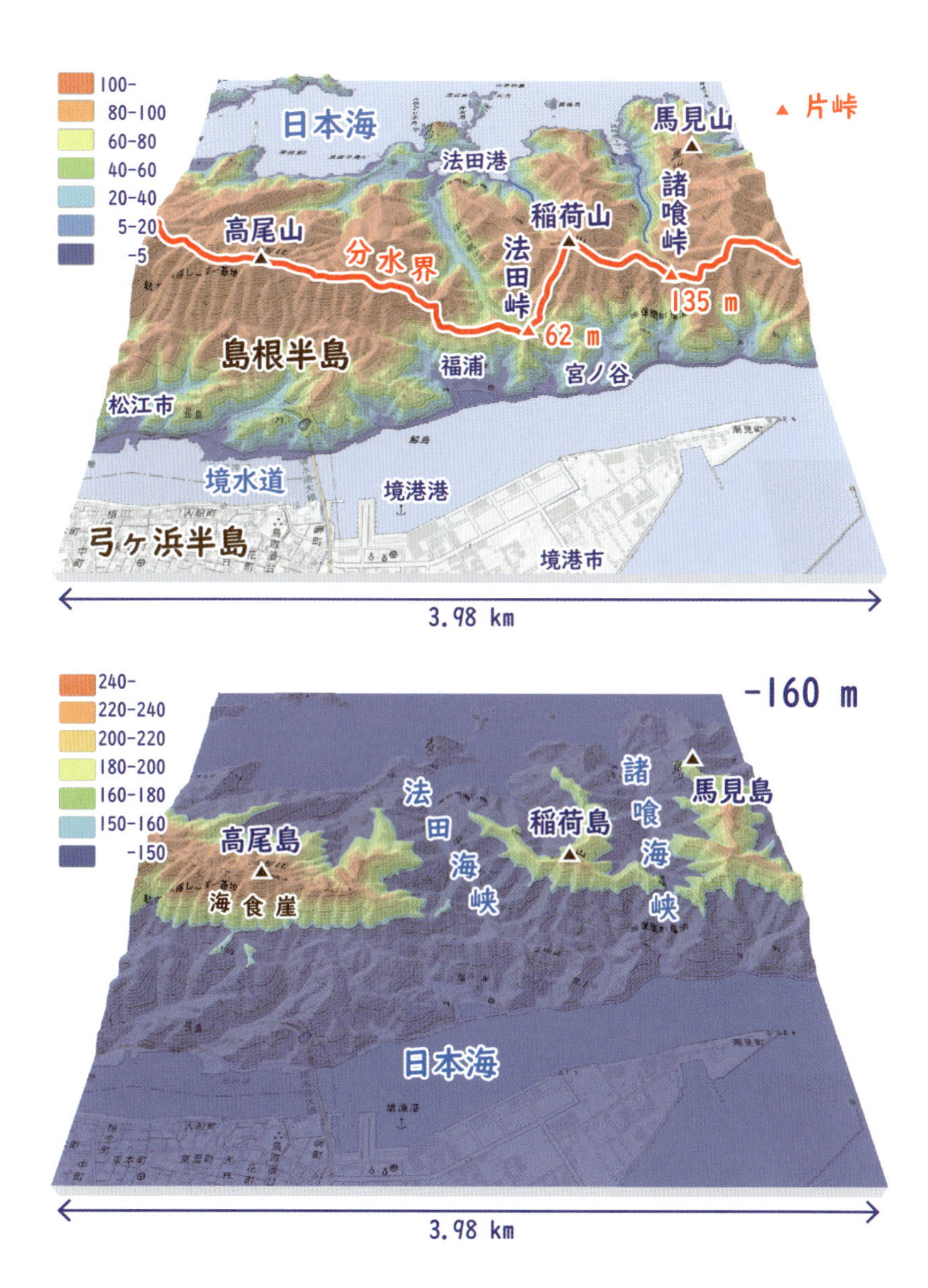

図 1-37 島根半島東端部の地形(上)と、この地域が160m低かった頃の様子(下)。〔35.56,133.26〕

困難でしょう。争奪河川をどのように設定したら良いのか分かりません。でも、この地形が海の侵食によってつくられたと考えれば、容易に理解できます。

たとえば、現在に比べて160m低かった頃、島根半島は複数の島が東西に続く島列でした（図1-37下）。そして、このあたりには、西から〝高尾島〟と〝稲荷島〟、さらに〝馬見（まみ）島〟が並んでいました。三つの島は〝法田海峡〟と〝諸喰海峡〟によって分断されていたのです。

それぞれの島には、北に向かって細長い半島が延びていました。半島と半島の間は、浅く細長い入り江です。それとは対照的に、島の南側の海岸は波浪による侵食が進んでいて、とくに〝高尾島〟の南海岸は急峻な海食崖でした。

隆起にともない島と島の間の海峡が閉じて谷中分水界となり、離水した細長い海峡の海底は、北に緩やかに下る幅の広い谷になりました。一方、島の南側では波浪による侵食が優勢で、海食崖がつくられ続けました。その結果、南斜面だけが急傾斜する非対称な片峠が残されたのです。

いかがですか？　架空の大きな河川と河川争奪、そして流向の反転や転向を想定する必要はありません。山奥で見られる片峠が海によってつくられたと考えれば、いずれの地形も無理なく理解できます。もちろん、海岸でつくられた地形が現在では山奥にあるのですから、大地が隆起していることが前提条件です。しかし、その条件を疑う地質研究者はいないでしょう。

〝二井宿海峡〟の離水

それでは、このような視点に基づいて、二井宿峠の成り立ちを推定してみましょう。図1-38に、二井宿付近が現在に比べて600m および550m、さらに450m低かった頃の復元図を並べました。東北地方の隆起運動を過去に戻しているので、この順番は二井宿峠の成り立ちを表しています。

まず二井宿峠周辺が現在に比べて600m低かった頃、この場所は太平洋と日本海をつなぐ海峡でした(図1-38右上)。この海峡を仮に〝二井宿海峡〟と呼びましょう。南北に続く奥羽山脈は、この頃は〝二井宿海峡〟によって分断されていました。二井宿海峡の周囲はリアス海岸が広がっていたと考えられます。

その後、この地域が50mほど隆起して、現在に比べて550m低かった頃になると、仙王岳(913m)の北側付近で〝二井宿海峡〟が離水し始めます(図1-38左上)。最初はトンボロ(陸繋砂州)がつくられ、満潮時にも水没しなくなると細く短い陸橋(りっきょう)になりました。二井宿峠の谷中分水界の誕生です。

その結果、南北に分断されていた分水嶺がつながって、二井宿峠の谷中分水界を境に太平洋側と日本海側に分けられました。もちろん、〝巣郷海峡(289m)〟と〝堺田海峡(338m)〟はまだ閉じていません。仮に日本中の隆起速度が同じだったとすると、北は〝堺田海峡〟から南は猪苗代湖(いなわしろこ)のすぐ東の〝中山海峡(538m)〟までがひとかたまりの島(〝東北島〟)だったはずです。その〝東北島〟を縦走する分水嶺がつながったというわけです。

峠というにはまだあまりにも低い二井宿峠の太平洋側は〝古道湾〟や〝玉ノ木湾〟などのリアス海岸で、日本海側には広大な〝米沢湾(のちの米沢盆地)〟が広がっていました。〝米沢湾〟と北に広がる〝山形湾(のちの山形盆地)〟は一つながりの内海で、のちの朝日山地となる大きな島〝朝日島〟の両側で日本海につながってい

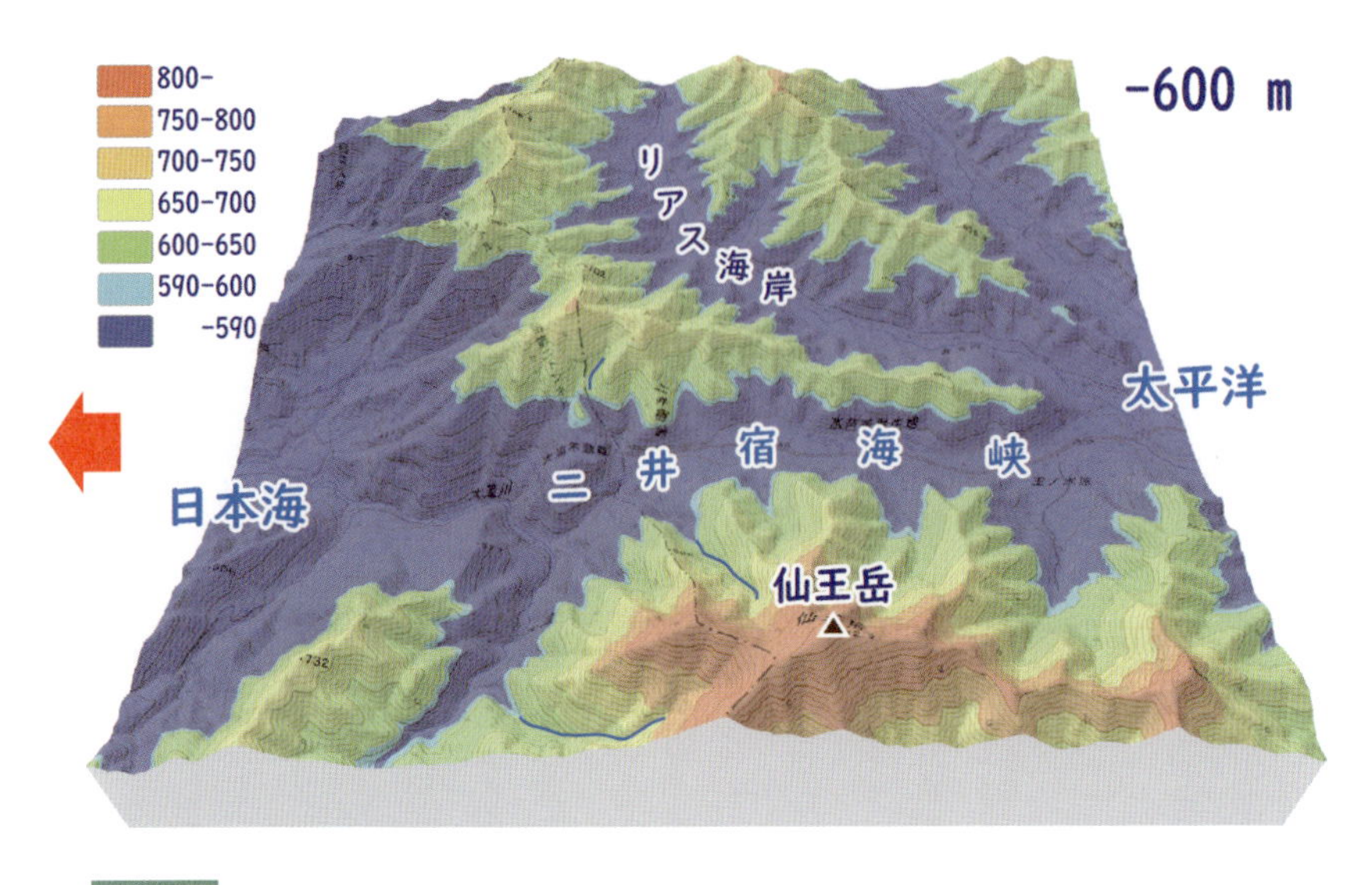

図1-38 二井宿峠の成り立ち。

ました。

さらに、このあたりが現在に比べて450mほど低い頃になると、浅い〝古道湾〟や〝玉ノ木湾〟は干上がって、太平洋側の海岸線は一気に東に後退しました（図1-38左下）。そして、幅が広く細長い〝古道湾〟はそのまま古道沢が流れる幅の広い谷になり、〝玉ノ木湾〟の平坦な海底は陸化して、玉ノ木原周辺の水芭蕉群生地（沼沢（しょうたく））になったのです。

谷中分水界から片峠へ

一方、二井宿峠の日本海側も、海水準の低下にともなって新たな地形がつくられていきます。東方に緩く傾斜する浅い海底が離水して陸地が一気に広がった太平洋側とは対照的に、日本海側の海岸線はあまり移動しませんでした。そのため、日本海の荒波は陸側を侵食し続け、海岸線に沿って海食崖をつくったのです。

大地の隆起により海水準は相対的に低下し、

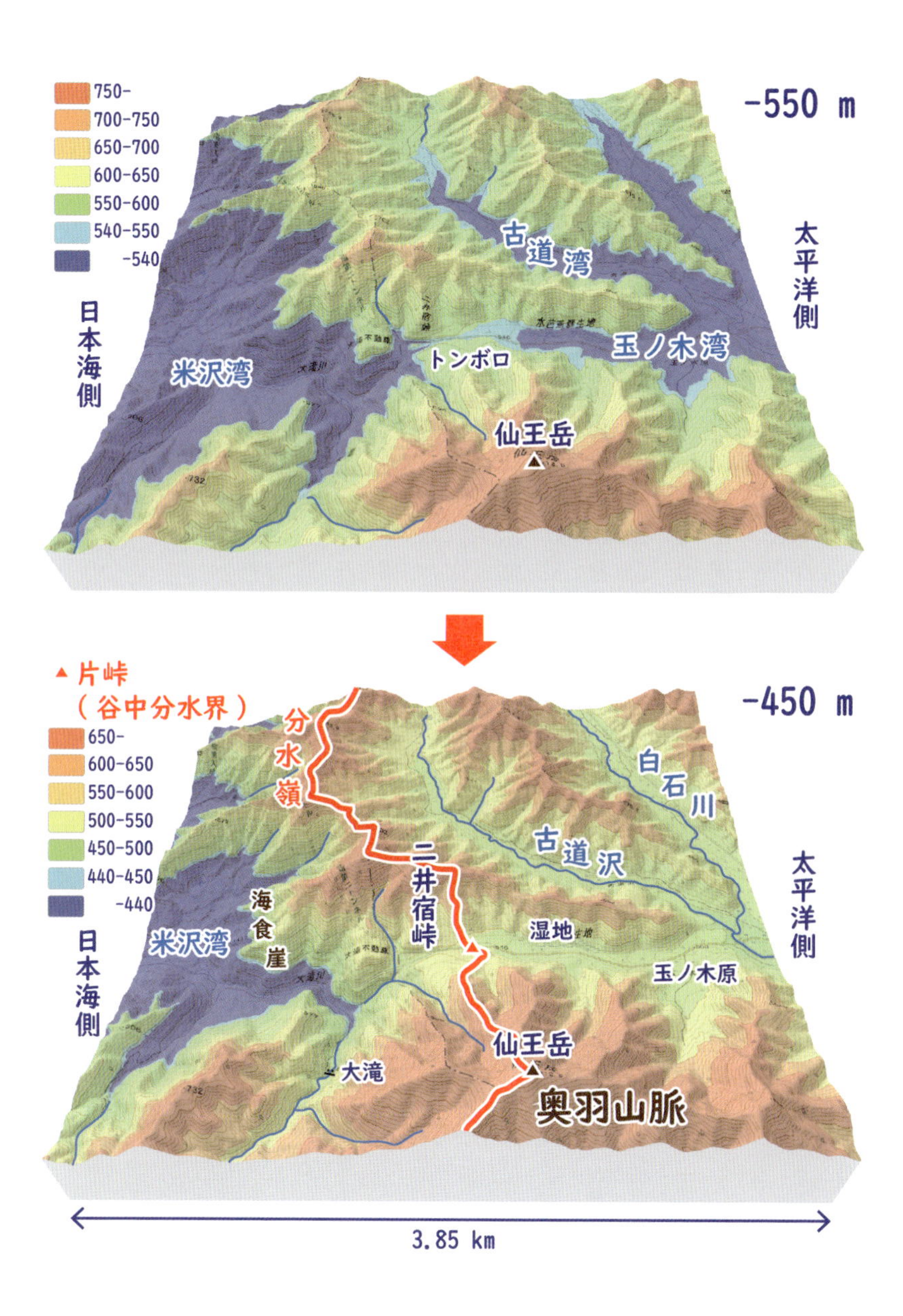
750-
700-750
650-700
600-650
550-600
540-550
-540
-550 m
古道湾
太平洋側
日本海側
米沢湾
トンボロ
玉ノ木湾
仙王岳
▲片峠
（谷中分水界）
650-
600-650
550-600
500-550
450-500
440-450
-440
-450 m
分水嶺
白石川
古道沢
二井宿峠
海食崖
湿地
玉ノ木原
大滝
奥羽山脈
3.85 km

波浪による侵食は海食崖のさらに下方へと手を伸ばしていきました。その結果、二井宿峠の日本海側の海岸は高度差の大きい急斜面となり、幅が広くなだらかな谷が続く太平洋側とは対照的な地形がつくられたのです（図1-38左下）。

谷中分水界や片峠、そして普通の峠（〝両峠〟）は、このようにしてつくられたと考えられます。すなわち、海峡が離水して起伏の小さい海底がそのまま陸化すれば、幅の広い平らな谷を横切る谷中分水界が残されます。一方、谷中分水界の片側の海底はそのまま陸化して保存され、他方の海底が引き続く海岸侵食によって海食崖になれば、谷中分水界は片峠になります（図1-39）。さらに、谷中分水界の両側の海底が侵食されて海食崖になれば、〝両峠〟になるのでしょう。

いずれの峠も分水界です。たとえ分水界が人にとってはわずかな高まりでも、空から降ってくる雨にとっては越えることができない尾根（嶺）です。尾根には上流がありません。そのため、侵食のエネルギー源である水流もありません。したがって、雨水が尾根を侵食することはできないのです。谷中分水界も片峠も、そして普通の峠（〝両峠〟）も、隆起を続ける海底が海面を通過する際に、波浪によってつくられた地形であると私は考えているのです。

眼鏡がないと見えないけれど、眼鏡を選ぶとその色にしか見えない

このように、不可思議な片峠は海がつくった地形です。片峠が陸上でつくられたと考えたため、河川の争奪という仮説を取り入れる必要がありました。一見すると、デービスの河川の争奪説の概念図がとても分かりやすかったために、日本の地形学黎明期の研究者は河川争奪説を受け入れました。

ところが、その視点をひとたび受け入れてしまうと、そのように見える地形を日本中から探し出しては、河川の争奪による地形であると報告してきました。その結果、デービスの河川の

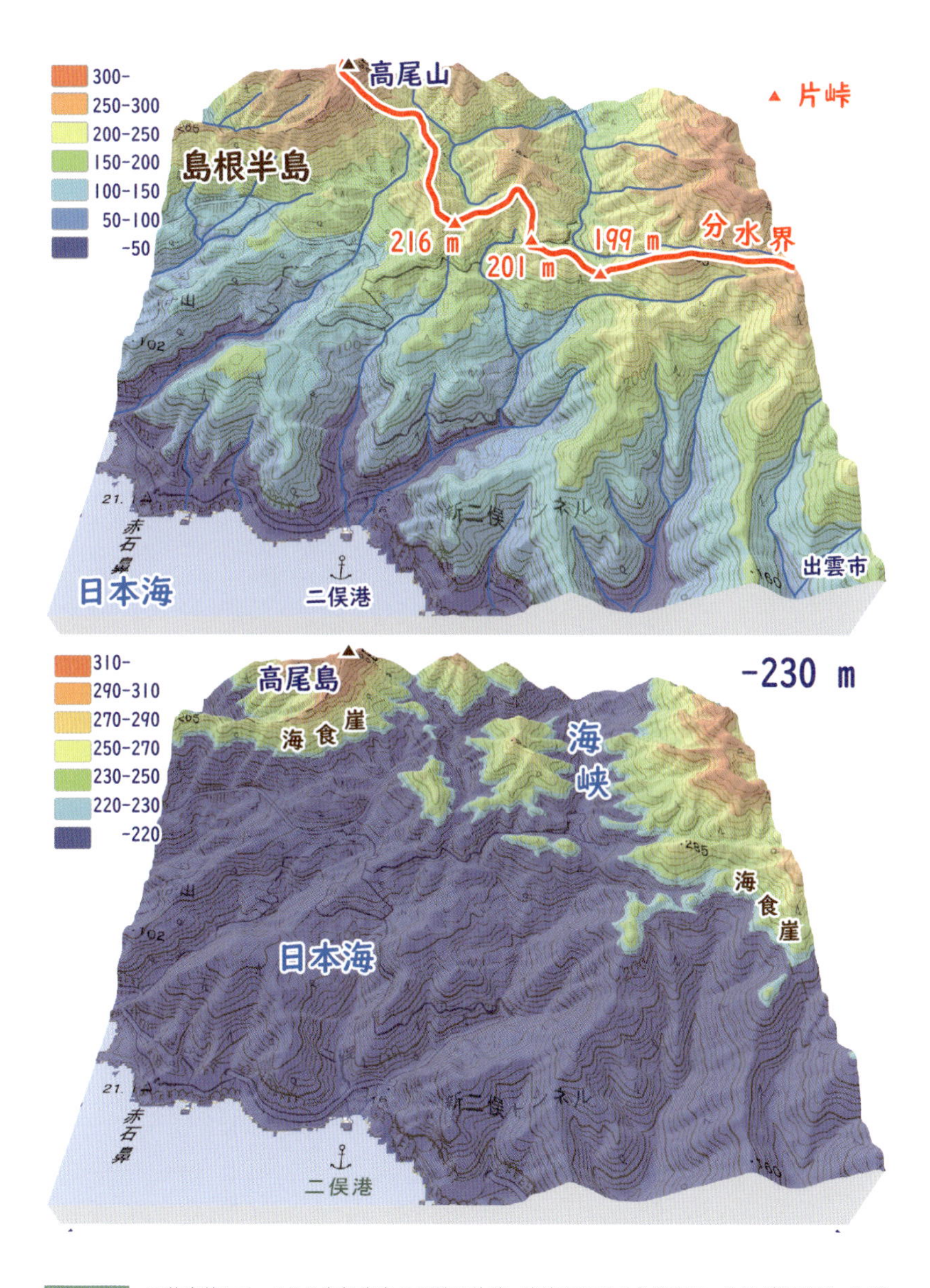

図 1-39 二井宿峠にそっくりな島根半島の西端の片峠。片峠の周囲の急斜面は、片峠が海峡だった頃につくられた海食崖だった。〔35.41,132.66〕

争奪説は、日本の地形研究者にとって確信に変わったのです。その〝呪縛〟から解放されるのは容易ではありません。それは、河川の争奪説に限った話ではありませんが（図1-40）。

初めて眼鏡（視点）をかけた人が、自然を観察して「〝赤色〟です」というと、同じ眼鏡をかけた2番目の人も、「確かに〝赤色〟です」というでしょう。3番目の人も追随し、5人・6人と続いていけば、〝赤色〟はいつしか常識となり、他の色には見えません。たとえ別の色に見えたとしても、声を上げる勇気など、持ち合わせてはいないでしょう。もはや誰も疑わず、同じ眼鏡で見る世界は、迷うことなくいつも〝赤色〟。そしてついに〝赤色〟は、一つの学説になるのです。

別の眼鏡を手に入れて、たとえ〝青色〟に見えたとしても、〝青色〟などとはいえません。群れて生きる人間は、空気を読んで追随します。群れの外に出ることは、ひとりぼっちを意味します。異論を唱える勇気など、全くないのが当たり前。小さな声で「〝青色〟かも……」と、隣の人に漏らすのが精一杯。私は声が大きいので、「〝青色〟に見える！」と叫びます。

眼鏡がないと自然は見えないのに、眼鏡を選んだ瞬間に、その色にしか見えません。別の眼鏡を手に入れて、別の世界が見えたなら、世界は眼鏡に依存する。人は自然のそのものを、見てはいないと気づきます。眼鏡をたくさんひねり出し、自然の姿を見てみたい。自然の目線の眼鏡を見つけ、自然の素顔を見たいのです。

デービスの河川争奪説に対し、谷中分水界や片峠が離水した海峡だとする私の考えは、準平原の謎を解くための重要な〝鍵〟になると期待しています。現在さまざまな高さにある侵食小起伏面の成因を考える際、現在の標高ではなく、かつての場所、すなわち海面付近に戻して考察しなければならないからです。

谷中分水界や片峠を海面付近まで低下させた

ら、隆起準平原とされた侵食小起伏地形の謎が解けるでしょうか。前回の『分水嶺の謎』の旅で得たこの視点は、『準平原の謎』を解く〝鍵〟になるのでしょうか。もしかして、デービスの河川争奪説と同じように、私は別の〝呪縛〟に取り憑かれているだけなのでしょうか。明日からの『準平原の謎』解きの旅は、さらなる地形の謎解きに向けた試金石でもあるのです。

図 1-40　私には河川の争奪には思えない大草川周辺の地形。〔37.05,140.43〕

column vol.1

「鏡」

猿に鏡を見せて聞きました。
「鏡を見てください。何が見えますか?」
すると猿は、「赤い顔した猿が見える」と答えました。

今度は犬に鏡を見せて、同じ質問をしました。
犬は「片耳の垂れた犬が見える」と答えました。
誰も「鏡が見える」とは答えません。

私たち研究者は、
間違いなく自然そのものを観察していると思っています。
しかし、実際には、自然の中の見たい部分だけを見ています。
自分が描く自然像に合う情報だけを、
無意識に抽出しているのです。
だから、いつも同じ結論に至ります。
そして、他人の結論は間違っていると批判します。

「自然を見てください。何が見えますか?」

(2013年2月15日)

column vol.2

「世界は一つ？」

人は誰しも自分の好きなものしか見えないのは、みんなで同じ商店街を歩いたあとに、どんな店があったのか聞けば分かります。「へえ、そんな店があったかなあ」と思えたら、少なくとも、その店が見えなかったということです。見えなければ認識できないので、その店は存在していなかったことになります。

みな、一つ同じ世界に一緒に生きていると思っていますが、実は同じ時空間の中の、別々の世界を生きています。孤独なのは当然です。

重要なのは、今自分が認識しているこの世界の外側に、認識していない空間が存在しているということ。認識できれば世界が広がります。世界を広げるためには、好きなもの以外も覗いてみる。嫌いなものも食べてみる。苦手な人とも話してみる。隣の分野に足を運んでみる。

やり方は、いくらでもあるでしょう。まだ右も左も知らなかった、白も黒も区別できなかったあの頃のように、恥ずかしがらず、まずは試してみることです。

（2013年2月15日）

思い出の場所で〝鍵〟のチェック

周囲を山並みに囲まれた盆地。でも盆地の底はなだらかな地形。盆地の成り立ちから、なだらかな地形の成因を解く視点が得られるかもしれません。

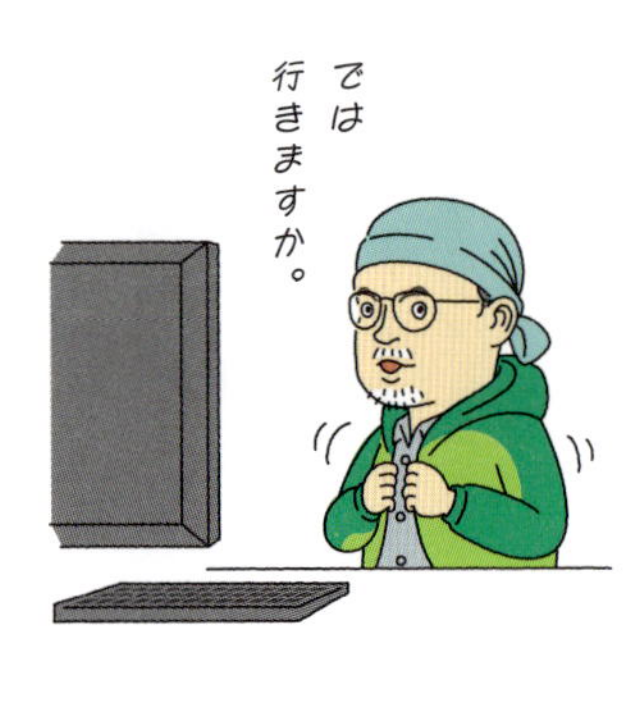

須知盆地で準備体操

『準平原の謎』解きの旅の初日は、京都府の胡麻の谷中分水界に隣接する須知盆地を訪ねましょう（図2-1）。胡麻といえば、日本海に流れ出る畑郷川と、桂川に合流したあと大阪湾に流れ出る胡麻川を分ける谷中分水界ですね。前回の『分水嶺の謎』の旅に同行された方にとっては、ちょっと懐かしいのではないでしょうか。あのときはまだ地形の謎解きの旅に慣れていなかったので、何度も迷子になりました。

　標高が206mの胡麻の谷中分水界は、本州で2番目に低い分水嶺とされていました。2番目かどうかはともかく、本州を太平洋側と日本海側に分ける分水嶺が、幅の広い真っ平らな谷の真ん中を通過する見事な谷中分水界です。胡麻の谷中分水界は、その成り立ちが河川の争奪によって説明された例としてとても重要な場所です。日本海側に傾く高位段丘面や蛇行河川の痕跡と思われるドーナッツ状の低地など、説得

図2-1　須知盆地の地形と盆地を取り囲む分水界。〔35.17,135.41〕

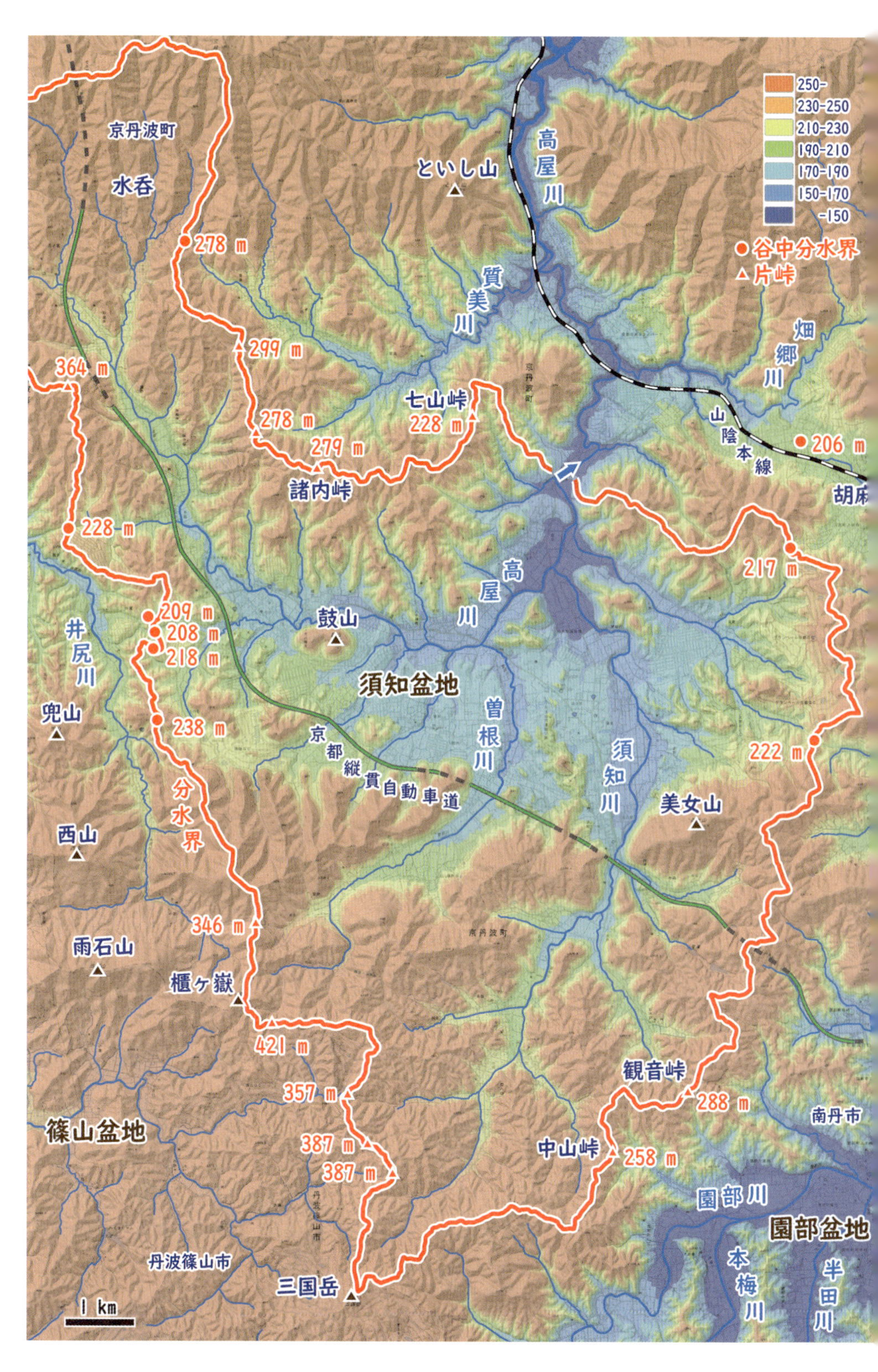
250-
230-250
210-230
190-210
170-190
150-170
-150
谷中分水界
片峠
京丹波町
水呑
といし山
高屋川
質美川
畑郷川
278 m
299 m
278 m
279 m
364 m
七山峠
228 m
諸内峠
山陰本線
206 m
胡麻
228 m
217 m
高屋川
209 m
208 m
218 m
井尻川
鼓山
須知盆地
兜山
238 m
曽根川
京都縦貫自動車道
須知川
222 m
美女山
分水界
西山
346 m
雨石山
櫃ヶ嶽
421 m
357 m
観音峠
288 m
南丹市
篠山盆地
387 m
387 m
中山峠
258 m
園部川
園部盆地
丹波篠山市
本梅川
半田川
三国岳
1 km

力のある河川の争奪説が確立された場所です。

でも今となっては、全く別の景色を思い浮かべることができます。胡麻の谷中分水界は、かつては海峡だったのです。この地域がまだ200mほど低かった頃、この場所を海峡が横切っていたのです。太平洋と日本海をつなぐ海峡が、この場所を横切っていたのです。

さて、須知盆地は胡麻の谷中分水界のすぐ南側に位置し、東西・南北とも10㎞ほどの小さな盆地です。盆地の中央に集められた雨水は高屋川に集められ、盆地の北端から流れ出たあと北流し、由良川に合流して若狭湾に注ぎます。平坦な盆地の標高は200mほどで、高さが100mほどの小山がいくつか見られます。

ここで、須知盆地から流れ出る高屋川の出口を起点として、高屋川水系を取り囲むように分水界をトレースしてみましょう。すると、分水界は盆地底との高度差が200~400mほどの山並みに沿って、盆地の周囲をぐるりと囲っていることが分かります。とくに、盆地の北東縁と西縁の一部では盆地底と分水界との高度差が小さく、谷中分水界や片峠をいくつも通過しています。

低くても、雨水は縁からあふれない

まず、須知盆地の分水界を、時計回りに詳しく見ていきましょう（図2-2）。盆地の東縁に沿って見ていくと、盆地の内部には須知川の支流が西に流れ、盆地の東側は胡麻川の支流が東に流れています。この分水界は、本州を太平洋側と日本海側に分ける分水嶺です。『分水嶺の謎』解きの旅で通過しました。

谷中分水界や片峠の標高は、地理院地図で標高を1mずつ変えながら求めました。5m以下の不確実性があることをご承知ください。興味深いのは、最も低い分水界の標高が217mで、胡麻の谷中分水界の標高（206m）と10mほどしか違いません。その他の谷中分水界や片峠と盆地底との高度差も、十数m程度しかありま

図2-2　須知盆地の東縁の谷中分水界。〔35.17,135.46〕

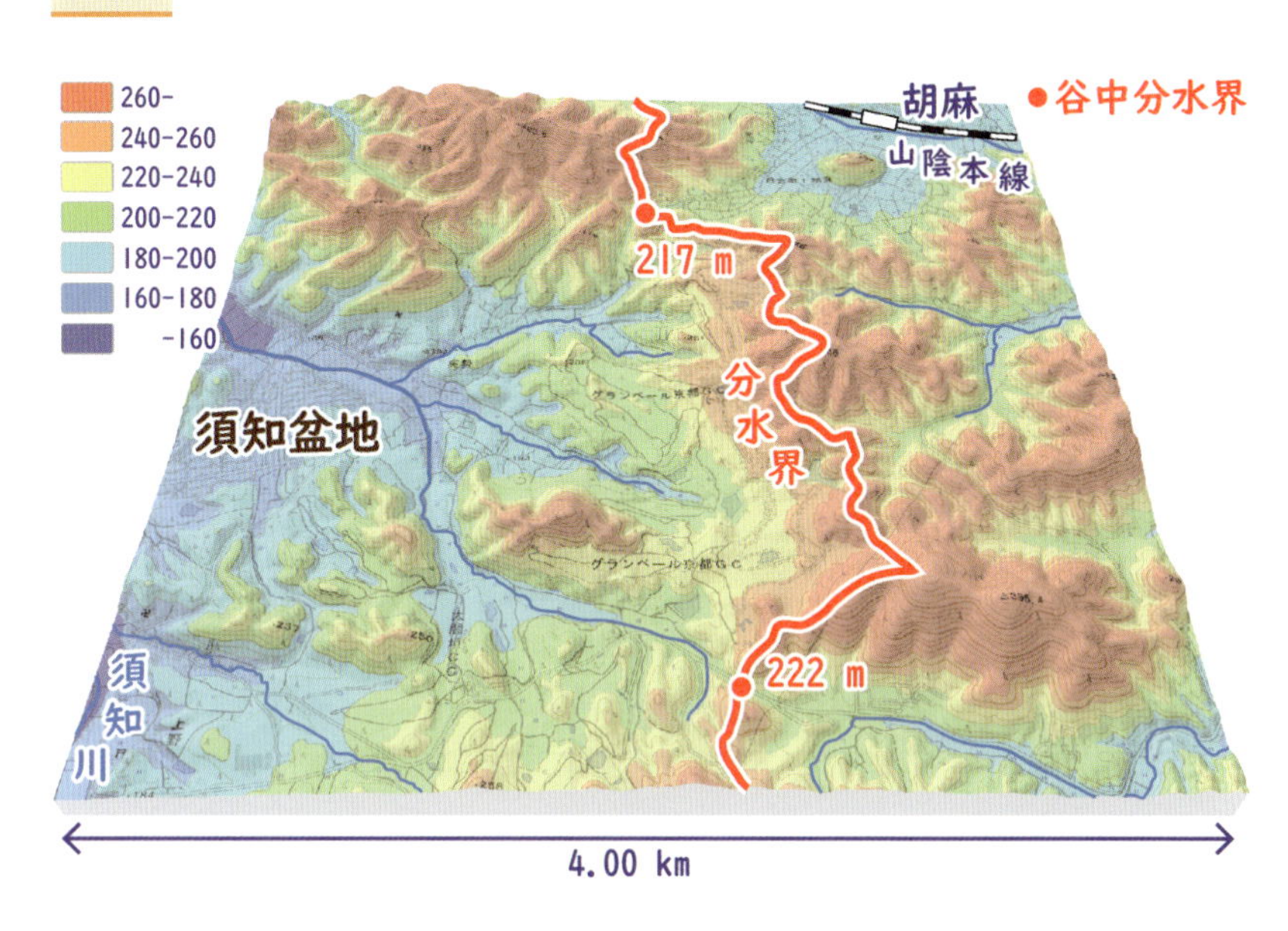

せん。それでも、雨水を太平洋側と日本海側に分けるにはこの尾根（嶺）は十分高いので、間違いなく本州を二分する分水嶺です。

今度は盆地の西部の分水界に移動しましょう（図2-3）。分水界の西側を流れている井尻川（いじりがわ）は、土師川（はぜがわ）に合流したあと日本海に流出します。須知盆地を流れる高屋川も日本海に流出するので、須知盆地の西側の分水界は、分水嶺ではなく日本海側の一つの分水界です。

このあたりで最も標高が低いのは、井尻の谷中分水界（208m）です。高屋川の排出口からずいぶん離れていますが、胡麻（206m）や先ほどの谷中分水界（217m）の標高とほとんど変わりません。ちょうど、分水界を挟んで谷底に水準点がありますね。井尻川の側の標高が192.5mで、須知盆地の側が193.2mとほとんど同じです。

須知盆地を取り巻く分水界で最も低い標高は、ここ井尻の谷中分水界の208mです。盆地の底との高度差は15mほどですが、盆地に降った

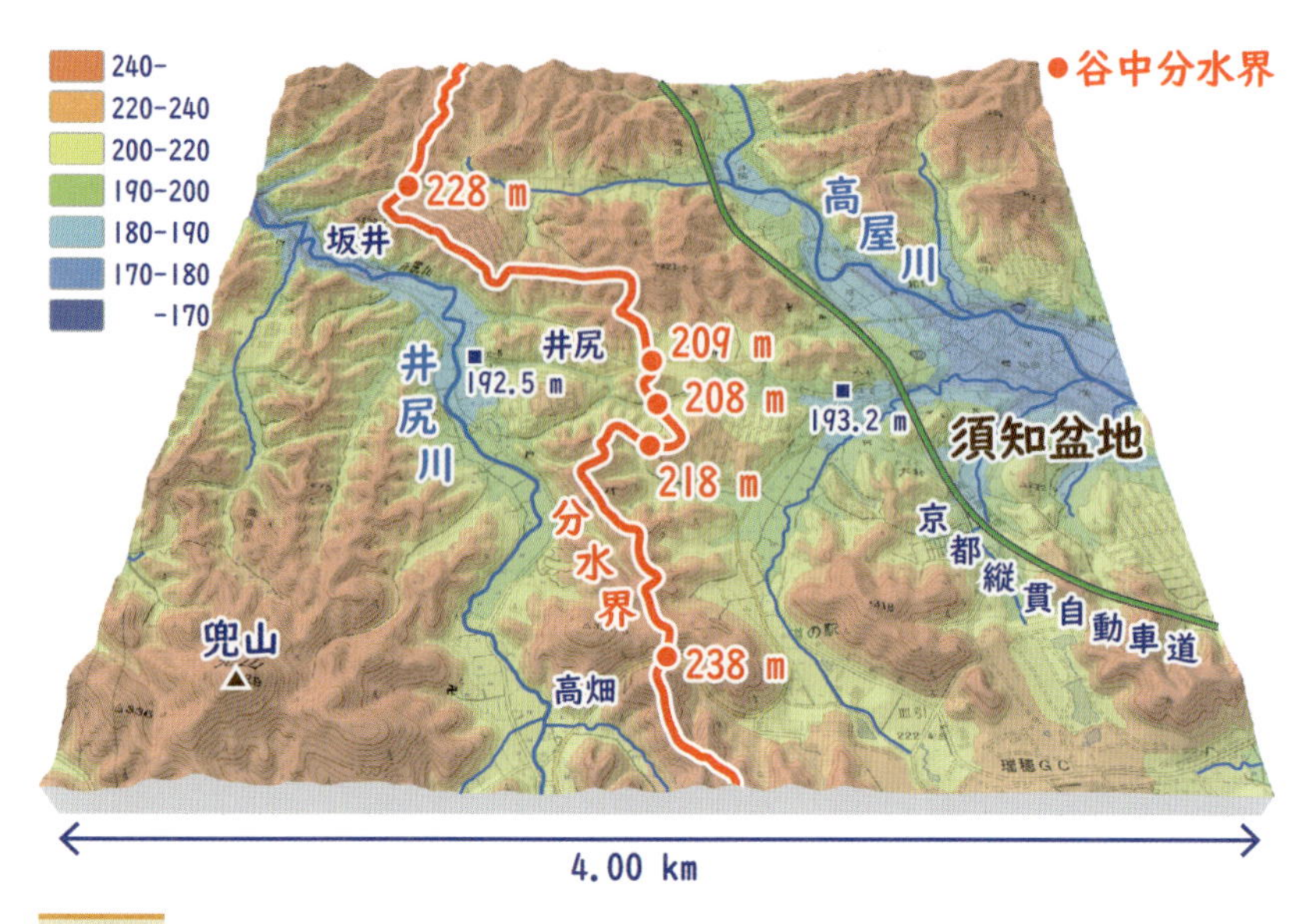

図2-3 須知盆地の西縁の谷中分水界。〔35.18,135.35〕

雨がこのわずかな高まりを越流することはありません。人にとっては全く気にしないで通り過ぎてしまうほどの起伏ですが、水にとっては越えられない尾根なのです。

一直線に並ぶ三つ子の谷中分水界

さらに進んで、今度は須知盆地の北縁の分水界に移動しましょう（図2-4）。南北方向の尾根に沿って続く分水界は、途中で谷を横切っています。標高は278mで、典型的な谷中分水界です。周囲を詳しく観察すると、同じような谷中分水界が二つ確認できます。標高は268mと288mで、三つの谷中分水界は高さがそろっていますね。いずれも、南北方向の尾根をバッサリ切断しています。それらは水呑本谷や松尾谷など小さな水系を分かつ分水界ですが、地形の特徴は谷中分水界そのものです。ここでは、水呑の三つ子の谷中分水界と呼ぶことにしました。

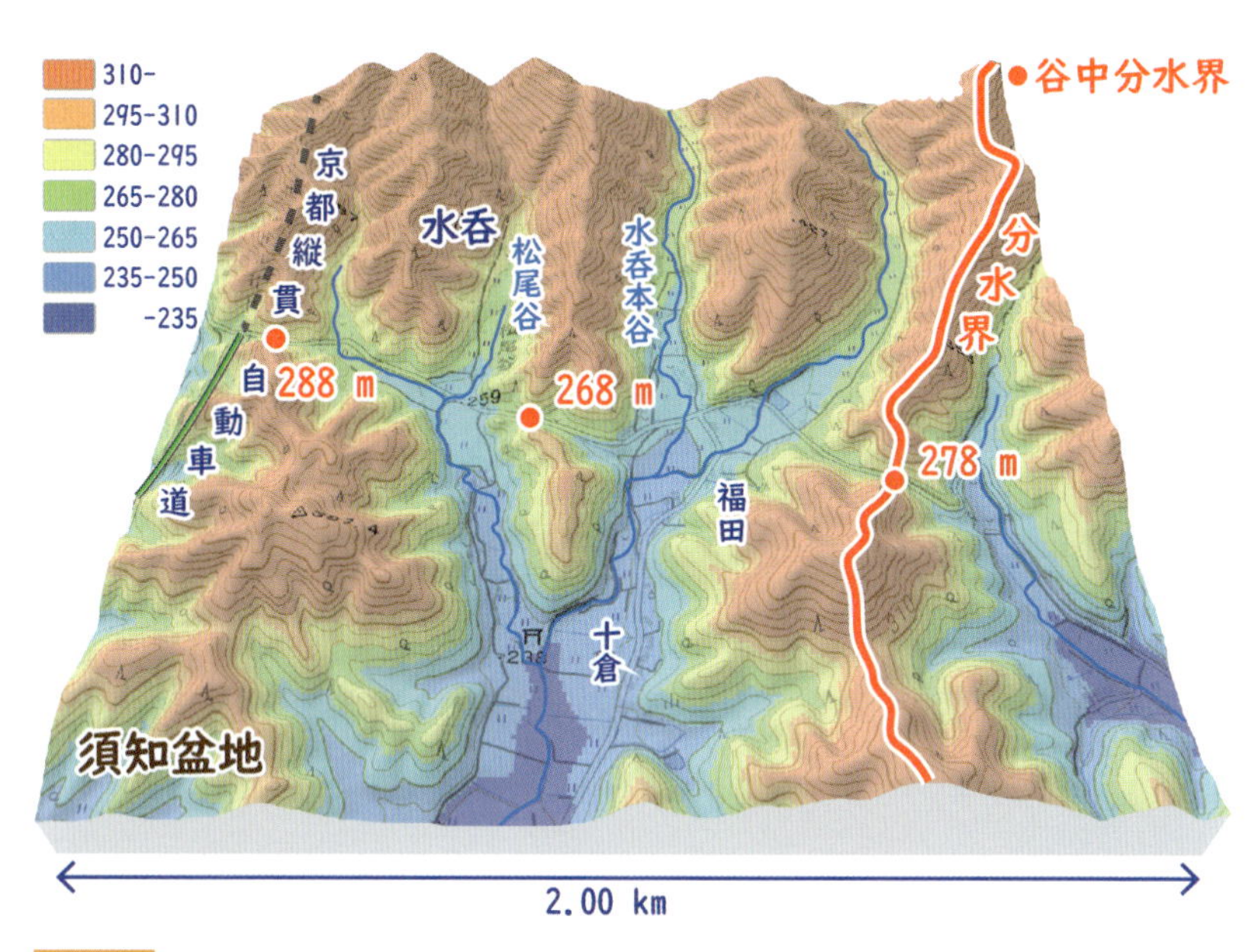

図2-4　一直線に並ぶ水呑付近の谷中分水界。(35.23,135.35)

興味深いのは、三つの谷中分水界が一直線に並んでいることです。覚えていますか？　前回の『分水嶺の謎』の旅の第3日、中国山地でリニアメントを観察しました。直線状に並んだ地形の凹地は、断層に起因する侵食地形でしたね。

中国地方には北東 - 南西方向の右横ずれ断層と、北西 - 南東方向の左横ずれ断層からなる共役の断層系が発達しています。水呑の三つ子の谷中分水界は、おおよそ北西 - 南東方向に並んでいるので、左横ずれ断層に起因するリニアメントでしょう。尾根や河川がずれていれば活断層の可能性がありますが、どうやら古い断層の古傷に沿って、選択的に侵食されたようです。ここから諸内峠（279m）にかけては、谷中分水界や片峠の高さがよくそろっていますね。

私には見える、かつての海原

これらの情報から、私にはこう見える世界をお話ししましょう。『分水嶺の謎』にご一緒され

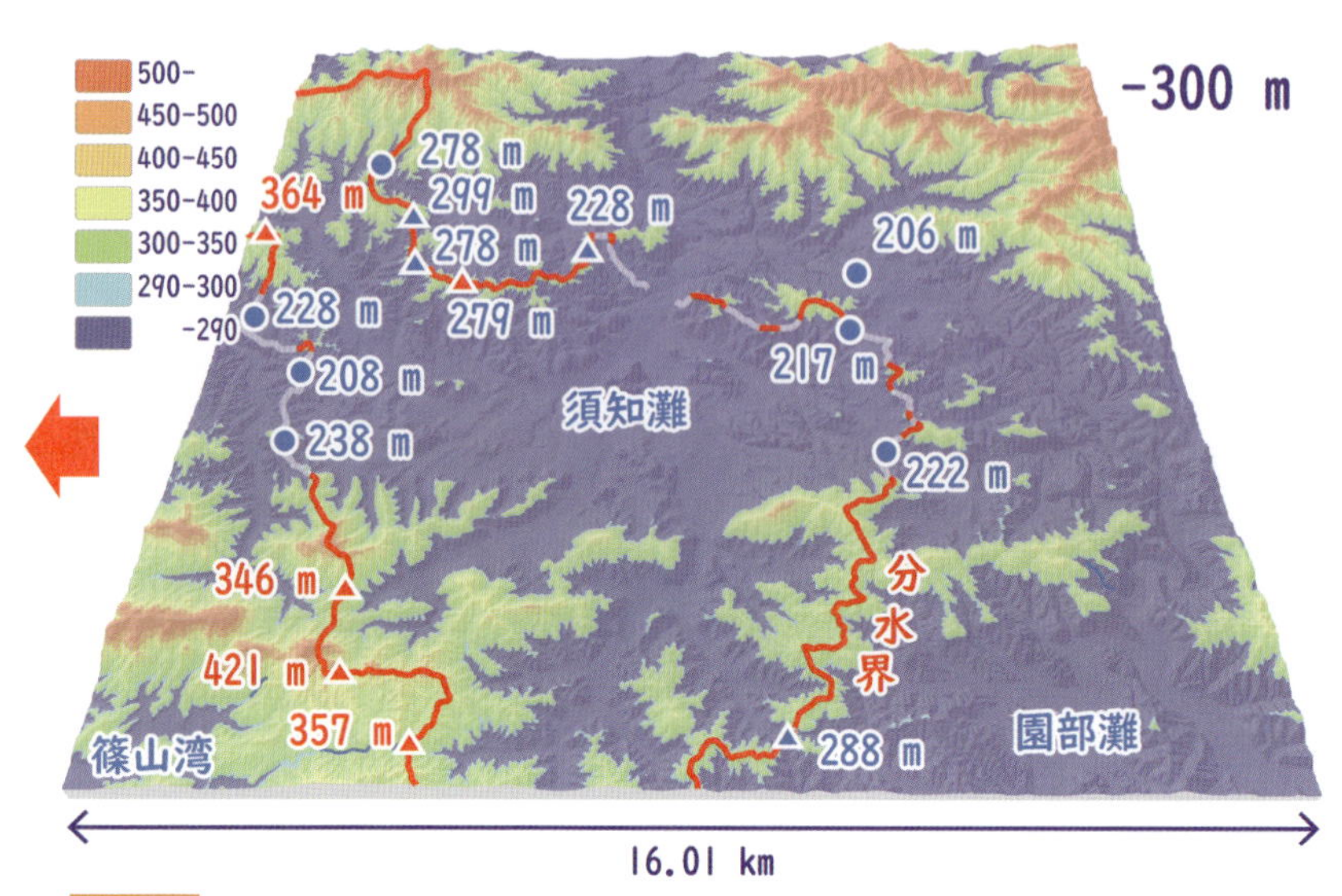

図2-5 須知盆地の成り立ち。

た方は、もうお気づきでしょう。私には、須知盆地の平坦な盆地底が海底に見えるのです。その理由は、谷中分水界がかつて海峡だったからです。

谷中分水界の標高よりも盆地底は低いので、谷中分水界が海峡だったとき、盆地底は海面下だったことになります。しかも、谷中分水界と盆地底の高度差は10mほどです。つまり、須知盆地の真っ平らな盆地底は、海峡が離水して谷中分水界が誕生したとき、浅い平坦な海底だったはずです。

最初は、須知盆地が現在に比べて300m低かった頃の様子を見てみましょう（図2-5右上）。当時、須知盆地を囲む分水界の大部分は、海面下に水没していました。須知盆地そのものも海面下で、島が少なく水深が100mほどの平らな海底だったと考えられます。ちょっと深いですが、現在の瀬戸内海のような状況だった

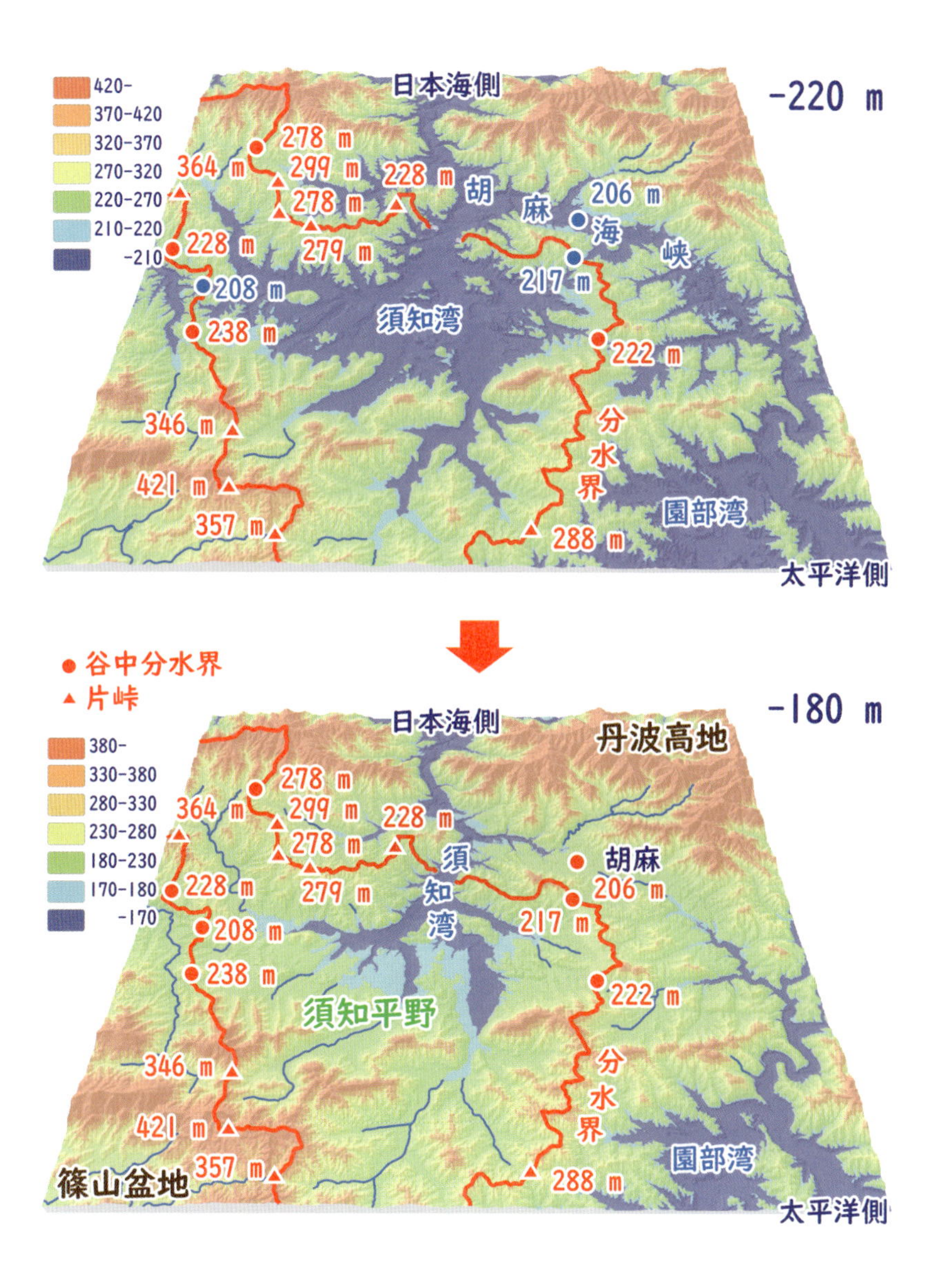
-220 m
420-
370-420
320-370
270-320
220-270
210-220
-210
日本海側
278 m
364 m
299 m
228 m
278 m
胡
麻
海
峡
206 m
279 m
228 m
217 m
208 m
須知湾
238 m
222 m
346 m
分
水
界
421 m
357 m
園部湾
288 m
太平洋側
● 谷中分水界
▲ 片峠
-180 m
380-
330-380
280-330
230-280
180-230
170-180
-170
日本海側
丹波高地
278 m
364 m
299 m
228 m
278 m
須
知
湾
胡麻
206 m
279 m
228 m
217 m
208 m
238 m
須知平野
222 m
346 m
分
水
界
421 m
357 m
園部湾
篠山盆地
288 m
太平洋側

のでしょう。

　瀬戸内海は島が多く潮流が速い瀬戸と、島が少なく穏やかな灘に大別されます。この頃の須知盆地は、島が少ない灘（〝須知灘〟）だったと考えられます。もちろん、本州を太平洋側と日本海側に分ける分水嶺はまだつながっていなかったので、〝須知灘〟は太平洋と日本海の両方の海につながっていました。〝須知灘〟の南東側には〝園部灘〟が広がっていました。

〝須知灘〟から〝須知湾〟、そして入り江へ

　現在よりも220m低かった頃になると、〝須知灘〟はほとんど周囲を陸に囲まれた〝須知湾〟になりました（図2-5左上）。湾内はリアス海岸です。この頃、須知盆地を囲む分水界の3カ所はまだ水没していました。一つは盆地の西端の分水界で、現在では標高208mの井尻の谷中分水界になっています。残りは盆地の北縁です。最終的には井尻の海峡〝井尻海峡〟が先に閉じて、盆地の北端の海峡が湾口になりました。〝須知湾〟が干上がって陸化すると、その湾口が高屋川の河口になるわけです。

　この頃は胡麻の谷中分水界（206m）も水没していました。胡麻の谷中分水界は、本州を太平洋側と日本海側に分ける分水嶺なので、この時点では胡麻を通じて太平洋と日本海はつながっていました。〝胡麻海峡〟です。〝須知湾〟の湾口はそのまま〝胡麻海峡〟につながっていたので、湾内に集められた雨水は太平洋と日本海のいずれにも流れ出ることができました。

　ただし、須知盆地を囲む分水界で最も低い井尻の谷中分水界の標高は208mで、胡麻の谷中分水界との差はわずか2mです。言い換えるなら、〝井尻海峡〟が閉じたとき、〝胡麻海峡〟の最浅部は水深2mしかありません。ということは、〝井尻海峡〟が閉じたあと、〝胡麻海峡〟もすぐ閉じてしまったでしょう。その結果、〝須知湾〟に集められた雨水は日本海側へ流される

ことになりました。

さらに40mほど隆起して、現在に比べて180m低かった頃になると〝須知湾〟は日本海から深く入り込んだ細長い入り江になっています（図2-5左下）。入り江の周囲には狭いながらも海岸平野が広がっていて、さながら〝須知平野〟といったところでしょうか。宍道湖や中海に面した島根県の松江平野くらいの規模です。

反対に、須知盆地より低い園部盆地はまだ〝園部湾〟です。〝胡麻海峡〟は閉じているので、〝園部湾〟に集められた雨水は〝亀岡湾（のちの亀岡盆地）〟に流れ込み、狭い保津峡を通過したらそのまま瀬戸内海に排水されました。標高が100m以下の京都盆地は、大阪平野とともにまだ海の底ですから（図2-6）。

他方、須知盆地の南側にある篠山周辺は標高が高いため、すでに〝篠山湾〟から篠山盆地に移行しています（図2-6）。篠山盆地に集められた雨水は篠山川となって西に流れ、〝石生海峡〟に注いでいます。〝石生海峡〟は、前回の『分水嶺の謎』の旅で解説しました。

石生の谷中分水界は、日本で最も低い分水嶺です。標高は95mなので、あと85m隆起しないと〝石生海峡〟は閉じません。〝石生海峡〟は石生から離水し始めたので、篠山盆地に集められた雨水は太平洋に排水されることになるわけです。

このように、須知盆地を囲む分水界のうち、最も低い谷中分水界の標高を海面付近まで低下させると、須知盆地の平らな盆地底は浅く平坦な海底だったことが分かります。そして、盆地の周囲の山並みや盆地の中の小山は、当時は島だったことになります。つまり、須知盆地の原風景は、瀬戸内海のような多島海だったのです。

大地の隆起にともなって島と島の間の海峡が閉じて谷中分水界になり、分水界によって囲まれた範囲は浅く平坦な内湾になります。最後に残った海峡が湾口になり、最終的

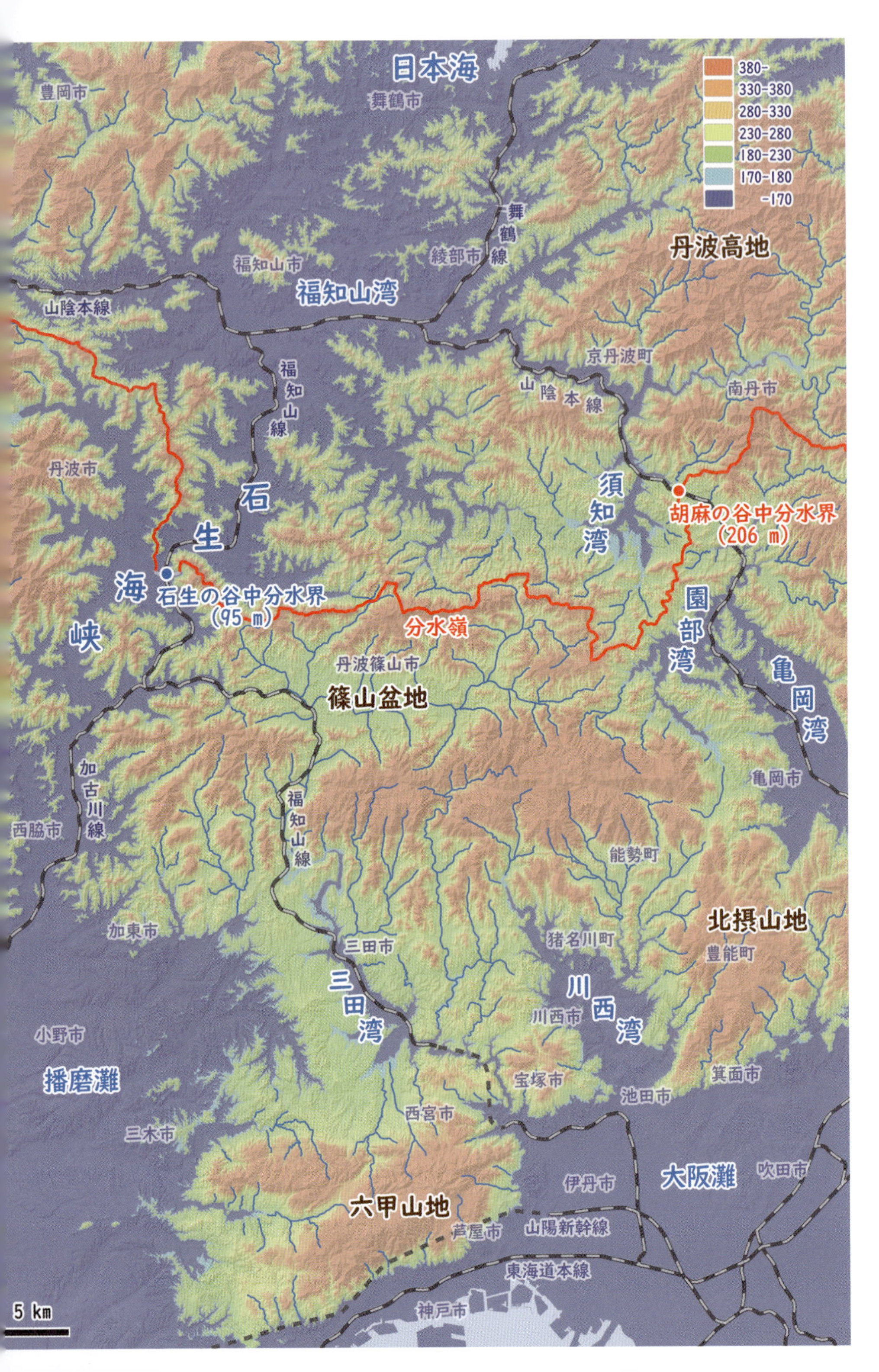

日本海
380-
330-380
280-330
230-280
180-230
170-180
-170
豊岡市
舞鶴市
舞鶴線
綾部市
福知山市
福知山湾
丹波高地
山陰本線
京丹波町
福知山線
山陰本線
南丹市
丹波市
石生海峡
須知湾
胡麻の谷中分水界
(206 m)
石生の谷中分水界
(95 m)
分水嶺
園部湾
亀岡湾
丹波篠山市
篠山盆地
亀岡市
加古川線
西脇市
福知山線
能勢町
北摂山地
加東市
三田市
猪名川町
豊能町
三田湾
川西湾
川西市
小野市
播磨灘
宝塚市
箕面市
池田市
西宮市
三木市
伊丹市
大阪灘
吹田市
六甲山地
芦屋市
山陽新幹線
東海道本線
神戸市
5 km

には盆地の雨水を排出する河川の流路になります。分水界の内部に降った雨によって湾内の海水は薄められ、海底は徐々に浅くなり、ついには湿地帯になったでしょう。さらに川が運んできた土砂が堆積して、平坦な盆地底がつくられたのです。

盆地の底は海底だった

私が谷中分水界の標高を気にしている理由、そろそろお分かりかと思います。瀬戸内海に浮かぶ島々の標高は、高いものもあれば海面すれすれの低いものもあります。しかし、海底の水深はそれほど大きな差はありません。現在の瀬戸内海の平均の水深は30mほどです。

波浪(はろう)によって侵食された基盤岩の海底面(海食台)も、その上に堆積した地層の堆積面も、どちらも平坦でほぼ水平です。その状態で海底が隆起し離水すれば、陸化した海底面の起伏は小さく、平坦な地形となって現れるはずです。

そして、高さの異なる島々が孤立峰(こりつほう)や山列となって、平坦な地形の上に残されるのです(図2-7)。島々に囲まれた平らな海底が隆起して、盆地ができたと考えているのです。

そして、盆地を取り囲む分水界のうちで最も標高が低い谷中分水界と、平らな盆地底との高度差はそれほど大きくありません。最後に離水した海峡は谷中分水界ではなく河口になりますが、最も低い谷中分水界が誕生したときには、周囲にはその高さに海面がありました。最も低い谷中分水界の標高と現在の盆地底との高度差が小さいということは、当時の海が浅かったことを意味しています。その浅い海底が干上がって、平らな盆地底がつくられたのです。

盆地のなだらかな地形は、もともとは海がつくった地形です。陸上で侵食されてできた、起伏の小さい地形ではありません。中国地方の原(げん)地形(ちけい)は、海がつくったと私は考えているのです。その仮説を確認することが、今回の旅の目的なのです。

図2-6 現在よりも180m低かった頃の須知盆地周辺の様子。位置関係が不明瞭のため、現在の鉄道網や主な地名を追記。

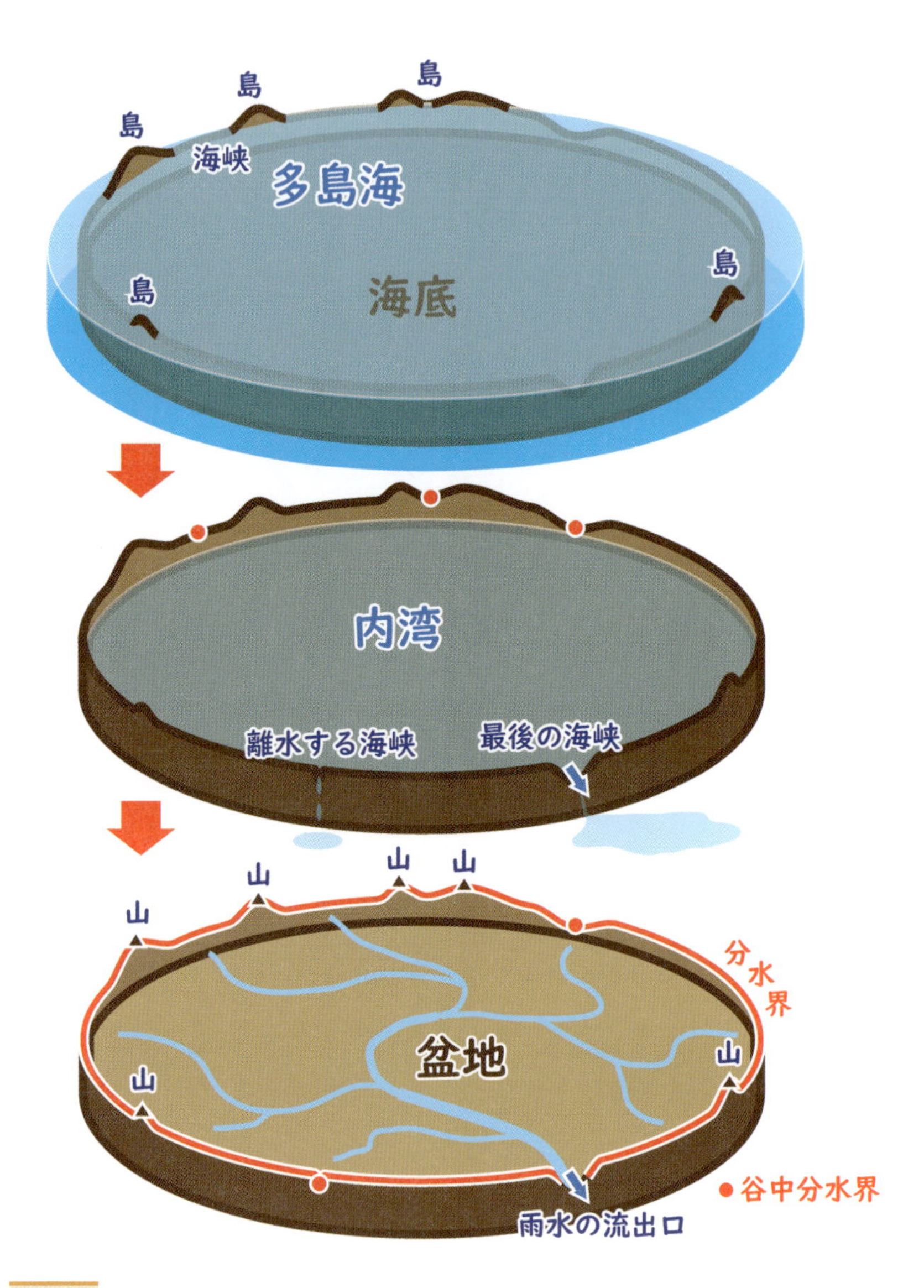

図 2-7　盆地の形成過程の概念図。

第2日

〝鍵〟を閉じれば背中合わせの盆地

背中合わせの二つの盆地は、どのようにして分かれたのでしょうか。谷中分水界という〝鍵〟を使って、盆地の成り立ちという金庫を一つ一つ開けていきましょう。

縁の高い篠山盆地と縁の低い三田盆地

『準平原の謎』解きの旅の第2日は、須知盆地に隣接する篠山盆地とその南にある三田盆地を探ってみましょう（図3－1）。篠山盆地は東西に、三田盆地は南北に細長い楕円形の盆地です。篠山盆地を取り囲む分水界は、北側の多紀連山（多紀アルプス）から時計回りに東縁の山並みに続き、南側も標高600～700mの険しい山稜に続いています。このうち、北縁と東縁は、本州を太平洋側と日本海側に分ける分水嶺です。栗柄峠の谷中分水界や鼓峠や藤坂峠の片峠は、前回の『分水嶺の謎』解きの旅で詳しく観察しました。

周囲を険しい山並みに囲まれた篠山盆地の中央を、東から西に篠山川が流れています。篠山盆地の広い平地を穏やかに流れ下った篠山川は、盆地の西端（図3－1の①）の狭い峡谷から排水され、加古川に合流したあと南に流れて瀬戸内海に注いでいます。篠山盆地に集められた雨

図3-1 篠山盆地と三田盆地の地形と盆地を取り囲む分水界。①は篠山川、②は武庫川が盆地から流れ出る排水口。〔35.00,135.19〕

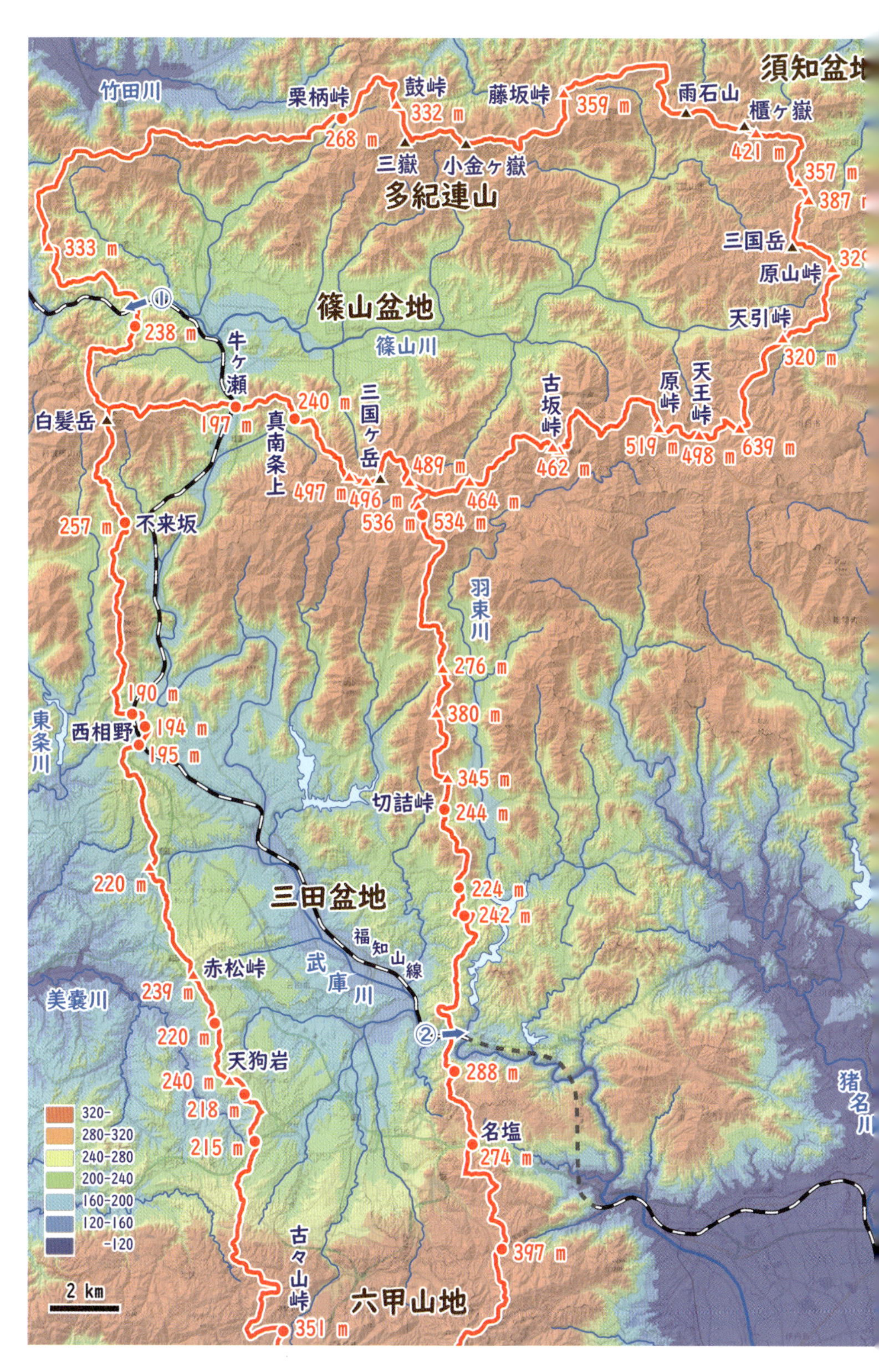
竹田川
栗柄峠
268 m
鼓峠
332 m
三嶽
小金ヶ嶽
多紀連山
藤坂峠
359 m
雨石山
櫃ヶ嶽
421 m
357 m
387 m
三国岳
原山峠
天引峠
320 m
須知盆地
333 m
①
238 m
篠山盆地
篠山川
牛ヶ瀬
白髪岳
197 m
240 m
真南条上
三国ヶ岳
497 m
496 m
536 m
489 m
534 m
464 m
古坂峠
462 m
原峠
天王峠
519 m
498 m
639 m
257 m
不来坂
羽束川
276 m
380 m
345 m
切詰峠
244 m
190 m
東条川
西相野
194 m
195 m
220 m
三田盆地
224 m
242 m
福知山線
赤松峠
武庫川
美嚢川
239 m
220 m
②
天狗岩
288 m
240 m
218 m
215 m
名塩
274 m
猪名川
397 m
古々山峠
351 m
六甲山地
2 km
320-
280-320
240-280
200-240
160-200
120-160
-120

水は、①の場所からのみ排出されています。雨水を集めるお盆の縁の、1カ所だけ開いている切れ目ですね。

ところが、盆地の南西端の牛ヶ瀬付近では、山並みに連続していた分水界が平地を横切っています。一見すると、篠山盆地に集められた雨水は、この場所から排水されていそうですが、この場所は分水界として南側の三田盆地との境界になっています。興味深い地形なので、あとでゆっくり観察しましょう。

一方、篠山盆地の南に隣接する三田盆地では、武庫川が盆地の中央を北から南に流れています。三田盆地を取り囲む分水界は武庫川の集水域を囲むラインで、盆地の北縁と南縁は高い山並みに続いています。盆地の東縁も、南北に続く山地の尾根に沿って分水界が続いています。ところが、三田盆地の西縁の分水界は盆地底との高度差が小さく、ほんのわずかな高まりに沿って続いています。そのため、三田盆地は周囲を山に囲まれた盆地というよりも、西に開いた馬蹄形の平地といったほうがいいかもしれません。

このように、三田盆地に集まった雨水は、一見すると盆地の西側から排水されているように思えます。ところが、実際には山並みが続く盆地の東側から流れ出ています。そして、篠山盆地の篠山川と同様に、武庫川も狭い峡谷を抜けてから大阪平野を南下して、瀬戸内海に注いでいます。なぜ、武庫川は盆地底との比高の小さい西縁ではなく、山並みが続く東側から排水されているのでしょうか。こちらも分水界を詳しく調べてみましょう。

高い山並みからなる篠山盆地の分水界

篠山川が流れ出る篠山盆地の西端（図3-1の①）を起点に、篠山盆地の分水界を時計回りにたどってみましょう。標高333mの片峠を越えると、分水界は本州を太平洋側と日本海側に分ける分水嶺に合流します。ここから東へ三国岳（508m）までは、前回の『分水嶺の謎』

の旅で詳しく観察したので、今日はその先まで一気に移動しましょう。

三国岳の南東の原山峠（３２９ｍ）は典型的な片峠ですが、その先の天王峠（４９８ｍ）は、地形図では分水界の高まりが全く分からないくらい見事な片峠です（図３-２）。分水界の南側は羽束川が水田地帯を緩やかに流れていますが、北の篠山盆地側は１００ｍ以上も一気に下る険しい谷になっています。国道１７３号は、トンネルと大きなループによって高度差を稼いでいますが、旧道は九十九折りで谷底まで下っています。

その先の原峠の片峠（５１９ｍ）は、天王峠と標高が20ｍほどしか違いません。西に進んで弥十郎ヶ嶽（７１５ｍ）を越えると、古坂峠で片峠を二つ通過します。その先で分水界の南側が羽束川水系から青野川水系に変わると河床が一気に高くなって、標高４８９ｍの片峠を通過します（図３-３）。先ほどの天王峠（４９８ｍ）と同様に、分水界の高まりがほとんどない見事

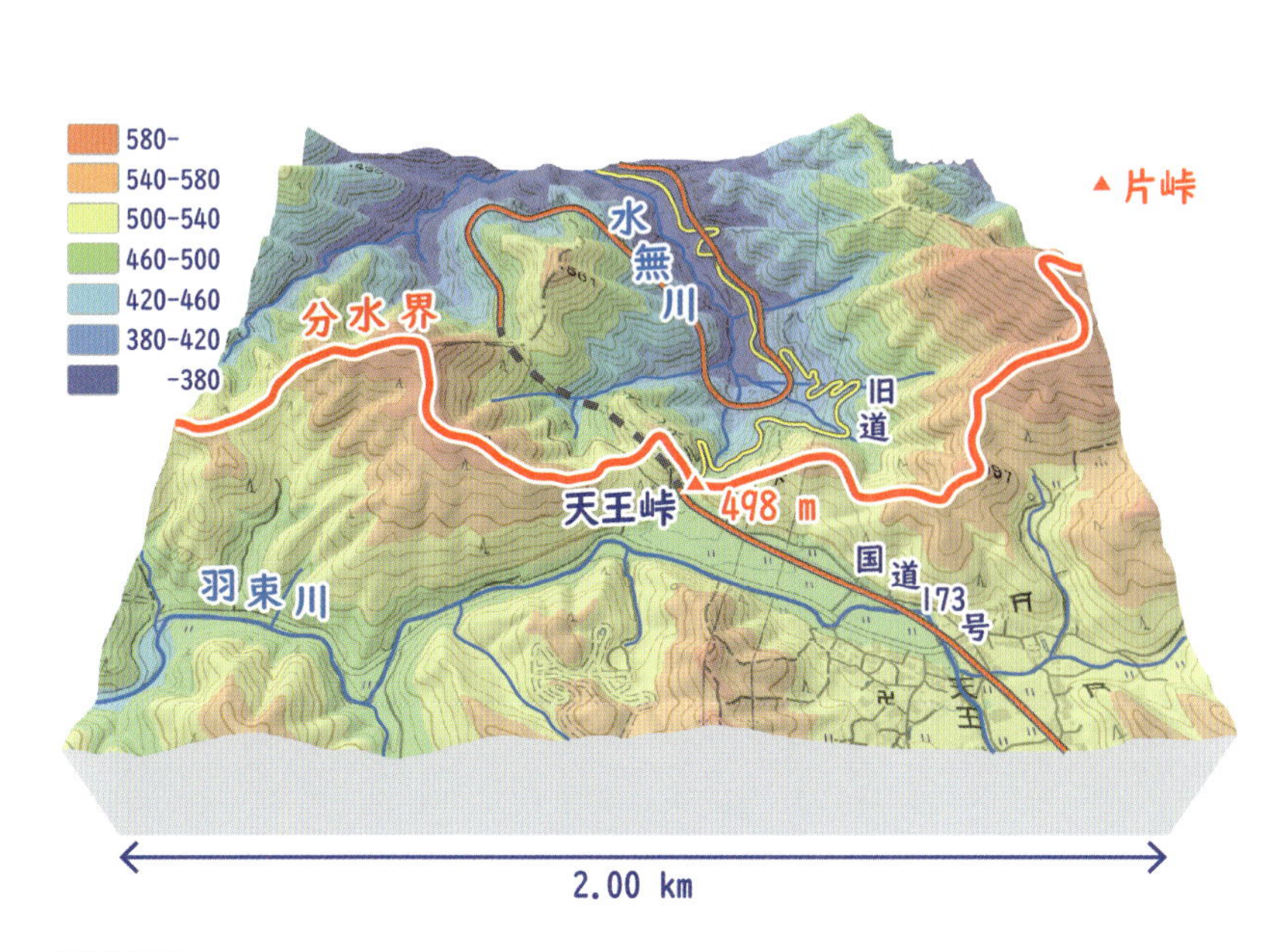

図３-２　天王峠の片峠。（35.04,135.35）

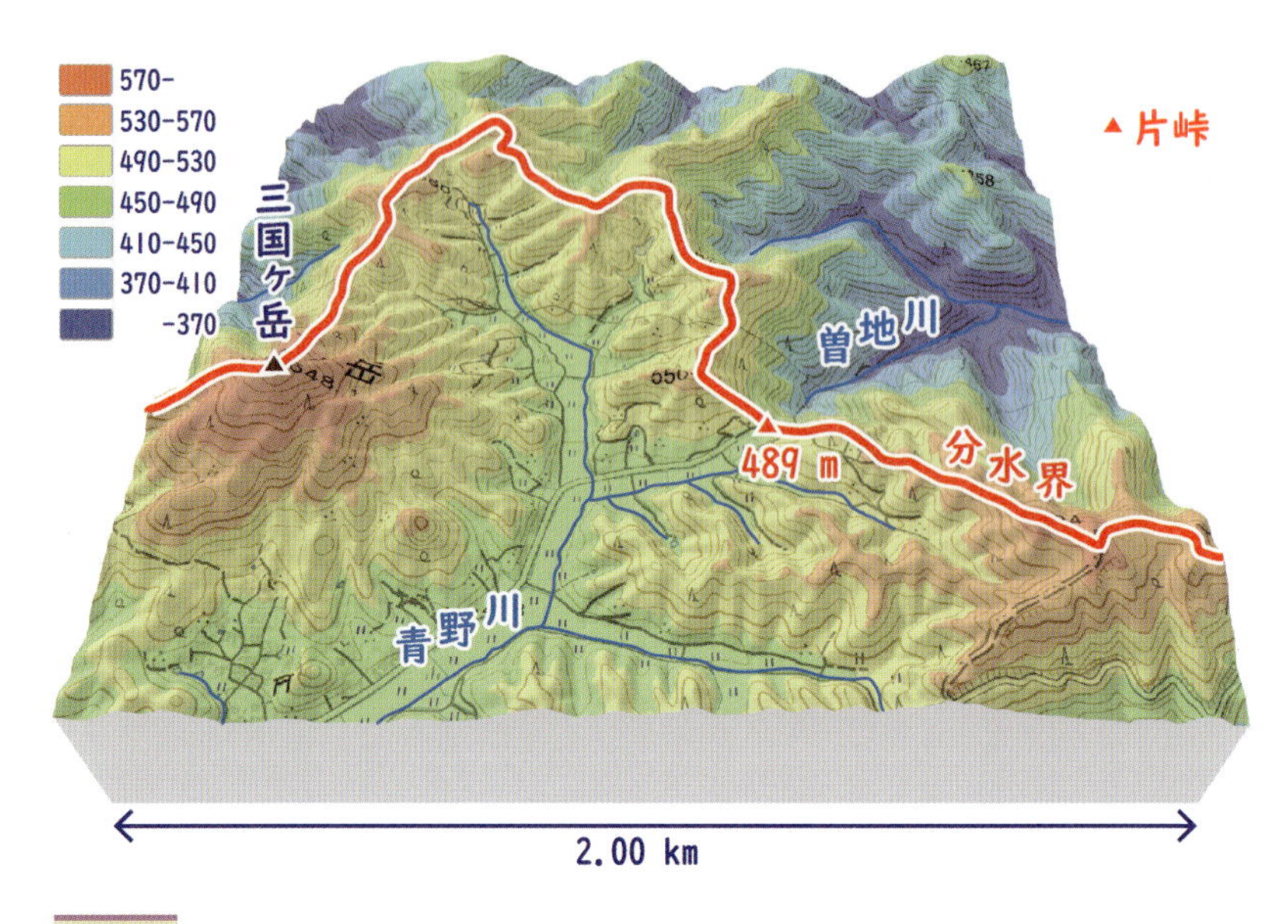

図 3-3 三国ヶ岳周辺の片峠。〔35.03,135.24〕

な片峠です。標高も天王峠と10mも違いません。

このあたりは青野川の源流域で、高度差の小さい分水界に囲まれた平坦な盆地は、『分水嶺の謎』の旅で見た〝天空の聖地〟八幡盆地のミニチュア版といったところでしょう。三国ヶ岳（648m）の先も、篠山盆地側が落ちこんだ片峠になっています。

分水していない谷中分水界？

三国ヶ岳（648m）を越えると分水界は東西に続く山並みから離れ、北に下って幅の広い谷を横切ります。ここは標高240mの典型的な谷中分水界で、仮に真南条上の谷中分水界と呼びましょう（図3-4上）。この谷は北東-南西方向に延びていて、断層線谷に由来する地形と考えられます。真南条上から西側は武庫川の源流域、東側は篠山川の支流に合流します。ちょっと見ただけでは、分水界が谷のどこを通過しているのか分かりません。『分水嶺の謎』の

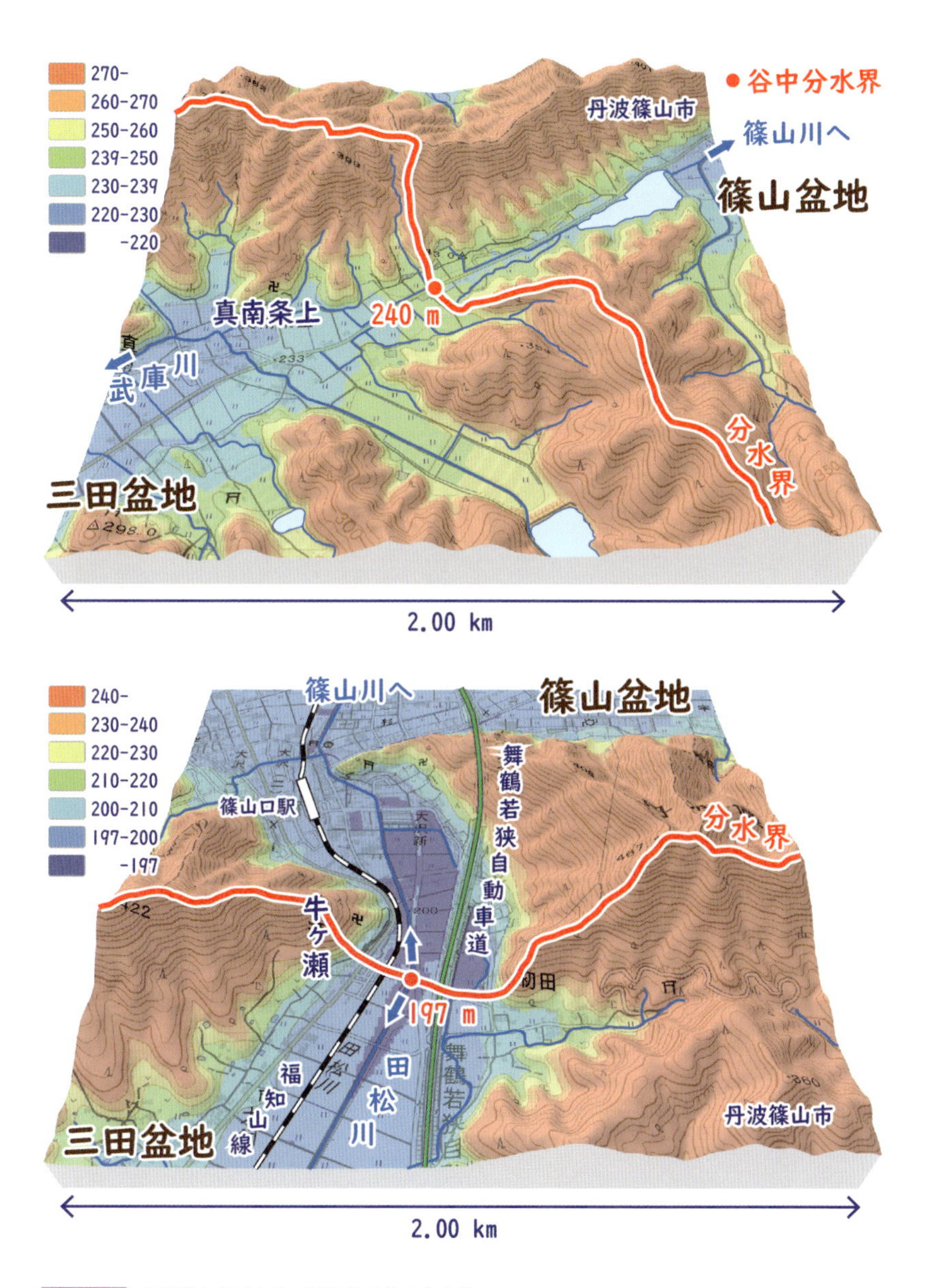

図 3-4 真南条上（上）と牛ヶ瀬（下）の谷中分水界。
〔35.05,135.21〕および〔35.05,135.18〕

旅では、同じような地形に何度もだまされました。

分水界は、真南条上の谷中分水界を伝って北側の孤立峰に上り、すぐ西に下ると田松川が流れる幅の広い谷を通過します（図3-4下）。「通過します」といってはみたものの、どこを通過していいのかさっぱり分かりません。地理院地図を拡大し、目を皿のようにして観察してみると……、なんと田松川は北に向かって篠山川と、南に向かって武庫川とつながっています。つまり、分水されていません。

田松川は篠山川と武庫川を人工的につないだ用水路だそうで、水がどちらに流れているのか、現地に行っても判断は難しそうです。夕立などで篠山盆地に大量の雨が降れば、田松川は一時的に南に流れるかもしれません。篠山川が渇水で水位が下がれば、田松川は北に流れるかもしれません。

分水界はＪＲ福知山線の篠山口駅付近を通過しているのかもしれませんが、地形図を見ると、牛ヶ瀬付近で田松川の流れの向きを示す矢印が南と北向きに書かれているので、その場所を谷中分水界と考えました。谷中分水界が横切る谷の幅は４００ｍを超え、『分水嶺の謎』の旅の準備で訪れた竹ノ花の谷中分水界を思い出します。この谷も、かつては海峡だったのでしょう。牛ヶ瀬の谷を通過すると、分水界は西に続く尾根を上り、白髪岳（７２２ｍ）から北に続く稜線を進んでいくとスタート地点①に戻ります。

このように、篠山盆地を一周する分水界は、典型的な谷中分水界や片峠をいくつも通過しています。谷中分水界や片峠は、かつて海峡だったと考えられます。ここ篠山盆地もかつては海の底で、島と島の間の海峡が閉じて谷中分水界や片峠ができたのです。

そして、分水界に囲まれた範囲の海底が干上がって、現在見られる盆地になったのでしょう。篠山盆地を取り囲む分水界のうち、最も標高が低いのは牛ヶ瀬の谷中分水界です。その標高は197mなので、篠山川が盆地から流れ出る流路（渓谷）に沿っては、さらに低い（深い）海峡があったはずです。

団地の境も分水界

今度は三田盆地の分水界をたどってみましょう。羽束川が武庫川と合流するあたりを起点（図3-1の②）として、先ほどと同様に時計回りに一周していきましょう。起伏（きふく）の小さい台地状の地形に沿って南下していくと、分水界は中国自動車道が通過する緩やかな谷を横切ります（図3-5）。北の国見山（404m）と南の畑山（529m）に挟まれた、東西に続く幅の広いこの谷の標高は270mほど。名塩（なじお）さくら台や名塩平成台など新しい住宅地が広がっていて、自然の地形はかなり失われています。

分水界の東側は名塩川の源流域で、手のひらを広げたような支流は東に流れて武庫川に合流

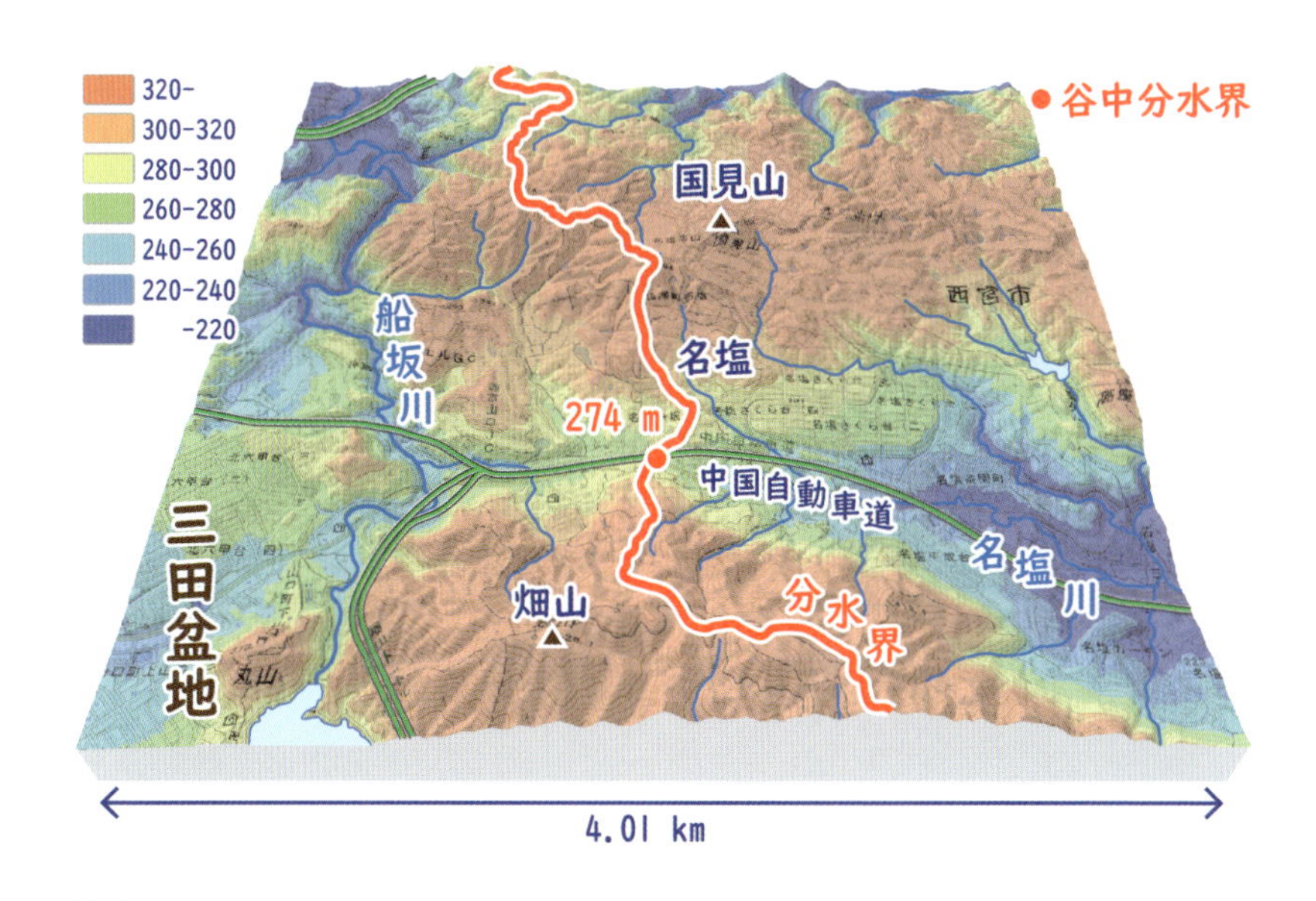

図3-5　名塩の谷中分水界。〔34.83,135.27〕

しています。一方、西側は六甲山地を源とする船坂川で、名塩川とは対照的に深い谷を穿ちつつ、北に流れて武庫川に合流します。二つの川の水系を分ける名塩の谷中分水界は標高が２７４ｍで、篠山盆地のあの有名な栗柄峠の谷中分水界（２６８ｍ）とほとんど一緒です。とはいえ、これだけ離れているし別の盆地の谷中分水界なので、関連があるのかどうか考察するのは難しそうです。

さらに分水界は名塩の谷中分水界から南に進み、六甲山（９３１ｍ）で最高地点を通過します。断層運動によって隆起した六甲山地の稜線に沿って西に向かい、途中で北に下って古々山峠を目指しましょう。

地理院地図で分水界を追跡する場合、尾根から谷中分水界を目指すのではなく、谷中分水界から尾根までのルートをたどったほうが容易です。〝あみだくじ〟はゴールからたどっていけば、正しいルートを１回で選ぶことができるのと同じ理屈です。

古々山峠の谷中分水界は、幅が１㎞を超えるなだらかな谷を横切っています（図３-６上）。北東-南西方向に続くこの谷に沿って六甲有料道路や神戸電鉄有馬線が通っていて、山地の際までびっしり住宅地が広がっています。古々山峠とはなんとも由緒ありそうな名前ですが、峠というより広い谷間のちょっとした高まりです。九十九折りで越える峠とは、全く異なる不思議な地形です。

住宅地を区切る規則的な道路網には、不規則に曲がりくねった道路が横切っています。地理院地図を拡大してみると、有野川と志染川を分ける分水界が、わずかな高まりにつくられた古い道筋に沿って続いていることが読み取れます（図３-６下）。東大池と一段低い西大池の団地を分ける分水界は、昨日訪れた須知盆地と一段低い園部盆地を分ける分水界と同じですね（図２-１）。

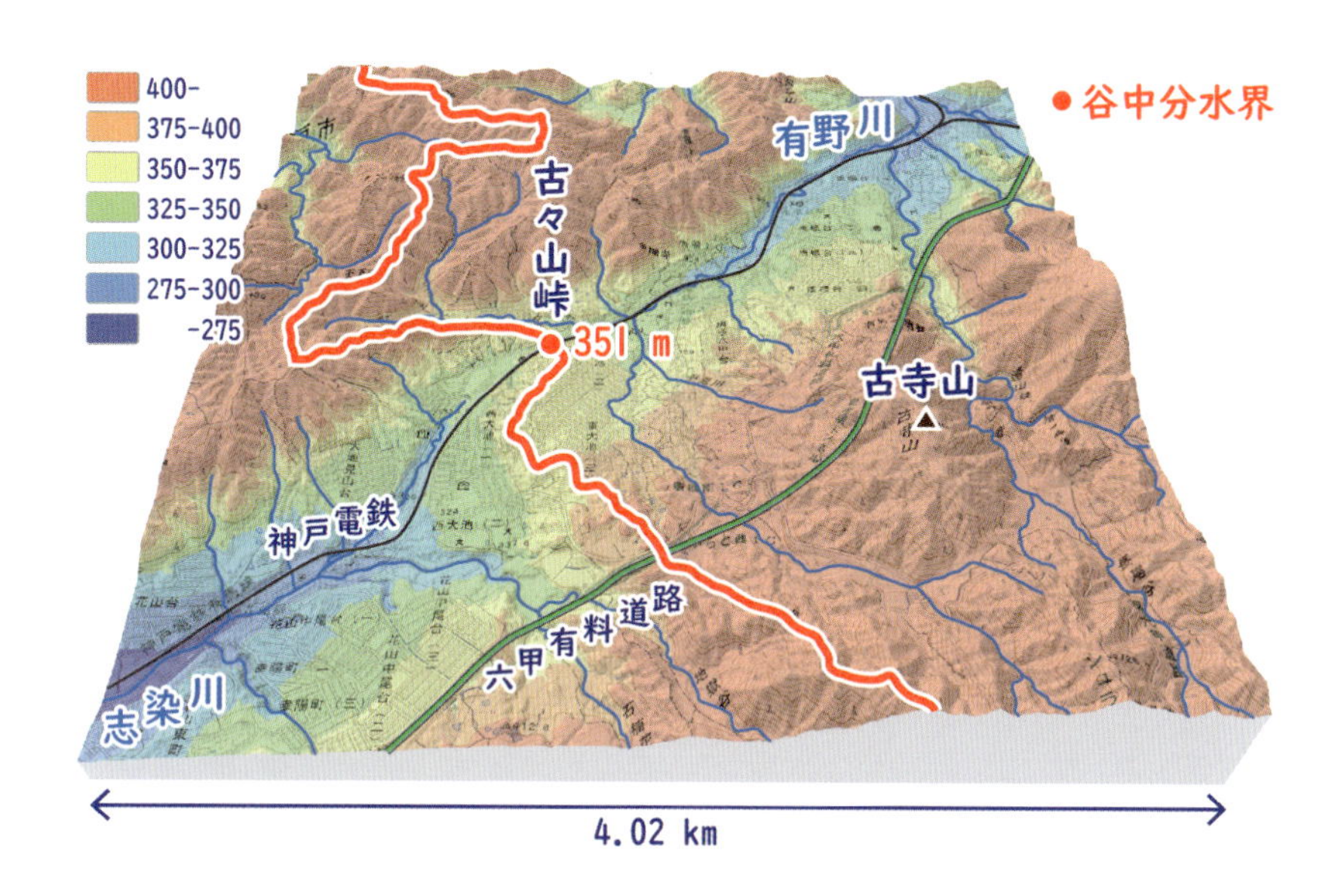

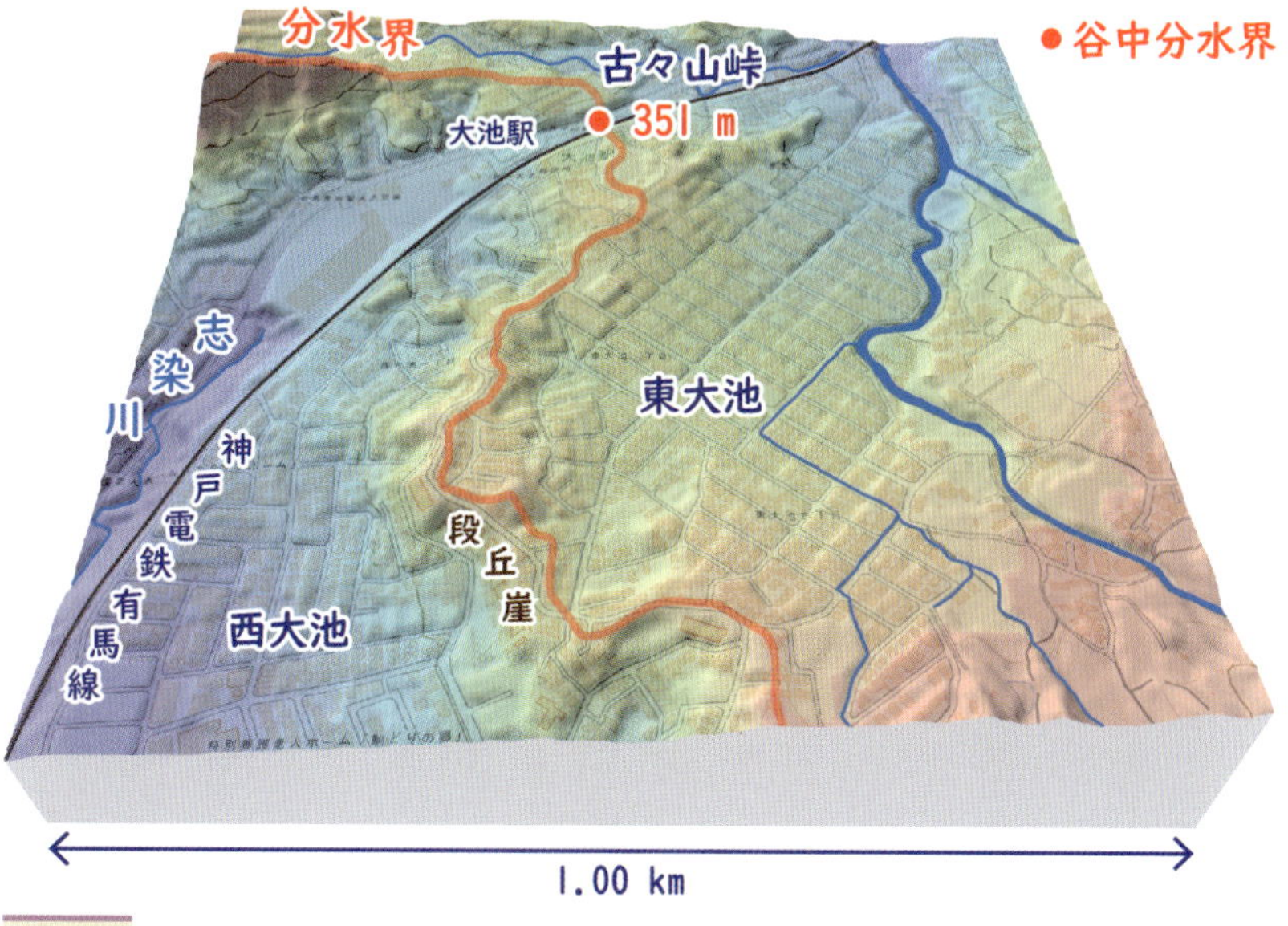

図 3-6 古々山峠の谷中分水界(上)とその拡大図(下)。〔34.78,135.20〕

慎重に行きますよ。

西縁が際どい三田盆地の分水界

分水界は古々山峠から曲がりくねった尾根を北に進み、標高500mほどの山地を越えると三田盆地の西縁に続いていきます。ここからが難所です。細かく蛇行した川と無数の溜め池の間を分け入るように、分水界を追跡していきます（図3-7）。『分水嶺の謎』の旅の、世羅台地を思い出しますね。地形図の標高を10m刻みで着色しないと、分水界がどこにつながっていくのか分かりません。起伏の小さい谷の一つ一つを確認して、三田盆地側の武庫川水系と西側の美嚢川水系を分ける境界を探していきます。

分水界の標高は220mほどで、天狗岩（287m）までが一苦労。続く赤松峠（239m）までも大変です。その先も緊張が続きます（図3-8）。227m峰に到着するとようやくひと休み。わずかな起伏をそろりそろりと進んでいって、三田盆地の西縁の分水界をどうにか突破しました。

標高が220m前後の谷中分水界と盆地底との高度差は10m程度しかありませんが、三田盆地に降った雨をすべて武庫川に集めるには十分な高まりです。人の目には盆地を取り囲む山並みとは思えませんが、水にとっては越えることができない嶺なのです。

といっても、すでにみなさんには、海面に顔を出し始めた島の列が、つながりかけている景色に見えるでしょう。図3-7と図3-8は谷中分水界の標高を基準に10m刻みで着色しているので、青く塗った谷中分水界より低い範囲はちょうど海域に見えますね。そして、三田盆地の平らな盆地底は、内湾（〝三田湾〟）の浅い海底に見えるはずです。

平らな谷も、雨にとっては盆地の境界

分水界を北上していくと東条川の支流に行く手を阻まれてしまうので、舞鶴若狭自動車道を横切ったら地形図を確認しましょう。分水界は

図3-7 三田盆地西縁の天狗岩周辺の分水界。〔34.85,135.18〕

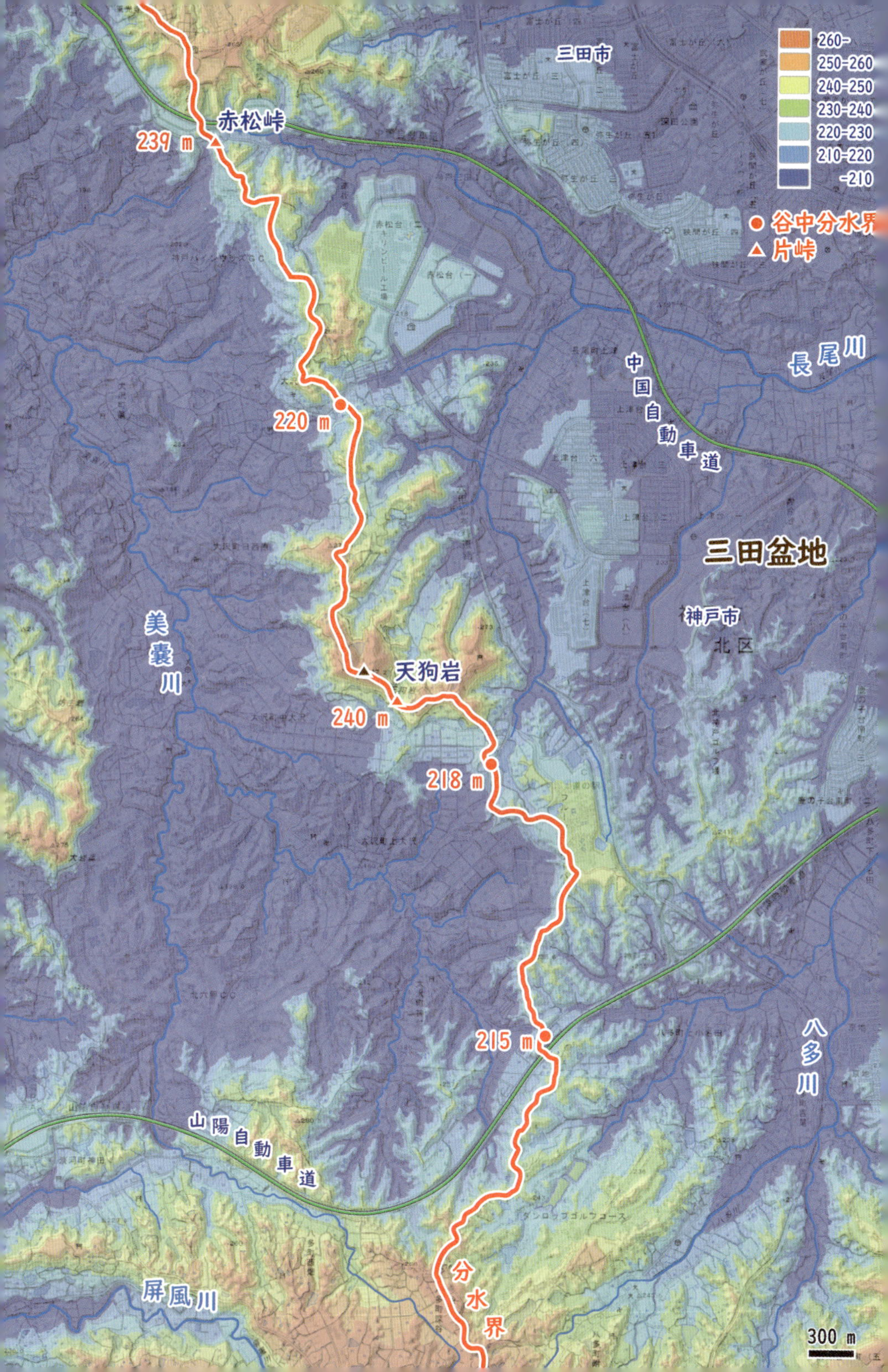

260-
250-260
240-250
230-240
220-230
210-220
-210
谷中分水界
片峠
三田市
赤松峠
239 m
220 m
長尾川
中国自動車道
三田盆地
神戸市
北区
美嚢川
天狗岩
240 m
218 m
215 m
八多川
山陽自動車道
屏風川
分水界
300 m

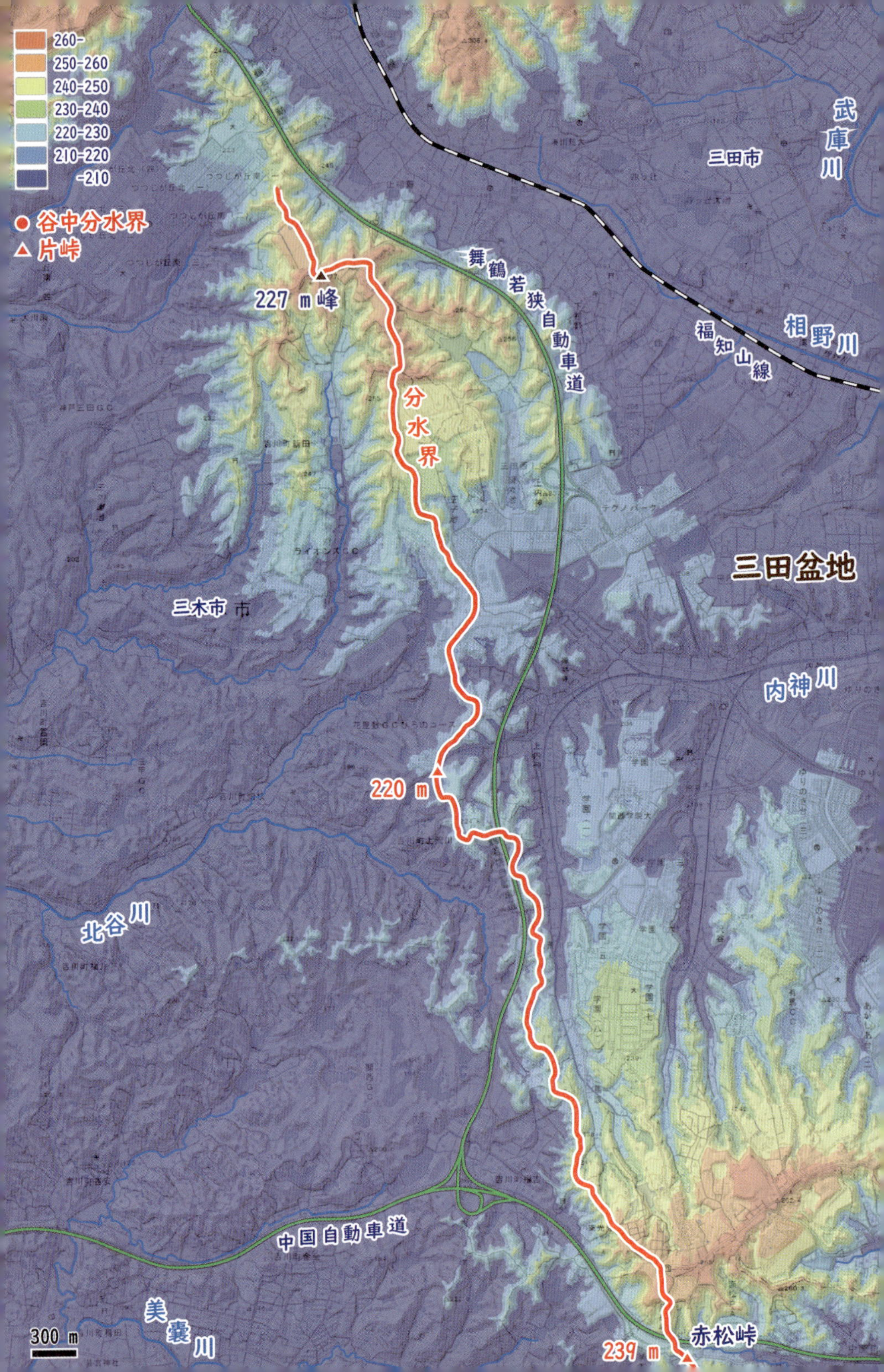

260-
250-260
240-250
230-240
220-230
210-220
-210
谷中分水界
片峠
227 m 峰
分水界
舞鶴若狭自動車道
福知山線
三田市
武庫川
相野川
三田盆地
三木市
内神川
220 m
北谷川
中国自動車道
美嚢川
赤松峠
239 m
300 m

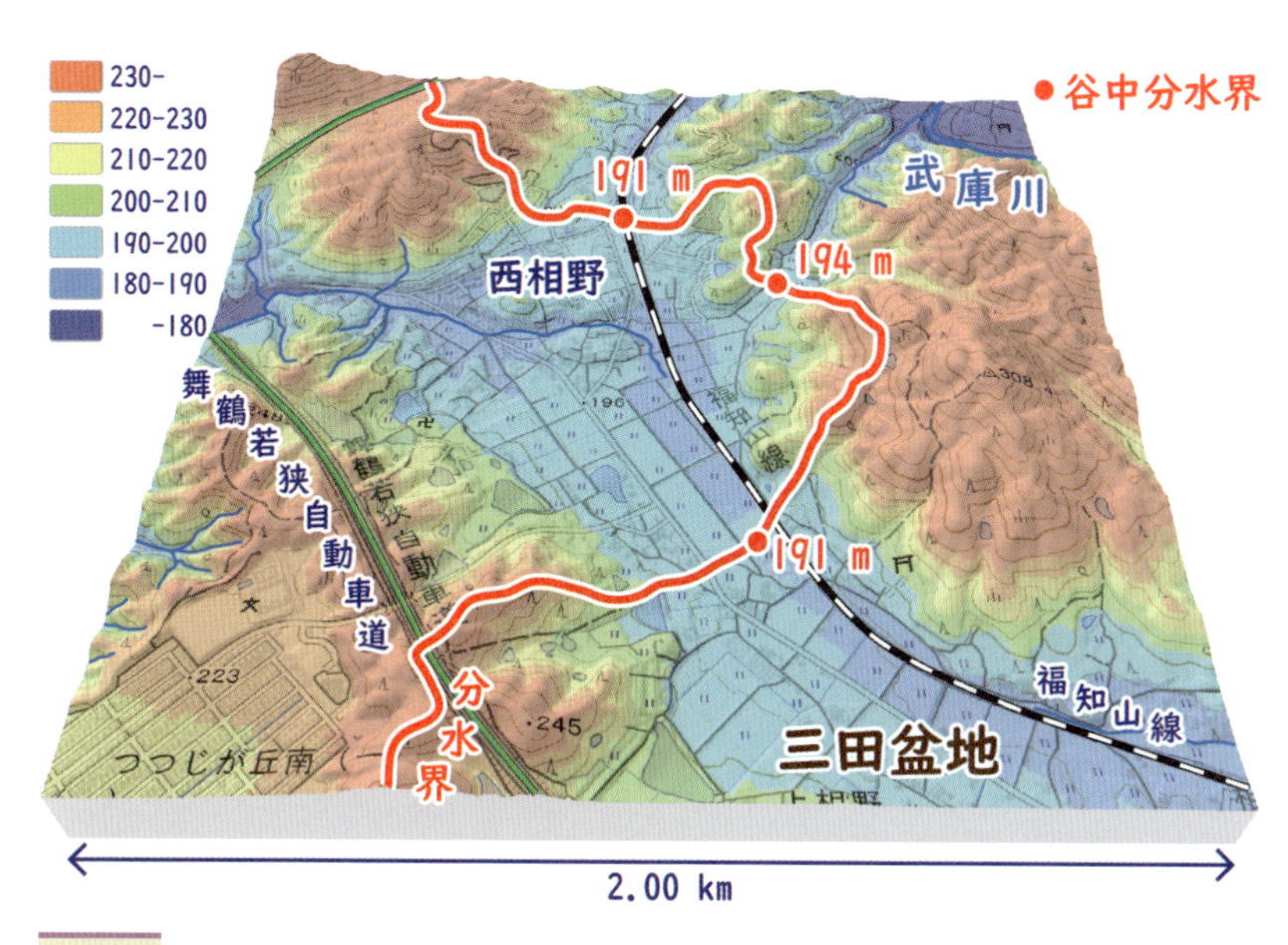

図 3-9 西相野の谷中分水界。〔34.96,135.15〕

いったんJR福知山線を跨いで東の小山に乗り移り、再び福知山線を横切って、北に続く山並みに続いています（図3-9）。福知山線が通過する幅の広い平らな谷は、武庫川支流の相野川と東条川支流の源流域で、両者がせめぎ合う狭間を縫うように分水界が迂回しているのです。いずれも見事な谷中分水界なので、詳しい調査がなされています（小林、2002）。ここでは仮に、西相野の谷中分水界と呼びましょう。

平坦な谷の幅は300m程度で、谷中分水界の標高は190mほどにそろっています。地形を見ただけでは、どこまでが三田盆地か分かりません。分水界で囲まれた範囲を三田盆地と捉えているのは、あくまでも空から降った雨にとっての盆地なのです。

西相野の谷中分水界を過ぎると、分水界は標高が500m前後の山並みに沿って北に続き、途中で不来坂の谷中分水界（257m）を横切ります（図3-1）。不来坂の谷中分水界は、真南条上の谷中分水界を通過する断層線谷の南西

図 3-8 三田盆地西縁の赤松峠から227m峰までの分水界。〔34.91,135.15〕

延長ですね。分水界はそのまま北に向かって高度を上げて、白髪岳を越えると篠山盆地の南縁の分水界に合流します。

畦倉池は小さな盆地

ここからは今日の前半に歩いた篠山盆地の分水界なので、三田盆地の分水界に分岐する三国ヶ岳まで一気に移動しましょう。そこから先は、分水界は東側の羽束川水系と三田盆地側（西側）の青野川水系の間を南下していきます。

羽束川の側が落ちこんだ、標高２７６ｍの片峠は見事です（図3-10）。名塩の谷中分水界の標高（２７４ｍ）と２ｍしか違いません。畦倉（あぜくら）池の横には標高３８０ｍの片峠があって、池の北側（３８６ｍ）と西側（３７９ｍ）もほぼ同じ標高の片峠になっています。地形的な凹部に水が貯まっていて、東西南北すべての方向に水があふれ出しそうです。

畦倉池はもともと海底の小さな凹みで、陸化

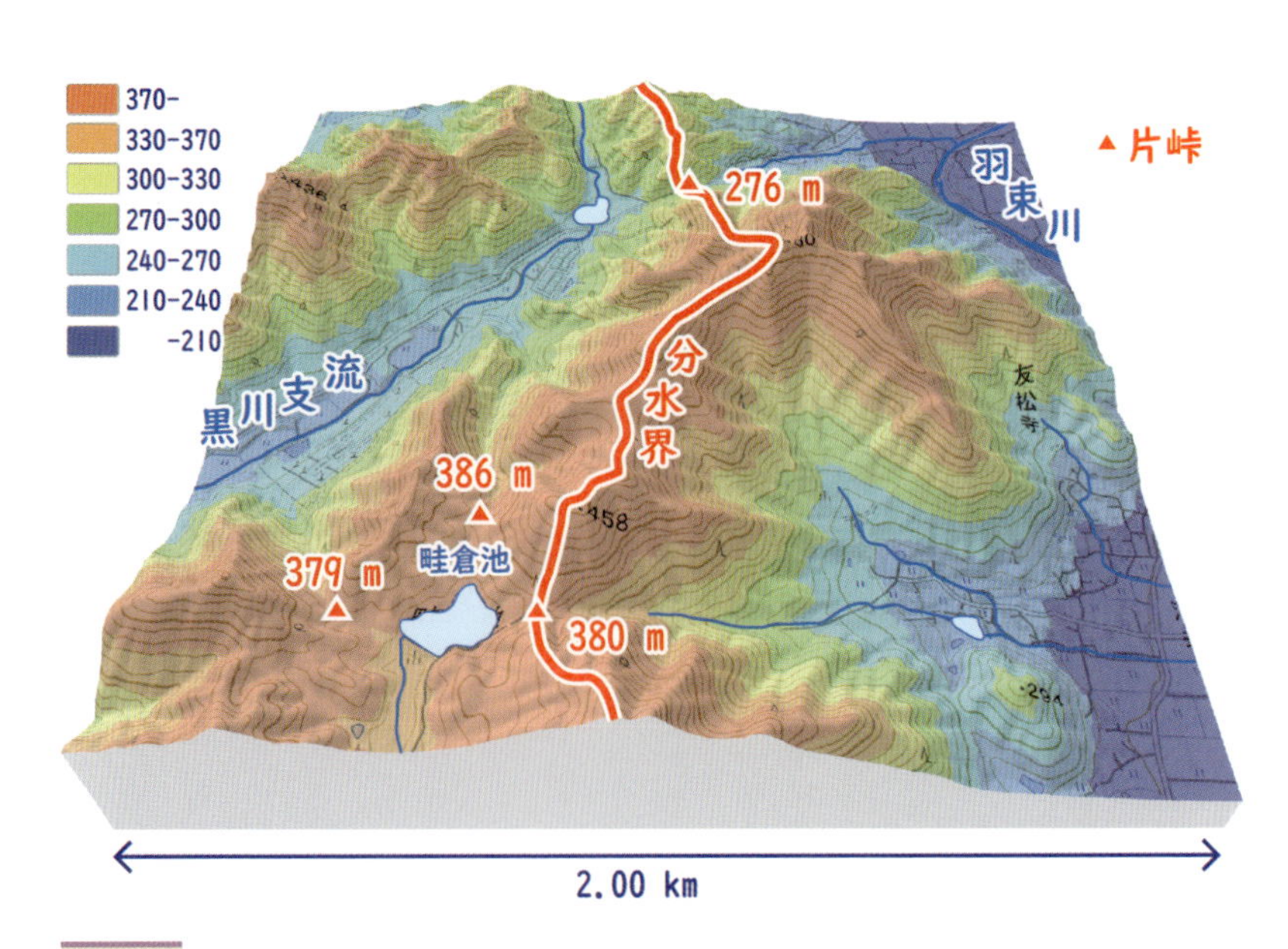

図 3-10　畦倉池の片峠。〔34.97,135.26〕

するとき四方向に海峡があったのでしょう。南側の海峡が最も深かったため最後に離水(りすい)して、畦倉池に貯まった雨水が流れ出る小川の流路になったと考えられます。とても小さな盆地ですが、その成り立ちは須知盆地と同じです。

さらに南に向かって分水界を進んでいくと、切詰峠(きりづめとうげ)の谷中分水界を通過します（図3-11）。標高は244mで、東側（羽束川側）が少し侵食されていて片峠になりかけています。その先にある標高が220~240mの谷中分水界を通過すると、武庫川のスタート地点に戻ります。

篠山盆地と三田盆地が海だった頃

このように、篠山盆地と三田盆地は、いずれも一周する分水界によって囲まれています。その分水界は、それぞれの盆地に降った雨を盆地の内部に集め、分水界の外に流れ出すことを防いでいます。分水界は高い山並みに続いていることもあれば、ほんのわずかな高まりを伝って

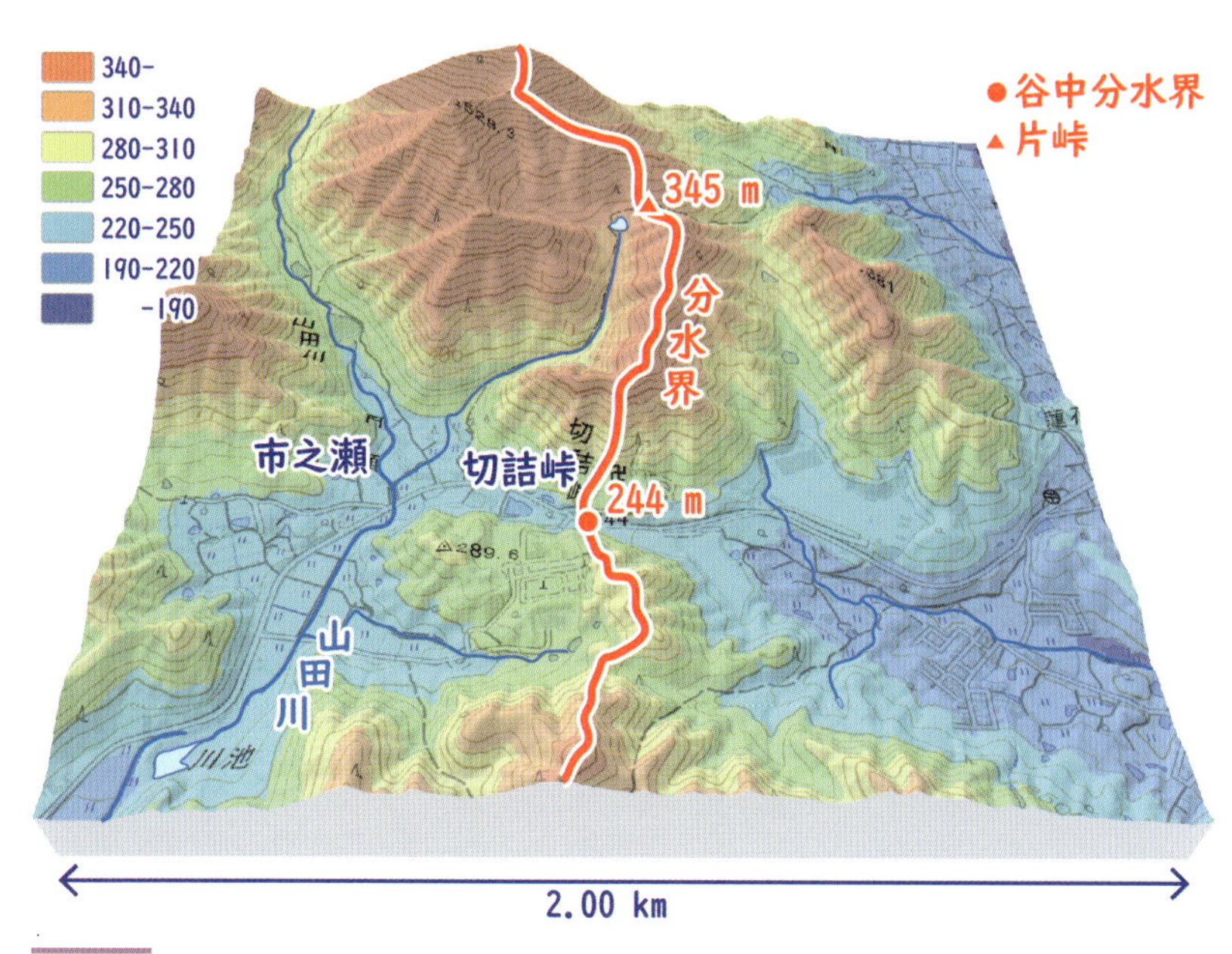

図 3-11　切詰峠の谷中分水界。(34.93,135.26)

いることもあります。そのわずかな高まりの究極が、谷中分水界です。谷中分水界がどれほど低くても、雨水を盆地の内部に留めることができるのです。

篠山盆地と三田盆地には、盆地に降った雨を排出する場所がそれぞれ1カ所だけありましたね。篠山盆地では篠山川、三田盆地では武庫川です。盆地に降った雨は篠山川や武庫川に集められ、それらの河川によって盆地の外に排水されるのです。

須知盆地で確認したように、谷中分水界や片峠はかつて海峡でした。ここ篠山盆地と三田盆地についても、地理院地図を使ってかつての様子を復元してみましょう。最も低い谷中分水界の標高に合わせ、その標高より低い分を青色系統に塗色すれば、その高さまで海が広がっていたかつての様子を推定することができます。

図３-12は、現在に比べて標高が２８０ｍ低かった頃を想定して色分けしたものです。地表部分の標高は50ｍ刻みにして着色しました。さらに、現在の分水界を赤線で書き足していますが、水没している部分は半透明の白線で示しています。また、篠山川と武庫川の流路も薄い青線で描き足しました。

現在に比べて標高が２８０ｍ低かった頃、篠山盆地はほとんど水没していて、リアス海岸に囲まれた内湾だったことが分かります。標高が２８０ｍより高い谷中分水界はすでに峠になっていますが、低い谷中分水界はまだ海面下です。そして、たとえば栗柄峠（２６８ｍ）や真南条上（２４０ｍ）など、標高が２８０ｍより低い谷中分水界は、当時はまだ幅の狭い海峡だったことが分かります。篠山湾はこれらの海峡によって、外海とつながっていたのです。

一方、三田盆地は西縁の分水界がほとんど水没しているため、湾と言うよりほとんど外海です。北側は大きな島を隔てて〝篠山湾〟とつながり、南側には〝六甲島〟がありました。東側は多島海で、分水界は北側からつながり始めています。

図3-12 現在よりも280m低かった頃の篠山盆地と三田盆地の様子。

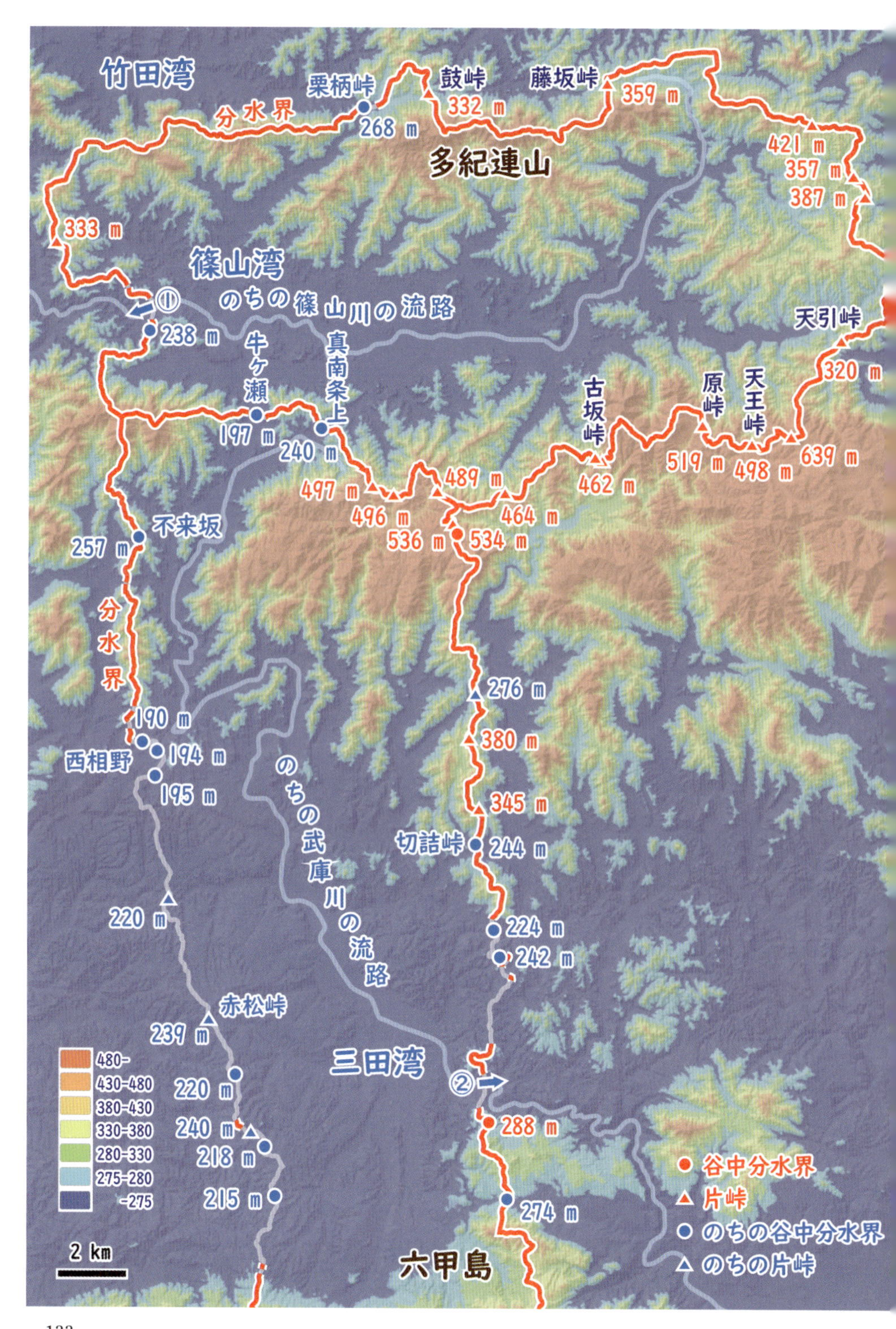
竹田湾
栗柄峠
268 m
鼓峠
332 m
藤坂峠
359 m
分水界
多紀連山
421 m
357 m
387 m
333 m
篠山湾
①
のちの篠山川の流路
238 m
天引峠
320 m
牛ケ瀬
真南条上
197 m
240 m
古坂峠
原峠
天王峠
519 m
498 m
639 m
462 m
497 m
496 m
489 m
464 m
536 m
534 m
不来坂
257 m
分水界
276 m
190 m
380 m
西相野
194 m
195 m
のちの武庫川の流路
345 m
切詰峠
244 m
220 m
224 m
242 m
赤松峠
239 m
三田湾
②
480-
430-480
380-430
330-380
280-330
275-280
-275
220 m
240 m
218 m
288 m
215 m
谷中分水界
片峠
274 m
のちの谷中分水界
のちの片峠
2 km
六甲島

先に陸化した篠山盆地

さらに大地が隆起して現在よりも210m低かった頃になると、〝篠山湾〟は大部分が陸化して、海域はかなり縮小しました（図3-13）。この段階で残されている海峡は、牛ヶ瀬（〝牛ヶ瀬海峡〟）と、のちの篠山川の流路（図の①）だけになります。このあと〝牛ヶ瀬海峡〟が先に閉じて、〝篠山湾〟に集められた雨水は①の場所から排水されることになります。

一方、〝三田湾〟のほうは海域がほとんど陸に囲まれて、ずいぶんと内湾らしくなりました。この段階では、〝牛ヶ瀬海峡〟で〝篠山湾〟と、〝西相野海峡〟で外海とつながっていました。もちろん、のちの武庫川の流路である図の②の場所には、〝西相野海峡〟よりも深い海峡があったはずです。

〝三田湾〟は、このあとに〝牛ヶ瀬海峡〟（197m）が閉じて〝篠山湾〟から切り離され、〝西相野海峡〟（190〜195m）が離水すると、外海とつながるのは②の海峡だけになります。すなわち、〝三田湾〟を一周する分水界が確定し、その範囲に降った雨は、②の海峡（湾口）から排水されることになるわけです。そして、最終的に〝三田湾〟が陸化するとかつての海底は三田盆地となり、分水界に囲まれた範囲に降った雨は武庫川に集められ、②の場所から盆地の外に排水されることになりました。

盆地を分けた〝牛ヶ瀬海峡〟の離水

このように、〝牛ヶ瀬海峡〟が先に閉じて、遅れて〝西相野海峡〟が閉じたため、篠山盆地と三田盆地は別個の水系になりました。もしその順番が逆だったら、川の流れは大きく変わっていたでしょう。たとえば、〝西相野海峡〟が〝牛ヶ瀬海峡〟よりも先に閉じたとすると、牛ヶ瀬の海峡でつながっている〝篠山湾〟と〝三田湾〟は、図3-13の①と②の海峡で外海と接合します。そして、これら三つの海峡の閉じる順番次第で、

図3-13 現在より210m低かった頃の篠山盆地と三田盆地の様子。

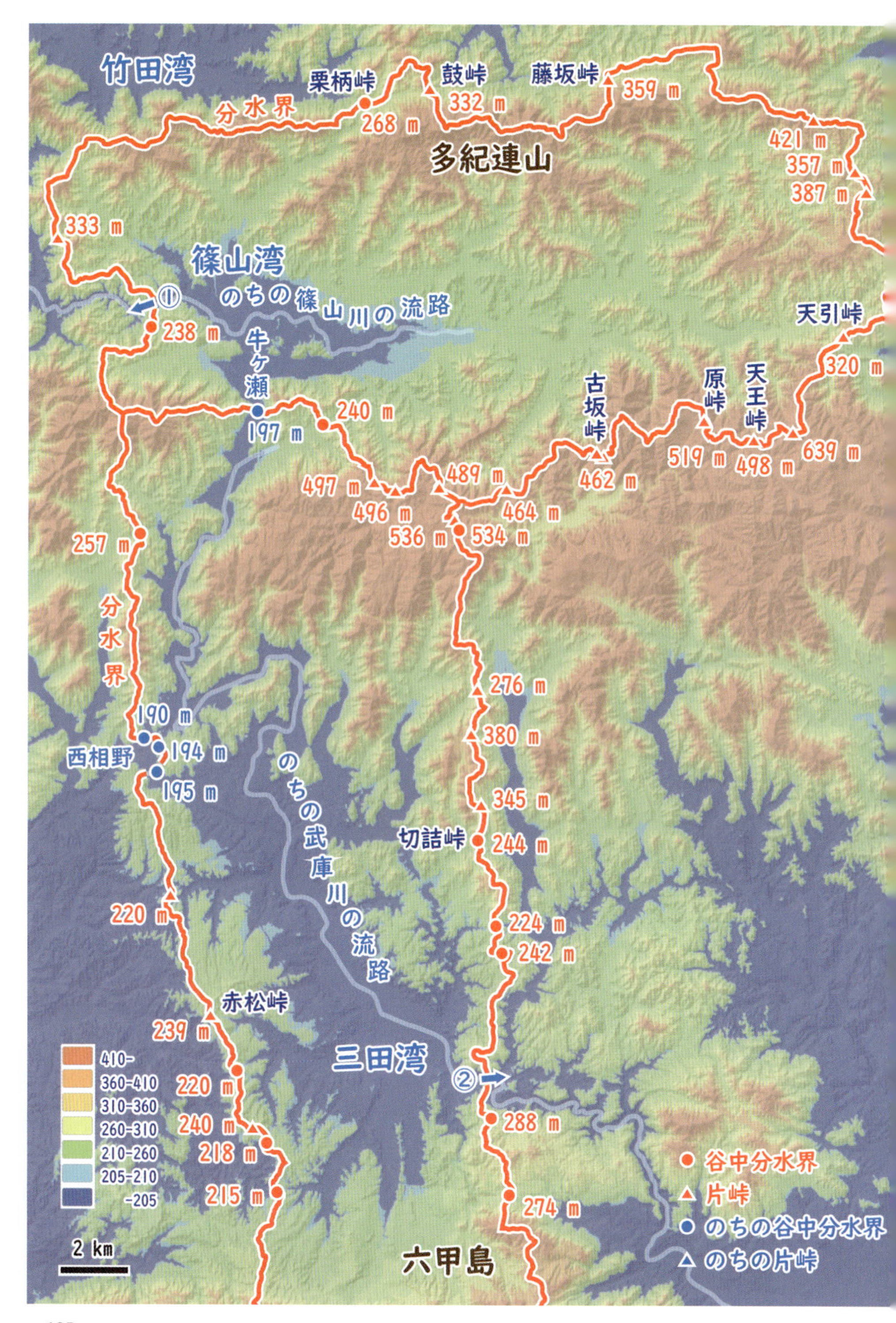

竹田湾
栗柄峠
268 m
鼓峠
332 m
藤坂峠
359 m
分水界
多紀連山
421 m
357 m
387 m
333 m
篠山湾
のちの篠山川の流路
①
238 m
牛ヶ瀬
197 m
240 m
天引峠
320 m
古坂峠
原峠
天王峠
519 m
498 m
639 m
462 m
497 m
496 m
489 m
464 m
536 m
534 m
257 m
分水界
276 m
380 m
190 m
西相野
194 m
195 m
のちの武庫川の流路
345 m
切詰峠
244 m
220 m
224 m
242 m
赤松峠
239 m
三田湾
②
220 m
240 m
218 m
215 m
288 m
274 m
410-
360-410
310-360
260-310
210-260
205-210
-205
2 km
六甲島
谷中分水界
片峠
のちの谷中分水界
のちの片峠

河口の位置が大きく変わるのです（図3-14A）。

もし〝牛ヶ瀬海峡〟が最初に閉じれば〝篠山湾〟と〝三田湾〟は分割され、それぞれの湾は①と②の海峡（湾口）で外海に接することになります。そして、それぞれの湾が陸化すると、篠山盆地と三田盆地は別個の水系になります。篠山盆地に降った雨水は篠山川によって、三田盆地に集められた雨水は武庫川によって、それぞれ盆地の外に排水されます。つまり、現在と同じ状況です（図3-14B）。

ところが、〝牛ヶ瀬海峡〟よりも①の海峡が先に閉じると、篠山盆地に降った雨は牛ヶ瀬を通過して三田盆地に流れ込

図3-14 〝牛ヶ瀬海峡〟の閉じるタイミングによって変わる、篠山盆地と三田盆地の関係の概念図。

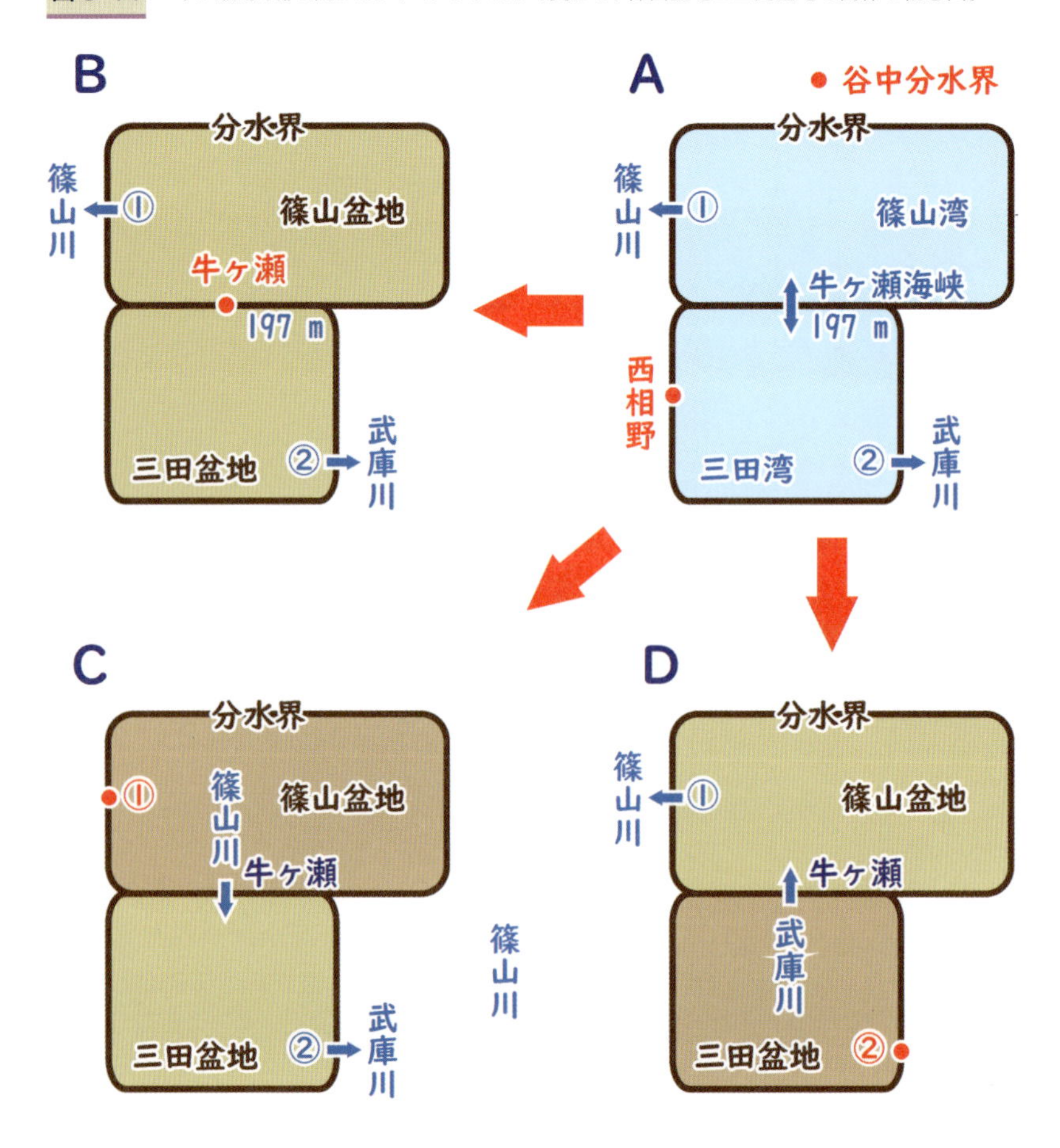

み、さらに武庫川水系と合流して②の場所から盆地の外に排水されます。言い換えるなら、現在の篠山川は武庫川の上流になるわけです。その結果、篠山盆地は三田盆地よりも一段高い盆地になります（図3-14C）。

反対に、〝牛ヶ瀬海峡〟よりも②の海峡が先に閉じてしまうと、三田盆地に集められた雨水は牛ヶ瀬を通過して篠山川に合流し、①の場所から盆地の外に排水されます。この場合は、現在の武庫川が篠山川の上流になるわけです。そして、今度は三田盆地が篠山盆地よりも上流側の盆地になるわけです（図3-14D）。

ただし、現在の三田盆地の標高は篠山盆地よりも低いので、〝三田湾〟はしばらくの間は湖（〝三田湖〟）だったはずです。〝三田湖〟の湖底には周囲の山地から流出した土砂が流れ込み、水平に堆積した地層によって湖底は徐々に浅くなっていったでしょう。そして、〝三田湖〟からあふれ出した湖水が牛ヶ瀬の谷を下刻（かこく）して湖面が低下すれば、湖沼（こしょう）堆積物がつくる真っ平らな三田盆地が現れます。前回の『分水嶺の謎』の旅の第5日に訪れた、蒜山盆地（ひるぜんぼんち）のような地形です。

篠山川の流路に位置する①と武庫川の流路に位置する②のうち、どちらが先に陸化したのかは分かりません。しかし、現在はそれぞれ篠山盆地と三田盆地の排水口になっているので、少なくとも牛ヶ瀬の谷中分水界（197m）よりは低かった（深かった）はずです。

さらに、②の位置にあった海峡は西相野の谷中分水界よりも低かったはずなので、少なくとも現在の標高で190m未満だったでしょう。海峡と海峡による高度差10m以下の攻防の結果が、現在の篠山盆地と三田盆地を分けたのです。

このように、盆地を囲む山並みは、雨水を盆地の外にあふれさせない役割を担（にな）っています。まさに、地形のお盆です。そして、盆地に降った雨を盆地の外に排出する場所が1カ所だけあります。それは盆地から流れ出す川の流路です。盆地から川が流れ出すその場所は、海底が隆起して盆地（陸）が誕生したとき、盆地を取り囲む分水界のうち最も深かった海峡です。最後に陸化した海峡は湾口となり、河口を経て、最終的には盆地から流れ出す川の出口になるのです。お盆のような地形の盆地には、必ず縁に1カ所切れ目が入っているのです。

それでは、吉備（きび）高原（こうげん）や世羅台地など、平坦な侵食小起伏地形ではどうなのでしょうか？　一見すると、篠山盆地や三田盆地のような、盆地の地形には見えません。平坦な地形が広がっていて、山並みが囲んでいるようにも思えません。

でも、それは人間目線で見た場合です。前回の『分水嶺の謎』の旅では、自然の目線で地形を観察して、その謎を解くことができました。今回の旅でも、自然の目線で地形を見ましょう。言葉を換えるなら、水になった気持ちで地形を観察していきましょう。

第3日

海が削った吉備高原

いよいよ始まる隆起準平原の謎解き。最初は吉備高原の成因に挑戦です。

吉備高原もやはり盆地

今日は隆起準平原の元祖といえる、吉備高原を訪れてみましょう。図4-1は、岡山県と広島県の県境を横切る成羽川の上流域の地形図です。見るからに真っ平らですね。吉備高原面と呼ばれている侵食小起伏地形です。この地形を見て、〝吉備盆地〟と呼ぶ地形研究者はいないでしょう。

この場所、覚えていますか？　今回の旅の事前準備のため、3日前に下見に来ました。広島駅から備中神代駅まで、JR芸備線の7時間の長旅です。備後落合駅で気動車に乗り換え、道後山駅と小奴可駅の間で日本一の谷中分水界を通過しました。猫山や白滝山の小奴可地形など、見どころ満載の下見でしたね。そして小奴可駅を出発すると、気動車は成羽川が流れる幅の狭い谷に沿って南下していきます。東城駅に到着すると突然賑やかな街となって、空想世界から現実世界に戻ってきました。

図4-1　成羽川上流に広がる吉備高原を取り囲む分水界。〔34.90,133.27〕

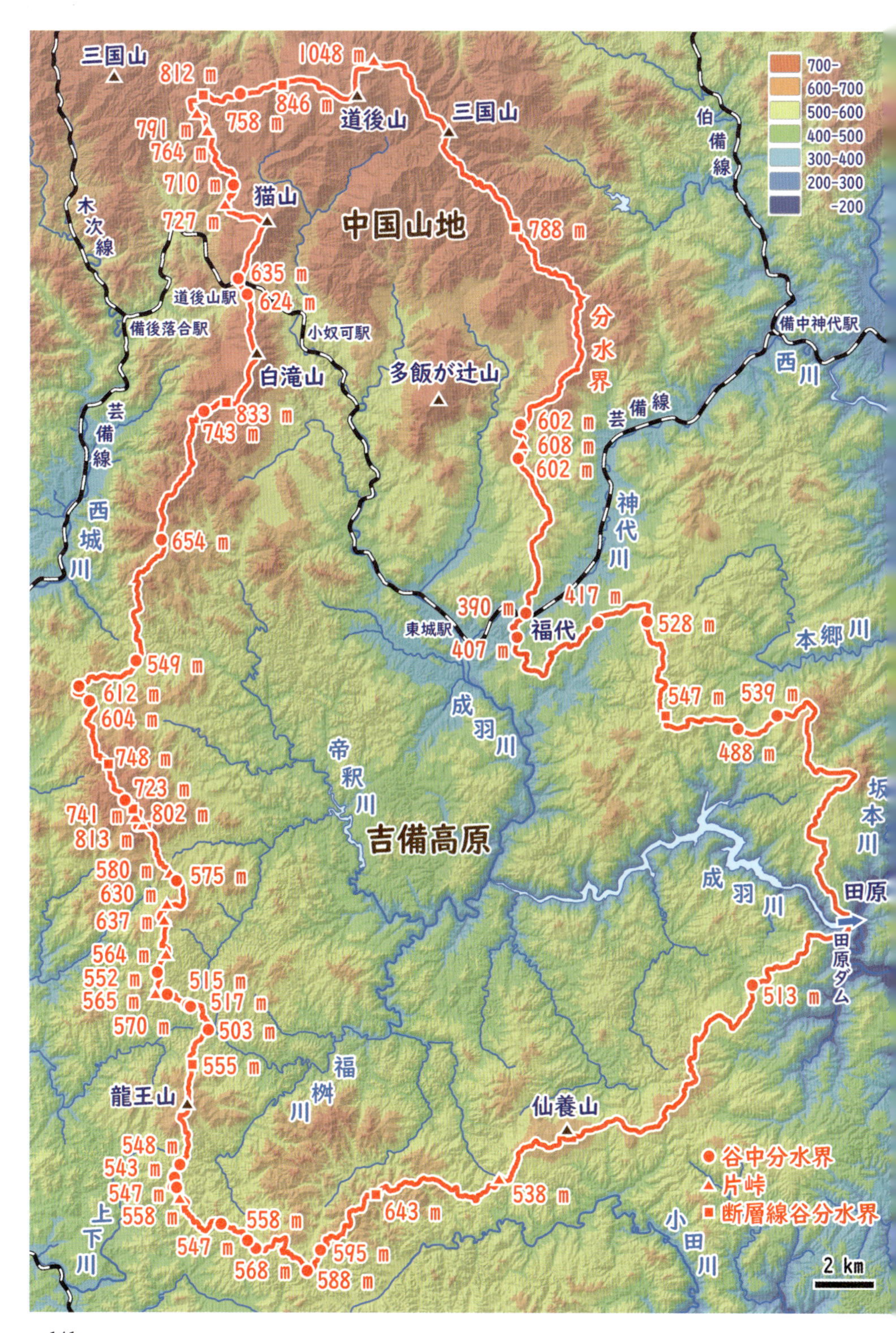

三国山
1048 m
812 m
846 m
道後山
三国山
758 m
791 m
764 m
710 m
猫山
727 m
中国山地
788 m
木次線
635 m
道後山駅
624 m
備後落合駅
小奴可駅
分水界
備中神代駅
西川
白滝山
多飯が辻山
芸備線
833 m
743 m
602 m
608 m
602 m
芸備線
神代川
西城川
654 m
伯備線
390 m
417 m
東城駅
福代
528 m
407 m
本郷川
549 m
612 m
604 m
成羽川
547 m
539 m
488 m
748 m
帝釈川
723 m
741 m
802 m
813 m
坂本川
吉備高原
580 m
575 m
630 m
成羽川
田原
637 m
564 m
田原ダム
552 m
515 m
565 m
517 m
513 m
570 m
503 m
555 m
福桝川
龍王山
仙養山
548 m
543 m
547 m
538 m
上下川
558 m
643 m
558 m
547 m
595 m
568 m
588 m
小田川
谷中分水界
片峠
断層線谷分水界
700-
600-700
500-600
400-500
300-400
200-300
-200
2 km

東城駅を出発すると線路は大きく左にカーブし、成羽川とはここでお別れ。気動車はか細い福代川に沿ってしばらく走り、短いトンネルを抜けると川の流れが逆向きになって、分水界を通過したことに気がつきます。ここからは、芸備線は神代川の流れに沿って広い谷間を下っていきます。終点の備中神代駅でＪＲ伯備線に合流し、神代川も西川に合流します。

そういえば、前回の『分水嶺の謎』解きの旅で二度目の野宿は避けたいと、急いで伯備線の新郷駅まで走りました。あのときは、新見駅まで行って宿を探しましたね。ちょっと懐かしいです。

さて、成羽川は中国山地の道後山（１２７１ｍ）に発し、支流の帝釈川とともに蛇行しながら吉備高原を深く穿っています。ここで、坂本川が合流する田原ダム付近を起点に、成羽川の集水域を囲む分水界を描いてみました。分水界に囲まれた範囲の吉備高原の標高は５００ｍ前後で、起伏が小さく全体的に水平な台地状の地形で特徴づけられます。

吉備高原はほとんど水平なので、吉備高原面と成羽川の河床との高度差は下流ほど大きくなっています。田原ダム周辺では吉備高原と成羽川の河床との高度差が５００ｍもあって、さながらミニ・グランドキャニオンです。

分水界で囲まれた範囲の吉備高原は、北側を中国山地に、西側と南側は低い山並みに阻まれていることが分かります。全体として北の縁が高く、西と南は縁の低いお盆のような地形です。この範囲に降った雨は、すべて田原ダム付近から排出されます。平らな吉備高原といえども、分水界に囲まれた範囲に降った雨は分水界の内側に集められ、１カ所の排水口である成羽川として分水界の外に流れ出るわけです。水の目線で見るならば、吉備高原もやはり盆地なのです。

一見すると、芸備線が通過する神代川に沿ったルートのほうが、お盆の縁が低く思えます。そして、その場所には標高３９０ｍの福代の谷

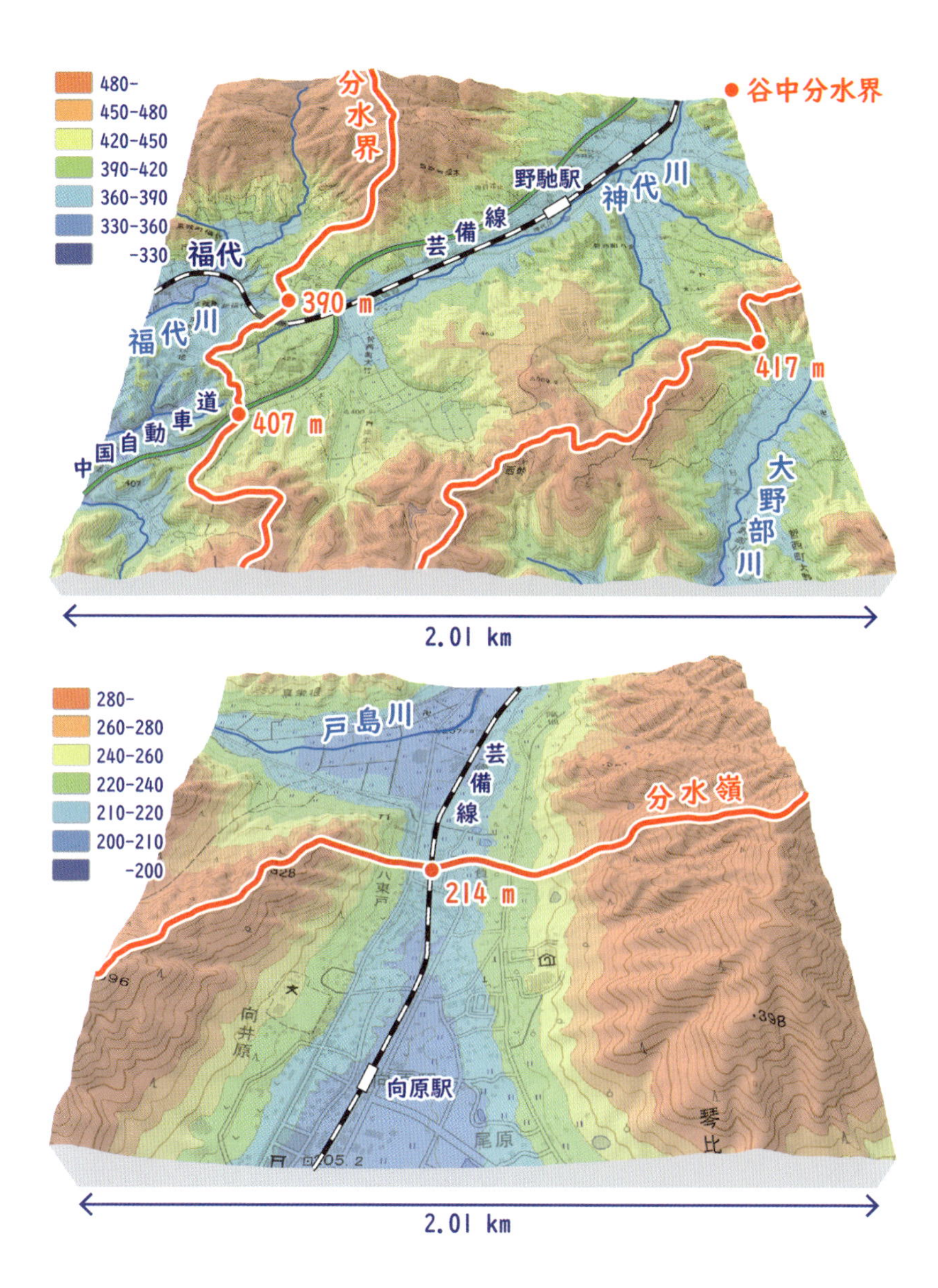

図 4-2 福代の谷中分水界(上)と、向原の谷中分水界(下)。
〔34.91,133.30〕および〔34.62,132.72〕

中分水界があります。福代の谷中分水界は見事なので、図をつくってみました（図4-2上）。比較のために、向原の谷中分水界の地形も並べてみましょう（図4-2下）。

福代の谷中分水界は成羽川支流の福代川と西川支流の神代川の源流を分ける分水界で、幅が数百mもある平らな谷を横切っています。南側は標高550m前後の、北側は600mを超える山並みに挟まれた見事な谷中分水界で、幅の広い谷に沿って芸備線と中国自動車道が通過しています。

一方、広島県安芸高田市にある向原の谷中分水界は三次盆地を取り囲む分水界で最も低く、標高は214mしかありません。しかも、単なる分水界ではなく、本州を太平洋側と日本海側に分ける分水嶺です。前回の『分水嶺の謎』の旅では、第7日の終着地でしたね。起伏が小さい世羅台地の分水嶺の追跡は、困難を極めました。福代の谷中分水界も向原の谷中分水界も、どちらも広い範囲に降った雨水を囲い、盆地の外にあふれさせない役割を担っています。分水界は、高い山並みでなくても良いのです。

ところで、図4-1の吉備高原の地形と台地を取り囲む分水界を眺めていたら、『分水嶺の謎』の旅で訪れた三次盆地を思い出しました。険しい北側の中国山地と高度差の小さい南側の分水界に囲まれた三次盆地は、まさにお盆のような地形でした。嶺とはとうてい思えない向原の谷中分水界によって堰き止められた三次盆地の雨水は、江の川によって盆地の外に排出されます。同様に、福代の谷中分水界によって堰き止められ、分水界によって集められた吉備高原の雨水は、成羽川によって吉備高原の外に排出されます。

ここで、三次盆地の地形図を180度回転させた図をつくってみました（図4-3）。どうですか。なんとなく、図4-1の吉備高原の地形図に似ていませんか。図を回転させたので、北側を遮る中国山地が南側になっていますが、分水界で囲まれた範囲に降った雨は、福代や向

図 4-3 180度回転させた三次盆地の地形図と、下郷付近を起点とした分水界。
〔34.80,132.86〕

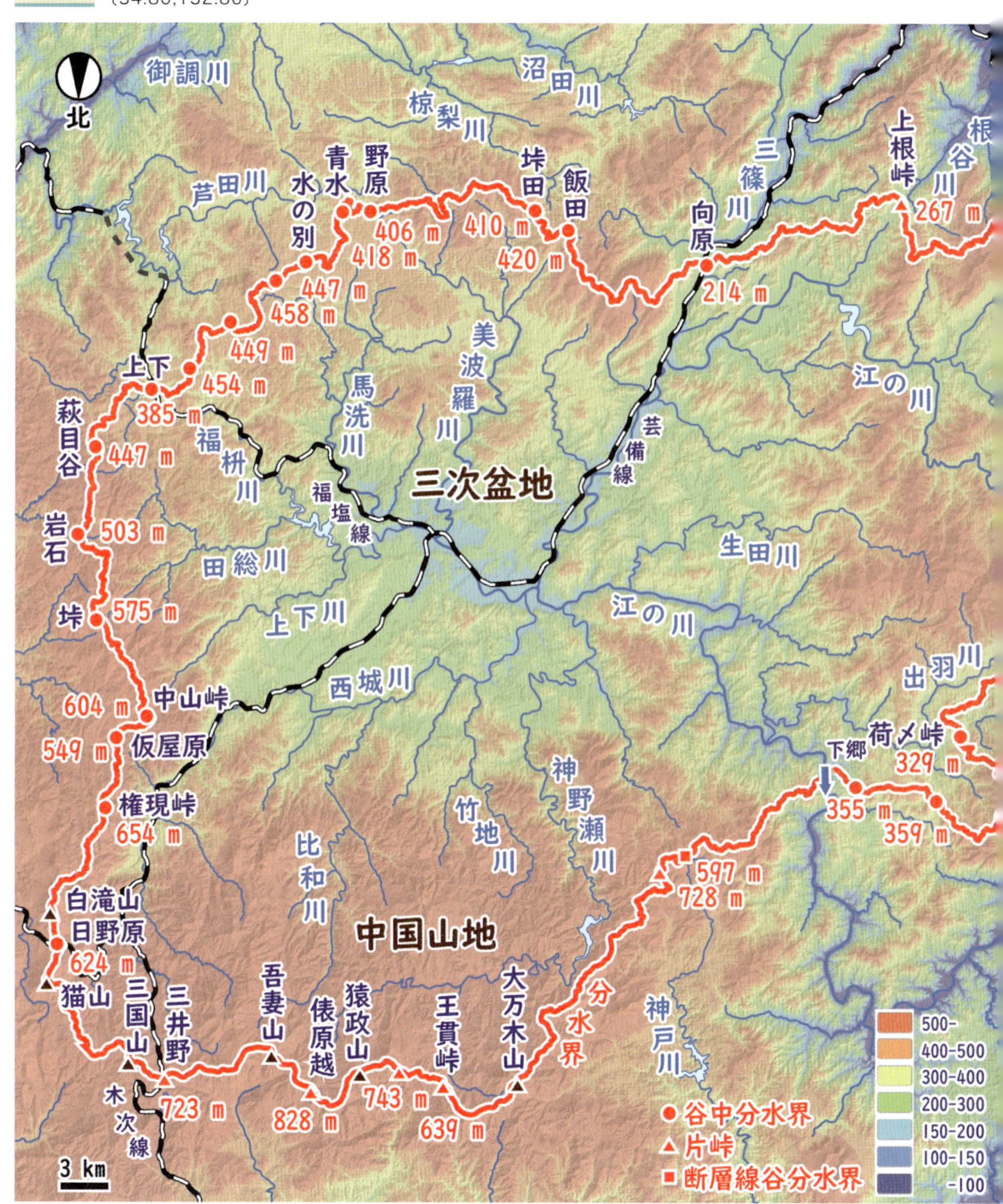

原の谷中分水界を越流することはなく、それぞれ成羽川と江の川によって分水界の外に排出されています。

このように、河川の任意の場所を起点として分水界を描くと、囲まれた範囲はその場所を通過する雨水の集水域になります。このとき、分水界に囲まれた範囲が高い山と深いV字谷ばかりなら山岳地帯で、分水界が山並みでその内部に平坦な地形が広がっていたら盆地です。さらに、分水界と盆地底との高度差が小さければ、吉備高原のようななだらかな地形が広がります。

吉備高原は平らな大地が広がっていて、ちょっと眺めただけでは盆地とは思えないでしょう。しかし、空から降ってくる雨にとっては、越えることができない山並みに囲まれた盆地です。そのような縁の低い盆地が集まってできた地形が吉備高原です。隆起準平原と考えられてきた吉備高原は、実は縁の低い盆地がたくさん集まってできた地形なのです。

吉備高原の成り立ち

この吉備高原は、どのようにしてつくられたのでしょうか。前回の『分水嶺の謎』の旅では、谷中分水界や片峠がかつて海峡だったことを明らかにしました。図4-1の吉備高原にも谷中分水界がたくさんあって、それらの標高は400mから800mくらいまで、いくつかのグループに分かれています。

谷中分水界はかつての海峡だったわけですから、ほぼ同じ標高の谷中分水界は、同じ時期に存在した島と島の間の海峡(海底)だったと考えられます。そこで、現在に比べて600m低かった頃の吉備高原の様子を推定してみました(図4-4)。

当時、平坦な吉備高原はほとんどが水没していて、のちの分水界に沿って小さな島が列をつくり始めていました。北には道後山を核とする大きな島があって、南に猫山から白滝山に続く山並みはそのまま半島となり、その先には瀬戸内海のしまなみ海道のような島列が現れ始めて

図4-4　現在より600m標高が低かった頃の吉備高原の様子。

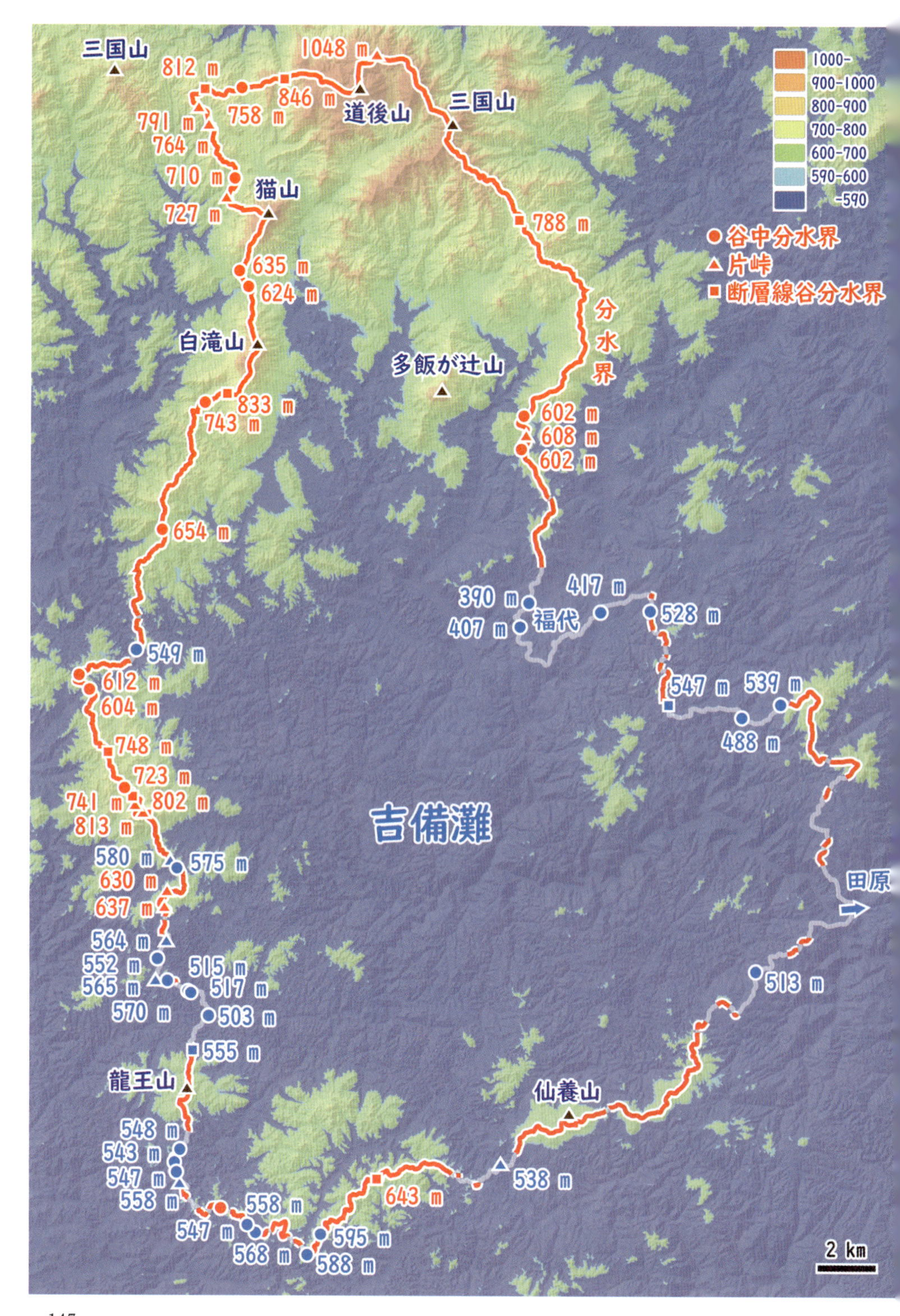
三国山
812 m
1048 m
758 m
846 m
道後山
三国山
791 m
764 m
710 m
猫山
727 m
1000-
900-1000
800-900
700-800
600-700
590-600
-590
788 m
谷中分水界
片峠
断層線谷分水界
635 m
624 m
分水界
白滝山
多飯が辻山
833 m
743 m
602 m
608 m
602 m
654 m
390 m
417 m
福代
407 m
528 m
549 m
612 m
604 m
547 m
539 m
488 m
748 m
723 m
741 m
802 m
813 m
吉備灘
580 m
575 m
630 m
田原
637 m
564 m
552 m
515 m
565 m
517 m
570 m
503 m
513 m
555 m
龍王山
仙養山
548 m
543 m
547 m
538 m
643 m
558 m
558 m
547 m
595 m
568 m
588 m
2 km

います。

すでに陸化したかつての海峡（谷中分水界）は赤色で、これから陸化する海峡は青色の数字で示してあります。たとえば、青色の数字で549mと書かれた地点は、当時はまだ水深51mの海峡です。分水界の西縁から南縁にかけて、海峡はいずれも水深が100m以下なので、あと100mほど隆起したら、白滝山から南に続くL字型の細長い半島が現れるでしょう。その内側には小さな島が散在していて、瀬戸内海のような光景になるはずです。

一方、東縁の分水界は福代付近の海峡の水深が200mほどと深かったため、三国山（1129m）から南に続く半島は福代で一時停止です。その後、福代の海峡が閉じて分水界が連結すると、唯一残った田原付近の海峡が〝古吉備湾〟の湾口となり、最終的には、吉備高原に降った雨はそこから吉備高原の外に排出されることになるわけです。

吉備高原は瀬戸内海だった

ところで、吉備高原が現在に比べて600m低かった頃、水没していた吉備高原はどのような海底地形だったのでしょうか。標高600m以下も100mごとに色分けして、当時の海底地形を推定してみましょう（図4-5）。

図4-5を見ると、吉備高原が現在に比べて600m低かった頃、のちの分水界になる島列に囲まれた範囲は、水深がせいぜい100mほどの海底だったことが分かります。現在の成羽川や帝釈川、福桝川に沿っては水深が200m以下に表示されていますが、それらはこのあとに侵食されてできた谷地形でしょう。吉備高原が陸化する直前には、真っ平らで浅い海底が広がっていたはずです。

平均水深が30mほどの現在の瀬戸内海は、平坦で浅い海域に小さな島が散在する多島海です。吉備高原の原形は、現在の瀬戸内海のように、起伏の小さい海底だったと考えられます。

図4-5 吉備高原が海面下だった頃の様子。

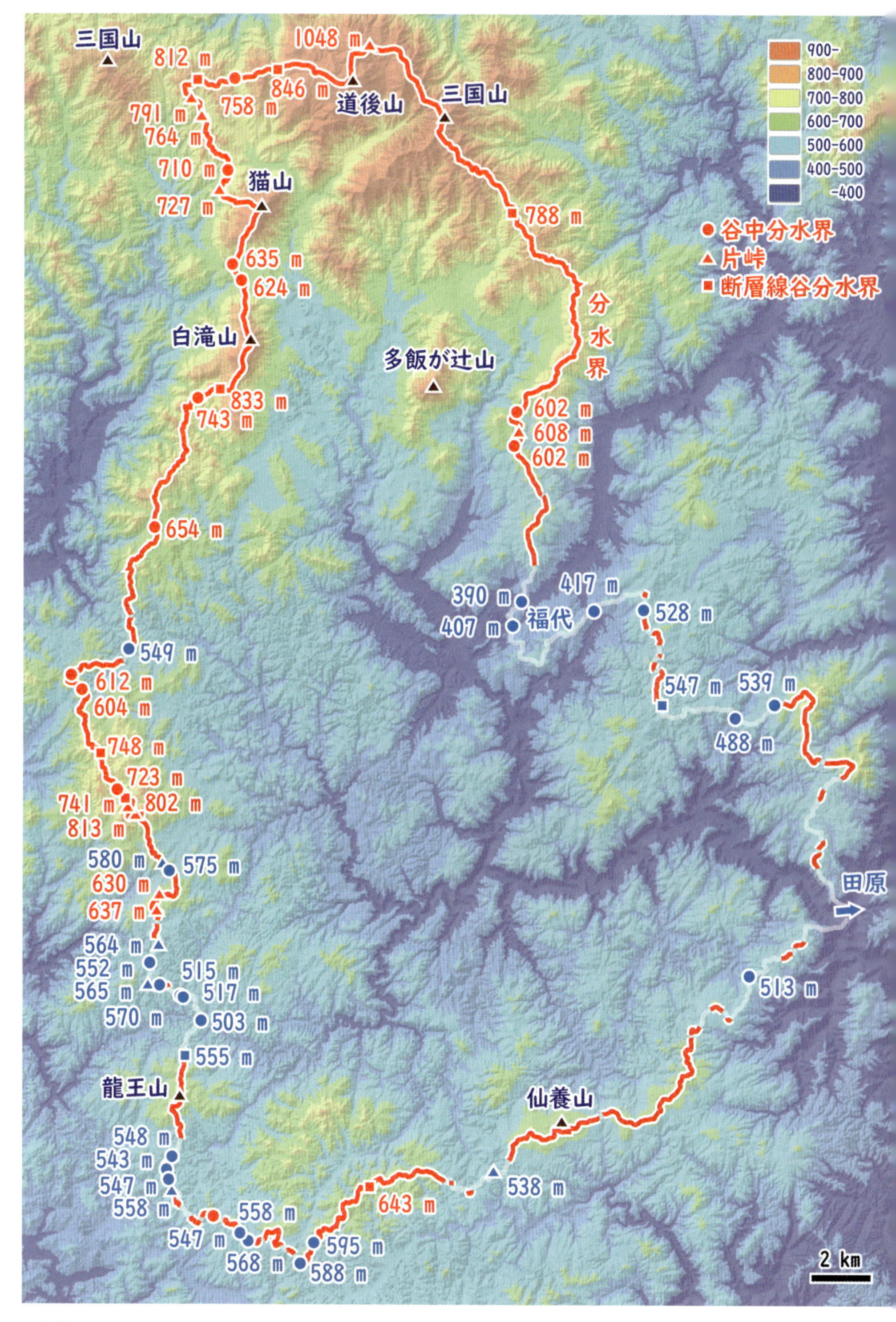
三国山
812 m
758 m
846 m
1048 m
道後山
三国山
791 m
764 m
710 m
猫山
727 m
788 m
635 m
624 m
白滝山
多飯が辻山
分水界
833 m
743 m
602 m
608 m
602 m
654 m
390 m
417 m
407 m
福代
528 m
549 m
612 m
604 m
547 m
539 m
488 m
748 m
723 m
741 m
802 m
813 m
580 m
575 m
630 m
637 m
田原
564 m
552 m
515 m
565 m
517 m
570 m
503 m
513 m
555 m
龍王山
仙養山
548 m
543 m
547 m
558 m
538 m
643 m
558 m
547 m
595 m
568 m
588 m
2 km
900-
800-900
700-800
600-700
500-600
400-500
-400
谷中分水界
片峠
断層線谷分水界

吉備高原は海がつくった

そもそも、起伏の小さい吉備高原のもととなる平らな海底地形は、どのようにしてつくられたのでしょうか。岩石海岸に出かければ、現在進行中の現場を目撃することができます。

図4-6上は三浦半島の西海岸（荒崎）で、波浪による侵食地形が見事です。写真の奥から手前に続く縞模様は、およそ500万年前の海底に堆積した地層の断面です。深い海底に堆積した地層が現在では海岸に露出しているので、三浦半島が隆起しているのは間違いありません。写真の左奥の海食崖には、海側（右側）に急傾斜する地層の断面が確認できます。もともと水平に堆積した地層が急傾斜しているのは、三浦半島の活発な地殻変動によるものです。

この写真には、波浪による特徴的な侵食地形がいくつも確認できます。足下の海側に緩く傾斜する凸凹した地形は、波浪によって侵食された波食棚です。黒い地層は玄武岩質の火山噴出物で、スコリアといいます。まるで道路のアスファルトのようですね。一方、乾いて白色に見える地層は泥岩で、表面を削ると暗灰色を呈する堆積岩であることが分かります。いずれも深い海底に堆積した地層で、10～50㎝ほどの厚さで規則的に繰り返しています。

露頭では硬いスコリア層が出っ張っていて、比較的柔らかく、風化してポロポロと崩れてしまう泥岩層は波に洗い流されて凹んでいます。波浪の侵食に対する耐性の違いによって規則的な凸凹をつくっているのは、鬼の洗濯板として有名な宮崎県の青島の波食棚と同じです。傾斜した地層の構造を完全に断ち切るようにほぼ水平に削っていることから、波浪による侵食の強さをうかがい知ることができるでしょう。

その波食棚は海面下にも続いていて、平坦な海底地形は海食台と呼ばれます。海食台は波浪によって海底を転がる砕屑物（砂礫）が研磨剤

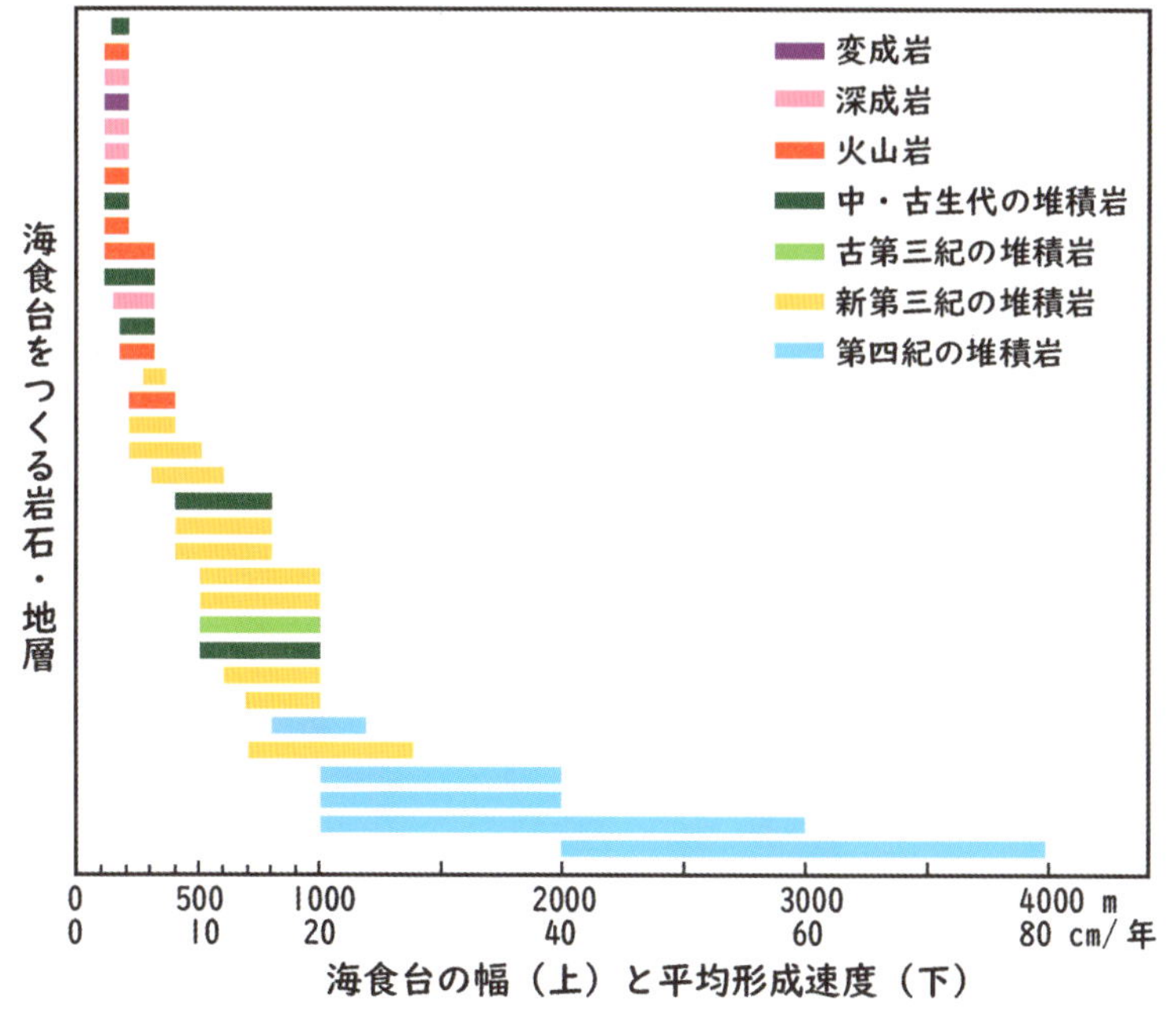

図 4-6 三浦半島の荒崎で観察される侵食地形(上)と、貝塚(1998)による日本各地の構成岩石と海食台の幅の関係(下)。平均の海食台形成速度は、過去5000年間の侵食幅として算出。〔35.19,139.60〕

となり、海底の岩盤を摩耗することによってつくられた侵食地形です。

海食台の水深は、波の営力が働く水深10～20mまでといわれています。しかし、およそ10万年周期の気候変動によって海水準は100m前後も昇降するので、その範囲の海底は、長期的には波浪による侵食作用を被ります。沖に向かって緩く傾斜する大陸棚は、波浪による侵食やその上に堆積した地層によってつくられるのです。

一方、波食棚は写真の左端までで、そこには崖がつくられています。この崖は波浪によって侵食された海食崖で、大地はそこまで海によって削り取られてしまったわけです。海食崖は海岸に沿って、写真の右奥までずっと連続していますね。海はあらゆる方向から大地を侵食しているのです。

海食崖の上には、ほぼ水平で真っ平らな大地が広がっています。波浪によって侵食された平坦な海底(海食台)が、隆起して陸化した海成段丘です。首都圏に近く比較的温暖な三浦半島では、季節ごとに野菜がつくられています。冬は大根、春は一面キャベツ畑の絨毯で、スイカ畑の向こうに富士山を眺めると、美しい日本の夏を満喫することができます。その三浦半島が隆起を続ければ、海面下に広がっている平坦な海食台が将来陸化して、一段低い海成段丘になるわけです。そして、新たに野菜がつくられるのです。

このように、海は内陸に向かって大地を横から侵食し、同時に海面近くの海底も上から平らに削ってしまいます。日本列島の各地に見られる海成段丘の広がりを見ると、波浪の侵食力の強さが分かります。

一方、図4-6下は、日本列島の各地の海食台の幅と海食台を構成する岩石の関係を表しています(貝塚、1998)。貝塚先生によると、この図の海食台の幅は水深10mまでの幅を示していますが、20m以浅の幅はそのおよそ2倍になるようです。

図を見ると、新第三紀から第四紀の比較的新しい堆積岩は、波浪によって容易に侵食されてしまうことが分かります。泥や砂が堆積した地層は、大局的には時間が経過するほど固結して硬くなっていきます。そして、中生代や古生代の地層ならば、続成作用によって火山岩のように硬くなっています。硬い変成岩や火山岩などでも、海食崖は1年間に数㎝以上も後退してしまうのですね。海に囲まれている日本列島は、常に海による侵食によって陸の面積は減少してしまいます。

もちろん、現在の日本列島は、それ以上の勢いで大地が隆起して陸地を広げています。海岸に沿って横から大地を削り去ってしまう海と、隆起によって大地を広げようとする地殻変動とのせめぎ合いが、現在の日本列島なのです。

24時間365日、休むことなく侵食し続ける海

千葉県の銚子から西に続く断崖（屏風ケ浦）は、海面からの高さが数十ｍに達する見事な海食崖です（図４-７）。長さがおよそ10㎞も続

図 4-7 千葉県の屏風ヶ浦の海食崖と消波堤。〔35.70,140.78〕

く断崖絶壁は、英仏海峡（ドーバー海峡）の両岸の〝白い（白亜の）壁〟に匹敵するともいわれ、2016年に国の名勝・天然記念物に指定されました。迫力ある断崖は波浪による侵食によって崩落し、少しずつ陸側に後退してしまいます。そのため、現在では消波堤が築かれています。

消波堤によって崖の崩落は回避されますが、崖の表面には少しずつ草が生えてしまいます。地層の重なりによる美しい縞模様は、将来には草木によって覆い隠されてしまうでしょう。映画やドラマの撮影場所として注目される美しい地層の断面は、実は侵食や崩落によって存在し続けることができるのです。保護することは、必ずしも露頭そのものを保存することにはならないのです。

この屏風ヶ浦の断崖に露出している地層は第四紀の海成層（犬吠層群）なので、図4-6下に基づけば、1年間に数十cm、5000年間だと1000〜4000mも陸地が削り取られて

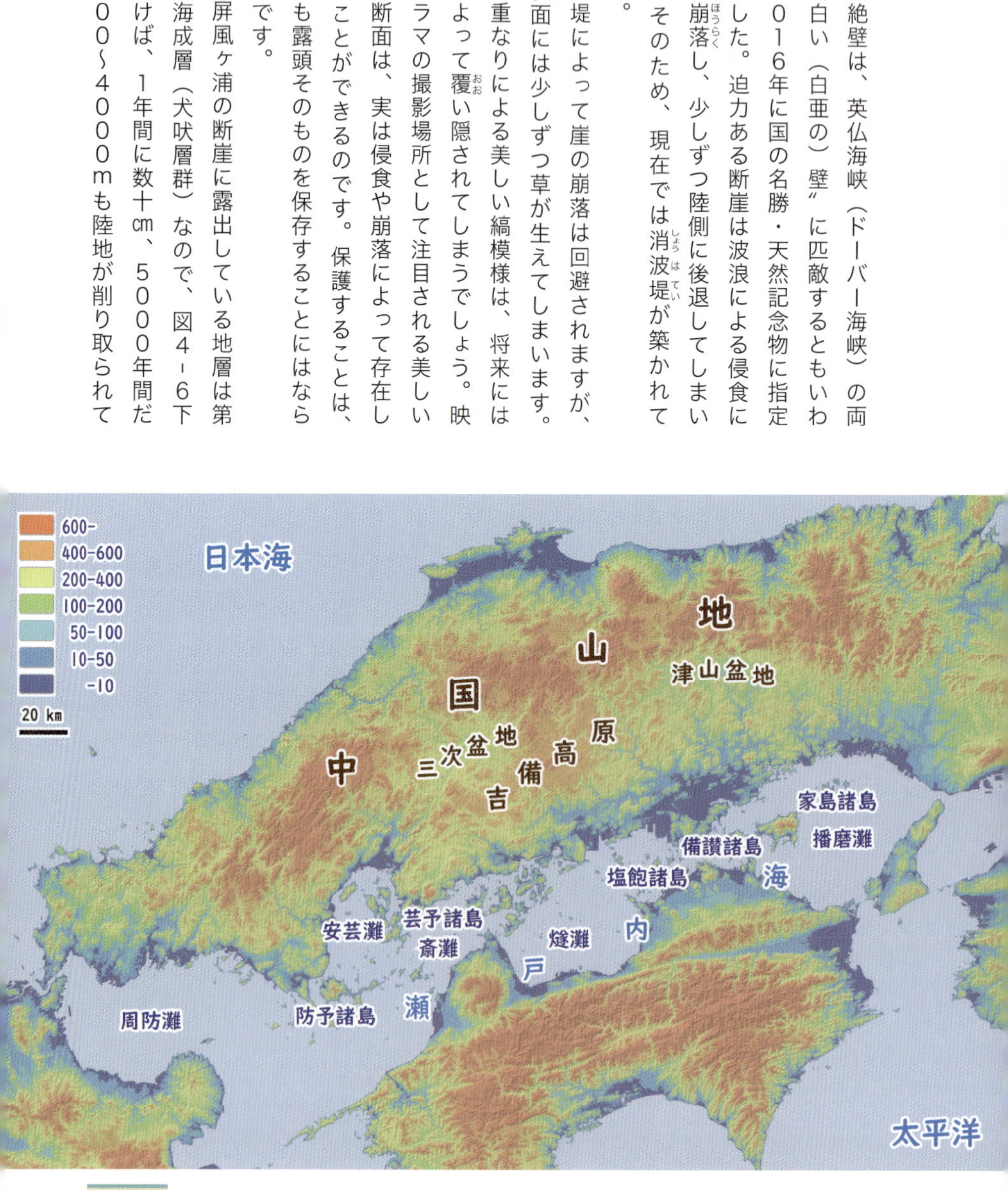

図4-8 中国地方と瀬戸内海周辺の地形。瀬戸内海は島が多い瀬戸と島の少ない灘からなる。

しまいます。大地も海底も海面付近に〝ボーッとしている〟と、波浪によってあっという間に真っ平らに削られてしまうのです。〝チコちゃん〟に叱られそうですね。

吉備高原は灘だった

個人的には、瀬戸内海は世界で最も美しい多島海だと思っています。その瀬戸内海は、島が密集して潮流が速い瀬戸と、島が少なく潮の流れが比較的穏(おだ)やかな灘(なだ)に大別されます（図4-8）。

図4-4を見ると、水没していた頃の吉備高原は、島が少ない灘のような海域だったことが分かります。起伏が小さい吉備高原は、もともとは浅く平坦な海底だったのです。島が少ない灘が隆起して離水(りすい)し、数百m隆起して平坦な吉備高原がつくられました。吉備高原は、陸上で河川の侵食によってつくられた準平原ではありません。吉備高原は、海がつくった地形なのです。

第4日

海面は海底と陸地の間の関所

真っ平らになるまで削ったのは海でした。陸になろうと隆起する海底を海は拒み、海底が陸になったあとも、海は横から大地を侵食しているのです。

陸化を拒む海の関所

止まることのない波浪（はろう）によって陸は常に横から削られ、平らな海食台がつくられます。しかし、もともと海底だった吉備高原（きびこうげん）が陸になるためには、最初に海面を通過しなければなりません。日本列島は、かつて広範囲が海面下でした。およそ300万年前に始まった東西圧縮によって海底が隆起し、大地が広がって、ついに山国に成長したのです。

つまり、日本列島の広い範囲は300万年前以降に海面を通過し、波浪による侵食に耐え抜いた場所が陸になったのです。それに対し、波浪による侵食に耐えきれず陸になれなかった場所は、大陸棚として現在も海面下に留まっているのでしょう。隆起して陸になろうと試みる海底とそれを阻（はば）む波浪との攻防は、一体どのような戦いなのでしょうか。

松尾芭蕉は元禄2年（1689年）の5月（旧暦）に平泉の中尊寺を訪れ、「夏草や　兵（つわもの）どもが夢の跡」の句を詠んでいます。その後、尿前の関で番人に怪しまれた芭蕉は、やっとのことで関所を越えたといわれています。隆起する海底がどのようにして〝関所（海面）〟を通過したのか、今日は最初に、新潟県長岡市の〝兵どもが夢の跡〟を訪ねてみましょう。

図5-1は長岡市周辺の地形図と、東西方向の地質断面図です。地質断面図は、産総研の地質調査総合センター（旧地質調査所）が出版している5万分の1地質図幅『長岡』（小林他、1991）をもとに作成しました。地質断面図の縦（高さ）と横（水平距離）の比は1対1なので、深さ方向は強調していません。

ところで、私のように野外（フィールド）を歩いて地質を調べる地質研究者（ジオロジスト）を、フィールド・ジオロジストといいます。フィールド・ジオロジストは主に地表を調べて地質図を作成し、地質図をもとに地質断面図を作図します。地表で把握された地質構造から地下の構造を推定するので、断面図の深さ方向は思い切っても1000mくらいまでしか描きません。

ところが、秋田県や新潟県の平野や丘陵では、地下深部に石油や天然ガスが胚胎しているので、多数のボーリング調査（試錐）がおこなわれています。図5-1の地形図には、主なボーリング掘削地点も書き込みました。地質断面図を見ると、新西長岡-1のボーリング調査では、なんと地下5002mまで掘られているのですね。富士山の山頂から掘り始めて、さらに海面下を1000m以上も掘り進んでいることになります。

さらに、健康診断の際におこなわれる超音波検査と同様に、地下深部の地質構造を探る反射法地震波探査などの物理調査もおこなわれています。そのため、石油や天然ガスが胚胎する地域では、かなり深い部分まで地質断面図が描かれています。もともと海底に堆積した水平な地層が地下でどのように変形しているのか、地質断面図を見れば一目瞭然です。

図5-1を見ると、魚沼丘陵（東山丘陵）と東頸城丘陵（西山丘陵）に挟まれた越後平野の

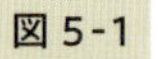

図 5-1　新潟県長岡市周辺の地形（上）と5万分の1地質図幅『長岡』（小林他、1991）をもとに作成した地質断面図（下）。〔37.47,138.83〕

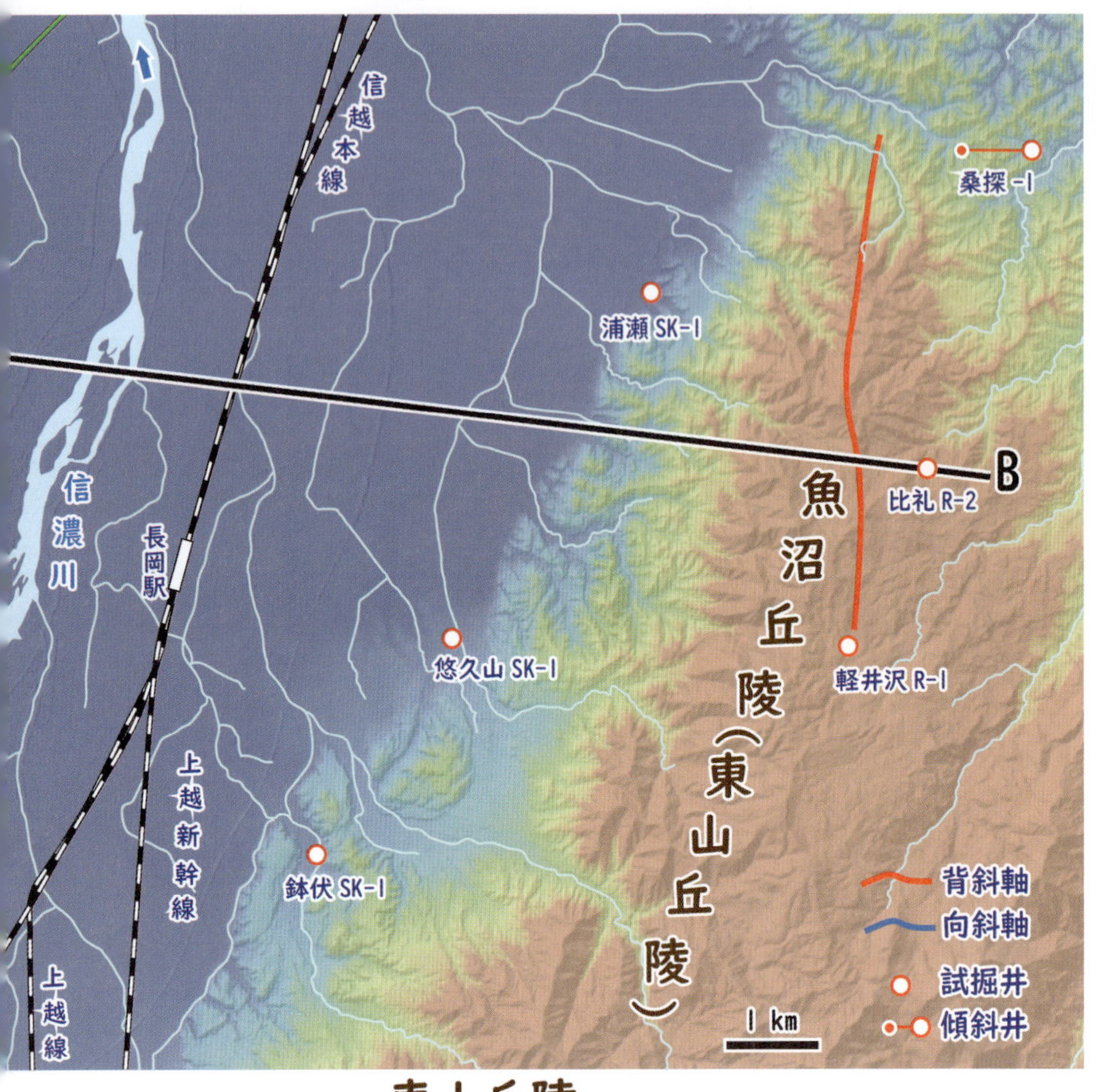

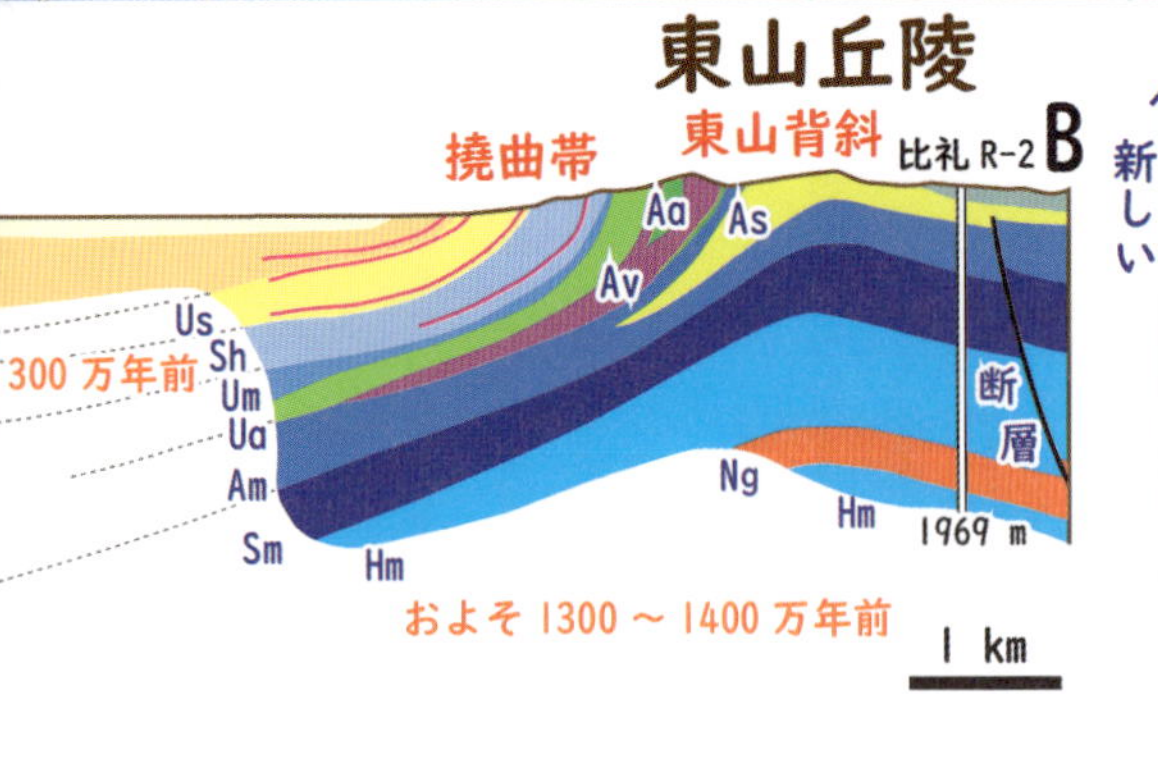

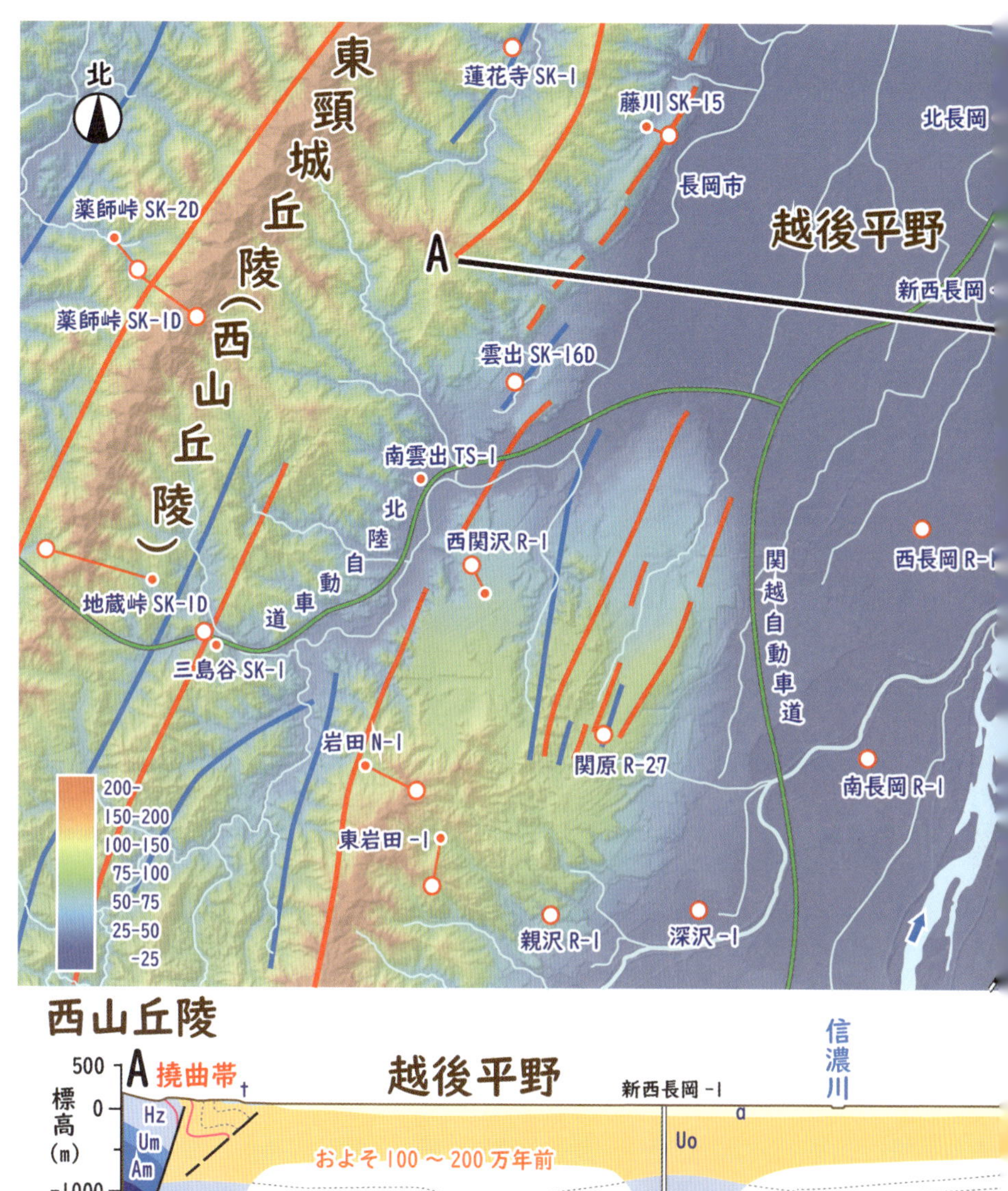
北
東頸城丘陵（西山丘陵）
蓮花寺 SK-1
藤川 SK-15
北長岡
長岡市
越後平野
A
新西長岡
薬師峠 SK-2D
薬師峠 SK-1D
雲出 SK-16D
南雲出 TS-1
北陸自動車道
西関沢 R-1
関越自動車道
西長岡 R-1
地蔵峠 SK-1D
三島谷 SK-1
岩田 N-1
関原 R-27
南長岡 R-1
東岩田 -1
親沢 R-1
深沢 -1
200-
150-200
100-150
75-100
50-75
25-50
-25

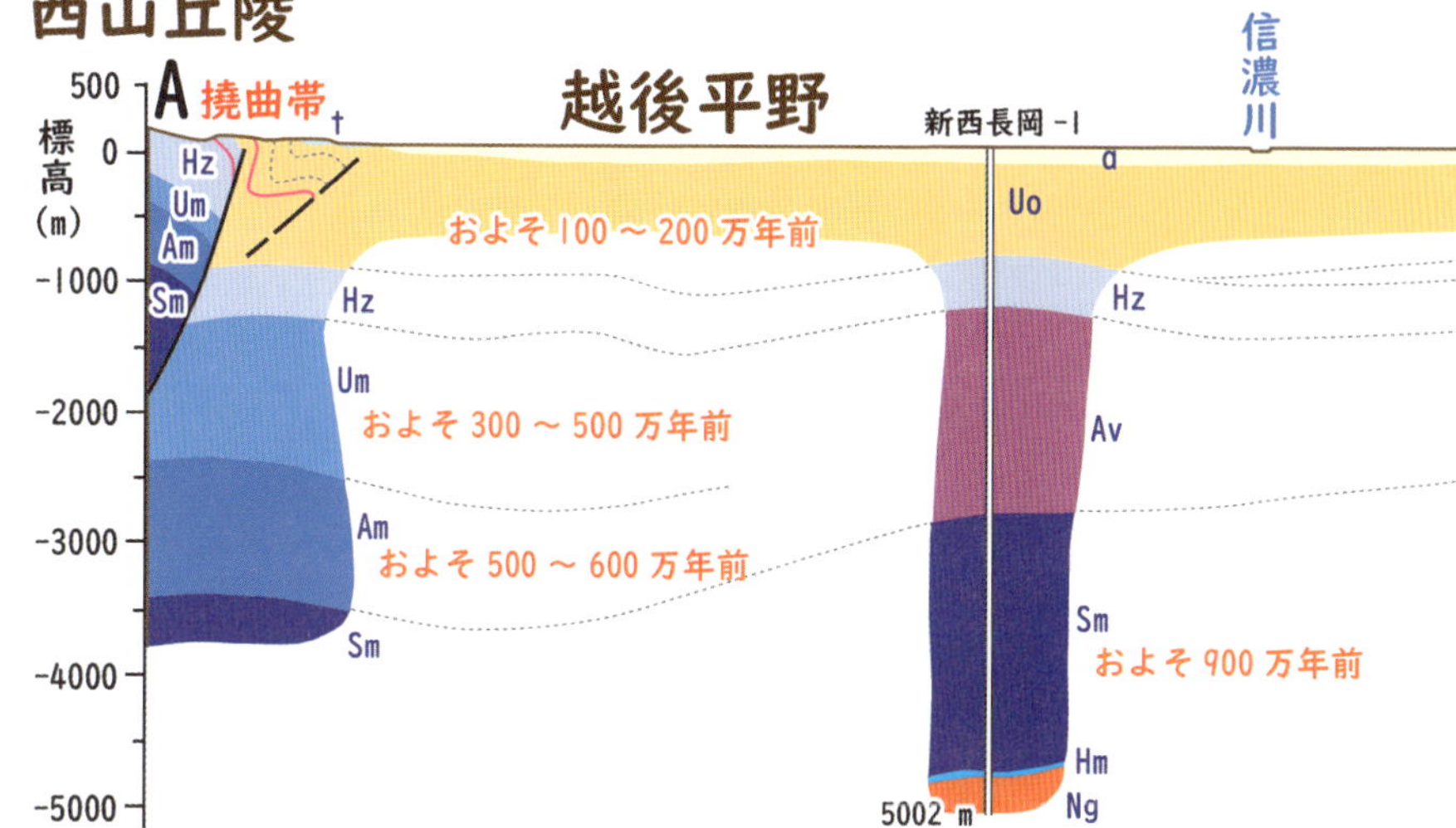
西山丘陵
A
撓曲帯
越後平野
新西長岡 -1
信濃川
500
0
-1000
-2000
-3000
-4000
-5000
標高(m)
Hz
Um
Am
Sm
t
a
Uo
およそ100～200万年前
Hz
Um
およそ300～500万年前
Am
およそ500～600万年前
Sm
Hz
Av
Sm
およそ900万年前
Hm
Ng
5002 m

真ん中を、信濃川が北に流れています。およそ1万年前以降に堆積した沖積層（a）が広がって、真っ平らな越後平野がつくられています。沖積層のほとんどは、信濃川が上流から運んできた土砂が堆積した地層です。

　地質断面図を見ると、沖積層の下には、およそ1400万年前から100万年前までの地層が厚く堆積していますね。魚沼層の上部を除き、ほとんどは深い海底に堆積した地層や火山噴出物です。日本海が拡大したのはおよそ2000〜1500万年前で、とくに1700〜1500万年前には、日本列島の各地で厚い地層が堆積したことが地質学で明らかにされています。

　ところが、新西長岡-1のボーリング調査では、5002m掘ってもせいぜい1000万年前くらいの地層までしか到達していません。その下には、さらに古い地層が埋没しています。それらの地層に覆われた硬い基盤岩は、さらに深い場所にあるはずです。越後平野の底(基盤岩)は、信じられないくらい深いのです。

　東西方向の地質断面図を詳しく見てみると、東山丘陵の地下で地層が折れ曲がっていますね。このような地質構造を褶曲といいます。褶曲は、旅の準備の宗谷丘陵（図1-15）で説明しました。地層が上に盛り上がっている褶曲構造が背斜、下に凹んでいる構造が向斜です。東山丘陵は、ちょうど背斜部が盛り上がった地形になっているのです。

　一方、東山丘陵の背斜に比べて越後平野の地下の向斜は緩く、まるでお盆かお皿のようです。もともと水平に堆積した平らな地層は、背斜と向斜を繰り返しながら折れ曲がっているのです。

　このような褶曲構造は、秋田県と新潟県の日本海沿岸から、長野県北部の北部フォッサマグナにかけて続いています。とくに、秋田県から新潟県では古くから石油が採掘されていて、地質学では秋田-新潟油田褶曲（帯）と呼んでいます。秋田-新潟油田褶曲は、日本列島がおよそ300万年前から東西方向に押されたためにつくられました。背斜の頂部には、地下で生成した石油や天然ガスが上昇して集まっているのです。

ところで、図5-1の地質断面図において、私が何に注目しているのか分かりますか？ 真っ平らな越後平野がつくられたのは、信濃川が運んできた土砂が水平に堆積したからですね。平坦面は沖積層による水平な堆積面です。しかし、私には東山丘陵の地形も平らに見えるのです。

地形図を見ると、東山丘陵は尾根と谷からなる起伏に富んだ地形で、典型的な丘陵の地形です。それでも、このくらいの縮尺の地質断面図で見ると、東山丘陵もほぼ平らに見えるのです。

もちろん、真っ平らな越後平野に比べれば、東山丘陵の地形は明らかに起伏に富んでいます。しかし、地下の褶曲した地層と比べると、東山丘陵の地表の起伏は緩やかに見えるのです。

20年の時を隔てて

ここで、地下の地層の変形と地表の地形の起伏の関係を考えてみましょう。2023年の9月に、NHK番組の『ブラタモリ長岡』が放送されました。ご覧になられた方もおられるかと思います。『ブラタモリ長岡』は、私が案内人として出演したちょうど10回目になります。ディレクターは渡部祐樹さんで、『ブラタモリ前橋』を担当したディレクターの鈴木大介さんと一緒に、取材のため長岡市を走り回っていました。私は鈴木さんから紹介されて、長岡のジオに関する相談を受けたのです。

図5-1の地形図には、主なボーリング地点を重ねています。さらに、地層の褶曲構造を、背斜軸を赤線で向斜軸を青線で描き加えました。地下の地層がつくる背斜構造と石油の分布、さらに丘陵などの地形に何らかの関係がありそうですね。ディレクターの渡部さんからは、「石油や地形などで、ジオネタがつくれないだろうか」

という相談でした。

実は1992年に地質調査所（現産総研）に入所した私は、最初に燃料資源部の燃料資源課に配属になりました。昭和30年代は日本全土で石油や天然ガスの資源調査が精力的に進められていて、通商産業省（現経済産業省）に属する地質調査所の燃料資源部はその中軸でした。燃料資源部が最も華やかだった時期だと、平山次郎部長から入所時に聞いていました。

しかし、昭和42年（1967年）に石油の自主開発を目的とした石油公団が設立され、石油・天然ガス資源の探査は石油公団を中心に進められることになったのです。私が地質調査所に入所した1992年、燃料資源部はすでに〝宴のあと〟状態だったのです。若い人材を採用して燃料資源部を盛り上げようと、平山部長は私に声をかけてくださったのです。

入所に際し平山部長から、なぜ秋田県と新潟県から石油が産出するのか、その成因を明らかにするよう私に課題が与えられました。大学では、私は日本列島の地殻変動（テクトニクス）を研究していました。有機地球化学ならまだしも、テクトニクスと石油地質はあまり関係がないように思われるかもしれません。しかし、石油の採掘がビジネスとして可能になるためには、最後の一押しとなる地殻変動が不可欠なのです。

石油が採れるための四つの条件

石油が採れるためには、四つの条件が必要とされています（図5-2）。①石油のもととなる有機物を豊富に含む地層（根源岩）、②有機物の熟成を促進する温度（埋没作用）、③石油を1カ所に集める地質構造（トラップ構造）、そして④集まった石油を逃さない覆いとなる地層（キャップ・ロック）。これらの条件がそろわないと、石油の採掘は採算がとれないのです。

①の条件は、日本海の拡大によってもたらされました。日本海の拡大によって、大陸と日本列島の間には広大な海洋が広がりました。でき

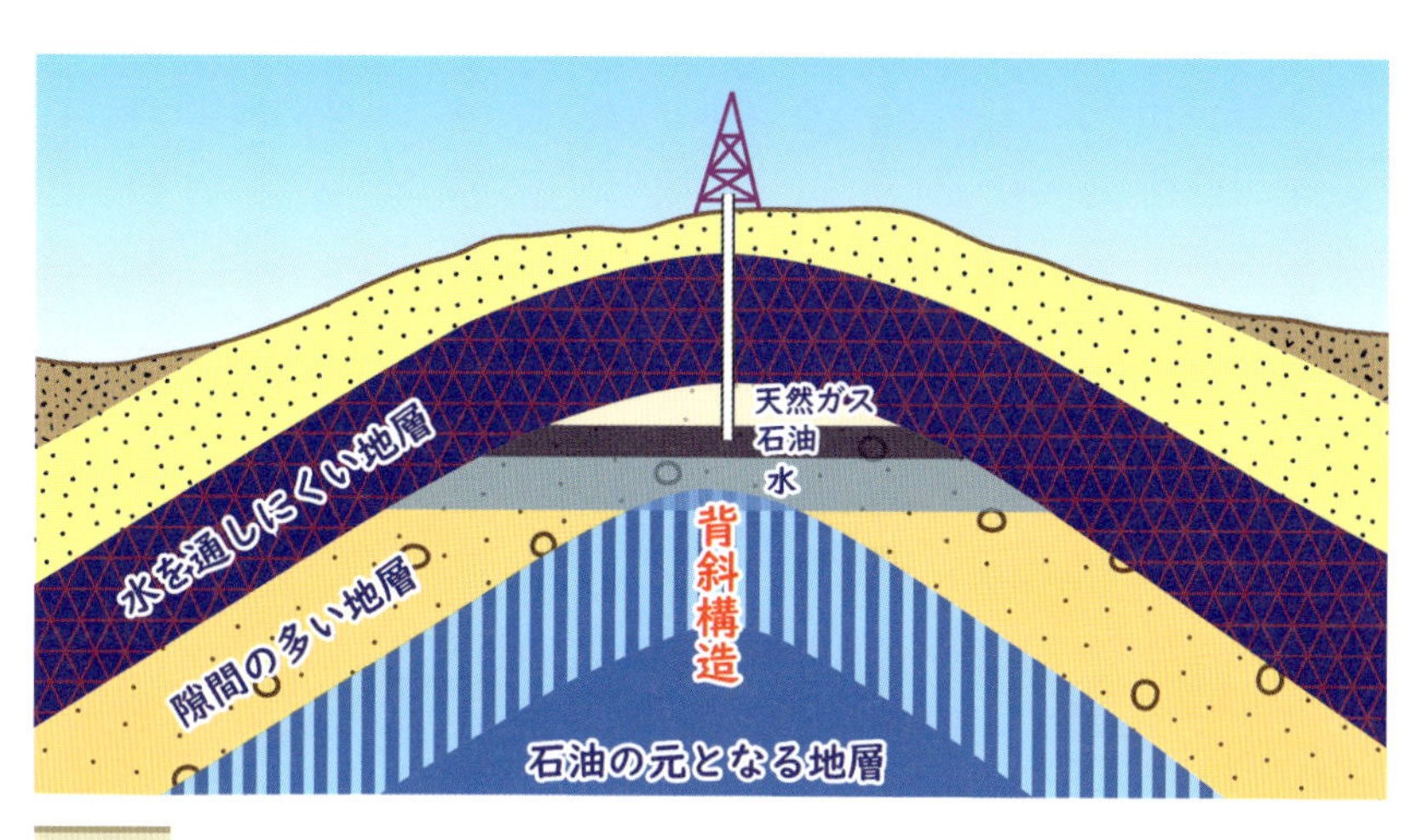

図5-2 背斜構造に集まる石油や天然ガス(概念図)。

たばかりの日本海では有機物を含む珪藻(けいそう)などの植物プランクトンが大量に発生し、泥と一緒に海底に堆積したのです。有機物を大量に含んだ泥は、熟成すると真っ黒な泥岩に変わります。そのため、黒色泥岩とか黒色頁岩(けつがん)などと呼ばれています。

②の条件は、厚い地層が重なることでクリアされました。私が博士論文の締め切りに追われていた1980年代後半、バブル景気と『ふるさと創生事業』による1億円の交付によって、あちこちで温泉の掘削がおこなわれていました。地質の調査は川に入ることが多く、体の芯まで冷えてしまうので、その頃は調査のあとの日帰り温泉通いがお決まりでした。

火山がなくとも井戸を深く掘れば温泉が得られるように、地下に潜(もぐ)るほど地中の温度は上昇します。地下深部から、地球が放出する熱が伝わってくるからです。厚い地層が上に重なると、有機物を含んだ黒色泥岩は地下深くに埋没するので温度が上昇します。温度が上がると化学反応が加速度的に進行し、有機物が熟成して石油や天然ガスが生成されるのです。黒色泥岩は、温泉に入る代わりに地下深くまで潜って体を温めたのです。

③の石油を1カ所に集める地質構造。地層が水平で真っ平らだと、生成された石油はあちこちに分散してしまいます。石油の掘削には莫大な資金が必要なので、石油が1カ所に集まっていないと商売になりません。石油を集める地質構造をトラップ構造といいます。トラップ構造には何種類かありますが、最もポピュラーなのが背斜構造です（図5-2）。

地下の礫や砂粒の間に隙間があると、地下水がその隙間を充填しています。有機物から生成された石油や天然ガスは地下水よりも密度が小さいので、浮力によって上昇します。ここで、図5-2のような背斜構造があると、上昇してきた石油や天然ガスは、背斜構造のてっぺん（背斜軸）に集まってきます。

そして、④の水を通しにくい地層が蓋をしてくれれば、背斜部には上から順番に天然ガス・石油・水の層ができます。あとは、背斜の頂部からボーリング調査をおこない、石油や天然ガスが見つかれば採掘につながるわけです。もちろん、実際には、そんな簡単に石油や天然ガスは見つかりませんが。

日本列島では、規模は小さいものの、秋田-新潟油田褶曲帯で石油や天然ガスが産出しています。秋田県から新潟県にかけては海底に堆積した厚い地層が褶曲していて、石油が採れるための条件のすべてがそろっているのです。

ところが、どのようにしてこの油田褶曲（条件③）がつくられたのか、地質学ではその原因が分かりませんでした。もちろん、理由が分からなくても、石油が採れればビジネスは成り立ちます。しかし、国立研究所として、工学だけでなく理学についても力を入れていなければならないと平山部長は考えたのです。その謎が解けたのは2002年ですから、課題が与えられてから10年間もかかってしまいました。のちの日本海溝移動説です。

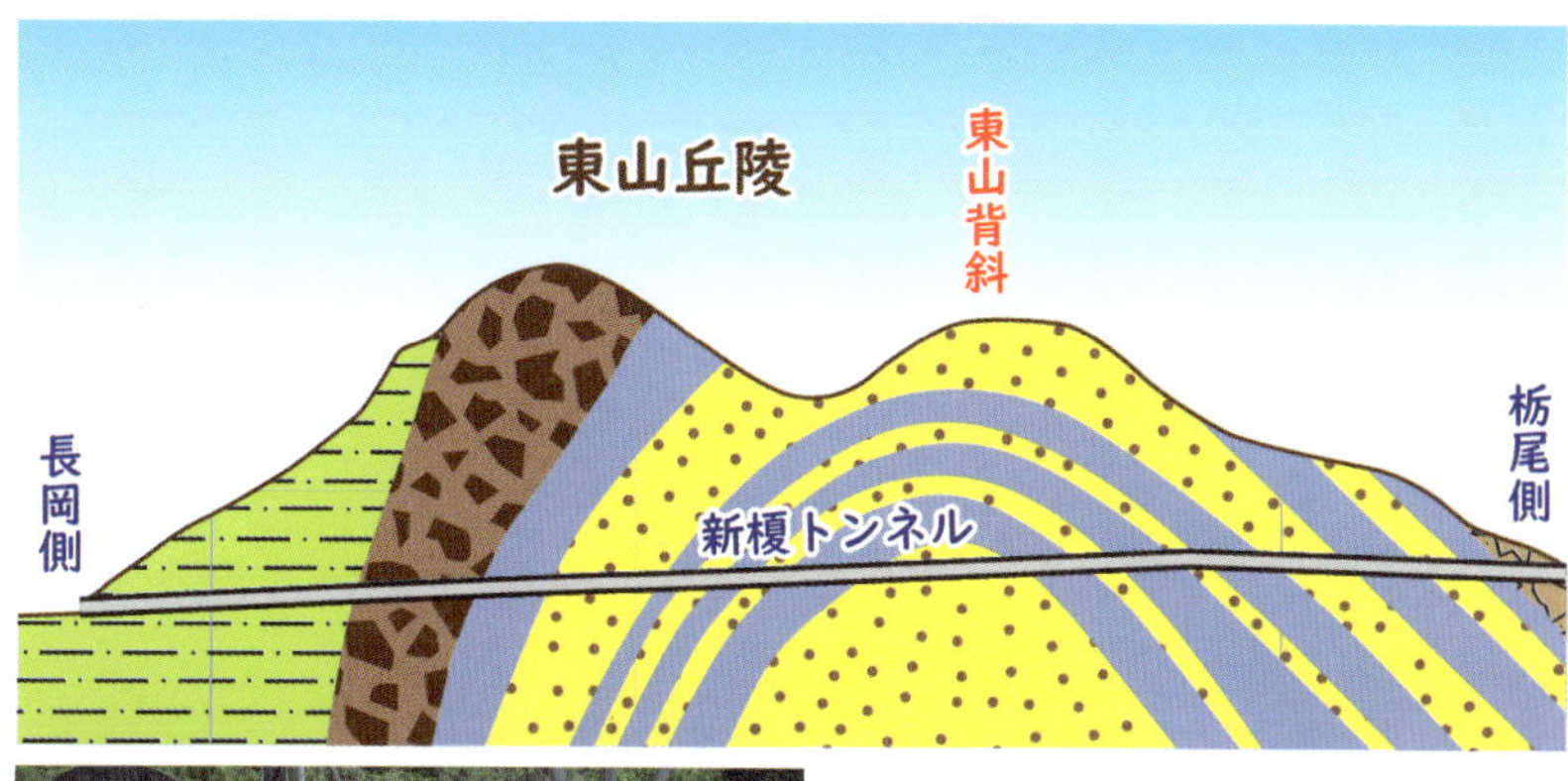

図5-3 東山丘陵を貫く新榎トンネル周辺の地質断面の概念図（上）と、トンネルの長岡側出口横の油貯留槽・油分離槽（下）。

ジオのテーマは石油に絞られた！

前置きが長くなってしまいました。『ブラタモリ長岡』の話題に戻りましょう。『ブラタモリ長岡』でジオを取り上げるとしたら、二つの丘陵と、丘陵に挟まれた越後平野の成り立ちがテーマの一つ（地形編）。そして、東山油田がもう一つのテーマです。

長岡市街地の東に広がる東山丘陵ではかつて石油が採掘されていて、東山油田と呼ばれていました。最盛期は明治ですが、油田の規模が小さいために、明治末期には産油量が減少してしまいました。番組のロケ地としてやぐらなど石油採掘用の遺構も探しましたが、東山丘陵にはほとんど残っていませんでした。そのため、番組の撮影は、東山丘陵を横切る新榎トンネルの長岡側の出口でおこなわれました（図5-3）。

トンネルを掘ると、必ず地下水がトンネル内に入ってきます。その地下水は、トンネルの出口から外に排水されます。地下水は雨が地中にしみ込んで、地層や岩石の隙間を通過しながら濾過（ろか）されるので、たいていは地表を流れる河川水よりもきれいです。

しかし、東山丘陵では背斜軸に沿って石油が集まっているため、地下水に石油が混ざっています。そのままトンネル脇の川に排水すると汚染の原因になってしまうので、トンネルから出てきた地下水をいったん貯（た）めて、石油を分離してから水だけを流しているのです。（図5-3下）。

地下の褶曲が地形をつくった？

『ブラタモリ長岡』の撮影には、二つの模型を用意しました。地表が盛り上がって丘陵ができる地形模型（図5-4）と、地下の地層が褶曲する地質模型（図5-5）です。私はブラタモリ

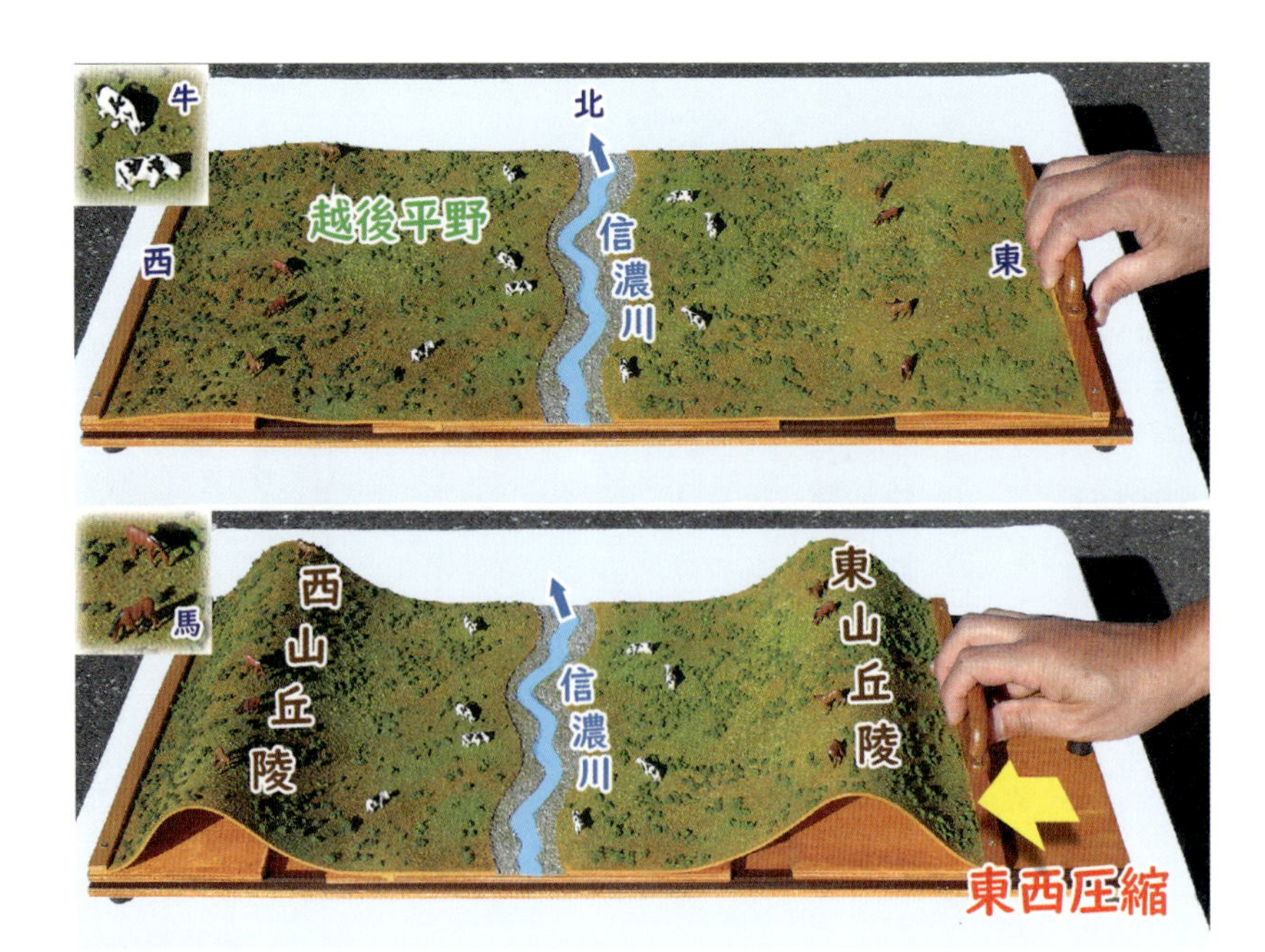

図5-4 丘陵のでき方を再現した地形模型。

に何回も出演していますが、ほとんどの回でブラタモ実験用の模型を制作しています。ロケまでの時間は限られているので、一つの模型はだいたい数日で仕上げます。ロケで使用する折りたたみテーブルの大きさに合わせ、大きすぎず、しかし映像映えするように小さすぎないように模型を制作しています。もちろん設計図は一切なしで、模型の制作は直感だけの一発勝負です。

撮影に際し、気になっていることがありました。図5-1のように、東山丘陵の褶曲した地層が、かなり深い部分まで削剥されていることです。最初につくった地形模型は取っ手を押すと地面の2カ所が盛り上がって、東山丘陵と西山丘陵のでき方を再現します（図5-4）。地表なので模型の表面を草原風に装飾したり、お遊びとして平野に牛を、丘陵に馬のミニチュアを置いているのはいつも通りです。スタッフに模型を提案すると、即採用になりました。

そして、もう一つは地質模型。水平に堆積した地下の地層が折れ曲がって、背斜と向斜がつ

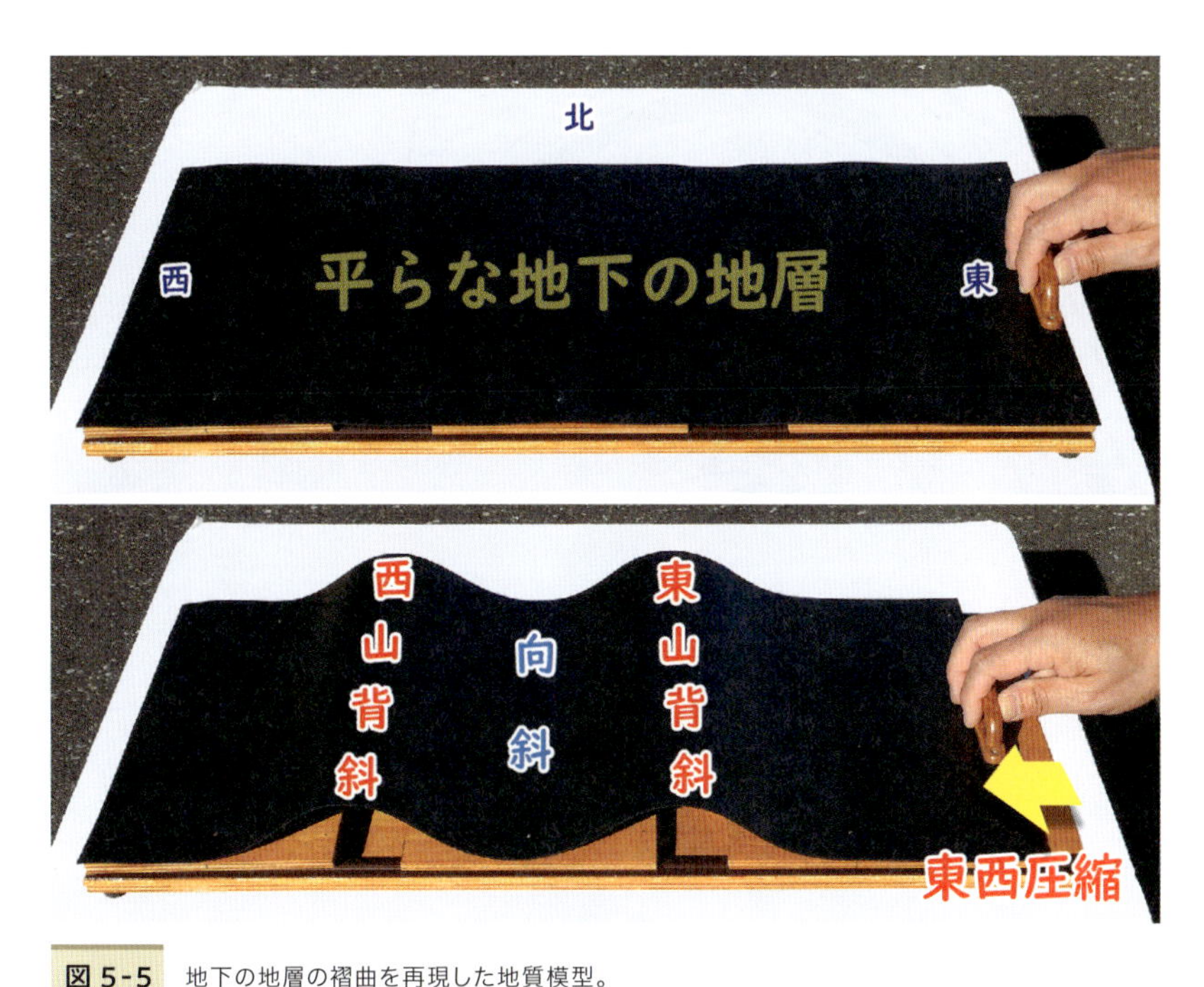

図5-5　地下の地層の褶曲を再現した地質模型。

くられる様子を再現するための模型です（図5-5）。地下の褶曲した地層はそのまま保存されますが、地表は侵食されてしまうので、褶曲構造がそのまま地形に反映されるわけではありません。そのため、地表（地形）と地下（地層）を分けて模型をつくったのです。

しかし、ブラタモリの撮影は、数分刻みの台本に沿って進められます。私が担当するジオコーナーの時間は限られているので、ブラタモ実験で使用する模型は一つだけ。厳密には地表の地形と地下の地層の褶曲構造は一致していませんが、それは研究者の単なるこだわりです。テレビを見ている視聴者は、二つの模型の違いなど全く気にしないでしょう。リハーサル後に相談し、ロケの本番では地形模型だけを使って撮影することになりました。

そこまでは想定内でした。ところが、そのあとチーフ・プロデューサーの亀山暁さんから提案が……。「スケッチブックにマジックで絵を描きながら、タモリさんと野口アナに地下の背斜構造を説明するのはどう？」と。説明しながら数分間でスケッチを仕上げなければなりません。台本なし・カンペなしの一発勝負です。

ブラタモリには何度も出演していますが、こ

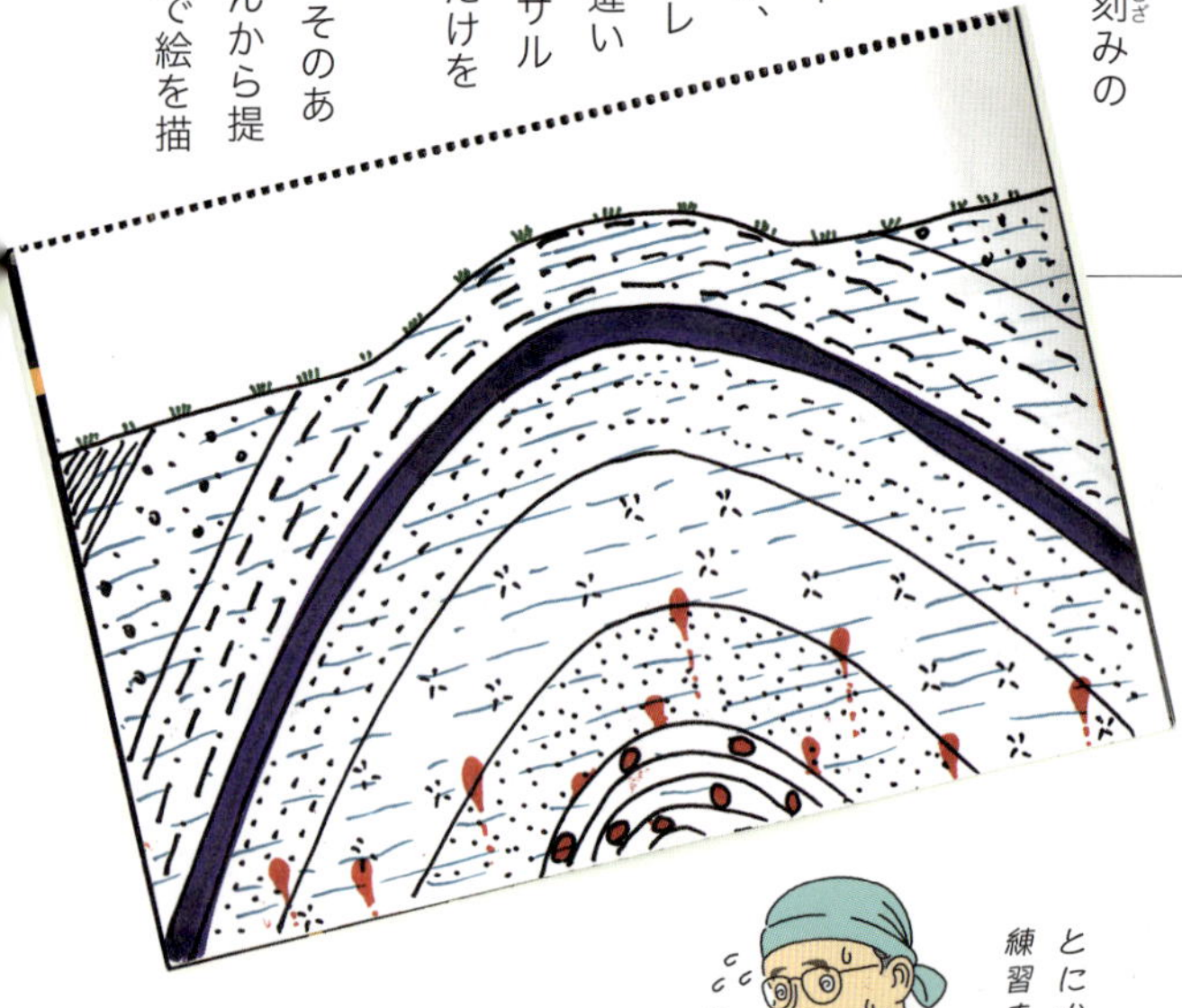

図5-6　東山背斜の成り立ちを説明するために練習した背斜構造の概念図の一枚。

のときは久しぶりに緊張しました。ロケの前の晩はホテルの部屋にこもり、時間を計りながら何度も何度もスケッチの練習（図5-6）。褶曲して盛り上がった地層の一部を侵食させて丘陵の地形を描いたのは、地質学者としてのこだわりなのです。

もうお分かりですね。誰も見向きもしませんが、私には丘陵の地形が地下の地層の褶曲（背斜）構造ほど盛り上がっていないのが気になるのです。図5-1の東山丘陵は侵食されているのです。その犯人が、海ではないかと思っているのです。

褶曲はお構いなしの侵食面

「確かに、東山丘陵は侵食されているけれど、たいしたことではないんじゃない?」と思われるかもしれません。それでは、もう一つの例を紹介しましょう。つぎの行き先は、長岡市から15kmほど南の小千谷市。二つの丘陵が近づいて、信濃川が窮屈そうに流れています。

図5-7は、新潟県小千谷市周辺の地形図（上）と、ほぼ東西方向の地質断面図（下）です。地形図の中央を、信濃川が南から北に蛇行しながら流れています。信濃川はこのあと越後平野を蛇行しながら90kmほど北に流れ、新潟市から日本海に注いでいます。

東側を魚沼丘陵（東山丘陵）に、西側を東頸城丘陵（西山丘陵）に挟まれた越後平野は、北に向かってわずかに広がった〝扇子〟のような形の低地帯です。先ほどの長岡市では、信濃川が流れる越後平野は幅が広かったですね。一方、ここ小千谷市では、平野と呼べる低地帯の幅は数kmもありません。小千谷市は二つの丘陵が近づいた狭窄部に位置していて、〝扇子〟の要部分に相当します。平らな越後平野の最奥部といってもいいでしょう。

信濃川が流れる平らな低地帯に対し、その両側の尾根と谷からなる起伏に富んだ丘陵地帯を〝平ら〟という地形研究者はいないでしょう。魚

図5-7　信濃川と魚野川が合流する新潟県小千谷市周辺の地形(上)と、5万分の1地質図幅『小千谷』(柳沢他、1986)をもとに作成した地質断面図(下)。〔37.30,138.82〕

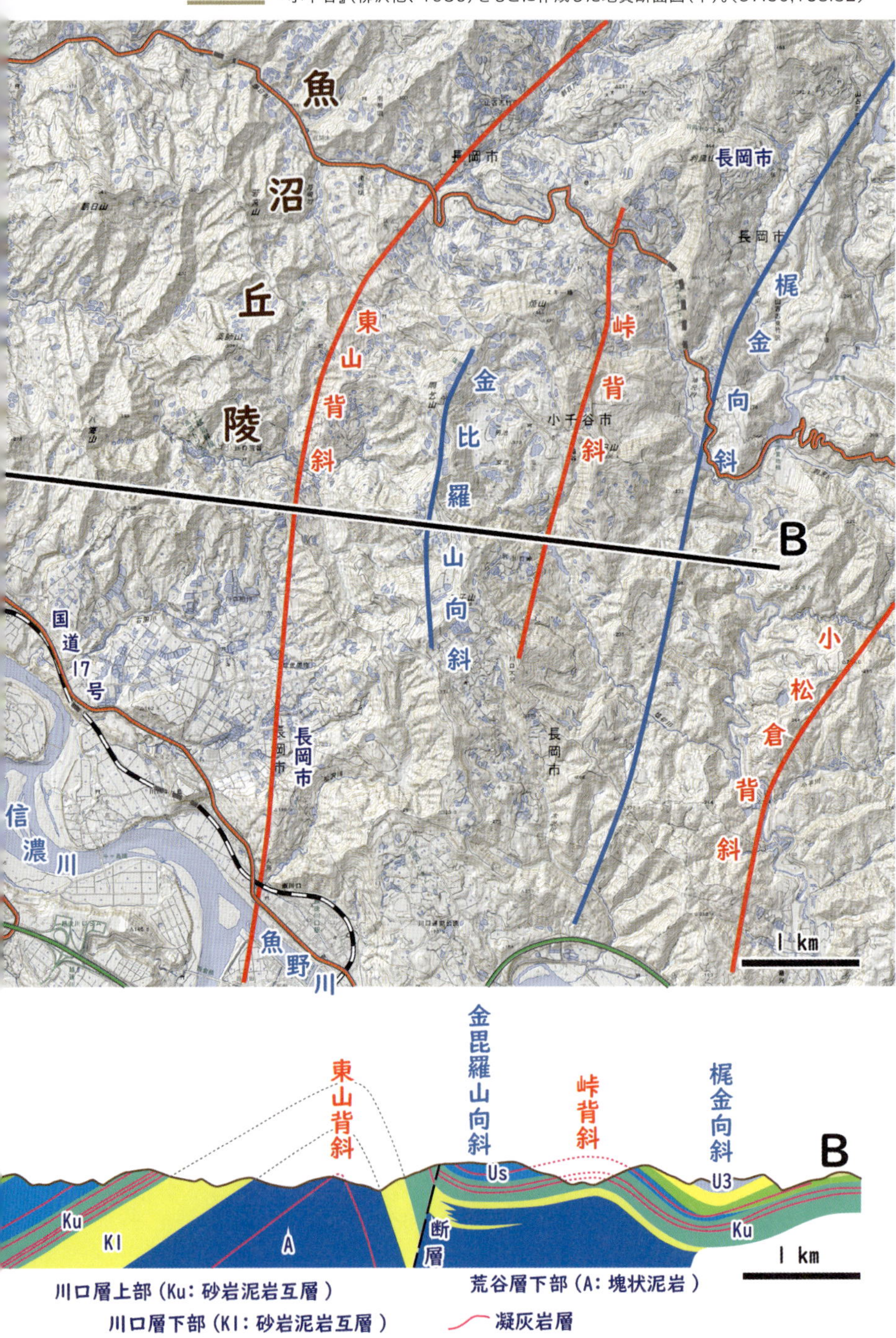

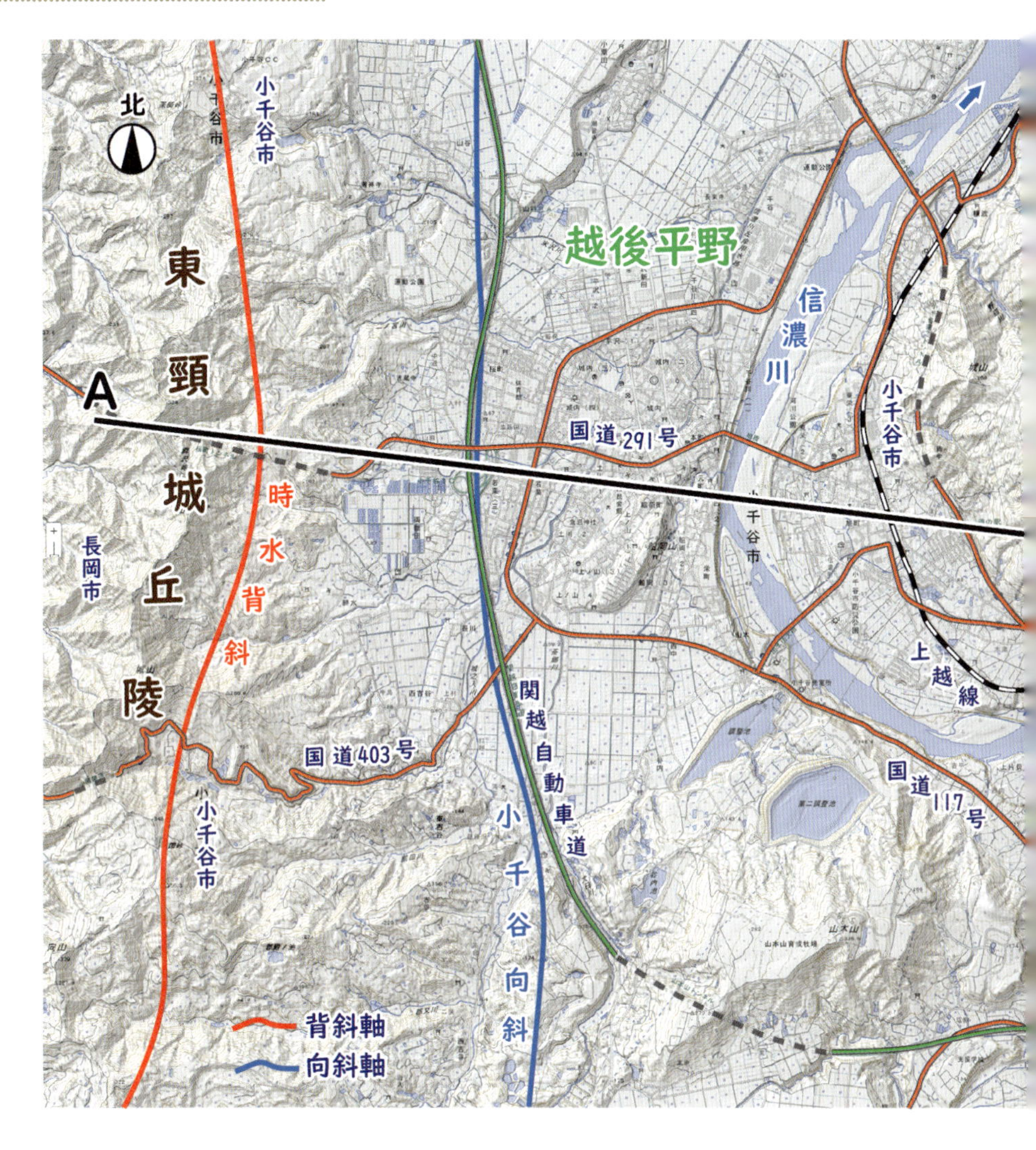

北
東頸城丘陵
A
小千谷市
時水背斜
長岡市
越後平野
国道291号
信濃川
小千谷市
上越線
国道403号
関越自動車道
小千谷向斜
国道117号
小千谷市
背斜軸
向斜軸

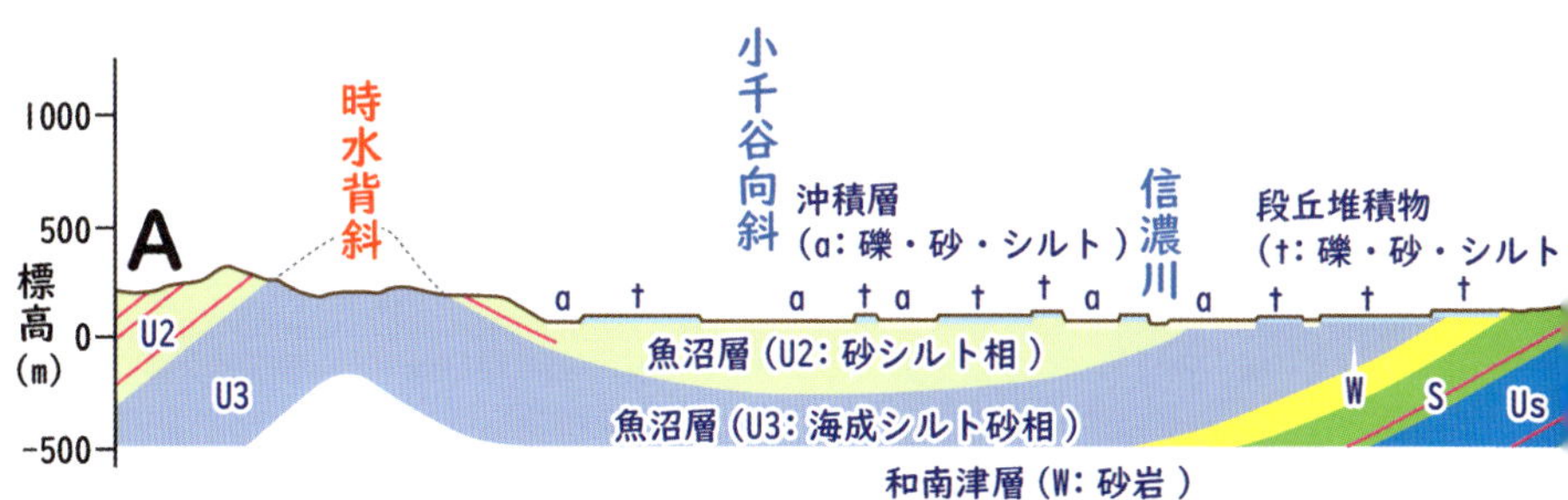

1000
500
0
-500
標高
(m)
A
時水背斜
小千谷向斜
信濃川
沖積層
(a: 礫・砂・シルト)
段丘堆積物
(t: 礫・砂・シルト)
U2
U3
魚沼層(U2: 砂シルト相)
魚沼層(U3: 海成シルト砂相)
W
S
Us
和南津層(W: 砂岩)
白岩層(S: 砂質泥岩)
牛ヶ首層(Us: 塊状泥岩)

沼丘陵も東頸城丘陵も、中国地方の吉備高原や世羅台地とは全く異なる地形です。丘陵の標高は高くても400m程度ですが、山の斜面は急傾斜です。尾根と谷が繰り返す、典型的な丘陵の地形です。しかし私には、海によって水平に削られた〝ほぼ〟平らな侵食地形に思えるのです。

平らな地形は海がつくった

図5-7下は、A-Bの測線に沿った地下の地質断面図です。5万分の1の地質図幅『小千谷』(柳沢他、1986)に示された、地表踏査とボーリング掘削データに基づく地質断面図をもとに作成しました。図5-7の地質断面図の縦(高さ)と横(水平距離)の比も、先ほどの長岡地域と同様に1対1です。

地形図と比べながらこの地質断面図を詳しく観察すると、地下の地層が背斜構造を形づくっているところが丘陵になっています。長岡地域と同じですね。ただし、小千谷地域の東山背斜は、長岡地域に比べてより屈曲しています。一方、向斜構造がつくられている場所は、信濃川が流れる低地になっています。信濃川が流れる小千谷向斜は、長岡地域の向斜に比べてずいぶん幅が狭くなっています。

長岡地域で幅が広かった越後平野が小千谷地域で狭いのも、どちらの地域でも向斜部に信濃川が流れているのも、褶曲構造の成長に地形の形成が追随していることを示唆しています。向斜部は相対的に沈降しているので、向斜軸に沿って信濃川が流れ低地帯がつくられているのです。

しかし、断面図を見直すと、やはり気になります。地層の褶曲構造に対して地形の起伏が小さいのです。褶曲している地層をほぼ水平に切断するように、地表が侵食されているのです。信濃川が蛇行して、辺り一面を水平に削ったのでしょうか。このくらいの縮尺で見ると、低地だけでなく丘陵の起伏もかなり小さく思えます。丘陵も信濃川によって侵食されたのでしょうか?

この場所から信濃川の河口までは90㎞もある

のに、川原の標高は50ｍほどしかありません。人の目にはほとんど水平に見える越後平野を蛇行しながら緩やかに流れる信濃川が、起伏のある山地を起伏の小さい丘陵になるまで下刻するとは思えません。凸凹したジャガイモの表面をなめらかに削るピーラーのように、誰かが地表を水平に削ったはずです。

日本海の拡大が終了したおよそ１５００万年前以降、越後平野はずっと海の底でした。荒谷層や牛ヶ首層などの塊状泥岩（図５‐７の地質断面図）は、深い海底に堆積した泥が固まった地層です。陸から砂が供給されると、砂岩と泥岩が繰り返す砂岩・泥岩互層が堆積します。そして、魚沼層が堆積する頃、ようやく海底から陸へと環境が変わりました。その年代はおよそ２００万年前です。

ということは、現在地表に露出している魚沼層は褶曲しながら隆起して、およそ２００万年前以降に海面を通過したはずです。東西圧縮が始まったのはおよそ３００万年前なので、地層が東西に短縮して褶曲し、隆起して陸地になったのでしょう。問題は、いつ、そして誰が、褶曲した地層をここまで平らに侵食したのかということなのです。

海底が陸化したあと、信濃川は向斜に沿って流れるはずです。なぜなら、誕生したばかりの陸地が真っ平らでも、地殻変動にともなって背斜は高くなり、背斜と背斜に挟まれた向斜は相対的に低くなるからです。その結果、信濃川は向斜部をずっと流れるでしょう。川は地形の一番低い場所を流れるのです。実際、信濃川は地層の向斜部を流れています。

ということは、背斜がどんどん成長する場所、すなわち丘陵を信濃川が流れたことはなかったはずです。その結果、信濃川が丘陵を侵食することはないはずです。デービスが説くように川が大地を削るとしても、信濃川が山地を削って起伏の小さい丘陵をつくったとは思えません。

とすると、もう一つの可能性が考えられます。褶曲しながら隆起する海底が海面を通過する際、波浪によって侵食されたという可能性です。魚沼層は第四紀の地層です。断面図に示されている魚沼層より下の古い地層の年代は、新第三紀の後半（およそ数百万年前以降）です。それらの地層の硬さは、屏風ケ浦に露出する地層（図4-7）とさほど変わらないでしょう。そして、図4-6下の堆積岩の年代と海食台の幅の関係を考慮すると、海底に堆積した地層が隆起して海面を通過する際、地層のかなりの部分は波浪によって削り去られてしまったと考えられます。

海面は水平です。たとえ地層が褶曲していても、波浪によって水平に削られたあと陸化した大地は、ほぼ水平で起伏の小さい地形であったと予想されます。地層は褶曲しているのに、地質構造とは関係なくほぼ水平に削られた起伏の小さい地形は、海（波浪）によってつくられたと考えられます。私には、日本列島の侵食小起伏面は、海によってつくられたと思えるのです。

能代平野は侵食地形

新潟県だけでは不十分でしょうから、今度は秋田県に出かけてみましょう。図5-8は秋田県の能代平野の地形図と、地下の地質断面図です。地質断面図は、5万分の1の地質図幅の『森岳』（大沢他、1985）をもとに作成しました。

周辺の地質図として、『鷹巣』（平山・角、1963）や『能代』（大沢他、1984）が発行されていますが、いずれにも著者に平山部長が名を連ねています。当時、燃料資源部を中心に、秋田-新潟油田褶曲帯の調査がおこなわれていたからです。平山部長は〝宴たけなわ〟だった頃から〝宴のあと〟までの燃料資源部を、肌で感じていたのでしょう。

そして、その10年ほどあとに私は地質調査所に就職しました。入所後すぐ、透写台を使って2枚の地質図幅を国土地理院の地形図に描き写し、色鉛筆で地層を色分けしたコンパイル・マップを持って現地に向かいました。文献調査だけ

図5-8 秋田県能代平野の地形図(上)と、5万分の1の地質図幅『森岳』(大沢他、1985)をもとに作成した地質断面図(下)。〔40.15,140.07〕

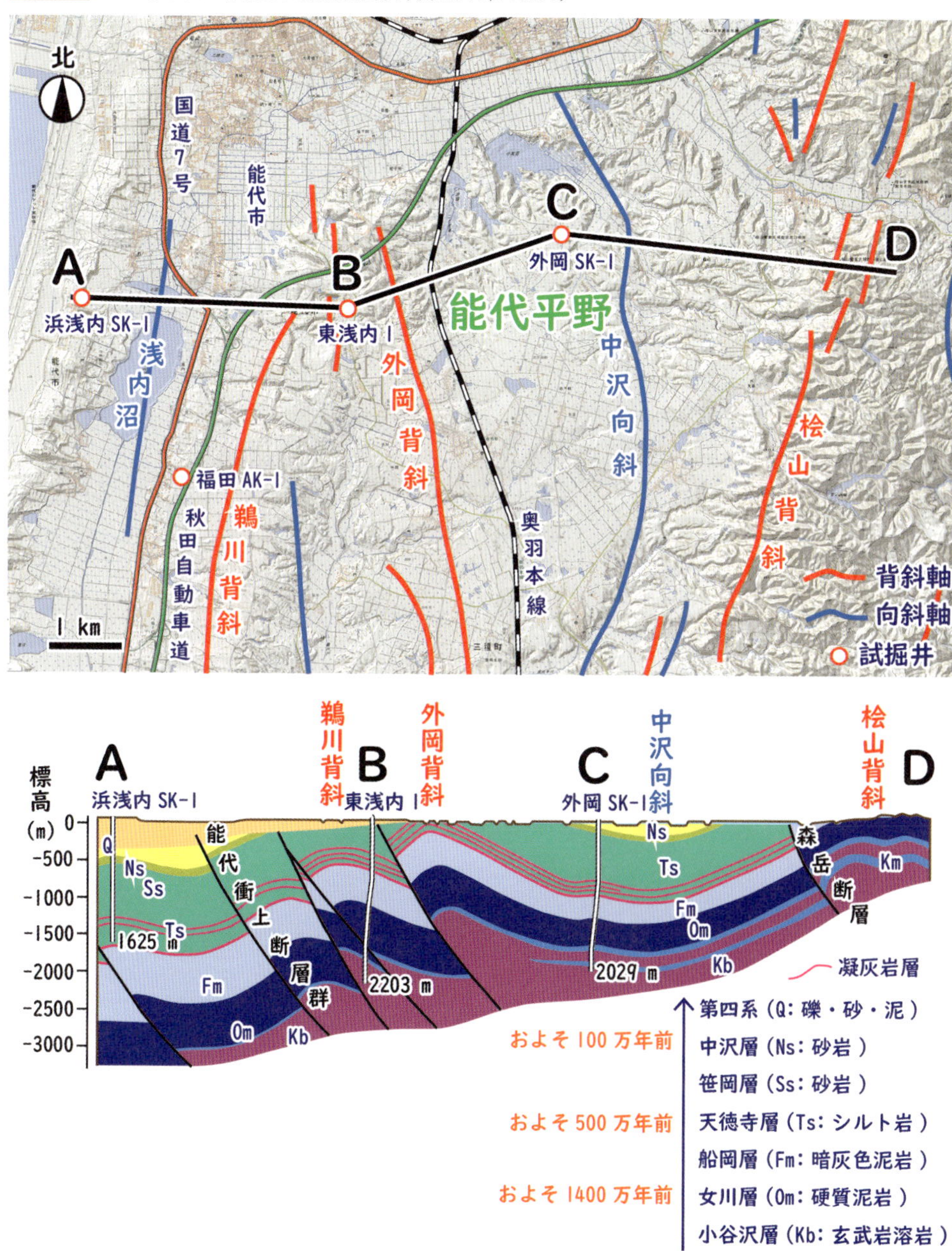

でなく、実際に現地に赴いて地層を観察することは、地質学ではとても重要だからです。

地質の調査は林道や山道を走るので、研究所の庁用車は四輪駆動のジープかスバルのレオーネだけ。独特のエンジンサウンドが気分を盛り上げるレオーネを同じ研究室の小玉喜三郎さんと交代で運転し、2人で能代周辺を調査しました。JR奥羽本線と米代川に挟まれた、二ツ井だったか鷹巣だったか、古い旅館に宿泊したのは小玉さんの思い出の宿だから。50畳は優に超える広間で食事をとっているのは2人だけ。〝宴のあと〟を実感した記憶は今でも鮮明です。

また話が脱線してしまいました。地形の話に戻りましょう。陰影を施した地形図を見ると、能代平野が真っ平らなのがよく分かります（図5-8上）。秋田自動車道や奥羽本線が通っているあたりの標高は30〜40mで、桧山背斜に沿う丘陵の標高は100〜150mです。能代平野の平坦さは、吉備高原や世羅台地の比ではありません。20万分の1のシームレス地質図で確認すると、真っ平らな台地の上には段丘堆積物が薄く重なっているようです。

段丘堆積物を構成する地層は海成だったり河川成だったりしていますが（内藤、1977）、段丘堆積物が堆積する前の平坦な侵食地形は海食によるものですね。この平坦な地形は海成段丘であって、河川の侵食によってつくられた河成段丘と考える地形研究者はいないでしょう。

木材を誰かが平らに削ってテーブルをつくらない限り、テーブルクロスを広げることはできません。重要なのは、テーブルクロスが海成堆積物か河川成堆積物かではなく、テーブルを削ったのは誰なのかということなのです。

さて、真っ平らな能代平野の地質断面図を見ると、これまで観察してきた新潟県の地層よりも褶曲していますね。さらに、逆断層に沿って、褶曲した東側の地層が西側の地層の上にのし上がっています。もともと水平に堆積した地層の重なりが東西に押しつぶされ、褶曲が成長する過程で逆断層ができて、褶曲構造と逆断層が組み合わさった地質構造がつくられたのでしょう。断層面の傾斜が緩い逆断層を衝上断層（しょうじょうだんそう）というので、能代平野の地下の地質構造を褶曲-衝上断層帯と呼ぶことがあります。

そして、私が注目しているのは、褶曲し逆断層によって大きく変位している地層群が、ほぼ水平に侵食されている点なのです。厚さ3000mを超す海成層が褶曲し、少なくとも地下3000m付近に埋没していた女川層（おんながわそう）が、現在では桧山背斜部に露出しています。そして、一連の海成層は、中沢層が堆積する頃にようやく海域から陸域へと移行しました。すなわち、現在地表に露出しているこれらの地層は、およそ100万年前以降に海面を通過して陸になったのです。

地層は出てから削られる？

それでは、能代平野の真っ平らな侵食地形は、どのようにしてつくられたのでしょうか。二つの可能性をもう一度考えてみましょう。一つは河川による侵食によって、平らな大地がつくられたとするデービスのモデル（図5-9）。そしてもう一つは、海底が隆起して海面を通過するとき、波浪によって水平に削られたとするモデルです（図5-10）。

図5-9のように、もともと海面下にあった厚い地層（図の①）が褶曲して隆起し、褶曲山脈がつくられたとしましょう（図の②）。デービスの侵食輪廻（しんしょくりんね）説のように、この期間の河川による侵食は軽微（けいび）だったと仮定します。図5-8の桧山背斜に沿っては、地下3000mにあった地層が地表まで隆起しています。したがって、褶曲山脈の標高は3000m前後に達したでしょう。その後、河川の侵食によって山脈は削り去られ、標高数十mの真っ平らな能代平野がつくられたとするのが第一のモデルです（図の③）。

もちろん、地上に露出した地層は、隆起する間にも河川による侵食を被ったでしょう。また、日本列島の地殻変動（東西圧縮）は現在でも進

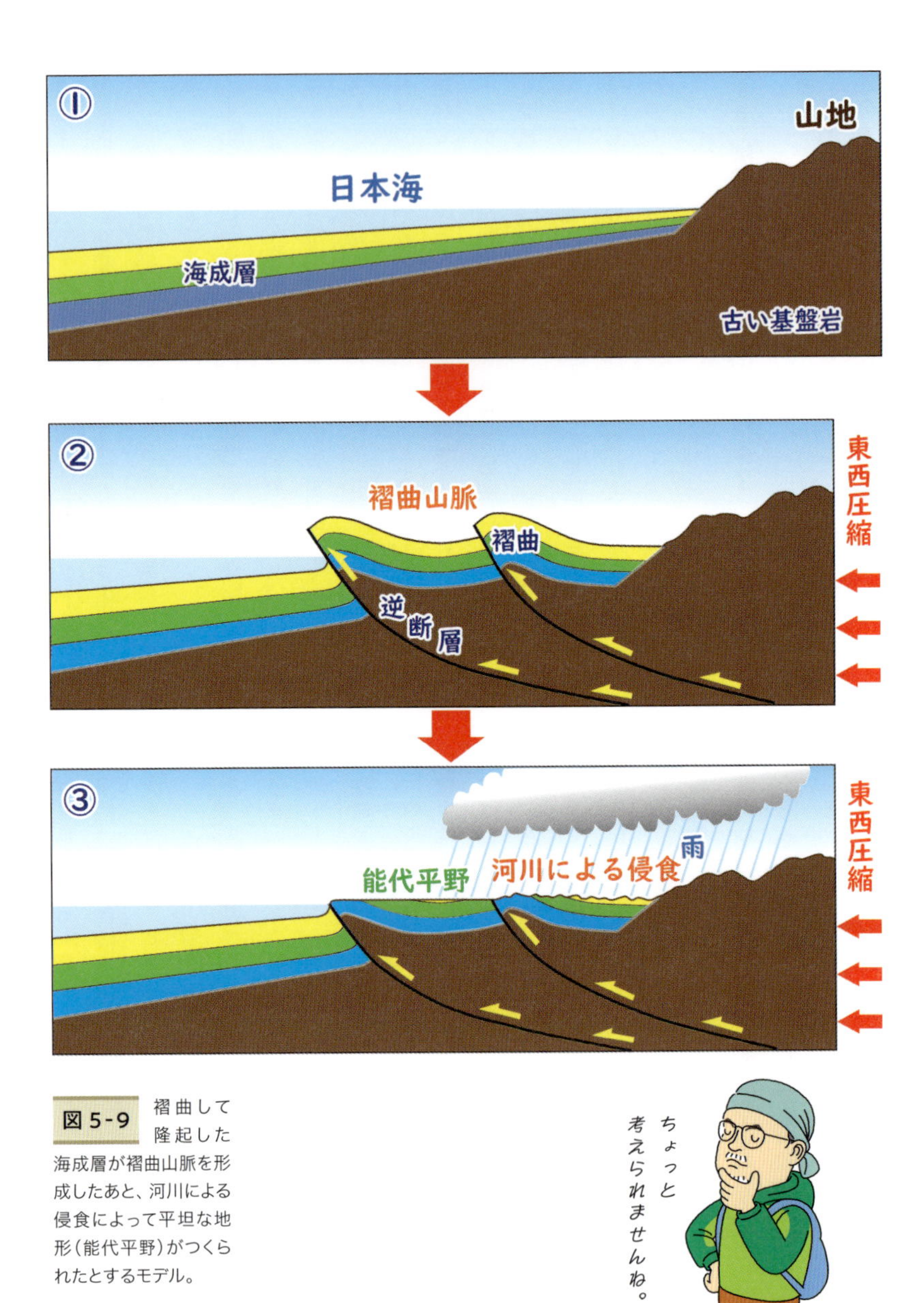

図 5-9 褶曲して隆起した海成層が褶曲山脈を形成したあと、河川による侵食によって平坦な地形（能代平野）がつくられたとするモデル。

行しているので、デービスの侵食輪廻説は厳密には当てはまりません。とはいえ、この地域が海域から陸に移行したのはおよそ100万年前です。わずか100万年間に3000m級の山脈がつくられ、その山脈が河川の侵食によってほとんど削り去られたとは考えられません。さらに、集水域が広く侵食力の大きい河川も、このあたりには見当たりません。このモデルを受け入れる研究者は、さすがにいないでしょう。

出る地層は削られる？

一方、もう一つのモデルは、海底の地層が隆起して海面を通過するときに、波浪によって真っ平らに侵食されたとするものです（図5-10）。もともと海底に堆積していた厚い地層（図の①）は逆断層の活動と褶曲にともなって隆起し、ついには海面付近に到達します。ところが、隆起を続ける地層は海面付近で波浪によって侵食され、水平で真っ平らな海底地形（海食台）がつくられます（図の②）。その後、海水準変動の昇降の合間に離水（りすい）した平坦な海食台が陸となって、真っ平らな能代平野がつくられたとするものです（図の③）

このモデルなら、最大3000mの厚さの地層を100万年間で削剥し、真っ平らな能代平野をつくることは可能でしょう。能代平野の平坦な地形は海成段丘です。段丘堆積物を載（の）せた平坦な侵食地形は海（波浪）がつくったのです。

ただし、三浦半島（図4-6）や屏風ヶ浦（図4-7）のように、すでに存在している陸が横方向から侵食されてつくられる海食台とは少し異なります。今から陸になろうと海面上に頭を出し始めた海底を、波浪が水平に削ってしまうのです。ちょうど、あとからあとから生えてくる無精（ぶしょう）ひげを、電気シェーバーで剃（そ）るように。

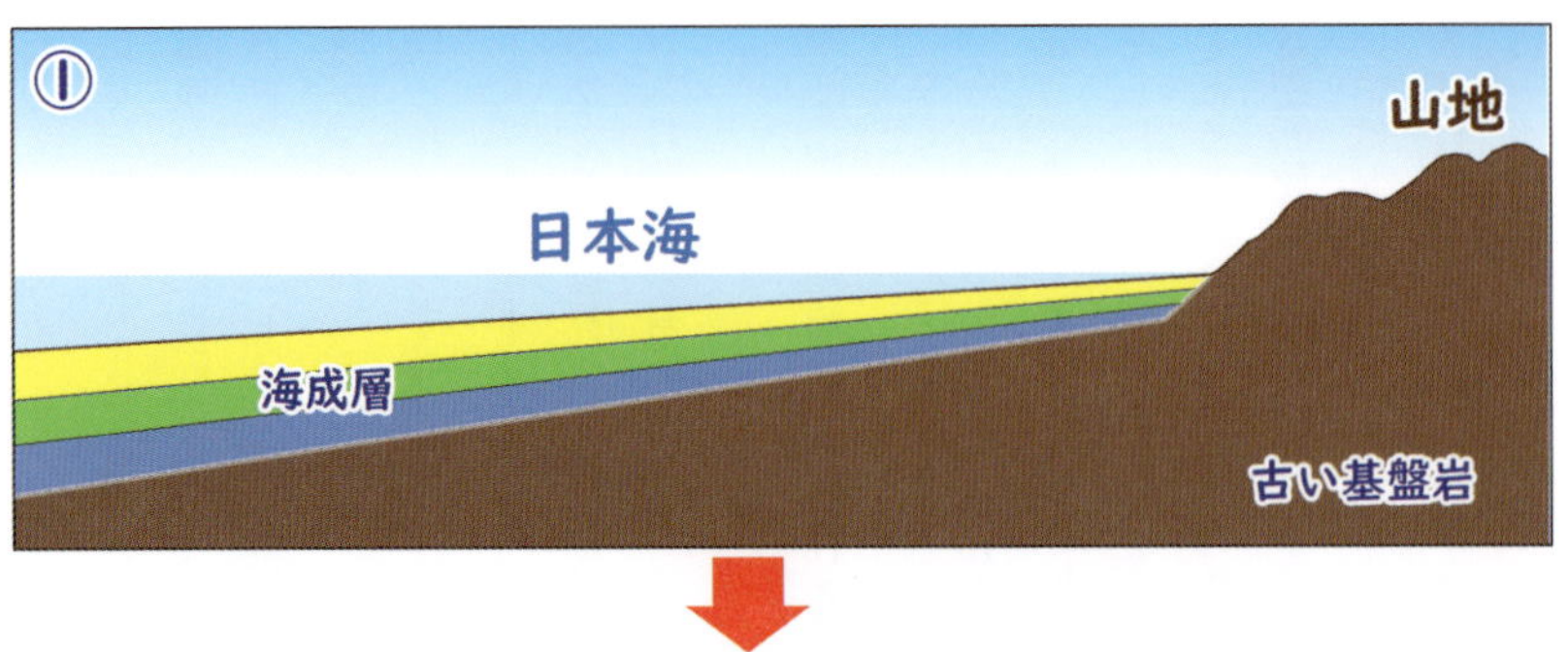

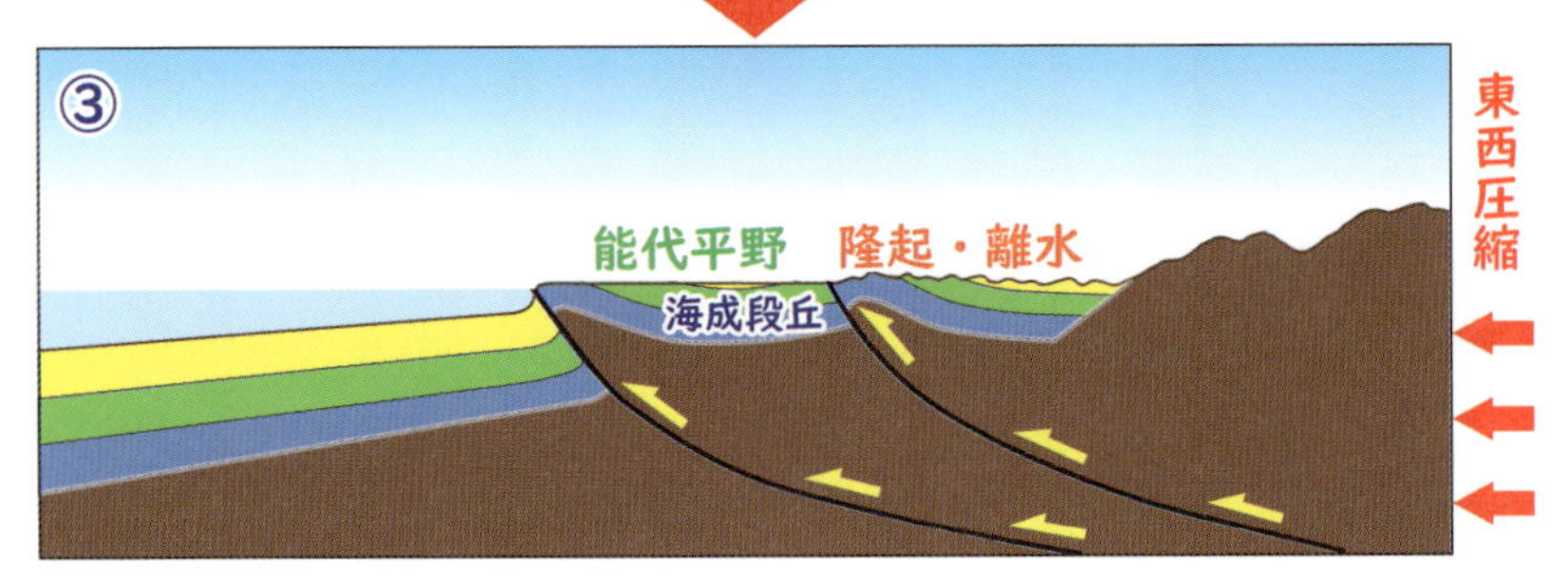

図5-10 褶曲しながら隆起する海底下の地層が海面を通過するとき、波浪によって水平に侵食されたとするモデル。

硬い基盤岩も何のその

ここまで見て来た新潟県や秋田県の起伏の小さい地形は、新生代の比較的新しい地層が削剥された侵食地形です。古生代の地層や変成岩類、あるいは中生代ジュラ紀の付加体など、日本列島の地質の骨格をなす地層（いわゆる基盤岩）ではありません。そのため、侵食に対する耐性は、基盤岩に比べて小さいことは容易に想像できます。

一方、中国地方の地質のほとんどは、中生代や古生代の地層や岩石で構成されています。新生代の堆積岩に比べてずっと硬い基盤岩も、波浪によって侵食されるのでしょうか？　今日の最後はジュラ紀の付加体が分布する岩手県の普代川の河口近く、海岸に沿って断崖が連続する陸中海岸に行ってみましょう（図5-11）。

普代インターチェンジで三陸北縦貫道路から県道44号に降りて、海岸線をしばらく走ったら標高180m付近まで一気に急坂を上ります。すると、目の前には真っ平らな平原が現れます。滑走路のような直線道路は4km以上も続き、快適なドライブを楽しむことができます。途中で左折すると、陸中海岸の断崖絶壁ナンバーワンの北山崎の展望台に到着。ですが今回は、急坂を上りきったらすぐ左に折れて、黒崎の展望台に向かいましょう。

黒崎の展望台は北に臨んでいるので、遠く野田湾の先には真っ平らな地形のシルエットを見ることができます。地形図を確認すると標高は180〜200mほどで、東に向かってわずかに傾斜しています。平坦面も残っていますが、ほとんどは定高性のある尾根からなるようです。高さのそろった尾根がつくるかつての平坦面を背面といいます。遠くに見える平らな地形は背面で、幻の平坦面です。

一方、目の前には太田名部漁港の奥に普代川の河口が見えて、その背後には高度差180mほどの急崖が続き、その上には平坦な地形が広がっています（図5-11上）。こちらも地形図で

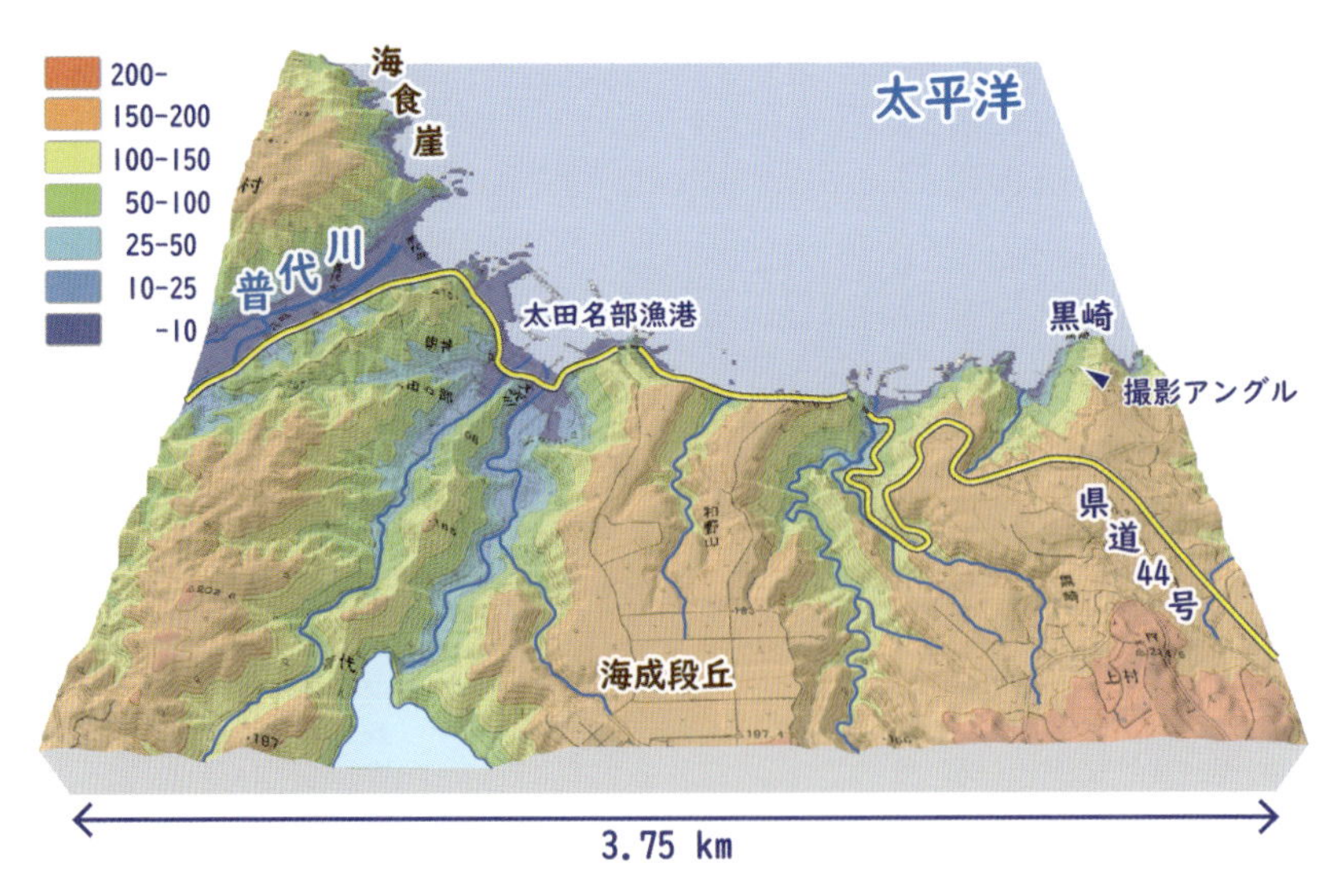

図 5-11 岩手県の陸中海岸、普代川河口周辺の地形(下)と黒崎からの展望(上)。〔40.00,141.91〕

確認すると、同じ標高の平坦な地形が周囲に続いていることが分かります。典型的な海成段丘ですね。段丘の端の急崖は段丘崖（海食崖）です。太平洋の荒波によって削られた断崖絶壁です。

この地域の地質をシームレス地質図で確認してみると、ここ黒崎は白亜紀の火山岩類で太田名部漁港付近はジュラ紀の付加体、その西側は白亜紀の花崗岩類のようです。つまり、日本列島の地質の骨格をなす硬い基盤岩です。それでも、海成段丘の表面は、地質の違いなど関係なく、驚くほど真っ平らに削られています。波浪による侵食の強さが感じられる絶景です。

このように、波浪による侵食は驚くほど強力です。でも、考えてみればうなずけます。海岸で見る波しぶきほど激しい川の流れを見ることは、ほとんどありません。台風のときくらいでしょうか。それに対し、波浪は1日24時間、休むことなく働いています。しかも、毎日規則的に満潮と干潮を繰り返し、削る高さを調整しています。

さらに、およそ10万年周期の海水準変動は１００ｍ以上も昇降を繰り返すので、海面下の浅瀬はくつろいでいる暇などありません。地殻変動によって海底が隆起したとしても、陸地として残るのはかなり大変そうです。海の関所（海面）を越えられたもの（海底）だけが、陸の時代に進むことができるのです。

column

vol.3

「月」

今朝も分割払いにしたいほどの快晴です。西の空には下弦の月がぽっかり。月は自転と公転の周期が同じなので、地球にはつね同じ面しか見せません。地球から見る月の表は、海と呼ばれる暗い平坦面と、無数の明るいクレーターのコントラストが美しい。高校生のときに中古で手に入れた西村製作所製の20㎝反射経緯台で月面を観ると、今でも当時の感動を思い出します。

そういえば、最近は感動することも少なくなりました。仕事柄、地面ばかりを見ているので、たまには上を見るのも悪くはありません。

月の裏側は、1959年にソ連の月探査機ルナ3号によって撮影されました。表に比べて海が少なく、クレーターばかりで単調です。顔に対して、後頭部といったところでしょうか。とはいえ、地球に比べたら、月の顔は無表情です。

大気や海洋の大循環によって、地球のあらゆる面は表情が豊かです。少し時間スケールを広げれば氷期(ひょうき)と間氷期(かんひょうき)の感情の起伏(きふく)もあるし、さらに数千万年たてば大陸の配置も全く異なります。かつての全地球凍結は、地球の鬱状態でしょうか。地球に生きている理由が、少し分かった気がします。

（2013年11月21日）

月面写真(2003.2.9)

西村製作所製20cm反射128倍×キャノンデジタルカメラ光学2倍

vol.4

「彗星」

高校の地学部の仲間と出かけた野反湖（のぞりこ）のペルセウス座の流星観測は、あらゆる星が明るすぎて、星座が分からないくらいでした。流星が流れるごとに、真っ暗な地面から大きな歓声が上がります。一瞬に燃え尽きる流星のように、私の青春もあっという間に過ぎ去ってしまいました。

流星には、夏の花火の潔さがあります。夏が短い東北で見た花火ほど、切ないものはありません。学生時代を過ごした仙台では、秋一色から冬の訪れまでがとても短かった。もう一度、仙台に戻りたいとは思いません。

毎年訪れる流星群に対して、彗星は気まぐれです。公転軌道が判明しているハレー彗星などは、次回を予約することができます。しかし、たいていは公転周期が長いので、一生に一度か二度しか会える機会はありません。希（まれ）に大きな彗星が地球の近くを訪れることもありますが、事前の連絡はほとんどありません。まさに邂逅です。

彗星は、長い尾を曳いて、また遠くへ去っていってしまいます。群れて一瞬に燃え尽きる流星群とは対照的に、孤独な旅を永遠に続けるのです。私は、切ないよりも孤独を選びます。

（2013年8月18日）

孤独な旅ですが、
お互い頑張りましょう。

第5日

水にとってはすべてが盆地

真っ平らな世羅台地は、実は盆地だったのです。山地も高原も台地も平野も、空から降ってくる雨にとってはすべて盆地なのです。

吉備高原より一段低い世羅台地

再び中国地方に戻ってきました。今日は、吉備高原よりも一段低い世羅台地に出かけましょう。世羅台地といえば、前回の『分水嶺の謎』の第7日に、広島県世羅郡世羅町の世羅台地を歩きました。歩いたというより匍匐前進でしたね。起伏の小さい世羅台地で分水嶺を追跡するのは過酷でした。

今回は世羅町の南隣、三原市の北半部に広がる世羅台地を訪ねてみます（図6-1）。標高は350〜400m前後で、世羅町の世羅台地に比べて数十mほど低くなっています。こちらも、驚くほど起伏の小さい地形です。まず御調川が大きく折れ曲がっている八幡町垣内付近を起点に、御調川の集水域を取り囲む分水界を時計回りに歩いてみましょう。

分水界を西に進むと、標高361mの原上りの谷中分水界を横切ります。その先は、仏通寺川が深く下刻する谷の縁に沿って進み、昇雲の

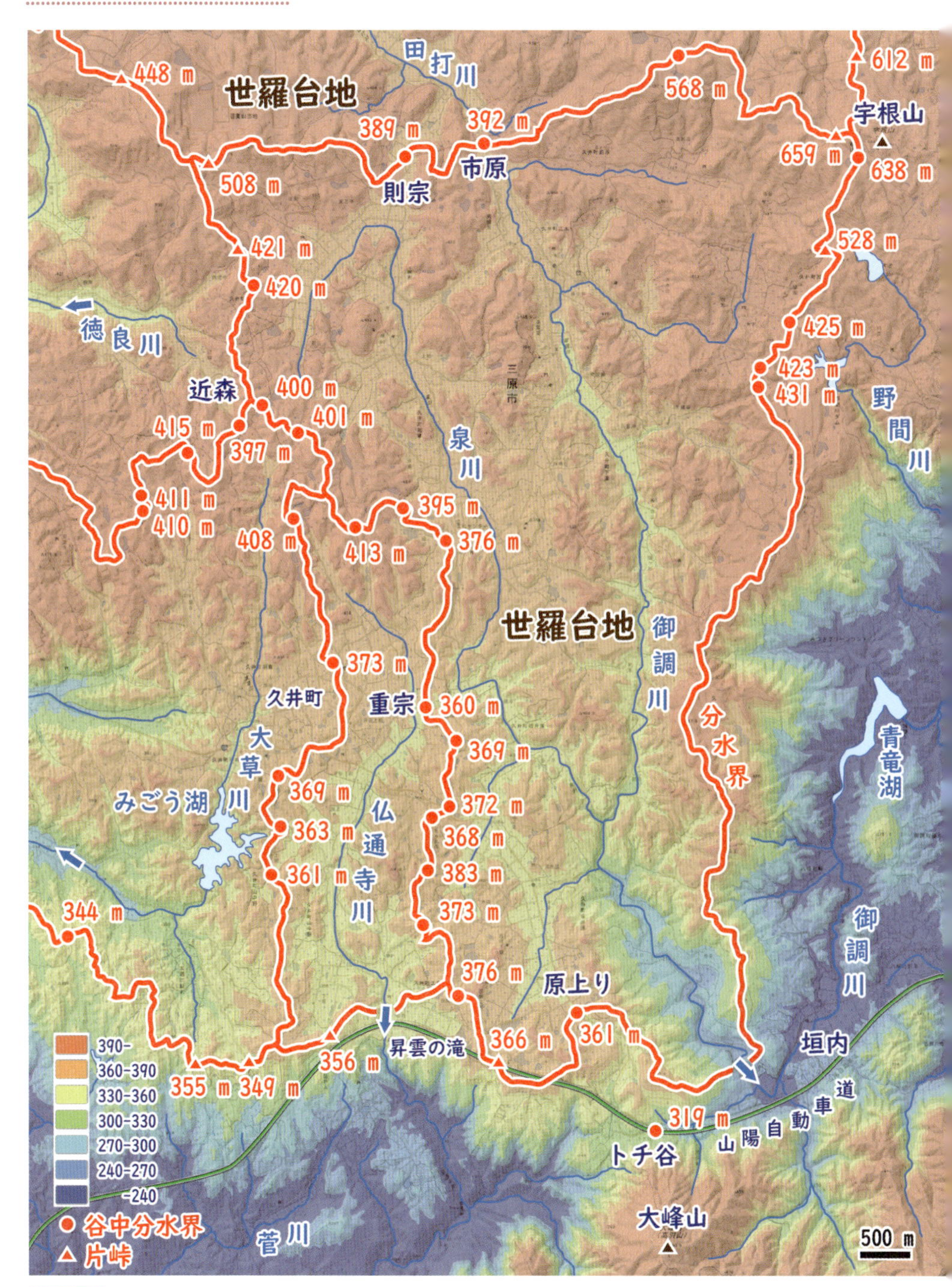

図6-1 世羅台地の地形と御調川の集水域を取り囲む分水界。
〔34.50,133.02〕

滝の手前で北に続く低い山並みに沿ってルートをとります。分水界の西側は仏通寺川から大草川、さらに徳良川の源流域に入れ替わります。谷中分水界の標高は370mから400mへ徐々に高度を上げ、500mを超えたあたりで分水界は東に向きを変えます。

途中で通過する則宗(389m)と市原(392m)の谷中分水界は見事ですね。原上り(361m)から8・5㎞も離れているのに、谷中分水界の標高は30mしか違いません。則宗と市原の二つの谷中分水界の北側は田打川で、4㎞ほど北に下って芦田川に合流します。御調川も芦田川の支流ですが、30㎞以上も東に下ってから合流します。谷中分水界を境に、降った雨の流路は大きく異なるのです。

市原を過ぎると分水界は宇根山(699m)に向かって高度を上げ、標高650m前後の谷中分水界や片峠を横切ります。宇根山からはルートを南に変え、標高400mほどの谷中分水界を通過しながら徐々に高度を下げて、スタート地点の垣内を目指します。分水界の両側とも御調川の水系ですが、西側が上流側で東側が下流側です。そのため、下流の東側が深く下刻された分水界が続いています。

このように、標高や広がりこそ異なりますが、世羅台地の上を流れる御調川の上流部について分水界を調べると、基本的な特徴は吉備高原や三次盆地と同じであることが分かります。さらに、初日に見た須知盆地や、第2日に歩いた篠山盆地や三田盆地の地形とも特徴が一緒です。

つまり、河川について任意の場所を起点に分水界を描くと、集水域を囲むように必ず一周して起点に戻ってきます。それは当たり前ですよね。でも、これまで調べてきたように、分水界に囲まれた範囲は盆地だったり台地だったり、あるいは高原だったりしています。

しかし、それらは分水界が通過する山並みの高さ(谷底からの高度差)の違いや、分水界の内側の地形の起伏量の違いによる人為的な区分です。空から降ってくる雨が地面に着地したら、あとは分水界の内側を流れ下っていくだけです。雨水にとっては、山地も盆地も、高原も台地も、丘陵も低地も関係ないのです。

山岳地帯は盆地？

急峻な山岳地帯から山並みに囲まれた盆地、そして平坦な高原や台地、さらに真っ平らな平野など、日本列島の地形は多種多様です。しかし、どの地形においても、水はたった一つの約束に従って流れていきます。水は高いところから低いところに向かって流れます。そう、水は分水界から離れるように、出口を探して流れていくのです。一つの分水界には一つだけ出口があります。その出口に向かって流れていく道筋が川なのです。

たとえば、図６-２は群馬県と新潟県の県境の谷川連峰の地形図です。標高は２０００ｍ前後ですが、飛騨山脈（北アルプス）に勝るとも劣らない急峻な山岳地帯です。登山やロッククライミングで有名な谷川岳（１９７７ｍ）は、その象徴でしょう。

谷川岳から西に続く稜線は分水嶺で、分水嶺を水源とする赤谷川は、古くから湯治場として知られる川古温泉の横を流れ、赤谷湖畔の猿ケ京温泉街を下ったあと、河岸段丘で有名な沼田で利根川に合流します（図６-２上）。

川古温泉より上流は、沢登りを趣味とする人たちを除いてほとんど人が立ち入らない秘境で、最上流の阿弥陀沢と金山沢・笹穴沢（図６-２下）は、落差が数十ｍを超える瀑布の連続（図６-３）。沢の両側は稜線までの高度差が１０００ｍに達する断崖で、ひとたび夕立が来たら、すぐ高い場所に避難しないと赤谷湖まで一気に流されてしまうベテラン向きのルートです。

この典型的な山岳地帯について、渋沢が赤谷川に合流する地点を起点として分水界を描いてみました（図６-２下）。すると、分水界は時計回りに大源太山（１７６４ｍ）から平標山（１９８４ｍ）、さらに仙ノ倉山（２０２６ｍ）

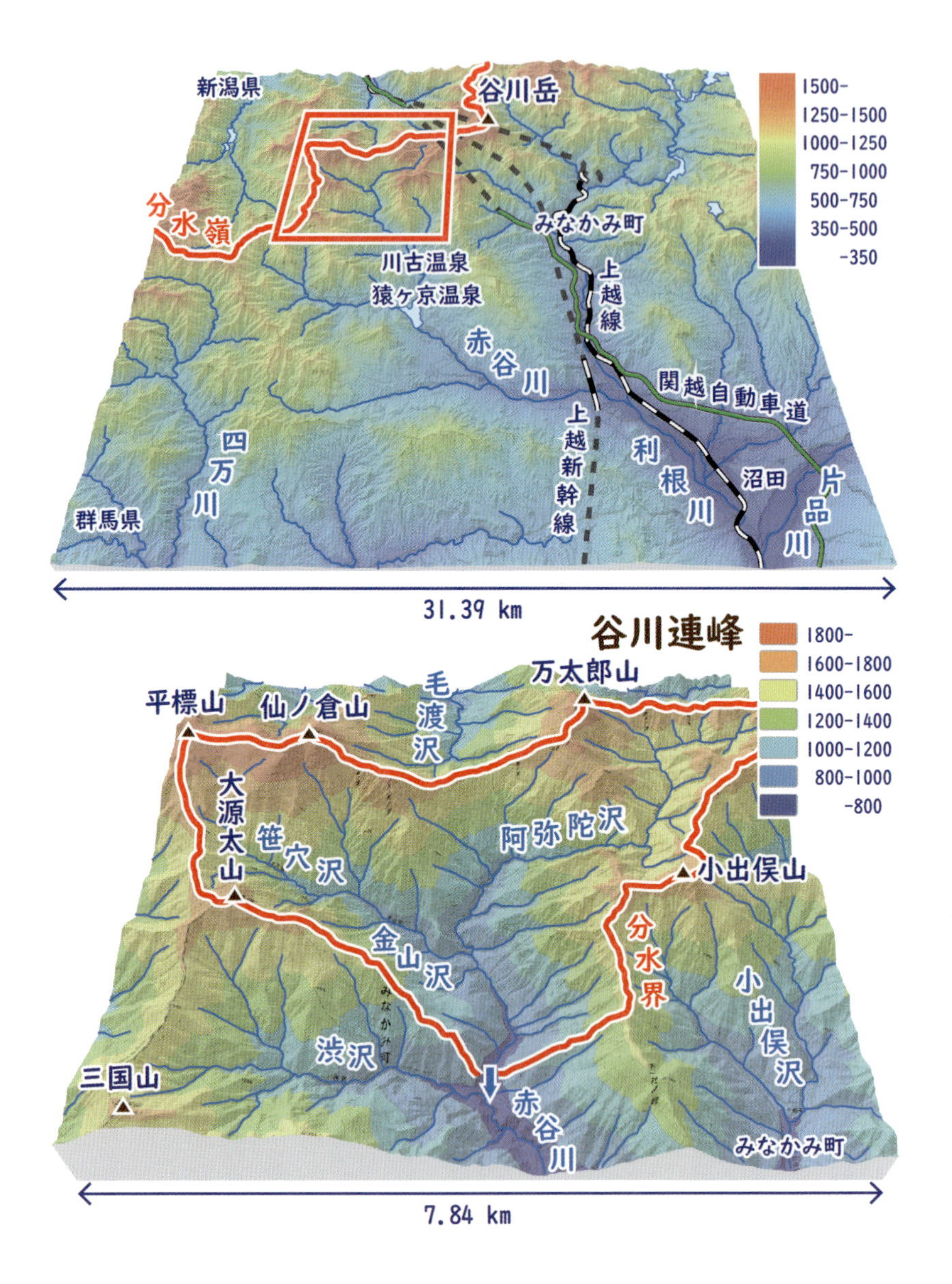

図 6-2 谷川連峰周辺(上)と赤谷川上流域(下)の地形。
〔36.79,138.87〕

を経て、万太郎山（1954m）から小出俣山（1749m）を回って起点に戻ります。

この分水界には典型的な峠（〝両峠〟）はあるものの、谷中分水界や片峠は一つもありません。しかし、分水界で囲まれた範囲に降った雨は、1滴残らずこの起点を通過して分水界の外に排出されます。それは、これまで見てきた中国地方の分水界と全く同じです。

図6-3 修士論文の地質調査のため、大槻憲四郎先生と登った阿弥陀沢と笹穴沢（1986年夏）。今ではとうてい考えられないが、当時はザイルを使用せず必死で崖を登っていた。

誰が見ても、盆地は盆地

つづいて、図6-4は京都盆地の東に隣接するこぢんまりとした山科盆地です。平らな盆地底を山並みがぐるりと一周取り囲んでいて、典型的な盆地の地形ですね。山科盆地の西縁は高度差が200mほどの丘陵が続き、北縁と東縁は標高が数百mを超える山並みが囲んでいます。この範囲に降った雨は盆地に集められ、山科川となって盆地の外に流れ出ています。

先ほどの谷川連峰の地形と比べて特徴的なのは、分水界には谷中分水界がいくつも確認できます。百人一首で蝉丸や清少納言の歌に詠まれている逢坂の関は、山科盆地と琵琶湖を分ける標高168mの典型的な谷中分水界です。

一方、盆地の西縁には標高80m前後の谷中分水界がいくつもありますが、山科盆地に集められた雨水がそれらを越流することはありません。盆地から山科川が流出する場所には、少なくとも現在の標高で74mよりも低い（深い）海峡が

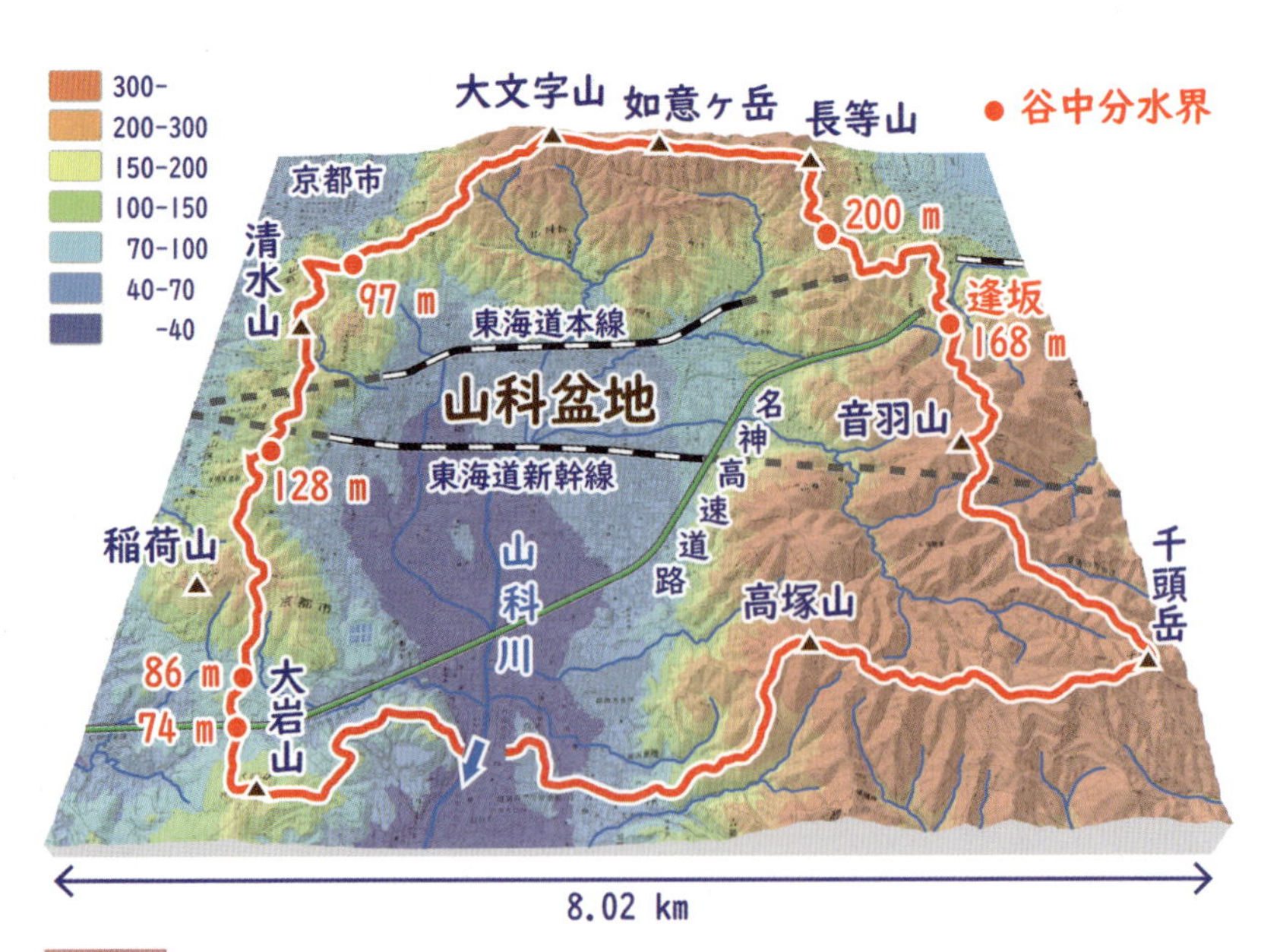

図 6-4 京都市山科盆地の地形と盆地を囲む分水界。(34.97,135.81)

あったということです。

このように、山科盆地の地形は私たちの目には明らかに盆地に見えて、谷川連峰の急峻な山岳地帯と同じと思う人はいないでしょう。しかし、もし山科盆地が標高2000mの高所にあって、盆地底が平らではなく、さらに急峻な山稜と深いV字谷で構成されていたとしたら、谷川連峰と同じ山岳地形に分類するはずです。

つまり、人間にとっては山地と盆地に区別されますが、水にとってはどちらも分水界に囲まれたお盆状の地形なのです。言い換えるなら、水の視線で眺(なが)めたら、急峻な山地も盆地なのです。

平らな台地もやはり盆地

そして、図6-5は前回の『分水嶺の謎』の旅の第7日に訪れた世羅台地です。分水嶺の追跡は、匍匐前進の連続でしたね。図の写真は水(みず)別(わかれ)付近の風景で、ふれあいロードに沿って分水嶺が続いています。ちょうど白い車が太平洋側から日本海側に移動中です。自動車の運転手は、今まさに分水嶺を越えようとしているなど思いもしないでしょう。

地形図は標高を25mごとに色分けしているので大地の起伏が分かりますが、等高線だけの地形図だと、分水界がどこを通過するのかさっぱり分かりません。図の左下には、青水の谷中分水界があります。前回の『分水嶺の謎』の旅で出会った谷中分水界も、半透明の赤数字で書き加えました。

吉備高原や世羅台地には起伏の小さいなだらかな地形が広がっていて、誰もそれらを盆地とは思わないでしょう。ここで、図6-5の京丸ダ

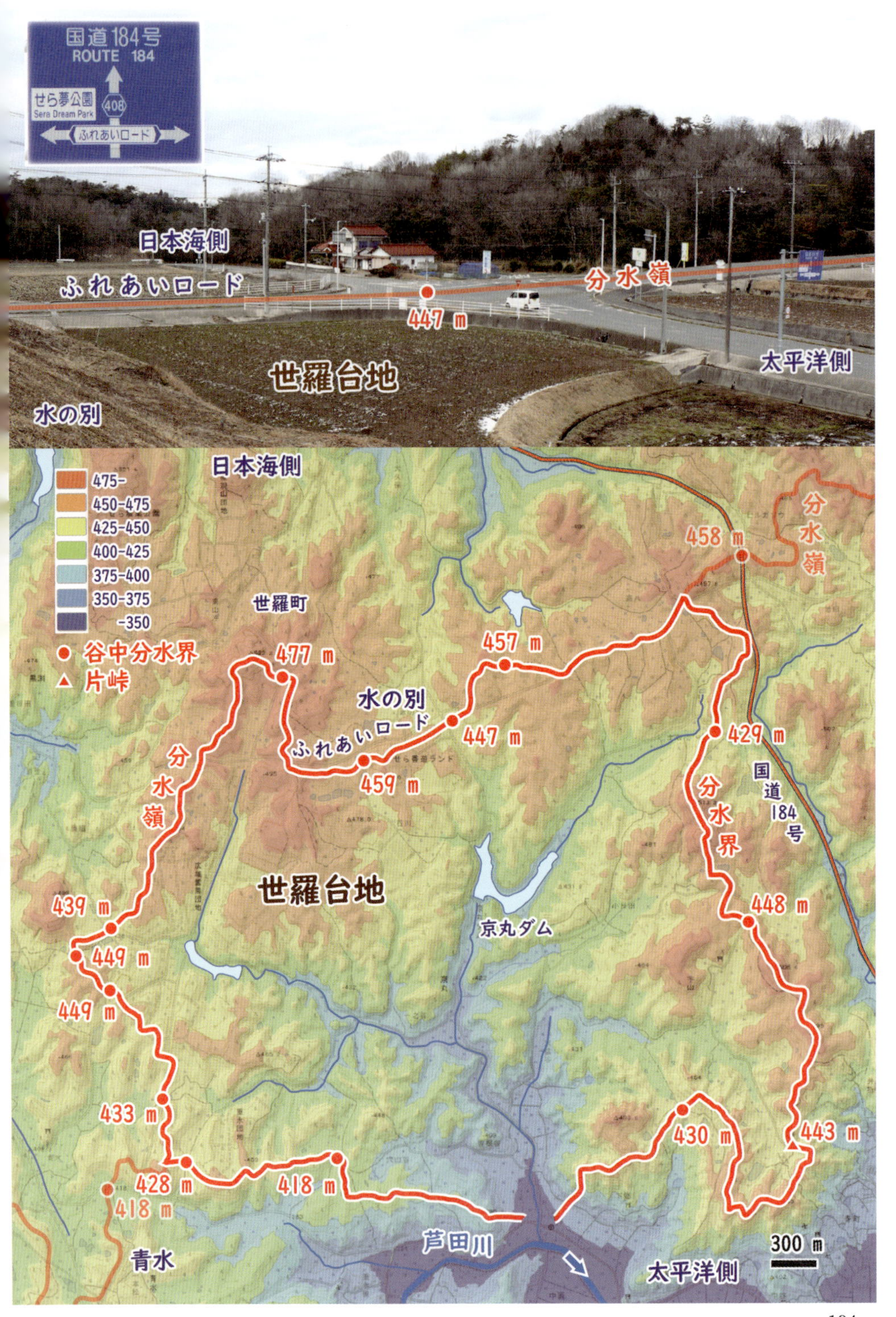

国道184号
ROUTE 184
せら夢公園
Sera Dream Park
408
ふれあいロード
日本海側
ふれあいロード
分水嶺
447 m
世羅台地
太平洋側
水の別
日本海側
475-
450-475
425-450
400-425
375-400
350-375
-350
谷中分水界
片峠
世羅町
458 m
分水嶺
477 m
457 m
水の別
ふれあいロード
447 m
459 m
429 m
分水嶺
分水界
国道184号
世羅台地
439 m
449 m
449 m
448 m
京丸ダム
433 m
430 m
443 m
428 m
418 m
418 m
芦田川
青水
太平洋側
300 m

ムから流れ下る川が、芦田川に合流する地点を起点に分水界を描いてみましょう。すると、分水界がこの範囲に降った雨を外部にあふれさせないお盆の縁の役割を担っていることが分かります。このように、急峻な山地もなだらかな高原や台地も、雨水にとっては同じ盆地なのです。水にとって、地形はすべて盆地が組み合わさったものなのです。

強調すれば盆地が見える

今度は図6-1の原上りの谷中分水界付近に出かけてみましょう（図6-6）。標高は関東地方の多摩丘陵よりも高く350mもありますが、驚くほど真っ平らな地形が広がっています（図6-1上）。遠方に見える標高610mの大峰山の手前に山陽自動車道が走っています。山陽自動車道は世羅台地の南縁に沿って走っていて、その先は高度差が200mもある深い谷の底を仏通寺川が流れています（図6-1）。関東地方に生まれ育った私には、世羅台地の穏やかな景色のその先に、そのような渓谷があるとはちょっと想像できません。実際にその地に行ってみると、不思議な地形に違和感を覚えてしまいます。

水田が広がる世羅台地の平地と周囲のなだらかな丘陵との高度差は、40〜50mしかありません。標高区分を細かく分けて地理院地図を着色すれば、分水界を追跡することができます。しかし、たとえば、清水頭から御調川に排水される雨水の集水域を囲む分水界を、現地を歩いて追跡するのはかなり大変です（図6-6下）。「木を見て森を見ず」などといわれますが、実際に現場に足を運んでみると、〝森〟はもちろん、〝木〟どころか〝葉〟しか分かりません。この景色を眺めて盆地という人はいないでしょう。

ところが、同じ範囲の地形図について色分けの標高区分を20mから4mごとに細分し、反対に高さ方向を5倍に強調すると、同じ地形なのに平らな台地が盆地に見えてきます（図6-7）。これなら分水界の追跡は容易ですね。人にとっ

図6-5 水の別の分水嶺（上）と、世羅台地の地形。（下）〔34.62,133.01〕

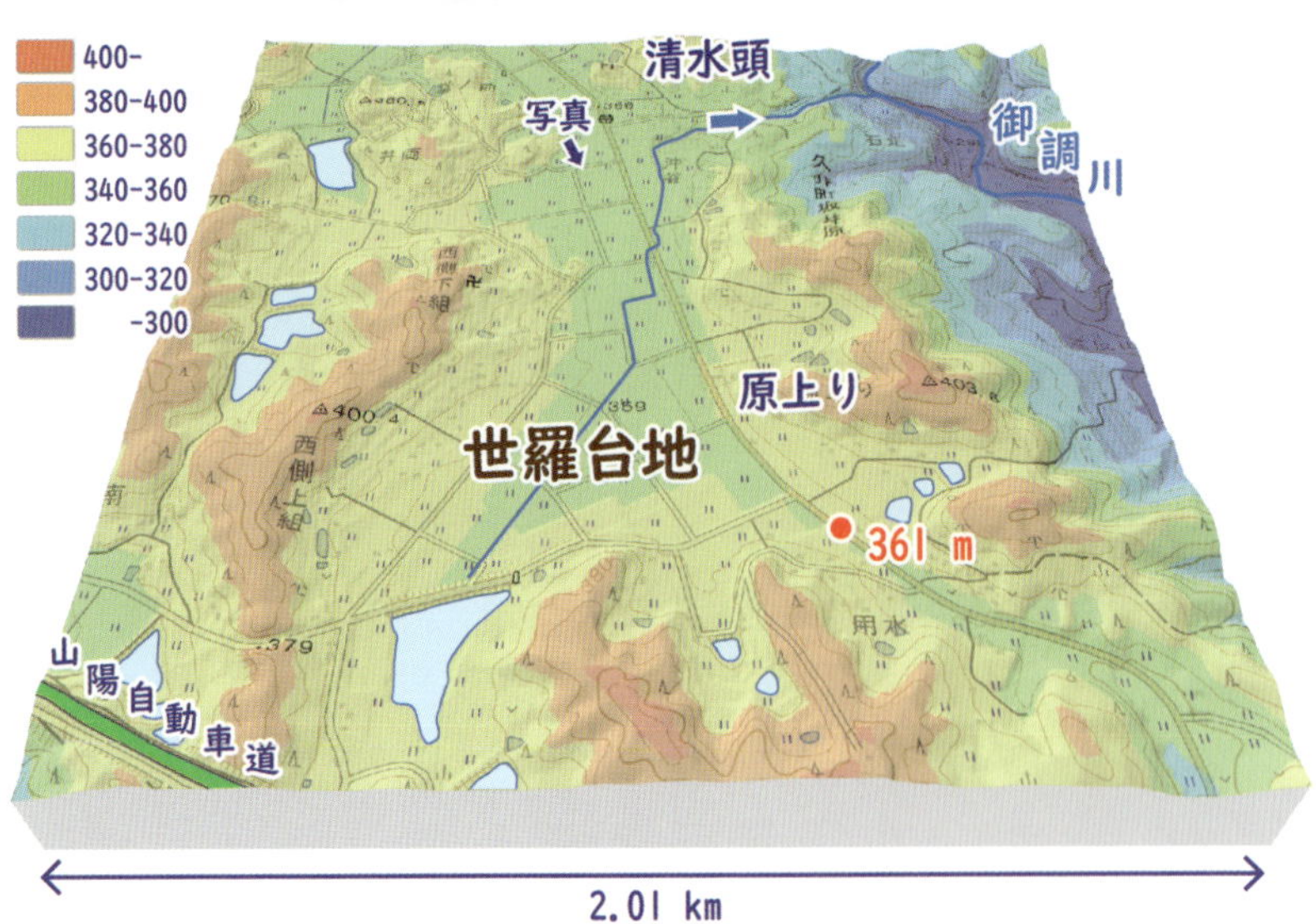

図 6-6　久井町坂井原、原上り付近の世羅台地。(34.48,133.04)

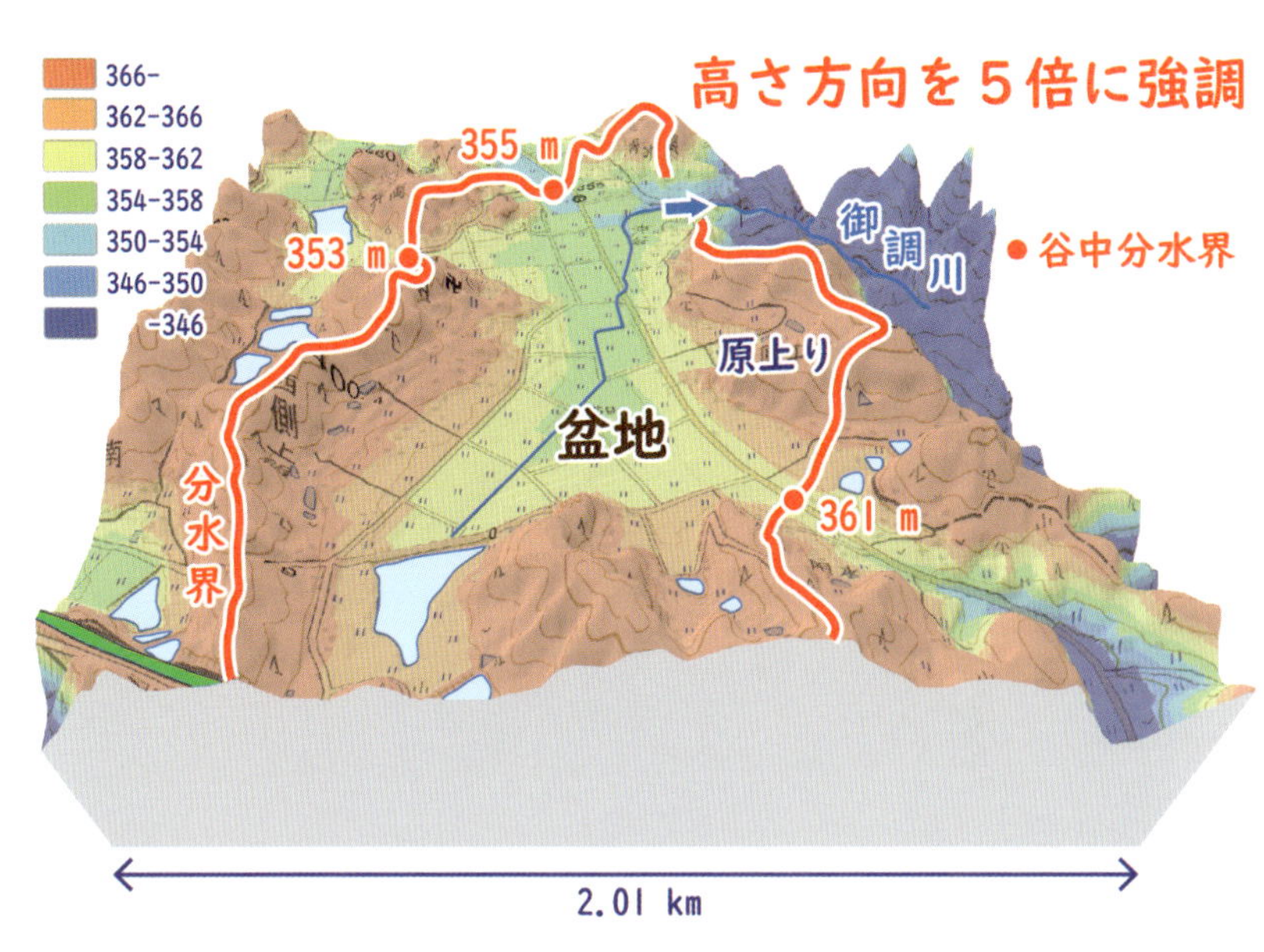

図 6-7 高さ方向を5倍に強調した世羅台地(原上り地区)の地形。〔34.48,133.04〕

てなだらかな地形でも、空から降ってくる雨にとっては盆地なのです。ひとたび地表に着地すれば、雨水は迷うことなく海を目指して流れ始めるのです。

世羅台地の成り立ち

それでは、世羅台地の地形はどのようにつくられたのでしょうか。何度も指摘するように、谷中分水界はもともと島と島の間の海峡です。その海峡が離水(りすい)して、一見すると尾根とは思えない不思議な谷中分水界となるのです。したがって、谷中分水界が誕生したとき、その地域はほぼ海面の高さだったことになります。

さっそく、図6-1の世羅台地を、谷中分水界が海面の高さだった頃に復元してみましょう。図6-8は世羅台地が現在よりも400m低かった頃、そして図6-9は350m低かった頃の様子です。

現在よりも400m低かった頃、世羅台地は

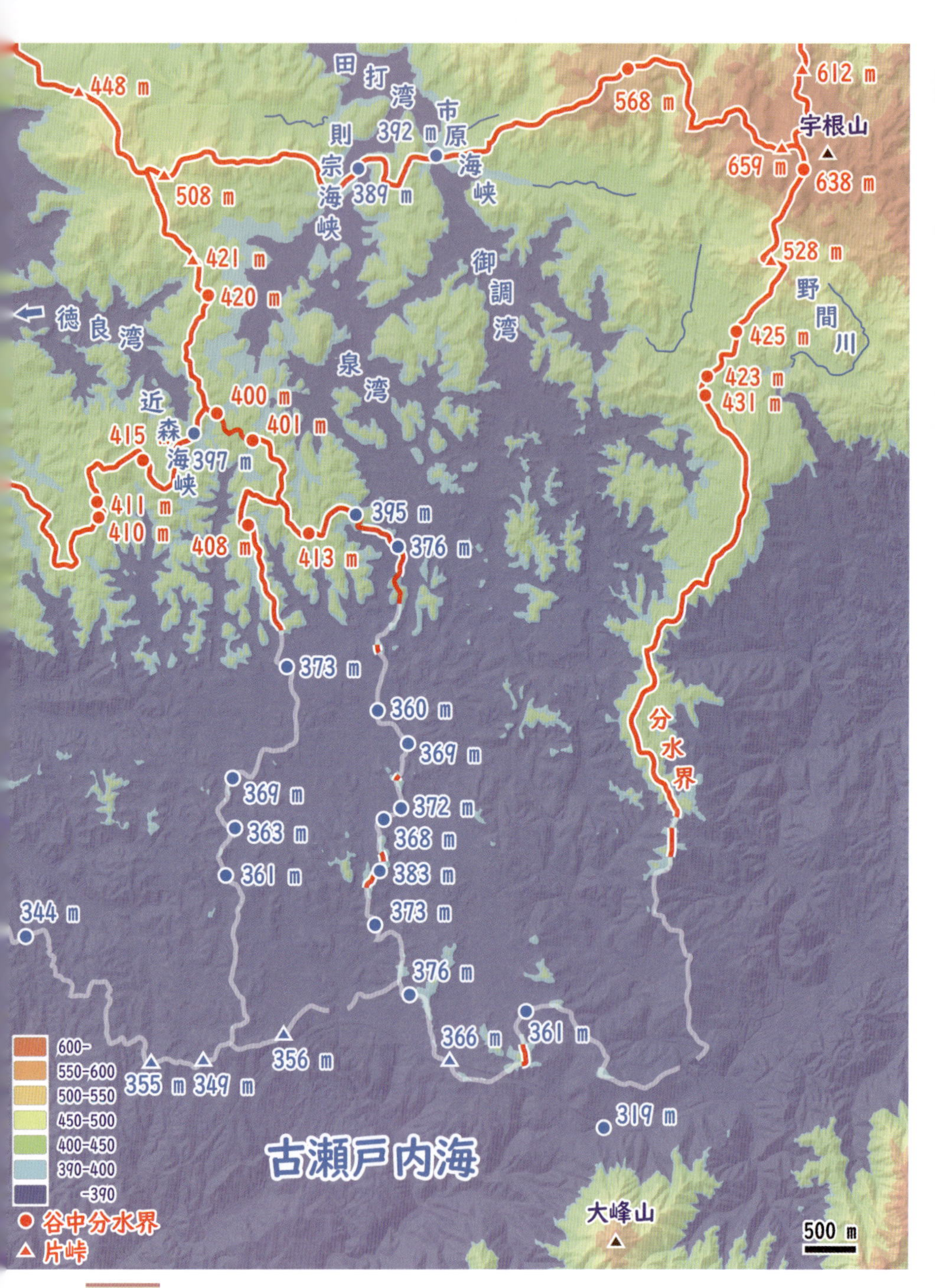

図 6-8 現在よりも400m低かった頃の世羅台地の様子。

広い範囲が水没していて、浅い海域は小さな島が散点する多島海だったことが分かります。北部は宇根山（当時は標高299m）の周りに平原が広がり、その沖には多数の島が誕生していました。

市原や則宗付近はそれぞれ幅の狭い海峡だったため、西側の低い陸地とはつながっていませんでした。二つの海峡の北側は、のちの田打川の流路となる〝田打湾〟の入り江で、そのまま芦田川水系となる広い海域につながっていました。一方、南側は島の多い〝御調湾〟と〝泉湾〟の瀬戸で、沖に向かって島が少なくなって灘となり、そのまま外海に続いていました。

標高400m未満の谷中分水界は水没していたので、図では青色で表示しました。谷中分水界の標高から400m差し引くと当時の水深になります。当時の海は陸からかなり離れていても水深は数十m程度なので、起伏が小さく浅い海底だったことが分かります。この海底がのちに離水して、平らな世羅台地になるわけです。

さらに50m隆起して、現在よりも350m低かった頃の世羅台地の様子を復元すると、水深が50m以下の浅い海域は陸化して、平原がかなり南まで広がりました（図6-9）。当時は世羅台地ではなく、世羅平野と呼ぶほうが適切でしょう。標高が50m以下の、広大で平らな大地だったのですから。

浅い海底が陸化して世羅台地が誕生するとき、無数の島と島が不規則につながって、いくつもの分水界が誕生しました。小さな島と浅い海峡の高度差がのちの分水界の高度差になるのですから、誕生した陸地は縁の低い無数のお盆の組み合わせになるわけです。一見すると盆地とは思えない起伏の小さい広大な平原は、そのまま隆起して世羅台地になりました。吉備高原と世羅台地の真っ平らな地形は、海がつくったのです。

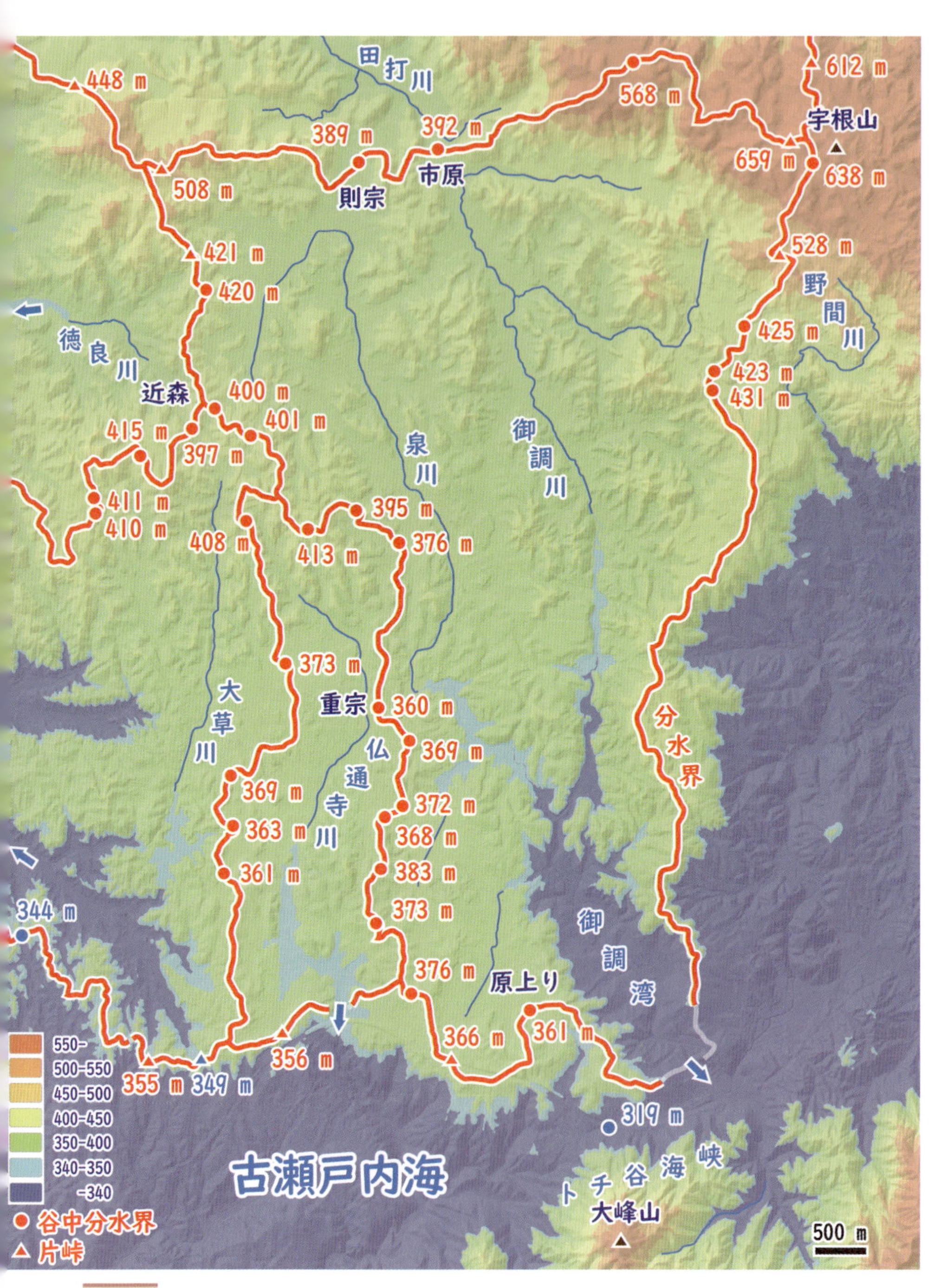

図 6-9　現在よりも350m低かった頃の世羅台地の様子。

巨石群は海の記憶？

みなさんは、すでに気づいているかもしれません。前回の『分水嶺の謎』の旅では現地の写真が全くなかったのに、今回の『準平原の謎』の旅では写真がいくつも掲載されています。

地形の謎解きは、コロナ渦のために自宅でテレワークを始めた2020年4月にスタートしました。謎解きを進めていくと、是非とも現地に出かけたいと思いましたが、コロナ渦のため県外に出ることすら控えなければならない時期が長く続きました。結局、『分水嶺の謎』の旅は最初にお断りしたように、地理院地図の上のバーチャルな〝エア旅〟になりました。

事実、『分水嶺の謎』の旅のスタート地点である三国岳（京都府）からゴールである火の山公園（下関市）まで、実際に訪れたことがあるのは下関だけです。それも、2018年の『ブラタモリ下関』の撮影で初めて。放送では「関門海峡の成り立ちに詳しい先生」と紹介されていましたが、関門海峡を見たのはロケが初めてでした。なので、関門海峡の写真だけしか載せられなかったのです。

『分水嶺の謎』の旅を終え、『準平原の謎』の旅の準備を進めている合間に神戸市で講演があって、その際に広島まで足を伸ばして地形を見て来ました。限られた時間でしたが、何十回も地理院地図で見てきた地形を実際に現地で眺めると、それはとても感動です。もちろん、どこにでもある景色を、興奮しながらカメラで撮影しているのは私だけでしたが。ここからは、そのときの写真を見ながら海の痕跡について考えてみましょう。

図6-10は図6-1の地形図の右上にある宇根山付近の地形と、久井岩海と呼ばれている巨石群です。長径が2mから数mもある角の取れた花崗岩の巨石が谷筋に沿って集まっている特異な景観で、昭和39年（1964年）に国の天然記念物に指定されています。どうしても見てみたいと思い、レンタカーを借りて出かけましたが生憎の雪模様。夏タイヤだったので、ヒヤヒヤしながら峠を越えてようやくたどり着きました。このような時期に訪れる観光客は、一人もいませんでした。

雪を被っていますが、巨石が急流のように谷間いっぱいに広がっているのが分かるかと思います。巨石の大きさは比較的そろっていて、角が取れた巨大な亜円礫〜円礫といったところでしょうか。巨石と巨石の間には充填物はなく、大量のジャガイモを床の上に重ねて敷き詰めたような感じです。

シームレス地質図で確認すると、周囲の地質は白亜紀の花崗閃緑岩・トーナル岩で、中国地方ではとくに珍しい岩石ではありません。花崗岩は節理（規則的な割れ目）に沿って風化（真砂化）が進み、角が取れた巨大なコアストーン（風化核）が山の斜面に残されることが多々あります。

実際、風化が進んで今にも転がり出しそうな花崗岩のコアストーンを、周辺の何カ所かで確認しました。ただし、これほどまとまって花崗岩の巨石が並んでいるのはとても珍しいです。北に位置する府中市の矢野岩海も、同じように白亜紀の花崗岩のコアストーンが集まっている巨石群です。日本各地に伝わる巨人伝説も、この景色を見ればうなずけます。

でも不思議です。図6-10の地形図に示すように、北東側の宇津戸川水系と南西側の野間川水系を分ける分水界を描くと、久井岩海は分水界のすぐ脇です。つまり、水源近くなので、水流はほとんどありません。巨石を動かすのはもちろん、巨石の間の風化物を洗い流すことすら容易ではなさそうです。しかも、巨石を見れば見

図6-10 広島県三原市の宇根山周辺の地形（下）と、久井岩海（下）。生憎の雪模様ですが……。(34.54,133.08)

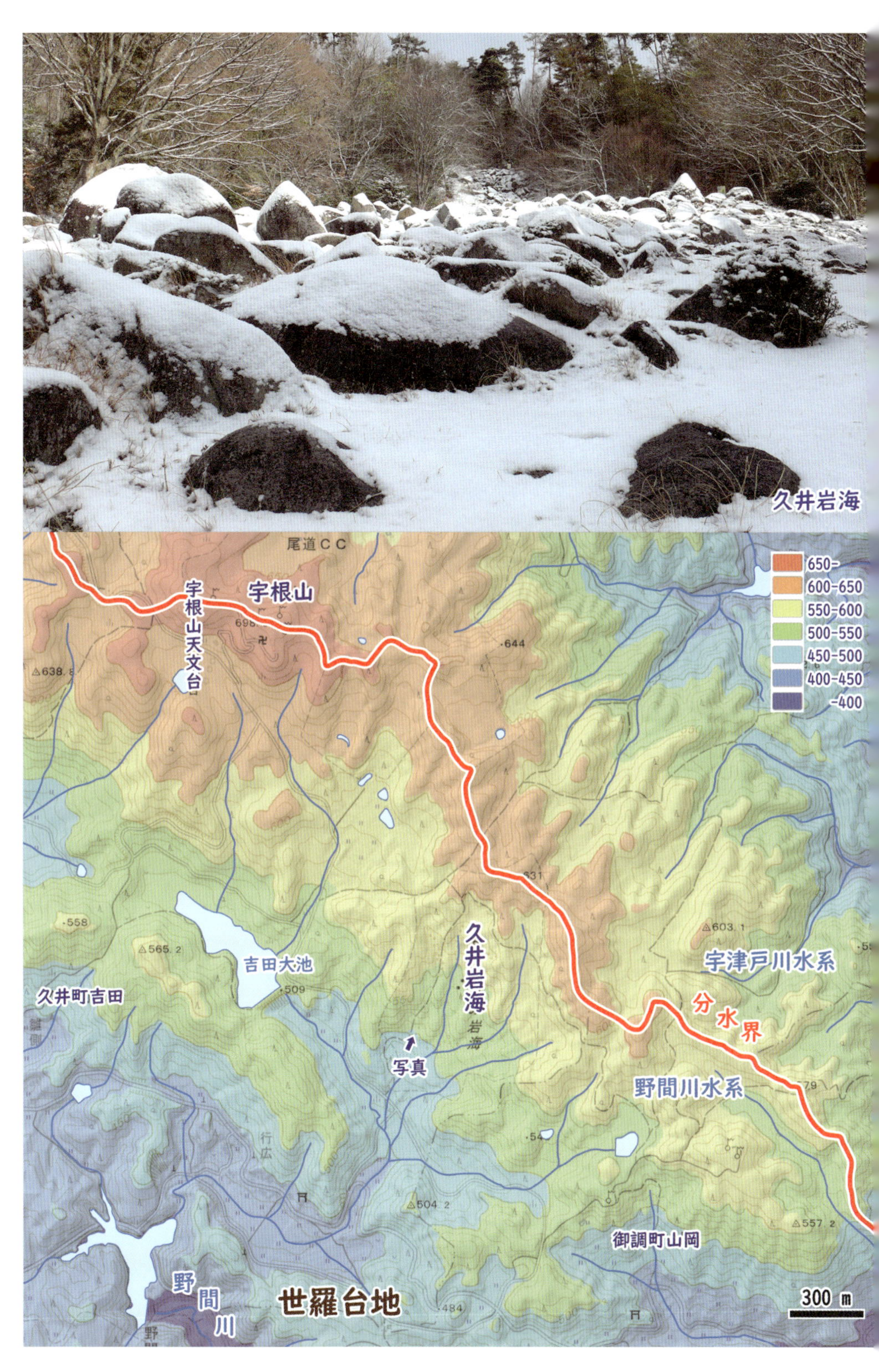
久井岩海
尾道ＣＣ
宇根山
宇根山天文台
650-
600-650
550-600
500-550
450-500
400-450
-400
吉田大池
久井町吉田
久井岩海
写真
宇津戸川水系
分水界
野間川水系
御調町山岡
野間川
世羅台地
300 m

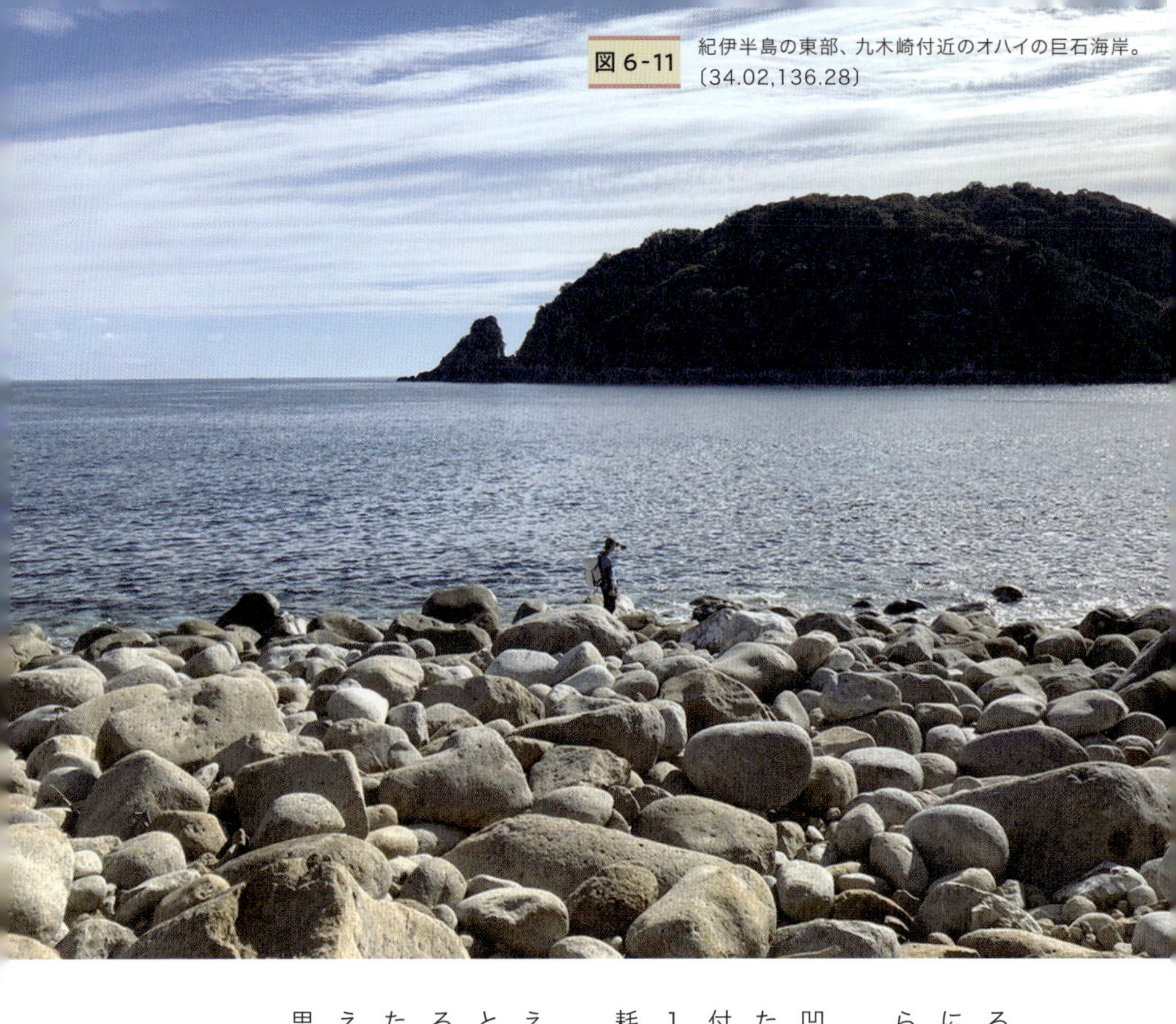

図 6-11　紀伊半島の東部、九木崎付近のオハイの巨石海岸。〔34.02,136.28〕

るほど、風化だけではなく摩耗されているように思えるのです。そして、移動して谷筋に集められているように見えるのです。

私には、久井岩海の巨石が海岸で摩耗され、凹地に沿って集められた集積体に思えるのです。たとえば、図6-11は紀伊半島の東部の九木崎付近にあるオハイと呼ばれる海岸で、およそ1500万年前の花崗岩の塊が波浪によって摩耗された巨石群です。

ネットで検索すると、海外には径が数mを超える花崗岩の巨石からなる海岸の写真を見ることができます。この場所が標高500mを超える山奥ではなく、花崗岩の山が迫る岩石海岸だったとしたら、久井岩海のこの光景に違和感を覚えることはないでしょう。私には、海の痕跡に思えるのです。

犯人の足跡が途切れてる

もう一つ見に行きたかった場所が、三原市久井町の吉田山甌穴群です（図6-12）。甌穴とは、ポットホールのことですね。前回の『分水嶺の謎』解きの旅では、初日に埼玉県の荒川河岸にあるポットホールを紹介しました。国の名勝・天然記念物に指定されている長瀞の紅簾石片岩に穿かれた、直径が2mを超える見事なポットホールでした。

湯飲み茶碗のような長瀞のポットホールとは異なり、吉田山のポットホールは溝状ですね。同じような溝状のポットホールは、愛媛県宇和島市から高知県宿毛市を流れる松田川の出井甌穴が見事です。出井甌穴は高知県の天然記念物に指定されていて、今度帰省したら見に行こうと思っています。

このたび見に行った吉田山甌穴群は、世羅台地を流れる仏通寺川が、台地の南端から昇雲の滝となって流れ出る場所にあります（図6-1）。こちらは昭和55年（1980年）に町の天然記念物に指定されていて、現地には教育委員会の解説板が設置されていました。

それによると、「このポットホールは川底の岩盤にできた割れ目や凹みの中に小石が入り込み、川の流れによって小石が回転して岩が削られてできた」と書かれています。吉田山甌穴群に限らず、河床や河岸に見られるポットホールの成因は、いずれも川の流れによってつくられたとされています。

しかし、やはり気になります。図6-1の分水界を見ると、仏通寺川の集水域は狭く、大きな川がこの場所を流れていたとは考えられません。すなわち、吉田山甌穴群をつくったとされるかつての河川は、現在の仏通寺川程度の水量しか流れていなかったはずです。しかも、吉田山甌穴群は、硬い花崗岩が侵食されてできた凹みです。現在の仏通寺川の流れでは、握りこぶしくらいの大きさの礫すら流すことはできません（図6-12上）。

図 6-12 世羅台地から昇雲の滝として流れ出る仏通寺川（上）と、河床より10mほど高い場所にある吉田山甌穴群（下）。〔34.47,133.02〕

また、すぐ横を流れる仏通寺川の河床に露出する花崗岩には、ポットホールがつくられていません。もし河川によって河床が削られたとしたら、吉田山甌穴群より10mほど低い場所を流れる仏通寺川は、流路を多少西に移動させつつ10mほど岩盤を下刻したはずです。その痕跡であるポットホールが河床に認められないのはなぜでしょうか。

引っ掻き傷は海の痕跡？

私には、吉田山甌穴群は河川による侵食ではなく、波浪による侵食地形に思えるのです。世羅台地のもととなる平らな海食台がつくられたときに削られた、海底地形の痕跡に思えるのです。真っ平らな世羅台地の岩盤を薄く覆っている表土や沖積層を洗い流せば、その下に同じような無数のポットホールが刻まれているのではないかと予想しているのです。

地面はたいてい表土に覆われているので、河床や崖くらいにしか表土の下の地層や岩盤は露出していません。もし表土の下にポットホールが埋もれていても、見えないので気がつきません。一方、川底や河岸にポットホールが見られるのは、流水によって表土が洗い流されて岩盤が露出しているからです。

ということは、川が流れていない場所に、ポットホールが伏在しているのかどうかは分かりません。したがって、河床や河岸にポットホールがあるからといって、必ずしも川がポットホールをつくったとは判断できないのです。

詩人の金子みすゞもいっています。「見えぬ けれども あるんだよ。見えぬ ものでも あるんだよ」と。それは、存在していても、気がつかないことがたくさんあることに気づいてほしい心の声なのでしょう。

ことサイエンスにおいては、①〝ある〟ことが確認できる（見える）ケースと、②〝ある〟けれど見えないケース、そして、③そもそも〝ない〟ので見えないケースが考えられます。もう一つの組み合わせである④〝ない〟けれど見えるケース……はさすがにないですよね（ちょっと危ない）。③についても、自然科学においては不可能です。〝ない〟ことを証明することはできませんから。したがって、ポットホールに関する問題は、いかにして②の課題を克服するかです。

　吉田山甌穴群が海食地形であると仮定すると、ポットホールは白亜紀の花崗岩に刻まれた侵食地形なので、形成時期は少なくとも白亜紀以降です。そして、周囲には古第三紀の未固結の礫層（〝山砂利層〟）が薄く重なっているので、古第三紀以前にポットホールがつくられた可能性も考えられます（図6-13）。

　もしかすると、〝山砂利層〟は海食台を削った〝研磨剤の残り〟なのかもしれません。とすると、吉備高原の真っ平らな地形の原形がつくられたのは、古第三紀の始新世（およそ4000万年前）ということになります。そして、1800〜1500万年前に再び水没して備北層群が堆

図6-13 世羅台地をつくる白亜紀の花崗岩と、世羅台地の上に重なる未固結の礫層（“山砂利層”）。

積し、そのあと隆起して海面を通過する際に、備北層群もろとも再度侵食されて、現在の世羅台地が完成したのかもしれません。

ここから先は、地質図と睨(にら)めっこしないと解けそうもありません。解決すべき課題はありますが、ポットホールは侵食小起伏面の成因の謎を解く〝鍵(かぎ)〟になりそうな予感がします。

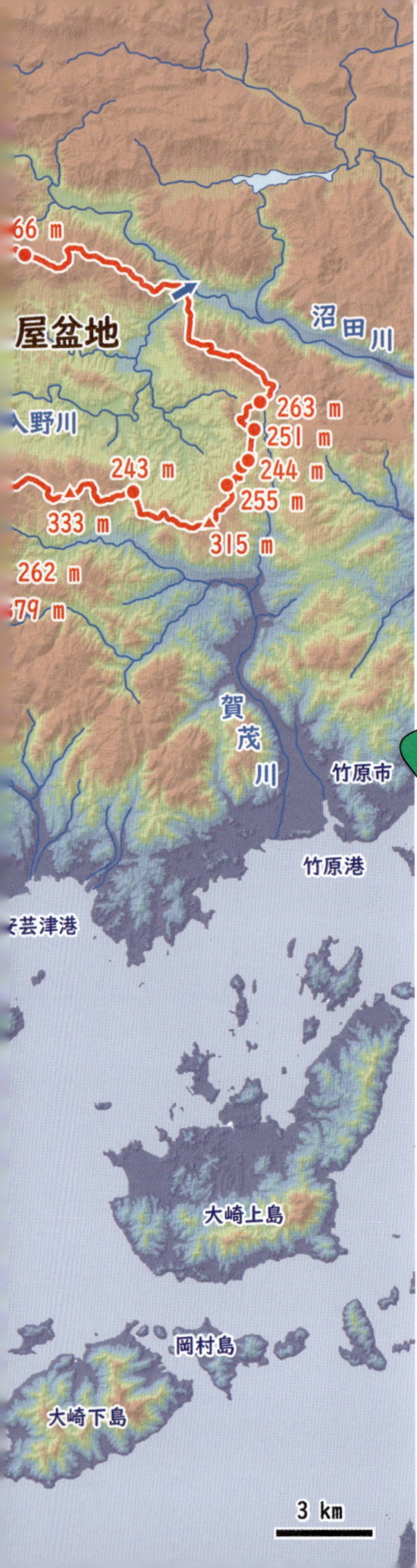

第6日

4次元地形学への誘い

水の目線で地形を読み解けば、盆地が海から順番に生まれてきたことが分かります。空から降ってきた雨は、海がつくった地形を流れます。水は地形を裏切りません。

水の目線でいってみよう。

里芋のようにつながった盆地の宝庫

今日は、世羅台地よりもさらに低い侵食小起伏面を見に行きましょう。場所は標高200mほどの瀬戸内面が広がる、広島県の西条盆地周辺にしました（図7-1）。このあたりは盆地の宝庫です。黒瀬川流域に広がる盆地は一括して西条盆地と呼ぶ場合と、小さな盆地に分けて区別する場合があるようです。ここでは、分水界によっていくつかの盆地に区別しました。水の

図7-1 広島県西条盆地周辺の地形と盆地を分ける分水界。〔34.43,132.74〕

300-
250-300
200-250
150-200
100-150
50-100
-50
谷中分水界
片峠
断層線谷分水界
太田川
三篠川
関川
志和盆地
489 m
462 m
641 m
613 m
438 m
409 m
350 m
413
401 m
351 m
443 m
379 m
300 m
270 m
274 m
307 m
264 m
259 m
八本松
256 m
迫田谷
218 m
東広島市
西条盆地
361 m
瀬野川
温井川
広島市
331 m
320 m
375 m
411 m
136 m
熊野盆地
熊野川
342 m
304 m
300 m
城之堀
226 m
広島港
黒瀬盆地
虚空蔵山
355 m
404 m
256 m
270 m
焼山盆地
218 m
202 m
黒瀬川
216 m
219 m
二河川
苗代盆地
294 m
292 m
分水界
270 m
570 m
安浦漁港
江田島
高須ノ浜
218 m
340 m
226 m
550 m
76 m
呉市
155 m
呉港
音戸ノ瀬戸
早瀬瀬戸
下蒲刈島
上蒲刈島
豊島
倉橋島
瀬戸内海

目線に基づいた地形区分です。

黒瀬川に沿っては、上流側の西条盆地と下流側の一段低い黒瀬盆地に区別できます。いわば、〝盆地の親子〟です。一方、西条盆地の東側には高屋盆地が隣接していますが、迫田谷の谷中分水界（218m）によって二つの盆地は分離されています。一見すると、二つの盆地は一つながりに見えますが、高屋盆地は入野川水系なので、黒瀬川水系の西条盆地とは〝赤の他人盆地〟です。

西条盆地の北側には、関川水系の志和盆地が背中合わせに接しています。そして、黒瀬盆地の西隣には、熊野盆地と焼山盆地、さらに苗代盆地が接しています。盆地と盆地の境界は、山並みからなる分水界によって容易に区別できますね。

熊野川水系の熊野盆地と二河川水系の焼山盆地は、城之堀の谷中分水界によって分けられます。幅の広い谷を横切る城之堀の谷中分水界の標高は226mで、迫田谷の谷中分水界の標高（218m）と10mも違いません。

さらに、焼山盆地の上流側には、細長い苗代盆地があります。つまり、苗代盆地と焼山盆地は〝盆地の親子〟です。苗代盆地に集められた雨水は一段低い焼山盆地に流れ下り、ゴールである呉港を目指します。親から子へ、大切な水を受け継いでいるのです。

このあたりは盆地の宝庫ですが、谷中分水界も盛りだくさんです。これまでの旅で、地形を見る目がずいぶん肥えてきました。それでは、迫田谷と虚空蔵山（431m）の両側、八本松付近、そして城之堀を訪ねてみましょう。いずれも見事な谷中分水界です。

かつての海峡は交通の要所

最初は迫田谷の谷中分水界です（図7-2）。西条盆地と高屋盆地を分ける迫田谷の谷中分水界は、幅が1㎞ほどある平らな谷を横切っています（図7-2上）。谷の両側には高度差が

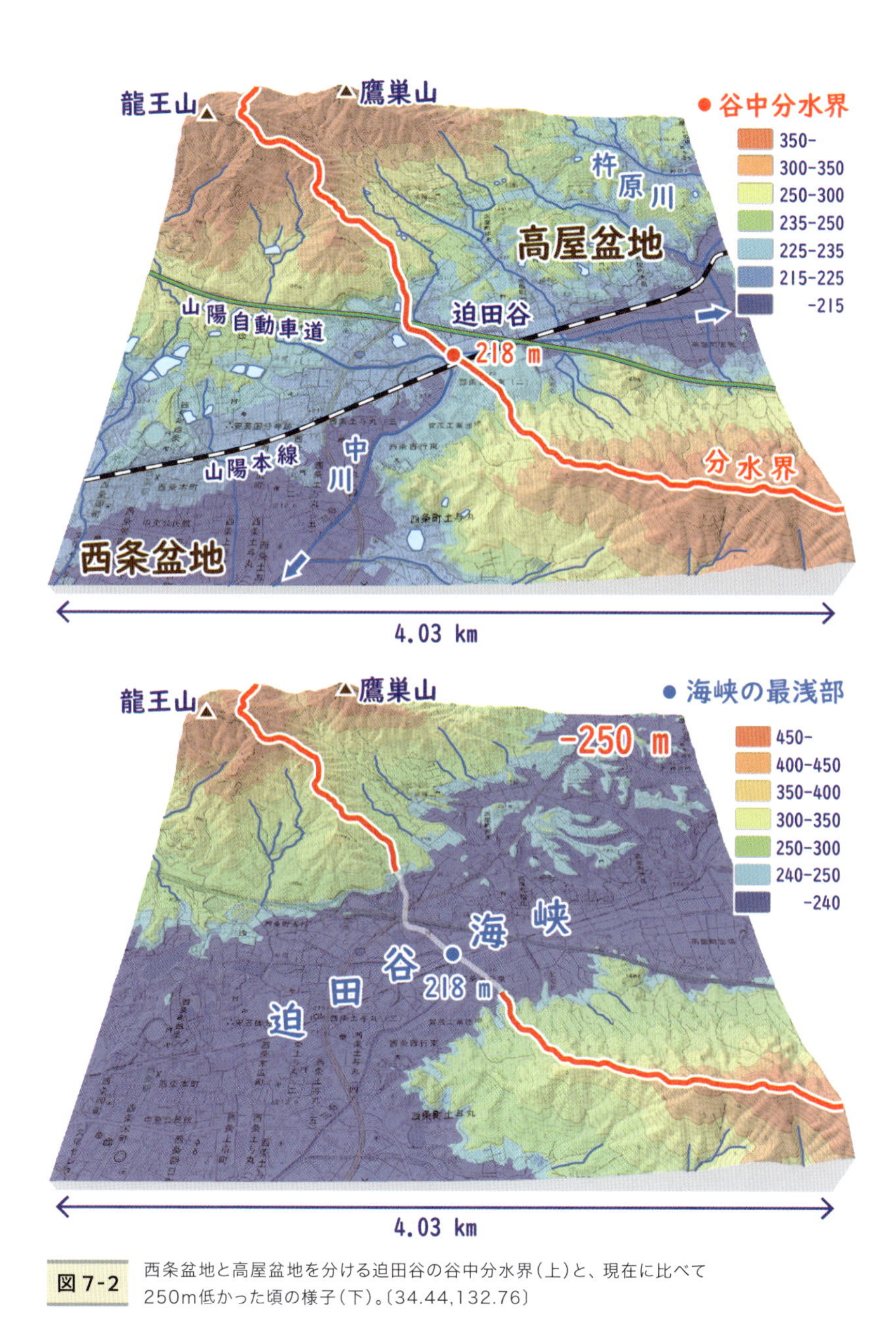

図 7-2 西条盆地と高屋盆地を分ける迫田谷の谷中分水界(上)と、現在に比べて250m低かった頃の様子(下)。〔34.44,132.76〕

300mを超す山並みが続いていて、塀に囲まれたお屋敷の、ここだけ木戸が開いているようです。JR山陽本線も山陽自動車道も、何の苦もなく峠を越えています。

前回の『分水嶺の謎』解きの旅では、本州の分水嶺で最も標高の低い石生の谷中分水界（95m）を訪ねました。迫田谷の谷中分水界は、石生の谷中分水界を彷彿させます。谷中分水界の周囲に溜め池が多いのは、いつか芸備線に乗って訪れてみたい日野原の谷中分水界（624m）にそっくりです（図1-23）。

みなさんも、地形を見る目が慣れてきたのではないでしょうか。図7-2の上の鳥瞰図を見た瞬間に、迫田谷の谷中分水界が海峡だった頃の様子を脳裏に描くことができるようになったのではないかと思います。私のイメージは、図7-2の下です。現在に比べて250m低かった頃、この場所には〝西条湾〟と〝高屋湾〟をつなぐ〝迫田谷海峡〟があったのです。

山陽本線も山陽自動車道も、かつての海峡の平らな海底を通過しているのですね。JR陸羽東線が通過し、松尾芭蕉が歩いて越えた堺田の谷中分水界（図1-25）と同じです。人々は、昔も今も海峡によってつくられた平らな地形を利用しているのです。

ここかしこに海の景色

つぎに訪れるのは、虚空蔵山の両側の谷中分水界です（図7-3）。迫田谷の谷中分水界をスタートし、西条盆地と黒瀬盆地の南東縁に続く山並みに沿って分水界を追跡していくと、虚空蔵山の両側で山並みが途切れています。まるで、お盆の縁が2カ所欠けているようです。

茂助山（432m）から虚空蔵山（431m）、さらに前平山（501m）に続く山並みは、長貫（218m）と中畑（202m）の谷中分水界で一気に高度を下げています。黒瀬盆地に集められた雨水は、お盆の外に漏れ出してしまいそうです。

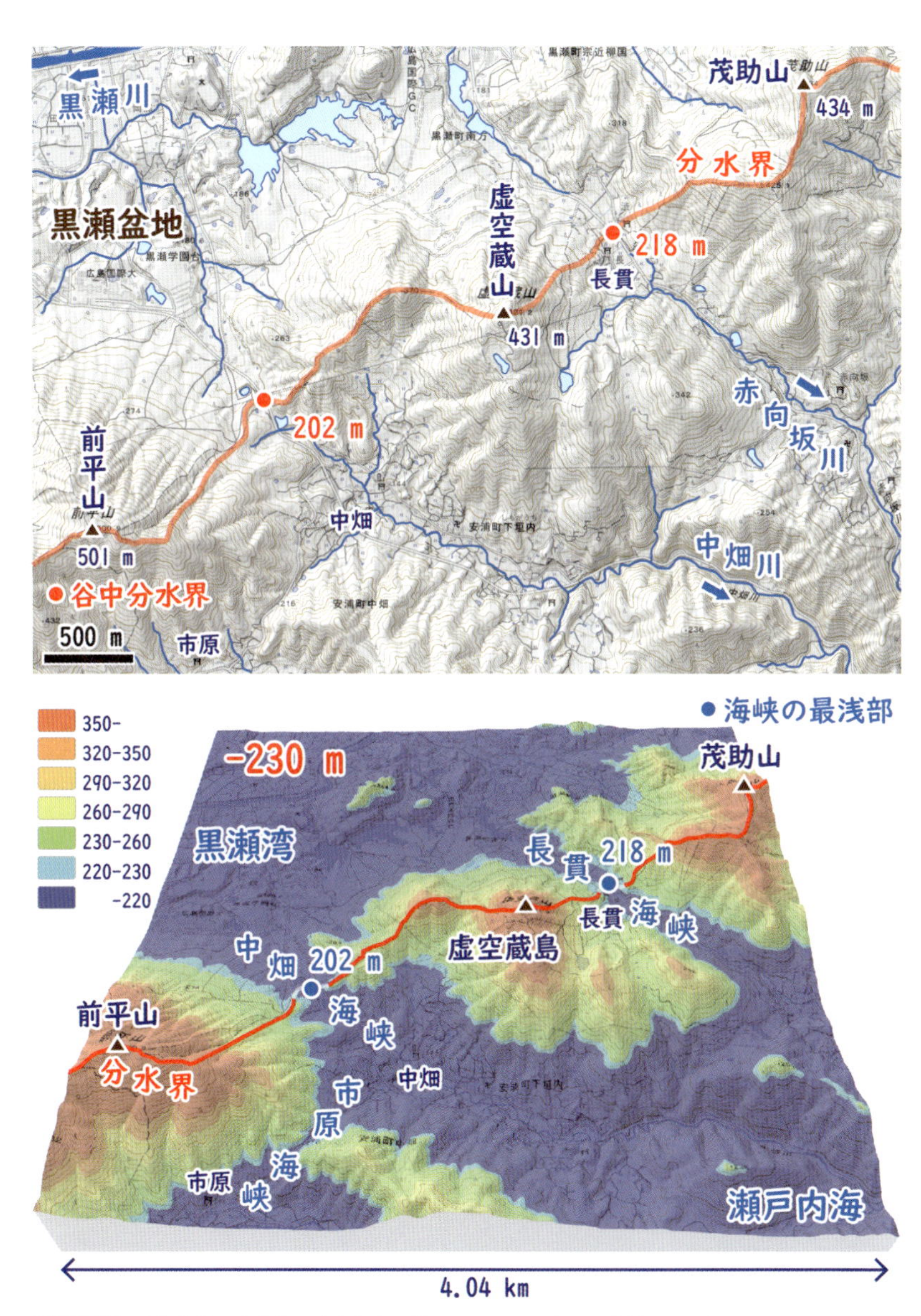

図 7-3 黒瀬盆地の南東縁の虚空蔵山を挟む双子の谷中分水界(上)と、現在に比べて230m低かった頃の様子(下)。〔34.31,132.71〕

でも大丈夫。盆地に集められた雨水は黒瀬川となって、盆地の外に排水されています。長貫と中畑の谷中分水界から、雨水があふれ出すことはありません。欠けたお盆の縁のように見えますが、お盆の役目はちゃんと果たしているのです。

深い谷底を通過する長貫と中畑の谷中分水界は、『分水嶺の謎』の旅で訪れた日野原（624m）や峠が谷（515m）の谷中分水界のように迫力がありますね。このような谷中分水界は何度も観察してきたので、塗色していない地形図（図7-3上）を見ただけでも、大きな島と島の間の海峡をイメージすることができます（図7-3下）。

分水界の三重会合点

つづいて、西条盆地と志和盆地を分ける、八本松付近に移動しましょう（図7-4）。蛇行した瀬野川の深い谷底に沿って上ってきたJR山陽本線は、八本松の谷中分水界（256m）を越えると突然視界が開け、真っ平らな西条盆地の上を進んでいきます。八本松の谷中分水界（256m）から迫田谷の谷中分水界（218m）までの道のりは8㎞ほど。なのに、二つの峠の高度差は40mもありません。

それにしても、このあたりの分水界はとても複雑です。その理由は何でしょうか？　瀬野川水系と黒瀬川水系（西条盆地）、そして関川水系（志和盆地）の三つの水系を分ける、分水界の三重会合点だからかもしれません。力説するほどのことではないのですが、ここからはちょっと雑談です。

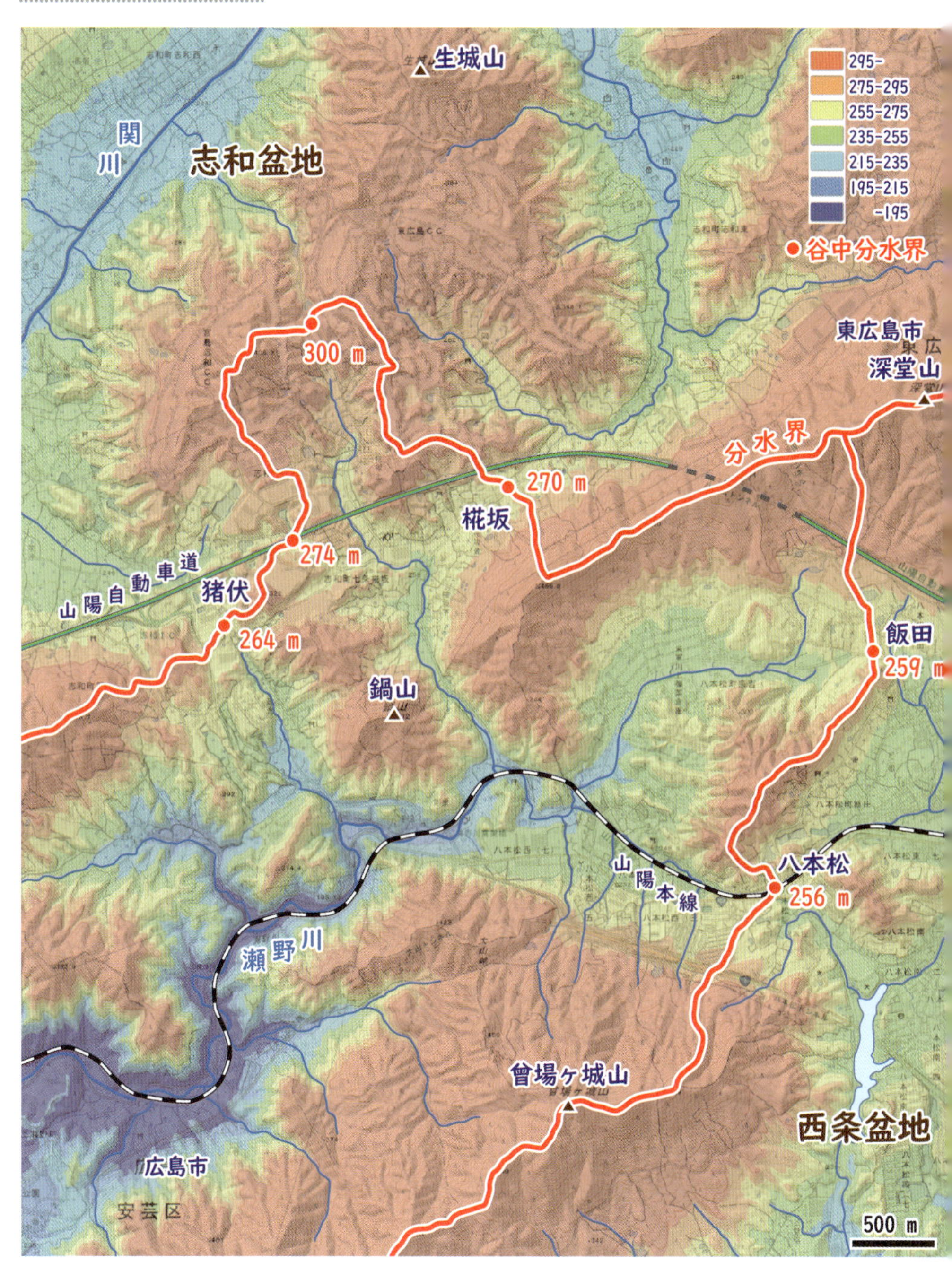

図 7-4　西条盆地と志和盆地の境界付近の地形と分水界。(34.45,132.67)

遅れてきた〝テクトニクス屋さん〟

私の専門である地球科学のパラダイムはプレートテクトニクスです。パラダイムとは、アメリカの科学史家トーマス クーンが1962年に提唱した概念で、ある時代において、支配的なものの見方や考え方を指していると一般的には考えられています。といっても、なかなか難しい概念です。私は大学生のときにクーンの『科学革命の構造』（中山訳、1971）を読みましたが、その後も議論は進展しているようです。

私の理解では、コペルニクスが登場するまでの天動説は当時の科学者のほとんどが受け入れていたパラダイムであり、それ以降の地動説は現在受け入れられているパラダイムであるということ。パラダイムとは、その時代の大多数の科学者が受け入れている、基本的な考え方（学説）と理解しています。

たとえば、ドイツの気象学者アルフレッド ウェゲナーが1912年に大陸移動説（図7-5）を提唱しましたが、学会で支持する研究者は少なかったといわれています。とくにイギリスの地球物理学者ハロルド ジェフリーズの強い反対に押し切られ、ウェゲナーが1930年にグリーンランドで遭難して亡くなると、大陸移動説は地球科学の舞台から忘れ去られてしまいました。大陸移動説は、新たなパラダイムにはならなかったのです。

それは、科学的に正しいとか、あるいは正しくないということとは関係がありません。そもそも自然科学においては、絶対に正しいと証明することなどできません。要は、新たな仮説を科学者集団が受け入れるのか、それとも受け入れないのかの問題なのです。そして、大陸移動説が受け入れられなかった要因として、科学者個々人が判断する際、論拠よりも時として科学界の雰囲気（空気感）が大きく影響を及ぼすことを物語っています。それは、今日でも同様でしょう。

その後、1950年代の古地磁気学による大

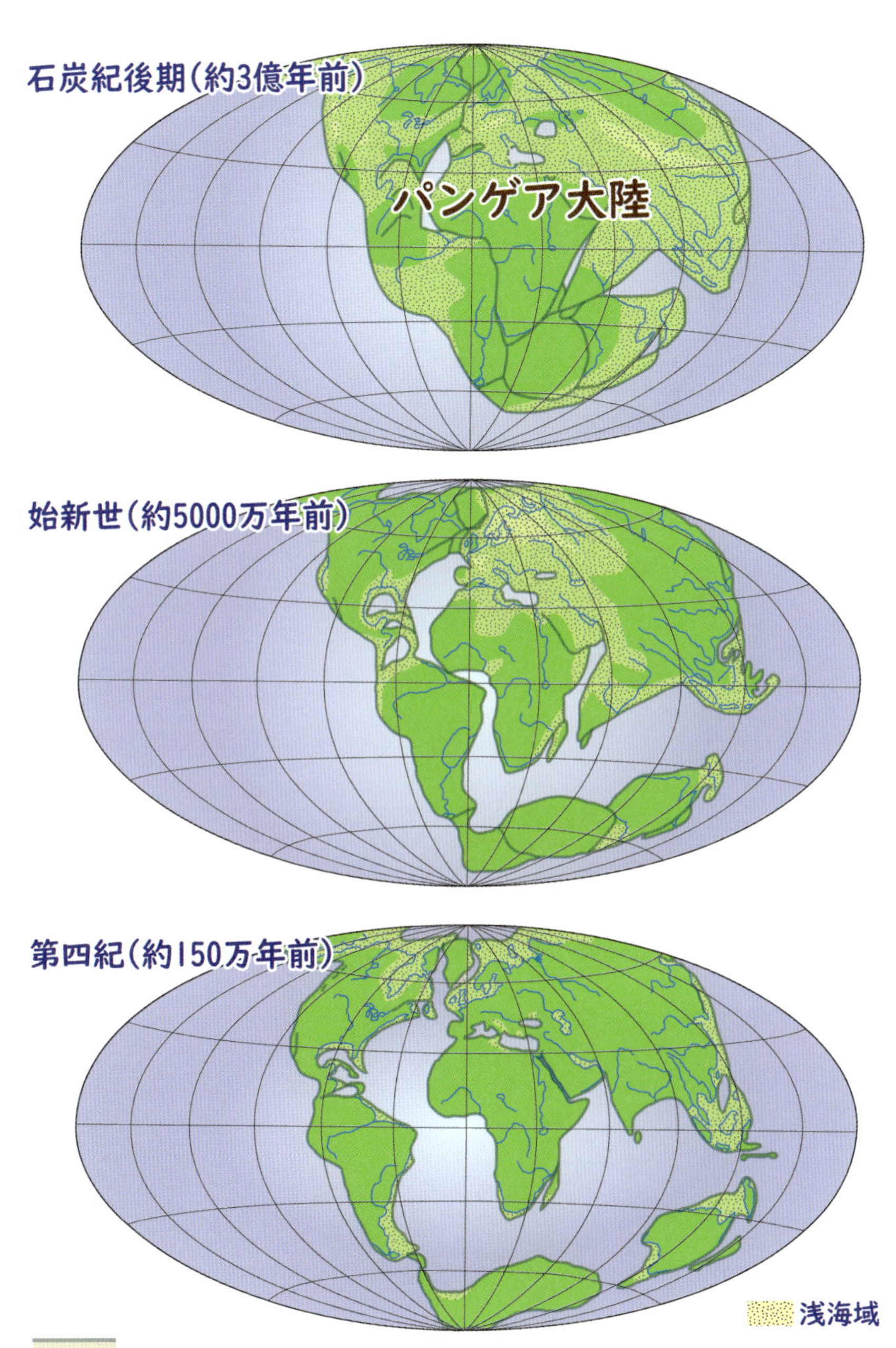

図 7-5　ウェゲナーの大陸移動説。

陸移動の実態解明や、1960年代の海洋底地磁気異常の発見などによって、大陸移動説は不死鳥のごとく復活しました。そして、海洋底拡大説を経て、1967年にプレートテクトニクスが確立されました。それは地球科学におけるパラダイム・シフト（科学革命）だったのです。その経緯は、『ウェゲナーの大陸移動説は仮説実験の勝利』（西村、2017）に分かりやすく紹介されています。

さて、ひとたび科学革命が起こると、しばらくは通常科学の時代が続きます。「ここもそうです、あそこもそうです」といった〝重箱の隅をつつく〟ような研究発表が続き、科学界から徐々に刺激が消えていきます。そして、心がときめくことはなくなるのです。

私が地質研究者の道を選んだのは1980年代の終わりですから、まさに地球科学の〝宴のあと〟でした。たぶん20年くらい前だったと思います。研究所の同僚が大学院生を連れてきて、「彼が高橋雅紀さん、〝遅れてきた〟テクトニクス屋さん」と学生に紹介しました。「ずいぶん失礼なことをいうものだ」と思ったものの、それは確かに事実でした。その頃の私は先人の研究手法を真似て、未調査地域を選んでは、似たような研究を繰り返していました。もがくことしかできなかったのです。そして、地球科学のパラダイム・シフトを目撃することもなく、そろそろ研究人生の店じまいを始めているのです。

そうかもしれませんが…

ところで、地形学においては、デービスの侵食輪廻説が21世紀の現在でもパラダイムでしょう。細かい点について異論を述べる地形研究者は少なくないですが、「隆起した大地を川が侵食して、さまざまな地形がつくられる」ことを疑っている研究者を私は知りません。つまり地形学では、少なくとも100年以上にわたってパラダイム・シフトは起こっていないのです。

雑談の導入はインド亜大陸の衝突から

雑談前の雑談、大変失礼しました。本題に戻りましょう。プレートテクトニクスとは、地球の表層が厚さ数十㎞程度の硬い岩盤からなる複数のプレートに覆われていて、それらが相互に動いているために、プレート境界に沿ってさまざまな地学現象が起こるという理論です。

そのプレートとプレートの境界には三つのタイプがあり、収束境界が海溝で発散境界が海嶺、そして横ずれ境界がトランスフォーム断層です。ユーラシア大陸とインド亜大陸の境界は海溝ではなく衝突境界ですが、海溝と同様に収束境界として扱われます。ユーラシア大陸にインド亜大陸が衝突している解説は、『分水嶺の謎』の旅でも紹介しましたね。

およそ4000万年前に衝突し始めたインド亜大陸（図7-6上）は、現在でもヒマラヤ山脈を押し上げています（図7-6中）。ところが、インドの南側でインド洋の海洋プレートが沈み込みを開始すると、インド亜大陸の衝突は終了します（図7-6下）。新たな沈み込み境界である海溝の誕生によって、インド亜大陸は北上を続ける必要がなくなるからです。地球史では、このようにして大陸と大陸の合体が繰り返されてきました。

そして、インド亜大陸の衝突が終了すると、ヒマラヤ山脈の隆起も停止するはずです。その後はどうなるのでしょうか？デービスの侵食輪廻説に基づけば、ヒマラヤ山脈は河川によって侵食され続け、最終的には準平原になるとされています。でも、それはあり得ないでしょう。ユーラシア大陸とインド亜大陸の地殻が二段重ねになり、アイソスタシーの効果によって、ヒマラヤ山脈やチベット高原の高い標高が保持（ほじ）されています。その標高を海面近くまで削るためには、想像を絶する時間が必要でしょう。

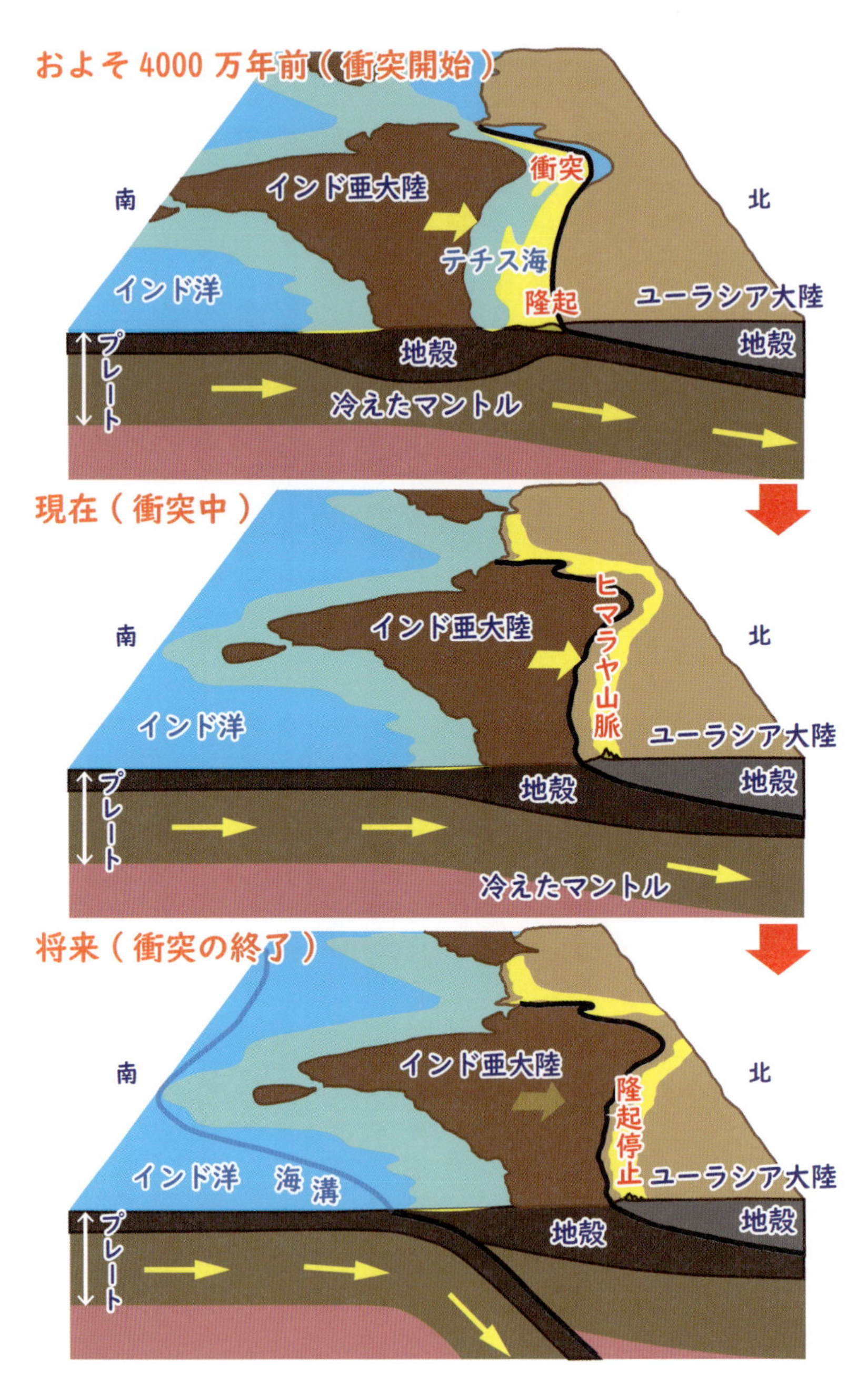

図7-6 インド亜大陸の衝突の開始（上）から現在（中）、さらに将来の衝突の停止（下）までの概念図。

大陸衝突の超ミニチュア版

日本列島でも、インド亜大陸の衝突と同様の現象が起こりつつあります。しかも、1回ではなく複数回の衝突です。関東山地の南にある丹沢山地は、かつて伊豆大島や三宅島のようなフィリピン海プレートに属する火山島でした。ところが、フィリピン海プレートの移動にともない、およそ５００万年前に本州の関東山地に衝突したのです（図7-7）。

関東山地と丹沢山地（当時は〝丹沢島〟）の間にあった海溝は、衝突によって隆起した関東山地から供給された大量の土砂によって、一気に埋め立てられてしまいました。ＪＲ中央本線の大月駅の目の前にある岩殿山（６３４ｍ）は東京スカイツリーと同じ高さですが、スリル満点の絶壁は丹沢山地の衝突によって堆積した礫岩がつくった地形です。中央本線は、およそ５００万年前までのプレート境界（海溝）に沿って走っているのです。

〝丹沢島〟が衝突し続けても、浮力のある地殻はフィリピン海プレート本体と一緒に海溝から沈み込むことができません。アイソスタシーの効果ですね。その結果、〝丹沢島〟は関東山地に押しつけられて丹沢山地になったのです。

ところが、〝丹沢島〟の衝突など全くお構いなく、フィリピン海プレート本体は本州の下に沈み込み続けます。そして、沈み込めない丹沢山地と沈み込み続けるフィリピン海プレートの境界が、新たな海溝になるわけです（図7-7中）。

その後、フィリピン海プレートの運動によって、南から〝伊豆島〟が運ばれてきました。丹沢山地と〝伊豆島〟の間につくられた海溝は、今度は〝伊豆島〟の衝突によって埋め立てられてしまいます（図7-7下）。そのときの堆積物が足柄層群と呼ばれる厚い地層で、その後の変形によって隆起し、急峻な足柄山地がつくられました。それは、わずか２００万年前以降の出来事です。

足柄山地の洒水の滝は、一の滝（落差69ｍ）

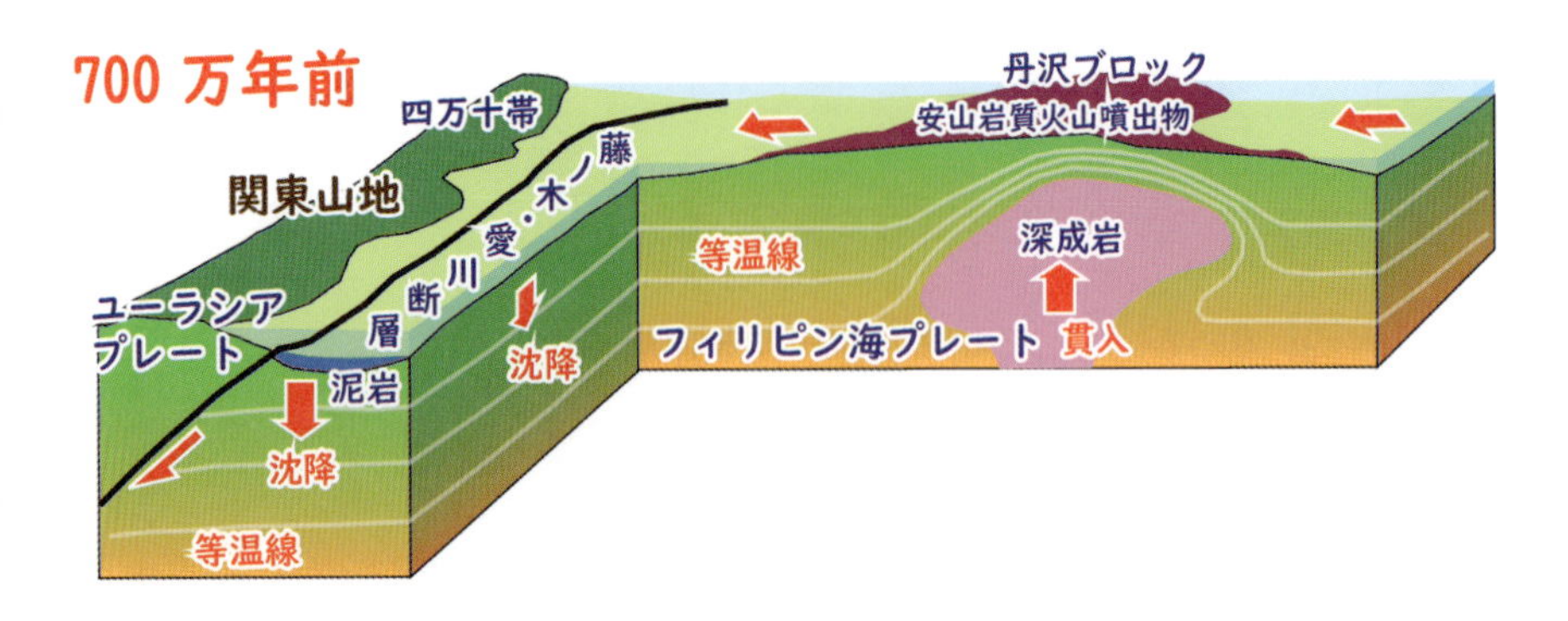

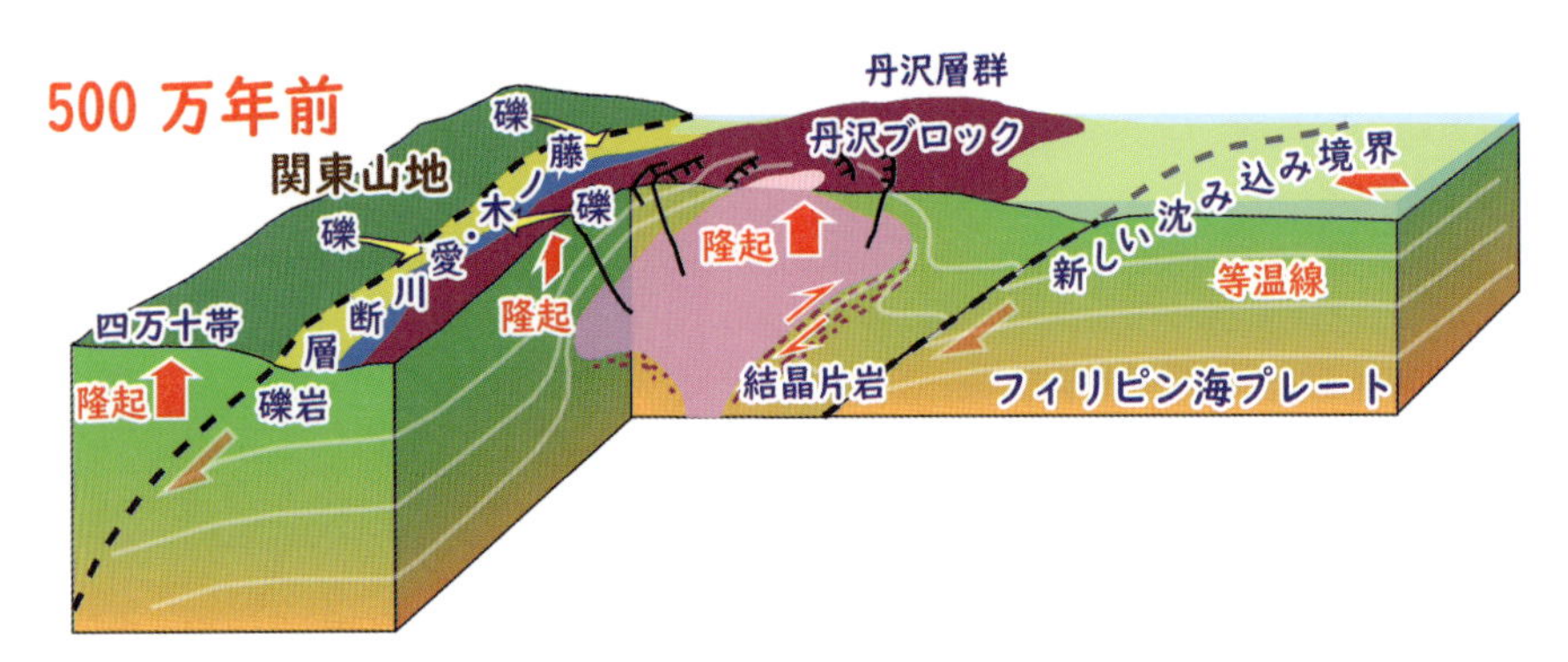

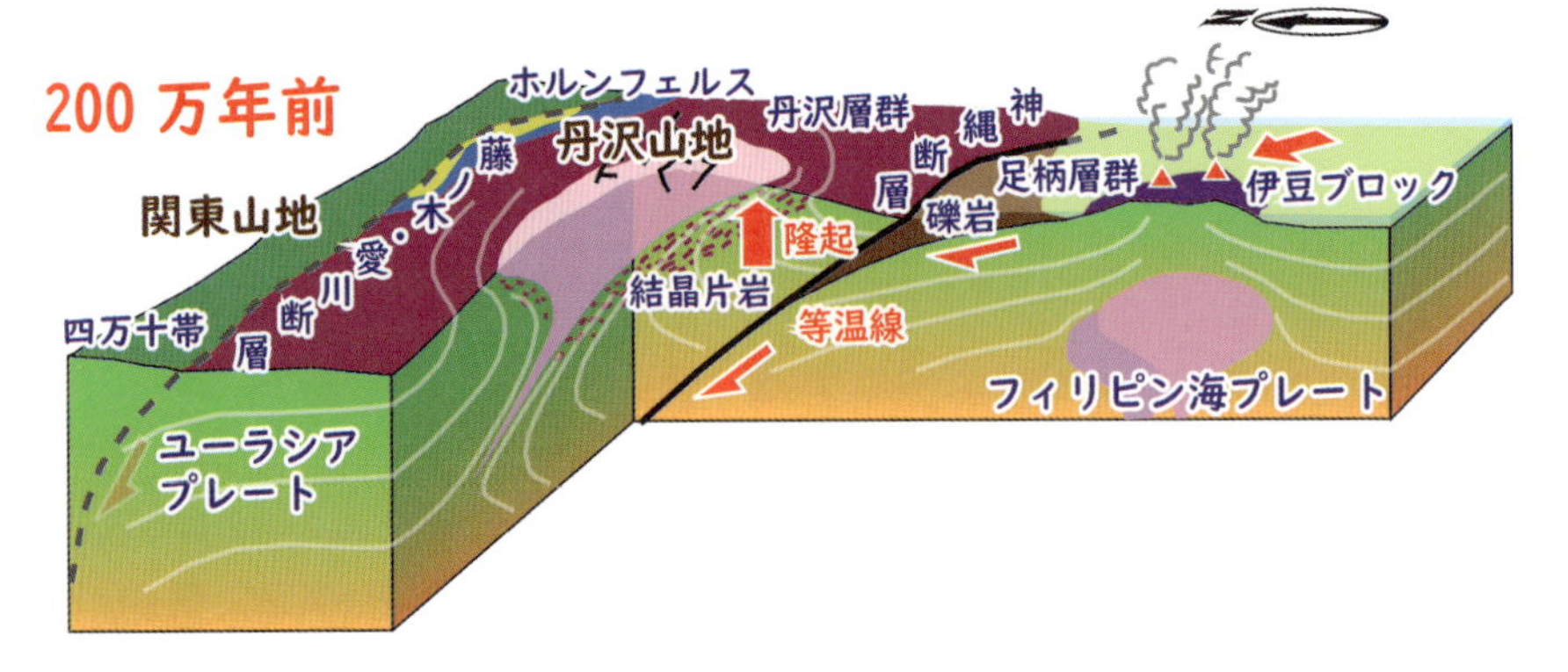

図 7-7 丹沢山地と伊豆半島の衝突の概念図。

と二の滝（落差16ｍ）、そして三の滝（落差29ｍ）からなりますが、第四紀の地層にこれほどの大滝がつくられているとは驚きです（図7-8右）。地層の年代は千葉県の屏風ケ浦の犬吠層群（図4-7）と同じなのに、地層の硬さが全く異なるのです。大滝をつくるには、地層が硬いだけでなく急激な隆起も必要です。

海溝を埋め立てた地層はもともと水平に堆積していたはずですが、現在では急傾斜していて、足柄層群が著しく変形していることが分かります（図7-8左）。落差のある洒水の滝も、変形して急傾斜している地層も、足柄層群が被った地殻変動が強烈だった証拠です。

大陸衝突の現場をヒマラヤ山脈まで見に行くのは大変ですが、その超ミニチュア版で良ければ、東海道新幹線で小田原駅まで移動し、在来線に乗り換えて谷峨駅までは44分。乱視と老眼が進んでしまいましたが、私は地形を見る目が最近変わったので、今、足柄山地を訪れたら全く違う景色に見えるでしょう。

図7-8 足柄山地の洒水の滝（右）と、足柄層群の礫岩と砂岩の互層（左）。（2004年撮影）

気になってしまう三重会合点

　足柄山地の地殻変動は、日本列島に二つの海洋プレートが沈み込んでいることが原因です。一つは太平洋プレートで、もう一つはフィリピン海プレート。日本列島の大部分はユーラシアプレートに帰属しているので、関東地方は三つのプレートが会合する世界的にも特殊な場所に位置しています。

「えっ？　関東地方は三つではなく、四つのプレートが会合する場所なのでは……？」との質問が聞こえそうです。そのような例を多々見聞きしますが、プレート境界が中部地方から関東地方のどこに設定すべきか、明確に指摘した研究を私は知りません。ここでは混乱を避けるために、本州が帰属するプレートを〝陸側のプレート〟と呼ぶことにしましょう。

　さて、三つのプレートが会合すると、３本のプレート境界が一点に集まる三重会合点ができます。房総半島の東方沖の海底には、日本海溝と伊豆－小笠原海溝、そして南海トラフの東方延長である相模トラフ（あるいは相鴨(そうおう)トラフ）が一点に集まっていて、地球科学では海溝－海溝－海溝型三重会合点と呼ばれています。海溝は英語でＴｒｅｎｃｈなので、研究者はＴ－Ｔ－Ｔ型三重会合点と呼んでいます。

　海溝（Ｔ）を３回重ねているのは、海嶺－海嶺－海嶺型（Ｒ－Ｒ－Ｒ型）や海溝－海溝－海嶺型（Ｔ－Ｔ－Ｒ型）など、三重会合点には組み合わせが何種類もあるからです。房総半島沖にあるＴ－Ｔ－Ｔ型三重会合点は、地球上でたった一つしか存在していません。そのため、プレートテクトニクス理論が確立された１９６７年以降、多くの地球科学者がその謎に挑戦してきました。もちろん私も。

　シンプルで分かりやすいプレートテクトニクスでも、三種類のプレート境界が一点に集まる三重会合点の安定性に関する研究はかなりの難問です。天才地球物理学者のダン　ピーター　マッケンジーとウィリアム　ジェイソン　モーガンが

1969年に発表した三重会合点の安定性に関する論文(マッケンジー&モーガン、1969英)は、地球科学の多くの教科書に掲載されています。そのうち、T-T-T型三重会合点は、非常に特殊な条件下でのみ安定であるとされています。

ところが、過去1500万年間の地質学的制約条件に基づいて思考実験をおこなったところ、房総半島沖の三重会合点は、安定であり続けることがその本質であることが導かれたのです。1000万年以上も安定だったT-T-T型三重会合点が、300万年前にフィリピン海プレートの運動方向が変わったため不安定になったものの、それはつぎの安定期への移行期間だったのです。その移行期間の特異な現象が、現在の日本列島の東西圧縮だったのです。

と話しても、何をいっているのかさっぱり分からないでしょう。2009年の地震学会では、3枚の色紙を用いた思考実験(図7-9)でこの内容を説明しましたが、理解してもらえた研究者は一握りだったかもしれません。説明の方法をいろいろ工夫しているのですが、伝えることは、ときに研究そのもの以上に難しいのです。

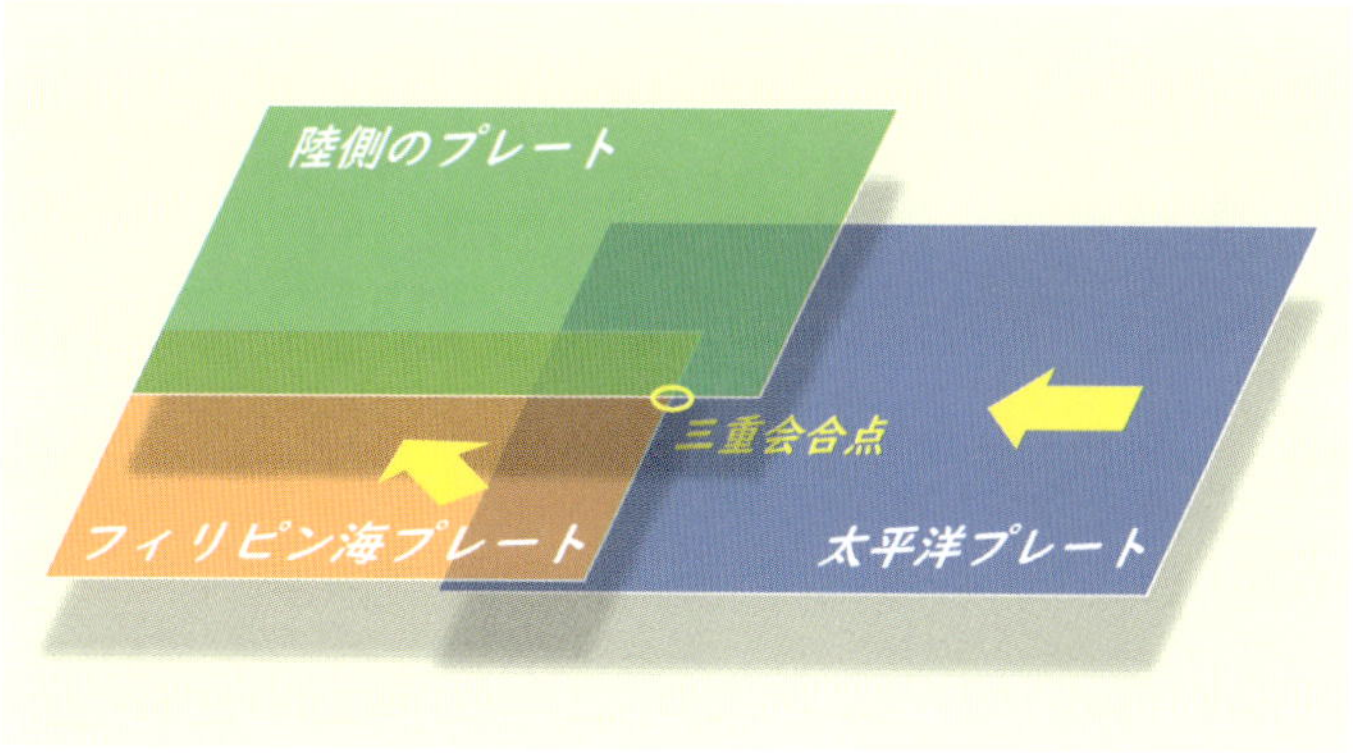

図7-9 海溝-海溝-海溝型三重会合点の安定性に関する思考実験を説明するために用いた3枚の色紙。

そんな矢先、マッケンジー博士が2018年の1月に東京（日本学士院）に来られていて、特別講演があるというので聴講に出かけました（図7-10）。講演後のわずかな時間と私のつたない英語でこの内容を伝えることなどできるわけがなく、歯がゆい思いは今も引きずっています。三つの領域が会合する特殊な場所に、私が過敏に反応する理由です。

ずいぶん寄り道をしてしまいました。八本松の谷中分水界に戻りましょう。この地域は瀬野川水系と黒瀬川水系（西条盆地）、さらに関川水系（志和盆地）の三つの水系の源流域です。三つの水系を分ける分水界は3本あります。それぞれの分水界は、分水界の両側の水系の組み合わせが違うので、谷中分水界の特徴が異なります。

たとえば、瀬野川水系と西条盆地を分ける飯田の谷中分水界の標高（259m）は八本松（256m）とほとんど同じですが、志和盆地との境界の椛坂（かぶさか）（270m）や猪伏（いぶし）（264m）

図7-10 日本学士院会館でおこなわれたマッケンジー博士の特別講演のあとの記念撮影。2018年1月11日。

の谷中分水界は、標高が少し高くなっています。瀬野川水系と志和盆地（いずれも当時は湾）は少し早く分離し、遅れて西条盆地（〝西条湾〟）が分かれたのでしょう。この地域はちょっと難しいですが、2次元の地形図から4次元の生い立ちを脳裏に描くことができるようになったのではないでしょうか。

2次元の地形図から4次元地形学へ

今日の最後は、熊野盆地と焼山盆地を分ける城之堀の谷中分水界です（図7-11）。三条盆地と高屋盆地を分ける迫田谷の谷中分水界とそっくりですね。谷の幅は1000mくらいあります。城之堀の谷中分水界の標高は226mで、迫田谷（218m）や虚空蔵山（202m）、八本松（256m）の谷中分水界の標高と30mも違いません。それらはほとんど同じ時期に離水（りすい）した海峡なのでしょう。

つまり、盆地を取り囲む分水界で最も低い谷中分水界の標高（*）の高い順で、盆地の原形である内湾が誕生していったのです。標高が最も高い苗代盆地（*292m）が最初に内湾になり、〝志和湾（*264m）〟がつぎに独立。つづいて〝熊野湾（*226m）〟と〝焼山湾（*226m）〟が分かれました。その直後には〝西条湾（*218m）〟と〝高屋湾（*218m）〟が分離し、少し遅れて〝虚空蔵島〟の脇の海峡（*202m）が閉じると湾の出口は一つに絞られて、のちの黒瀬川の流路になったのです。

もう、ずいぶん目が慣れてきたでしょう。2次元の地形図を見て3次元の起伏を脳裏に描き、さらに4次元の成り立ちを想像することができるようになったと思います。このハードルを乗り越えれば、4次元地形学の世界が待っています。それでは一緒に、今日のまとめをしましょう。

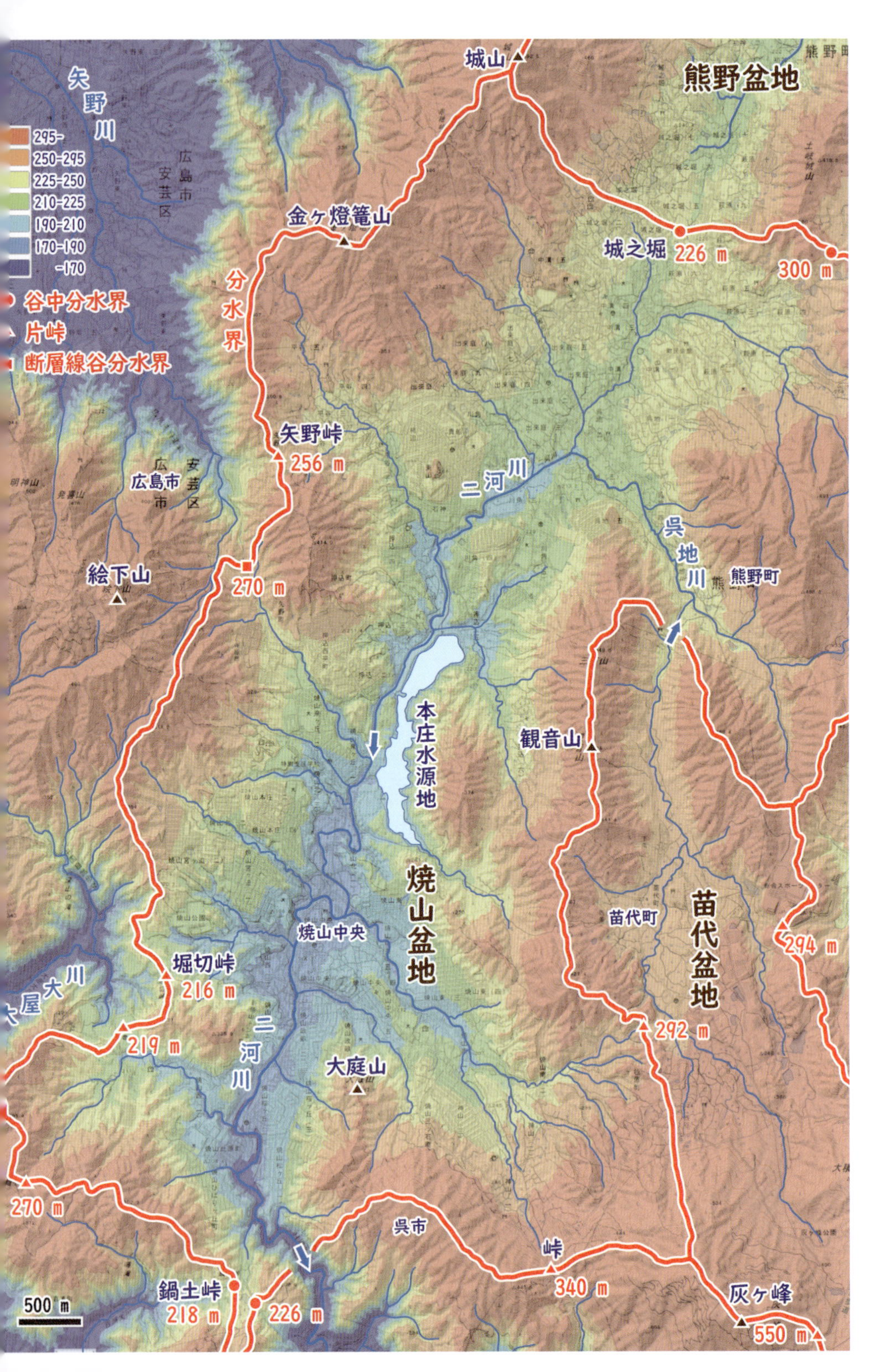

熊野盆地
城山
矢野川
広島市安芸区
295-
250-295
225-250
210-225
190-210
170-190
-170
谷中分水界
片峠
断層線谷分水界
分水界
金ヶ燈篭山
城之堀
226 m
300 m
矢野峠
256 m
二河川
広島市
安芸区
呉地川
熊野町
絵下山
270 m
本庄水源地
観音山
焼山盆地
苗代町
苗代盆地
焼山中央
294 m
堀切峠
216 m
大屋大川
219 m
二河川
292 m
大庭山
270 m
呉市
峠
340 m
鍋土峠
218 m
226 m
灰ヶ峰
550 m
500 m

西条盆地が瀬戸内海だった頃

図7-12は、西条盆地周辺が現在よりも250m低かった頃の様子です。図に示された谷中分水界の標高から、250mを差し引いた値が当時の標高です。標高250m未満の谷中分水界は当時まだ海面下に水没していたので、図では青色で表記しました。

今日訪れた盆地のうち、苗代盆地は陸化していて立派な盆地になっています。ところが、城之堀の谷中分水界はまだ水没していたので、のちの熊野盆地と焼山盆地は一つながりの海域でした。すぐ西側は島が遮っていたので、細長い海域は〝城之堀海峡〟です。苗代盆地に降った雨は〝城之堀海峡〟に注ぎ、北はのちの瀬野川の流路となる〝瀬野湾〟に注ぎ、南は直接瀬戸内海に流出していました。

志和盆地もぐるっと一周囲む分水界が完成していて、すでに盆地の様相です。ただ、盆地底には幅の狭い内湾（〝志和湾〟）が入り込んでいました。この内湾が離水すると、苗代盆地に続いて志和盆地も完成です。

一方、西条盆地と北側の高屋盆地、そして南側の黒瀬盆地はいずれも分水界が未完成で、複数の海峡によって瀬戸内海とつながっていました。図には〝高屋湾〟と〝西条湾〟、そして〝黒瀬湾〟と薄い文字で書きましたが、それらは湾というよりも小さな灘といったほうが適切でしょう。三つの灘（湾）はつながっていて、本州から苗代盆地まで続く半島と、瀬戸内海の島列の間の〝迫田谷海峡〟だったのです。

その後、迫田谷付近の海底が離水して谷中分水界になると、〝迫田谷海峡〟は北側の〝高屋湾〟と南側の〝西条湾〟に分かれます。〝高屋湾〟に集められた雨水は細長い〝沼田海峡〟を通って瀬戸内海に流れ出るのです。

城之堀付近の海底もほぼ同時に陸化して谷中分水界になったので、〝城之堀海峡〟は〝熊野湾〟と〝焼山湾〟に分割されました。その結果、苗代盆地に降った雨は〝焼山湾〟に流れ込み、南

図7-11 熊野盆地と焼山盆地を分ける城之堀の谷中分水界。〔34.31,132.57〕

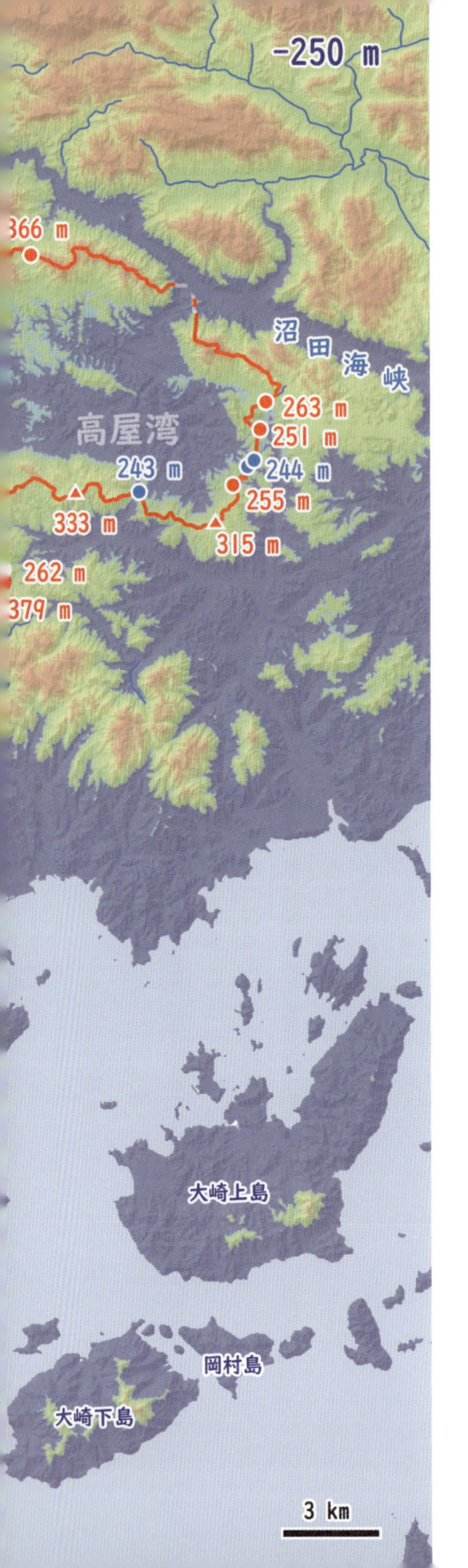

に下って瀬戸内海に流出することになりました。細長い海峡の一部が離水して二つの内湾に分割され、盆地の骨格がつくられていくのです。

最後に残った〝黒瀬湾〟には、瀬戸内海に通じる海峡がまだ3カ所残っていました。〝虚空蔵島〟の両側の〝長貫（218m）〟と〝中畑（202m）〟の狭い海峡が閉じれば〝西条湾〟と〝黒瀬湾〟は一つの内湾に合体し、唯一残った湾口が最終的には黒瀬川の流路になるのです。

図7-12 現在に比べて250m低かった頃の西条盆地周辺の様子。虚空蔵山は、当時は"虚空蔵島"だった。

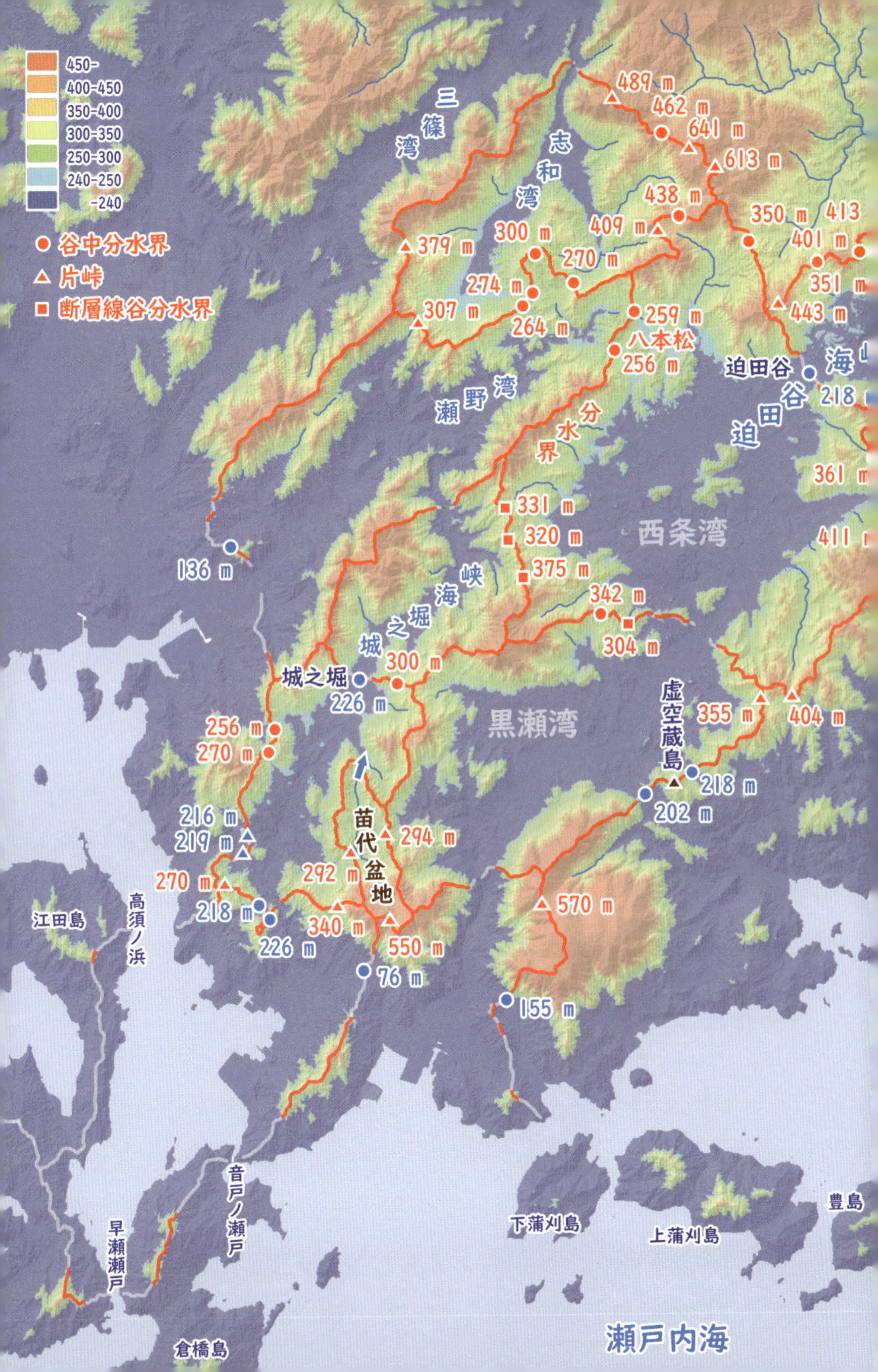
450-
400-450
350-400
300-350
250-300
240-250
-240
谷中分水界
片峠
断層線谷分水界
三篠湾
志和湾
瀬野湾
海峡
城之堀
西条湾
黒瀬湾
八本松
分水界
迫田谷
海田谷
迫田
苗代盆地
虚空蔵島
江田島
高須ノ浜
音戸ノ瀬戸
早瀬瀬戸
倉橋島
下蒲刈島
上蒲刈島
豊島
瀬戸内海
城之堀
489 m
462 m
641 m
613 m
438 m
409 m
350 m
413
401 m
351 m
443 m
379 m
300 m
270 m
274 m
307 m
264 m
259 m
256 m
218 m
361 m
331 m
320 m
375 m
411 m
342 m
304 m
136 m
300 m
226 m
256 m
270 m
355 m
404 m
218 m
202 m
216 m
219 m
294 m
292 m
270 m
218 m
226 m
340 m
550 m
570 m
76 m
155 m

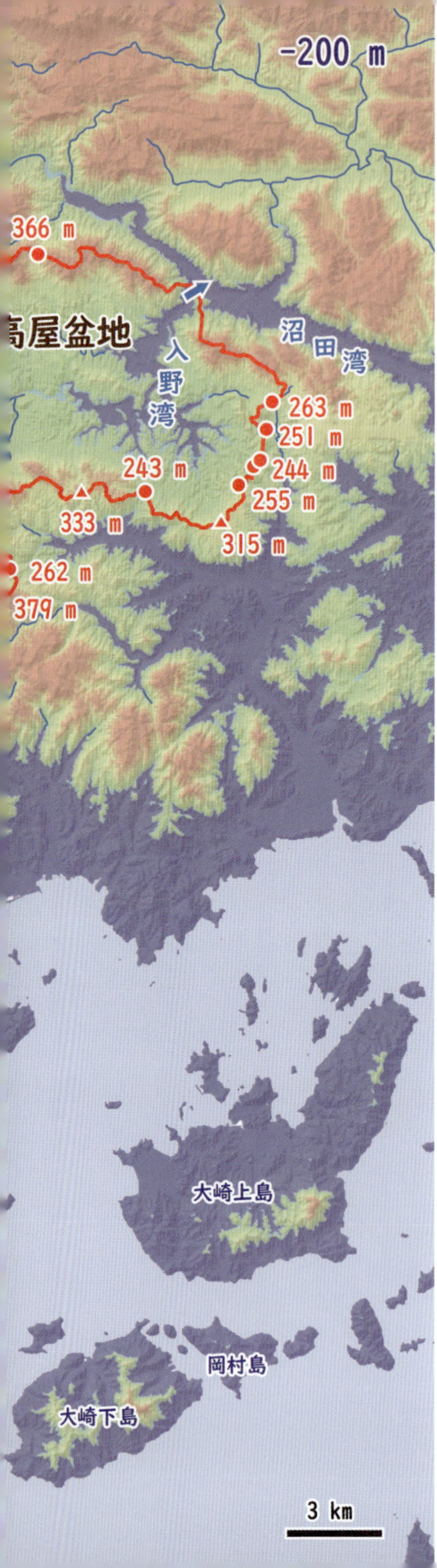

瀬戸内面は将来の瀬戸内海

50mほど隆起して、現在に比べて200m低かった頃になると、西条盆地の周辺には盆地がいくつも完成していました（図7-13）。早い時期に離水した苗代盆地や志和盆地は完全に陸化していましたが、少し遅れて離水した西条盆地や高屋盆地、熊野盆地や焼山盆地には、ダム湖のような内湾が内陸に入り込んでいました。西条盆地より一段低い黒瀬盆地は、まだ陸よりも内湾（〝黒瀬湾〟）のほうが広かったようです。

のちの瀬野川の流路になる〝瀬野湾〟も、内陸の奥深くまで入り込んだ〝三篠湾〟も、幅の狭い平原になるのはまだまだ先になりそうです。大地の隆起にともなって内湾は少しずつ干上がり、沖へ後退する海岸線を追うように陸地が広がっていくのです。

一方、瀬戸内海に目を向けると、下蒲刈島から東に岡村島まで、〝花綵列島〟ができています。花綵とは花綱、すなわち花を編んでつくった首

図7-13 現在に比べて200m低かった頃の西条盆地周辺の様子。

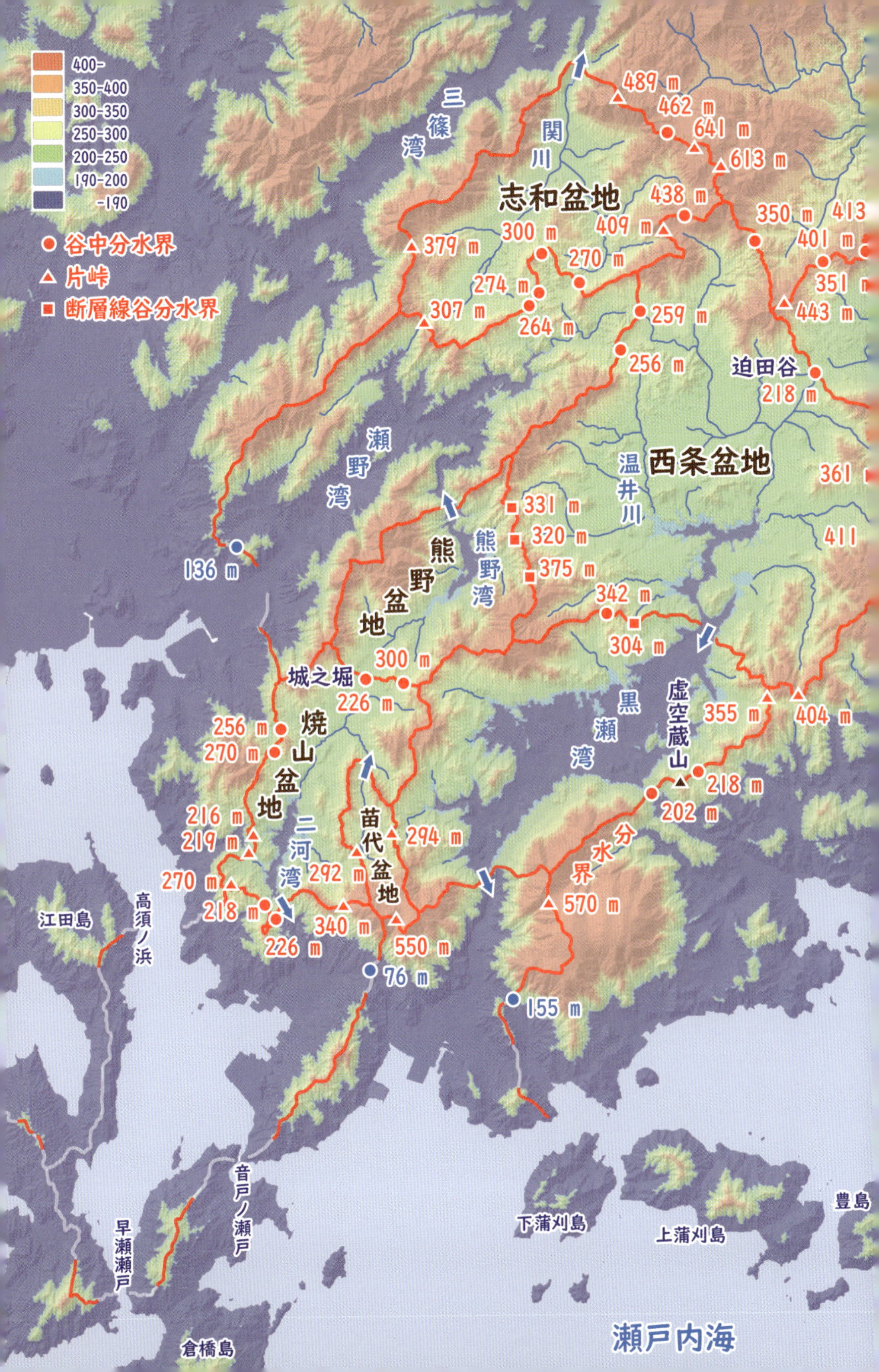
400-
350-400
300-350
250-300
200-250
190-200
-190
谷中分水界
片峠
断層線谷分水界
三篠湾
関川
志和盆地
西条盆地
迫田谷
温井川
瀬野湾
熊野湾
熊野盆地
城之堀
焼山盆地
二河湾
苗代盆地
黒瀬湾
虚空蔵山
分水界
江田島
高須ノ浜
音戸ノ瀬戸
早瀬瀬戸
倉橋島
下蒲刈島
上蒲刈島
豊島
瀬戸内海
489 m
462 m
641 m
613 m
438 m
409 m
350 m
413
401 m
351 m
443 m
218 m
300 m
270 m
274 m
264 m
379 m
307 m
259 m
256 m
361
411
331 m
320 m
375 m
342 m
304 m
136 m
300 m
226 m
256 m
270 m
216 m
219 m
270 m
218 m
226 m
292 m
294 m
340 m
550 m
76 m
355 m
404 m
218 m
202 m
570 m
155 m

飾りのこと。私は、日本列島が世界で最も美しい〝花綵列島〟だと思っています。

　その下蒲刈島から岡村島までは島と島の間がまだ海峡ですが、これから谷中分水界によって結ばれて一本の首飾りに成長するでしょう。ちょうど〝虚空蔵島〟が虚空蔵山になって、島列が山並みになるように。

　ただし、すべての海峡が閉じるわけではありません。分水界の首飾りには、必ず1カ所切れ目があります。最後に陸化した海峡は、河川の流路となるからです。苗代盆地に降った雨は一段低い焼山盆地に流れ下り、二河川によって運ばれて、最終的には呉港に流出します。まるで、棚田の水が一段ずつ下っていくようですね。

　そうそう、二河川と聞いて思い出した人はいませんか？　前回の『分水嶺の謎』解きの旅で、二河川の流れの行く先について考察しました。音戸ノ瀬戸（おんどのせと）と早瀬瀬戸（はやせのせと）、そして高須ノ浜の海峡のうち、最後に残った海峡が将来二河川の河口になるのです。最後まで残された海峡が湾口となり、湾内の海底が陸化して盆地が誕生するのです。

出番を待っている盆地の卵

そして、現在の西条盆地周辺の地形は、今日の最初に示しました（図7-1）。それでは将来、この地域はどうなるのでしょうか。私がイメージする未来の地形図を紹介しましょう（図7-14）。

　この地形図は標高50ｍごとに黄緑色〜茶色で着色し、海域も黄緑色に塗色しました。もとの地形図は地理院地図ですが、色分けを変えただけですべてが陸に見えませんか。現在の水系を海域まで延ばすことはできませんが、この地域が数十ｍ隆起して瀬戸内海が離水すれば、おおよそこのような地形図になるでしょう。

　瀬戸内海に浮かぶ多数の島々は、〝瀬戸平野〟に点在する小山ですね。分水界がどのようにつながっていくのか不確定ですが、可能性の一つとして半透明の赤線で描き加えてみました。下蒲刈島から岡村島に続く島列は、〝下蒲刈山〟から〝岡村山〟に続く分水界になると予想しました。

さらに、〝大崎上山（大崎上島）〟から北につながる分水界も私の推定です。これらの分水界によって囲まれた範囲は〝安芸津盆地〟や〝竹原盆地〟になると予想しています。もちろん、瀬戸内海の海底地形を調べたら、もっと確度の高い分水界を推定することができるでしょう。

西条盆地から黒瀬盆地を流れ下った黒瀬川は、そのまま〝瀬戸平野〟を蛇行しながら流れていくでしょう。同様に、苗代盆地から焼山盆地を流下した二河川は、〝呉盆地〟に流れ下ります。問題は、〝呉盆地〟に集められた雨水が、どこから排水されるのか分かりません。可能性は三つあり、①高須ノ浜付近か、②音戸（音戸ノ瀬戸）、あるいは③早瀬（早瀬瀬戸）のいずれかです。現在それらは海峡ですが、最後まで残った海峡が二河川の流路になるのです。

志和盆地に集められた雨水は関川によって盆地の外に排水され、三篠川から太田川へと合流を繰り返したあと、〝広島盆地（広島湾）〟に流れていきます。瀬野川も、流れる先は〝広島盆地〟です。

もちろん、私たちはこの光景を実際に見ることはできません。しかし、この景色を眺めた人がいました。そう、縄文人です。およそ1万6000年前～3000年前の縄文時代のうち、前半は海水準が数十m以上も低下していました。平均水深が30mほどの瀬戸内海は、当時陸化していたはずです。彼らは広大な〝瀬戸平野(古瀬戸内低地帯)〟を、野生動物を追って走り回っていたのかもしれません。

このように、瀬戸内面とされた侵食小起伏面は、もともと平らな海底だったと考えられます。瀬戸内面だけでなく、吉備高原面や世羅台地面などの侵食小起伏面も、もともとは起伏の小さい海底だったのです。中国地方に発達する何段もの侵食小起伏面は、河川によって侵食された準平原が隆起した地形（隆起準平原）ではありません。順番に陸化し現在の標高まで隆起した、かつての海底面だったのです。

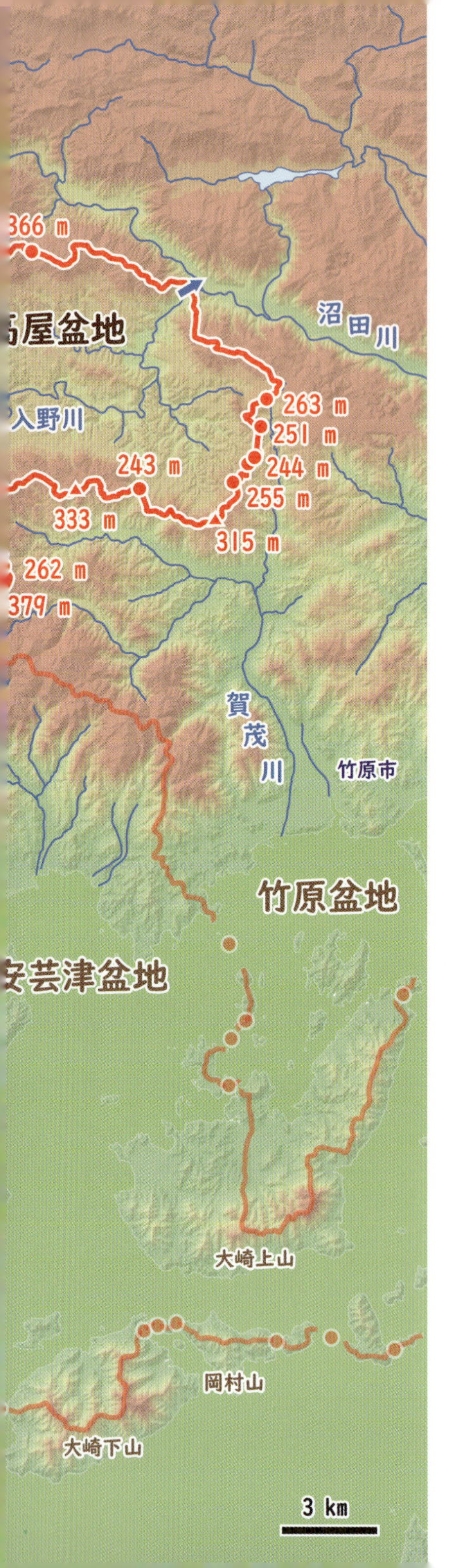

波浪によって平らに削られた海食台が、隆起して陸化した階段状の地形を海成段丘といいます。成因と地形の特徴に基づけば、中国地方の侵食小起伏面は広義の海成段丘といえるでしょう。

確かに、室戸岬の海成段丘のような段丘崖（かつての海食崖）は見当たらず、上下二段の盆地の境は峡谷など河川の狭窄部になっています。しかし、その原因は、多島海が離水することによって、盆地が何段もつくられたからです。標高が異なる盆地と盆地をつなぐ峡谷は、海成段丘の段丘崖に対応するのでしょう。水にとっては、峡谷も崖もどちらも急ですから。

盆地も座布団も
いくつあっても
いいですね。

図 7-14 西条盆地周辺の将来予想図。

300-
250-300
200-250
150-200
100-150
50-100
0-50
-0
谷中分水界
片峠
断層線谷分水界
太田川
三篠川
関川
志和盆地
489 m
462 m
641 m
613 m
438 m
409 m
350 m
413
401 m
351
443 m
379 m
300 m
270 m
274 m
307 m
264 m
259 m
八本松
256 m
迫田谷
218 m
東広島市
西条盆地
361
411
瀬野川
広島市
温井川
熊野盆地
熊野川
331 m
320 m
375 m
342 m
304 m
136 m
広島盆地
300 m
城之堀
226 m
黒瀬盆地
虚空蔵山
355 m
404 m
256 m
270 m
焼山盆地
218 m
202 m
①
216 m
219 m
苗代盆地
294 m
黒瀬川
分水界
270 m
292 m
570 m
218 m
340 m
550 m
江田山
高須ノ浜
226 m
二河川
呉市
76 m
155 m
呉港
呉盆地
②
音戸
上蒲刈山
下蒲刈山
早瀬
③
倉橋山
瀬戸平野

第7日

私が地形に夢中な理由

これほど私が地形に夢中になっている理由。
それは、地形が開かずの扉を開く、〝鍵〟に
なるかもしれないからです。

舐めるように地形を観察する理由

前回は『分水嶺の謎』を解く旅でした。京都から下関まで歩いたので、本当に疲れました。4日目の晩に人形峠で野宿したときは、下関までたどり着けるだろうかと不安になりました。旅の途中でギブアップするのではないかと……。

実際に、途中で旅を諦めた方もおられたようです。「見学地点を省略して、もっと早くゴールの下関に移動したほうが良いのでは……」とのアドバイスも頂きました。でも実をいうと、京都から下関まで、舐めるように地形を観察し続けた理由があるのです。

何かが存在することを示すには、1ページあれば十分かもしれません。前回の『分水嶺の謎』の旅のメインテーマは河川の争奪でしたね。もし河川の争奪を実証するのであれば、一つの実例を示せば事足ります。河川の争奪が起こったことを誰もが納得できる実例を、一つだけ示せば十分です。

図 8-1　ニンジンとドングリの数比べ。

それに対し、「河川の争奪は、滅多に起こらないのではないか」ということを私は主張しました。〝河川の争奪は起こらない〟ことを証明するなどそもそも不可能ですが、滅多に起こらないことを示すことも、とても大変なのです。

たとえば、〝河川の争奪ではない地形〟を一例示しただけでは、全く無視されるでしょう。実例を10件提示しても、説得力はありません。1000件示せば、納得してもらえるでしょうか。1000件の実例を示しても、地形研究者は気にも留めないでしょう。なぜなら、河川の争奪が起こったとはとうてい思えない谷中分水界は、星の数ほどもあるのですから。

そのようなとき、研究の進め方にはいくつか方法があります。すべてを調べて確認できない場合、母集団からサンプルを無作為に選び、結果を統計処理して母集団を推定するのです。アンケートや世論調査でおこなわれる方法です。『分水嶺の謎』の旅では統計処理などおこなっていませんが、せめて〝無作為っぽく〟サンプルを選ぶよう意識しました。

たとえば、図8-1のように、床一面にニンジンとドングリが転がっている場合を考えてみましょう。ニンジンとドングリは、どちらが多いでしょうか？ そして、数の比はどれくらいでしょうか？ すべてを数えれば正確ですが、体育館いっぱいに広がっていたら、数えるのは大変です。一部を数えて全体を推定するしかありません。

ただし、〝まさき先生〟に調べてもらうと、ニンジンばかり拾ってきてしまいます。〝こまち〟に頼むと、体育館にはドングリしかないことになるでしょう。全体からサンプルを選ぶ場合、無作為でないとバイアスが生じ、偏った結果になってしまうのです。

このようなときは、図のように任意のAからBに直線を引いて、直線と重なっているニンジ

図 8-2 修士論文のために調査した、群馬県の谷川連峰。(1985年夏)

ンとドングリの数を数えて全体を推定することも一つの方法です。少なくとも、〝まさき先生〟や〝こまち〟にお願いするよりは良さそうですね。

『分水嶺の謎』の旅では、直線の代わりにA(京都の三国岳(みくにだけ))からB(下関の火の山公園)までの分水嶺を基準線として使いました。分水嶺そのものが地形全体の中で特殊かどうかは分かりませんが、初めての地形の謎解きだったのでそのように試みたわけです。そして、分水嶺で出会った地形はすべて、途中を端折(はしょ)ることなく観察したのです。

科学者の役割

登山される方なら、ご理解できるでしょう。木が茂る長い山道を我慢(がまん)して歩き続け、ようやく森林限界を越えると突然視界が開けます(図8-2)。先ほどまでの山道を耐えて歩き続けたことが嘘のように、涼風が抜ける痩(や)せた尾根を、今度は意気揚々と登ります。できることならどこまでも、この稜線が続いていてほしい。いっそ山頂など、なくても構わない。一歩ごとに景色は変わり、目線は常に斜め上。研究も登山と同じなのです。

ただ、問題が一つ。いつ森林限界を越えられるのか、研究では全く分からないのです。もしかすると、どこまで行っても、森林限界を越えられないかもしれない。山を登っているつもりなのに、実は沼の底に向かって、じわりじわりと沈んでいるのかもしれない。空の上から客観的に見てくれる、水先案内人などいるはずはありません。己の直感だけを頼りに、たぶんあっちのほうではなかろうかと、すり足で進んでいくしかないのです。

科学者は、その孤独に耐えなければなりません。道はおろか轍すらない真っ暗な原野を、手探りで進むような営みが研究だからです。「絶対に大丈夫！」などとは決していえません。科学者たちは不安に耐えながら、あちこち歩いて進めそうなルートを探します。誰かが出口を見つけたら、それが新しい学説になります。一つの関所を抜けることができたなら、再び全員で手分けして、つぎの出口を探すのです。

みんな一緒に手を取って同じ方向に進むなら、一人で行っても同じです。宝くじが大当たりするように、偶然に出口が見つかる可能性もゼロではありません。運良く当たった暁には、仲良く賞金を分け合って、お祝いの席を設けましょう。しかし、それは危険な大博打。一人のくじが外れていたら、それは全員が外れです。

結局、一人一人が孤独に耐えて、未開の領域に踏み込むしかありません。運が良ければそのうちの誰かが、小さな光を見つけるでしょう。みんなで一緒に探すより、みんなが別々に探すから、一つの出口が見つかるのです。

出口を見つけた科学者も、見つけられなかった科学者も、同じ意識と努力の結果。優劣あるはずありません。歴史の中での役割を、一人一人が担っただけ。自分自身に与えられた、直感という武器を精一杯駆使し、進むべき方向を決めるのです。

最終的な判断は、未来の科学者に委ねましょう。今、科学者にできることは、判断材料を正確に、未来の彼らに届けること。判断材料が多ければ、最良の仮説を選べます。選択肢が多ければ多いほど、必ずしも素晴らしいとは思いませんが、一つだけでは問題です。選択の余地が全くない、選択肢などはありません。

100年続くデービスの仮説は、地形学の唯一の選択肢です。多少の修正モデルはあるものの、本質的には同じです。互いに相容れない仮説でないと、選択肢は増えません。二つの選択肢が提案できれば、科学者はどちらかを選べます。

もし一方が正しければ、他方は間違っていると判断されます。もちろん、両方間違っている可能性もありますが、そのときは三つ目の選択肢を生み出せば良いのです。科学はそのようにして進化します。もちろん、進化しているのか、はたまた退化しているのか、科学者自身でも判断できませんが……。

何度でも地形を観察し続ける理由

私はいつも、101回目を期待しています。世界中の研究者の誰も気がついていないことに気づくためには、ひたすら観察し続けるしかありません。ただ観察し続けるだけでなく、可能ならばスケッチし続けるのです。目を皿のようにして、何度も何度も観察し続けるのです。

私は卒業研究のときに気がつきました。大学3年生の夏、私は毎日、秩父盆地の川原に下りて、意味も分からず対岸の崖の地層をスケッチしていました（図8-3）。指導教官の石崎国熙先生から、すべての露頭をスケッチするよう指示されていたからです。来る日も来る日もスケッチし続けたある日、昨日まで全く気がつかなかった地層の特徴

大学3年生のまさき先生

fault
light gray fine sandstone
grading
greenish tuffaceous
alternation of dark gray siltstone and light greenish gray tuffaceous fine sandstone
chert boulder
bedded granule-pebble gravel conglomerate
gray sandy siltstone
bedded pebble, cobble gravel conglomerate
alternation of pebble, cobble gravel conglomerate and gray sandy siltstone sandstone
1. conglom
58 8 9
slumping structure
8 11
cobble
conglomerate
4 N42E
alternation
5. light gray laminated
nodule
gray sandy tuff?
slumping structure
A
medium
conglomeratic sandstone
N 34
gray siltstone dark gray
laminated siltstone
tuffaceous fine sandstone
gray siltstone
bedded gray tuffaceous siltstone
alternation of gray siltstone (0.8~1m)
and light gray fine sandstone (0.3. 0.5m)
coarse-medium sandstone
fine sandstone
dark gray siltstone
float cast
lignite
10cm
5. bluish gray coarse sa
6 N46E 22SE
rhythmic alternation of medi
bedded medium-fine sandstone
bedded greenish gray fin
N42E 24 SE
27.
26

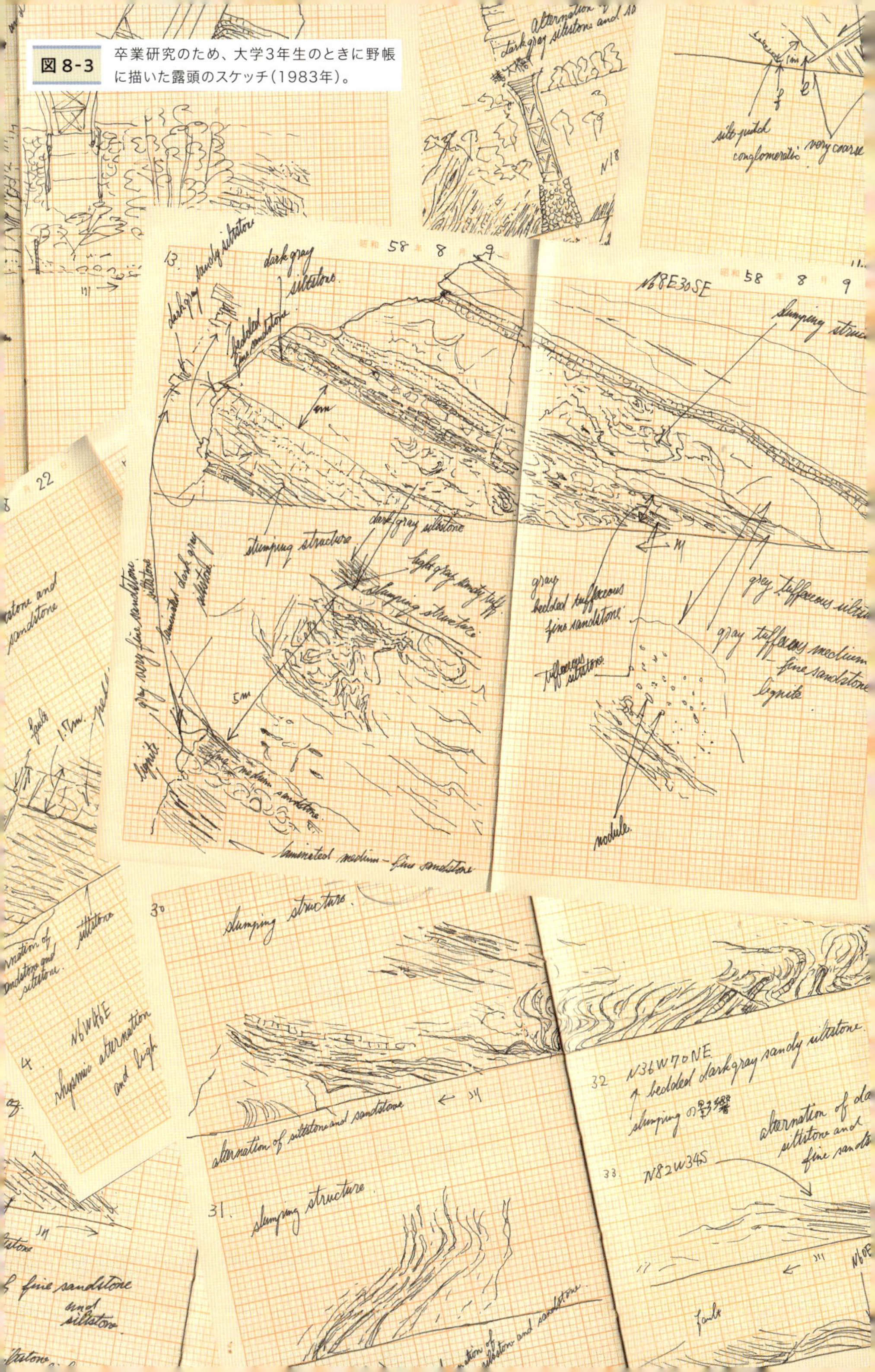

図 8-3　卒業研究のため、大学3年生のときに野帳に描いた露頭のスケッチ（1983年）。

に気づいたのです。

その露頭は、何万年も前からずっとその場所にあったはず。その特徴は、何万年も前から存在していたはず。しかし、気がつかなければ、私の世界には存在しないのです。認識できなければ、実在していても存在しない。ということは、私が認識している世界の外側に、まだ気がついていない世界が広がっているに違いない。私の世界のその先を知りたくて、今でも研究しているのです。

気がつくまでは根気強く、何度も何度も観察します。1回や2回で止めてはいけません。5回や6回で諦めてはいけません。20回や30回など序の口です。80回を過ぎてきたら、そろそろ気配を感じるでしょう。そして101回目には、セレンディピティ（幸運の女神）が微笑んでくれます。

私はそのような経験を何度かしているので、安心して観察し続けることができます。もしかすると次回がその101回目になるかもしれないと、自信を持って観察し続けることができるのです。

"サイエンスの種"を拾うとき

サイエンスが生まれる瞬間。それは、"研究が思い通りに進まない"ときが少なくありません。そして、その瞬間がサイエンスのスタートラインなのです。サイエンスとはどのように進むのか、簡単にお話ししましょう。図8-4は仮想のデータをグラフにしたものです。①から②、そして③に向かって研究が進んでいくと考えてください。

①は研究の初期の段階です。ある実験をおこなって、Xというサンプル（入力）に対してYという結果（出力）が得られたとしましょう。XとYをグラフにすると、かなり良い相関が認められますね（実際には、ほとんどありませんが……）。研究者はこれらのデータから、Y＝2X、すなわち「Y（出力）はX（入力）の2倍

図 8-4 データが増えて関係式が差し替えられる架空の実験のグラフ。

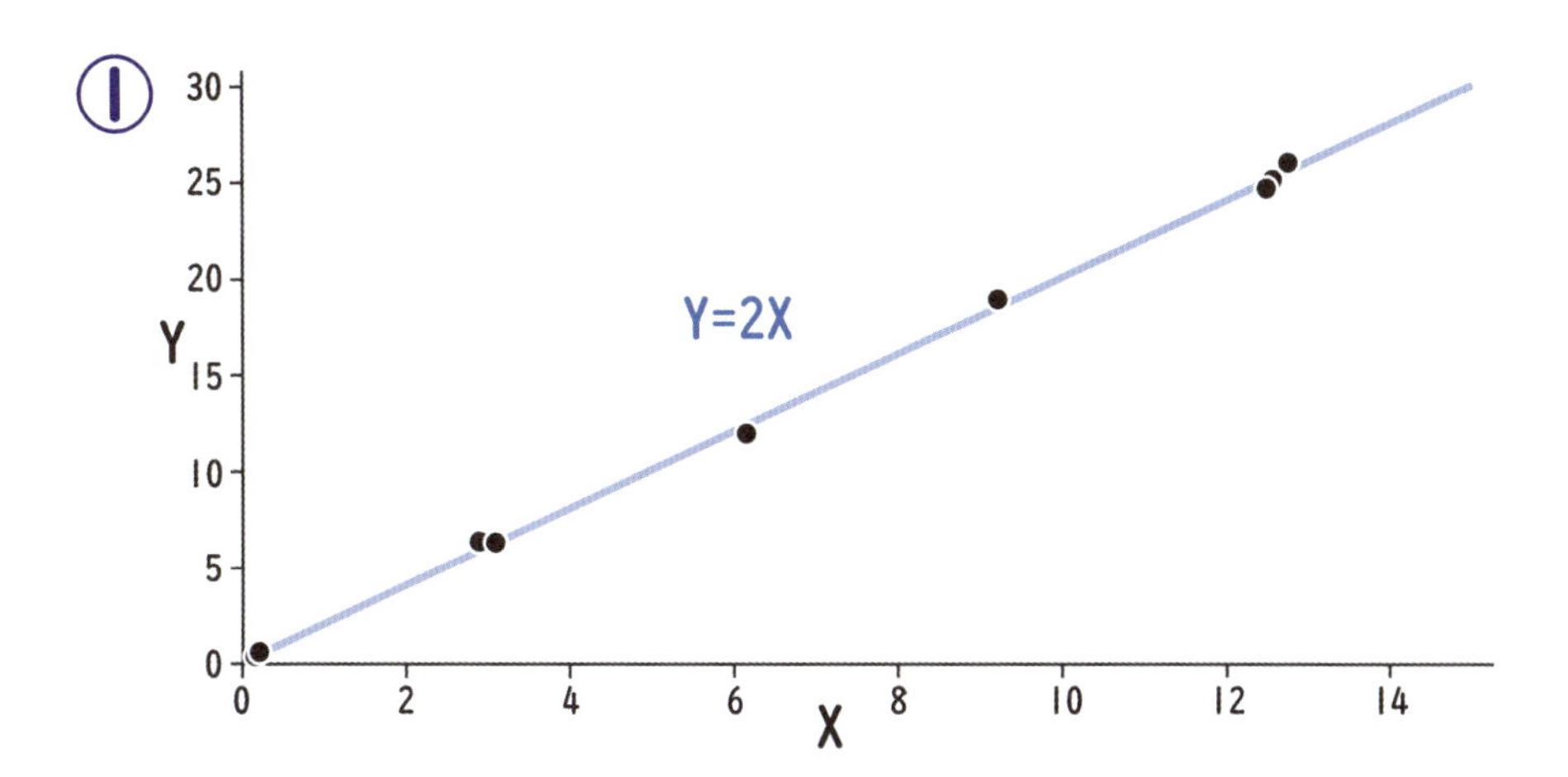
①
Y=2X
Y
X
30
25
20
15
10
5
0
0
2
4
6
8
10
12
14

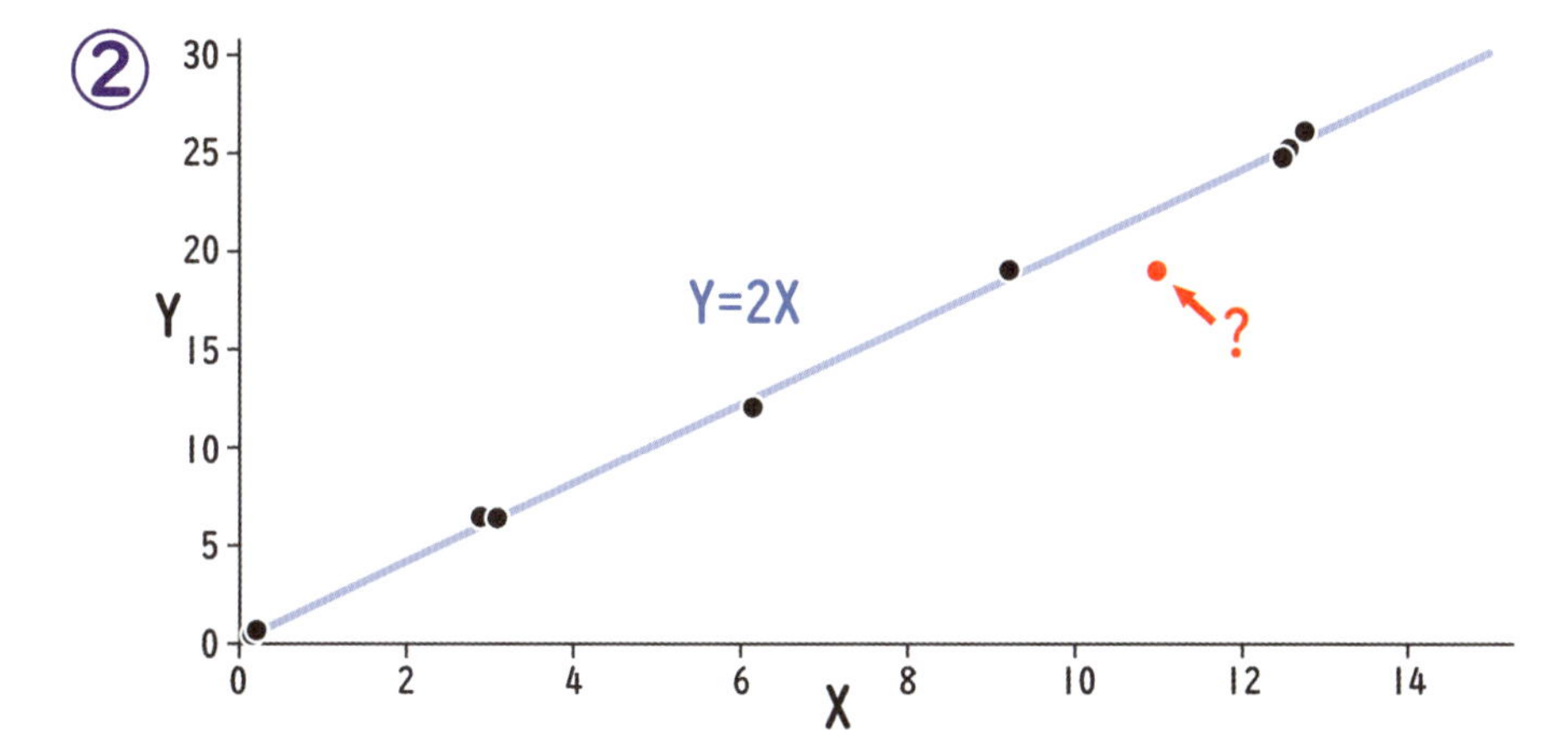
②
Y=2X
?
Y
X
30
25
20
15
10
5
0
0
2
4
6
8
10
12
14

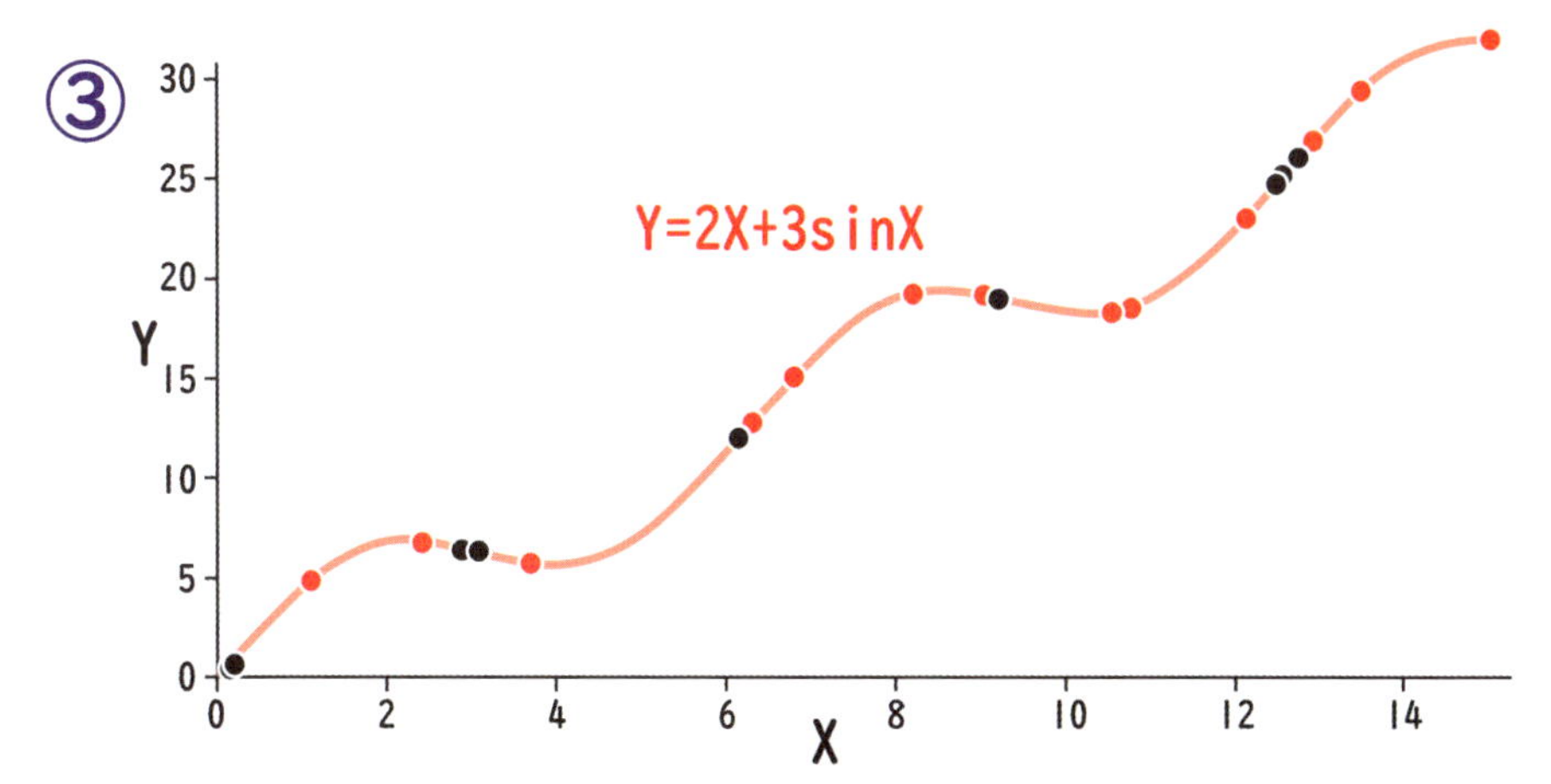
③
Y=2X+3sinX
Y
X
30
25
20
15
10
5
0
0
2
4
6
8
10
12
14

である」と予想します。簡単な一次関数です。

研究者はこの実験結果から、「自然はこのような操作をおこなっているのではないか」と予想します。そして、少しだけ自然の摂理に近づいたと喜ぶのです。その後、データが増えて他の研究者が納得し、その分野で広く認められれば晴れて学説となるのです。

ところがある日、予想外の値（②の赤丸）が得られたとしましょう。明らかに直線から外れていて、これまで考えてきた仮説、多くの研究者が受け入れてきた学説と矛盾します。このとき、研究者はどのような態度をとるでしょうか。「これはノイズだ！」と決めつけて、データを無視する研究者がいないことを願いましょう。ほとんどの研究者は多少不愉快に思いつつも実験を続け、その原因を探します。

一方、一握りの科学者は、このとき心の中でちょっとドキドキします。「もしかすると、〝サイエンスの種〟を拾ったかもしれない」と期待して。実験を続けると、たいていはやはり実験の不備による誤データで、ホッとする研究者と〝ぬか喜び〟だったとがっかりする科学者に分かれます。

ところが実験を続けたら、直線に乗らないデータがつぎつぎ見つかってくることがあります（なおさら滅多にはありませんが……）。こうなると、科学者の頭の中はアドレナリンの大海原で、寝る間を惜しんで実験し、食事もとらずにデータを解析します。体に良いわけありません。そして、データが増えると、別の関係式がうっすら見えてきます。すなわち、YはXの2倍に、X（ラジアン）のサイン（正弦）の3倍を加えた値ではないかと（図の③）。

微分・積分は忘れてしまった私ですが、サイン、コサイン、タンジェントは、語呂が良いので覚えてます。高校で習った数学で、自然のほんの一部であっても説明できたとしたら、それは科学者として冥利に尽きます。その晩はドーパミンをグラスに注ぎ、一人でこっそり〝乾杯〟するのです。まあ実際には、圧倒的に〝完敗〟ばかりですが……。

もうお気づきですね。想定内の結果が増えても、科学そのものはそれほど進歩しないのです。もちろん、それまでの学説をより強固にし、信頼性をさらに高める効果はあるでしょう。しかし、科学が飛躍的に進展するのは、予想外の結果が得られたときなのです。

もちろん、〝まさき先生〟の地形の謎解きの旅が、〝乾杯〟になるのか〝完敗〟になるのか私にも分かりません。ただ、その過程を体験していただく旅も、それほど悪くはないでしょう。温泉や絶景やグルメとは、ちょっと違う旅の魅力を旅行会社が提案する昨今、地形の謎解きの旅もその一つなのです。

川か海か、それが問題だ！

『分水嶺の謎』の旅では、ほかにもいくつか意見を頂きました。「鞍部から河床礫層が見つかっている峠の河川争奪まで否定するし……都合の悪いことには目をつぶることに決めたんだな」と。なかなか鋭い指摘です。目をつぶっているわけではありませんが、ほかにも黙っていたことがあります（ごめんなさい）。胡麻の谷中分水界を訪れたとき、高位段丘に含まれている〝ぐさり礫〟の存在について私は何も説明していませんし、〝天空の池〟についても何も語りませんでした。

すべてについて説明できる科学者などいるはずはありませんが、黙っているからといって考えていないわけではありません。それどころか、「そこに〝サイエンスの種〟が落ちているかも……」と期待して探しているのです。とはいえ、悶々としながら旅を続けるのはよろしくないでしょうから、〝鞍部の礫層〟についてだけ、ちょっとお話ししましょう。

地質学では古くから、礫や砂の形態に基づいて、それらが堆積した環境や供給源の推定がおこなわれてきました。最近では礫の３次元計測や画像解析の技術が進んでいて、今後の進展が

図 8-5 相模川と大磯海岸の礫について、
礫の姿勢を変えて撮影した二値画像。石渡他（2019）より作成。

相模川

たて置き（ab 面）

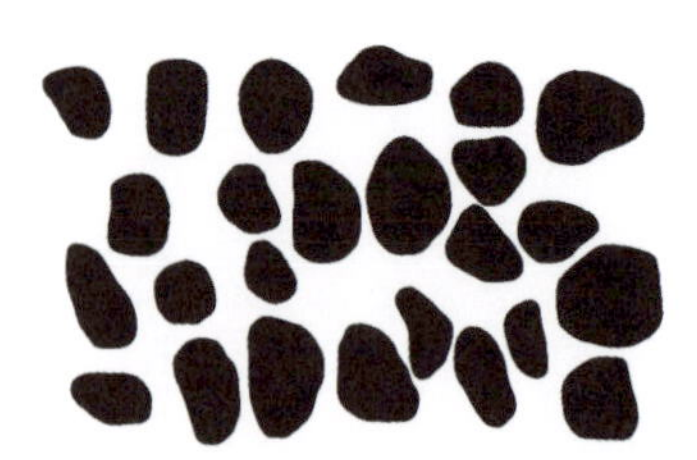

よこ置き（ab 面）

大磯海岸

たて置き（ab 面）

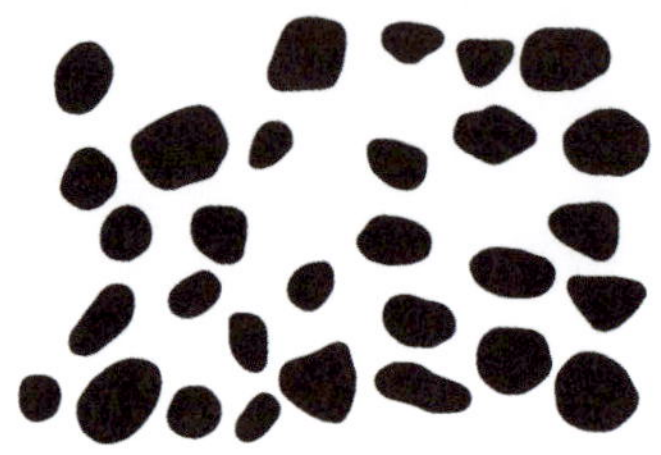

よこ置き（ab 面）

0　55 cm

期待されています。分かりやすい例を紹介しましょう。

図8-5は、元日本地質学会会長の石渡明先生が学会のニュース紙で紹介した、相模川と大磯海岸の礫の形の二値（白黒）画像です（石渡他、2019）。通常、礫の形は長径（a）と中間径（b）、そして短径（c）をノギスで測ってグラフ化します。石渡先生は、礫の長径を水平にして、中間径を鉛直（たて置き）か水平（よこ置き）にした姿勢で写真を撮って形を比較しました。

よこ置きでは相模川と大磯海岸の礫の形は似ていますが、たて置きでは大磯海岸の礫のほうが細長くなっています。これは、「海岸の礫は、河川の礫に比べて丸くて扁平である」ことを表しています。分かりやすくいうと、鏡餅（かがみもち）よりはせんべいに近い形です。中山（1965）などの研究結果を確認した石渡先生は、礫の形から河川成（かせんせい）と海成（かいせい）が区別できる可能性を指摘して、その後もデータの蓄積を進めているようです。

石渡先生は、なぜ礫の形を測定しているのでしょうか。それは、段丘礫層が河川成と海成のどちらであるのか判断するためです。そして、河川による一方向の水流と、海岸で反復する波浪の違いが礫の形状に違いを生じさせるのではないかと考え、理論と実験による検証が必要であろうと述べています。

つまり、段丘礫層が河川成かどうか、堆積学的に確認することは容易ではありません。たとえ現在は山奥にあるからといって、段丘礫層が河川成であるかどうか簡単には判断できません。たとえ現在は横に川が流れているからといって、段丘礫層が河川成であると一義的には決められないのです。

ところが、尾根の鞍部の礫層を当然のように河川成と判断すると、河川の争奪説を仮定しなければ礫の存在が説明できません。その結果、もとに戻って堂々巡りになってしまいます。「尾根の鞍部に礫層があるから河川の争奪があった」と結論し、「河川の争奪の結果、尾根の鞍部に礫層が残された」と解釈する。

尾根の鞍部の礫層の謎

誰も気がついていないと思います。〝ネタバレ〟になるので黙っていたのですが、『分水嶺の謎』の３０８ページに、〝谷中分水界の誕生の瞬間〟として、伊豆半島と三四郎島をつなぐトンボロ（陸繋砂州）の写真を載せました。このトンボロが隆起して、完全に陸化すれば谷中分水界になります。そして、このトンボロがたとえば３００ｍ隆起したら、伊豆半島と三四郎島の高まりをつなぐ尾根の鞍部になるわけです。

その尾根の鞍部を構成する地質は何でしょうか？　つぎの写真を見れば一目瞭然でしょう（図８-６）。足下には、きれいに円摩された礫が積み重なっています。このトンボロでは、周囲の地質を反映してほとんどが火山岩の礫でした。なめらかに摩耗され大きさがそろったこれらの礫を、河川成であると考える人はいないでしょう。

現在は川が流れていたとしても、川原の礫が

図 8-6 伊豆半島と三四郎島をつなぐトンボロ（陸繋砂州）。〔34.78,138.76〕

河川成であるとは言い切れません。その礫が摩耗されているときの状況（過去）にさかのぼって、判断しなければならないのです。そして、その状況が海だったのではないかと私は考えているのです。

分水嶺に残された海成の礫が河川によって運ばれれば、礫は新たな摩耗を被ります。河川の流水にともなう摩耗によって、海成の礫の特徴は掻き消されてしまうかもしれません。礫の形から河川成と海成を区別する際、その視点を持ちながら検討しなければならないでしょう。川原に転がっているからといって、海の痕跡が完全に消されているかどうかは分かりませんから。

分水嶺を覆う礫層の不思議

およそ300万年前に始まった東西圧縮によって日本列島は変形し、大地が隆起して世界有数の山国に成長しました。隆起の仕方は地域ごとに特徴がありますが、逆断層と短い波長の褶曲運動が支配的な東日本と、横ずれ断層と緩い曲隆運動が卓越する西日本に大別されます。関東地方は太平洋プレートだけでなくフィリピン海プレートも沈み込んでいるので、地殻変動は応用問題。それとは対照的に、中国地方は緩い曲隆運動が進行していて、大地はあまり傾かず、ほぼ水平を保ったまま隆起しています。つまり、地殻変動にともなう地形の謎解きとして、中国地方は基本問題なのです（かなり難しいけれど）。

もし中国地方で地形の謎解きの〝鍵〟を見つけることができなければ、東北地方や中部地方の地形の成因など解けるはずはありません。なおさら関東地方の地形の謎解きは、四則演算を理解する前に、微分・積分を解くような無謀な挑戦。前回の『分水嶺の謎』解きの旅の行く先として、中国地方を選んだ理由です。

中国地方の『分水嶺の謎』の旅を終え、他の地域の分水嶺についても旅の準備を進めています。たとえば、中部地方の分水嶺も不思議な地形が目白押しで、今からとても楽しみです。その一つ、岐阜県の高山盆地の南縁は分水嶺によって太平洋側と境されていて、その分水嶺が横切る谷中分水界は、中国地方に負けず劣らず興味深い地形です。

図8-7はその一例で、JR高山本線がトンネルで越える分水嶺は、宮峠で標高782mの典型的な谷中分水界を通過しています。標高が1500m前後の山並みの中でこの付近だけは低く、宮峠の4㎞ほど西にある苅安峠（898m）も分水嶺が通過する見事な谷中分水界です。

このあたりの山々は、ジュラ紀の付加体や白亜紀の大規模火砕流堆積物が侵食された地形です。とくに、分水嶺が通過する尾根の鞍部の近くまで、山梨礫層や見座礫層など第四紀の未固結の礫層が分布しています。分水嶺の日本海側（高山盆地側）にも、丹生川火砕流堆積物より古い松原礫層が散点的に残っています（山田他、1985；河田、1982）。

丹生川火砕流堆積物は、槍-穂高連峰に分布する穂高安山岩類と同一の噴出物です。カルデラの内部に厚く堆積した部分が穂高安山岩類で、カルデラの外にあふれ出した溶結凝灰岩が丹生川火砕流堆積物。見かけも硬さも厚さも全く異なりますが、同じ火山活動の産物で、その年代は176万年前です。

かつて第四紀の始まりの年代はおよそ180万年前とされていましたが、2009年に国際地質学連合によって、およそ260万年前に再定義されました。私が地質調査所に入所し、丹生川火砕流堆積物の古地磁気を測定していた頃は、この火砕流に由来する広域テフラ（火山灰層）のKd-39は、Kd-38（恵比寿峠火砕流堆積物）とともに当時の新第三紀-第四紀境界を示す目印として非常に重要でした。定義が変われば研究界におけるインパクトも変わり、結局論文にまとめることなく退職した後ろめたさを引きずっています（反省）。

このように、およそ180万年前、このあたりの分水嶺の両側には、礫層が何層も堆積しま

図 8-7 飛騨川水系と宮川（神通川支流）水系を分ける分水嶺周辺の地形と、基盤岩類を覆う第四紀の地層（着色部分）。地質図は山田他（1985）および河田（1982）をもとに作成。〔36.08,137.26〕

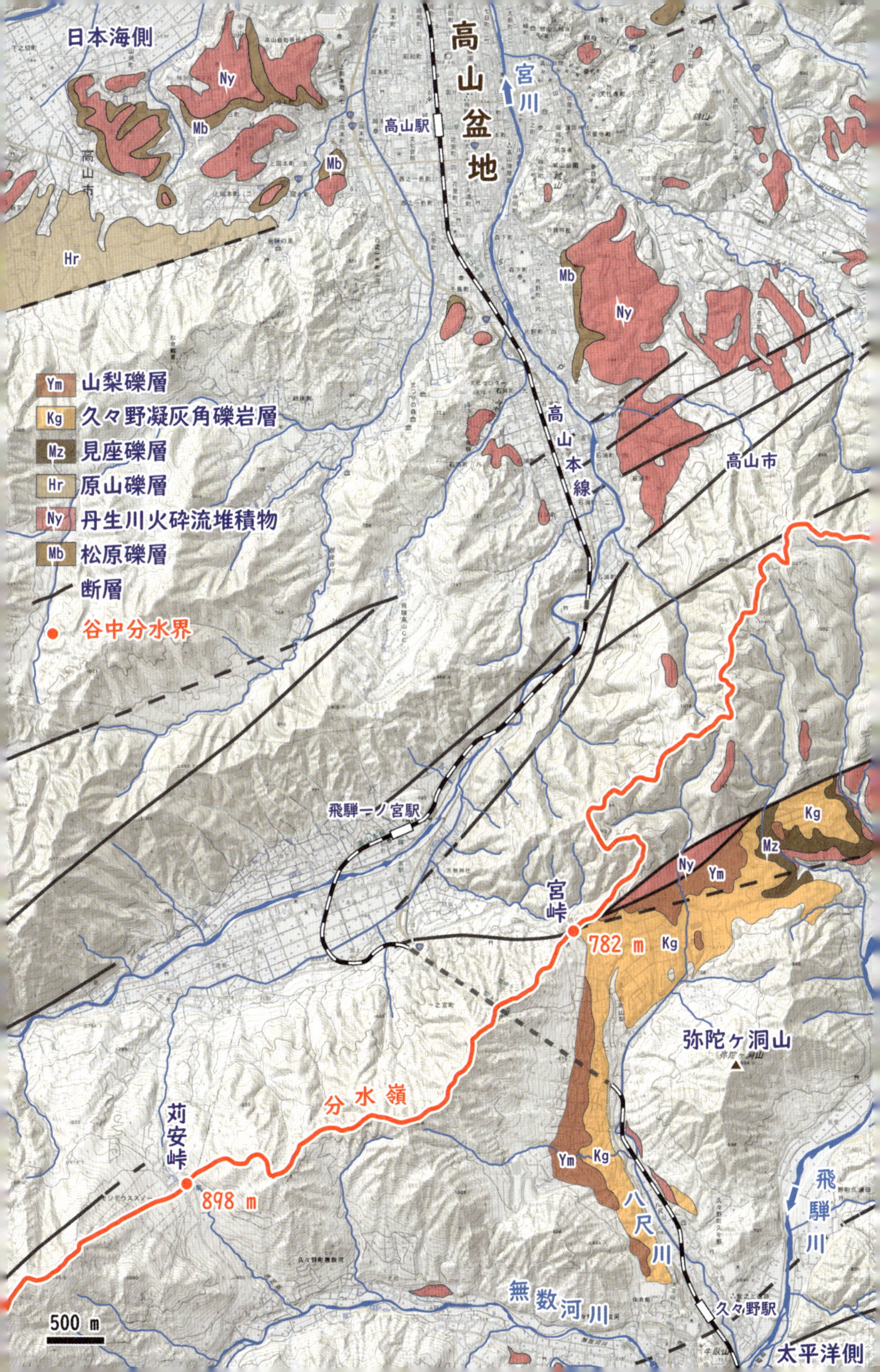
日本海側
高山盆地
宮川
高山駅
高山市
Ny
Mb
Hr
Ym 山梨礫層
Kg 久々野凝灰角礫岩層
Mz 見座礫層
Hr 原山礫層
Ny 丹生川火砕流堆積物
Mb 松原礫層
断層
谷中分水界
高山本線
高山市
飛騨一ノ宮駅
宮峠
782 m
Kg
Ym
Mz
弥陀ヶ洞山
分水嶺
苅安峠
898 m
八尺川
飛騨川
無数河川
久々野駅
太平洋側
500 m

した。とくに、見座礫層は最大層厚が40mもある厚い地層で、径40㎝を超える巨礫を含み、礫の円摩度が高くて淘汰も良く、〝くさり礫〟の状態まで風化が進んでいると報告されています（山田他、1985）。

山奥の礫層は、本当に河川成？

これらの礫層は、この地域を流れていた大河川によって運ばれた河川成の堆積物であると考えられています（山田他、1985）。そもそも、太平洋からも日本海からも遠く離れた内陸部に、海が浸入していたとは考えられませんから。その大河川とは、木曽川に合流したあと伊勢湾に注ぐ飛騨川と考えられています。すなわち、飛騨川はかつて北に向かって流れていて、高山盆地を通過したあと神通川に合流し、富山湾に流れ出ていたと考えられているのです（図8-8青矢印）。宮川のか細い流れでは、これほどの礫層が堆積するとは思えませんから。

ところが、川が尾根（分水嶺）を乗り越えて流れるはずはありません。そのため、現在の分水嶺に沿う山並みはかつて存在せず、その後の断層運動によって隆起して、現在の分水嶺ができたと考えられました。北に流れていた飛騨川はその隆起運動によって行く手を阻まれ、流れの向きを大きく南に変えたと考えられているのです（山崎、2006）。一方、上流を失った宮川（かつての飛騨川）は、幅の広い高山盆地には不釣り合いな無能河川になったと解釈されるのです。

このように、山奥に第四紀の礫層があれば、それらは陸成層、すなわち河川が運んだ砂礫堆積物であることを疑う人はいません。そして、その礫層が尾根の鞍部に残されていれば、河川の争奪や流路変更を考えざるを得ないのです。礫層の存在は、紛れもない観察事実なのですから。

もちろん私も、礫層が河川成か海成か判断することはできません。なので、両方の可能性を

図8-8 飛騨川の流路変更の推定図。山崎（2006）をもとに作成。

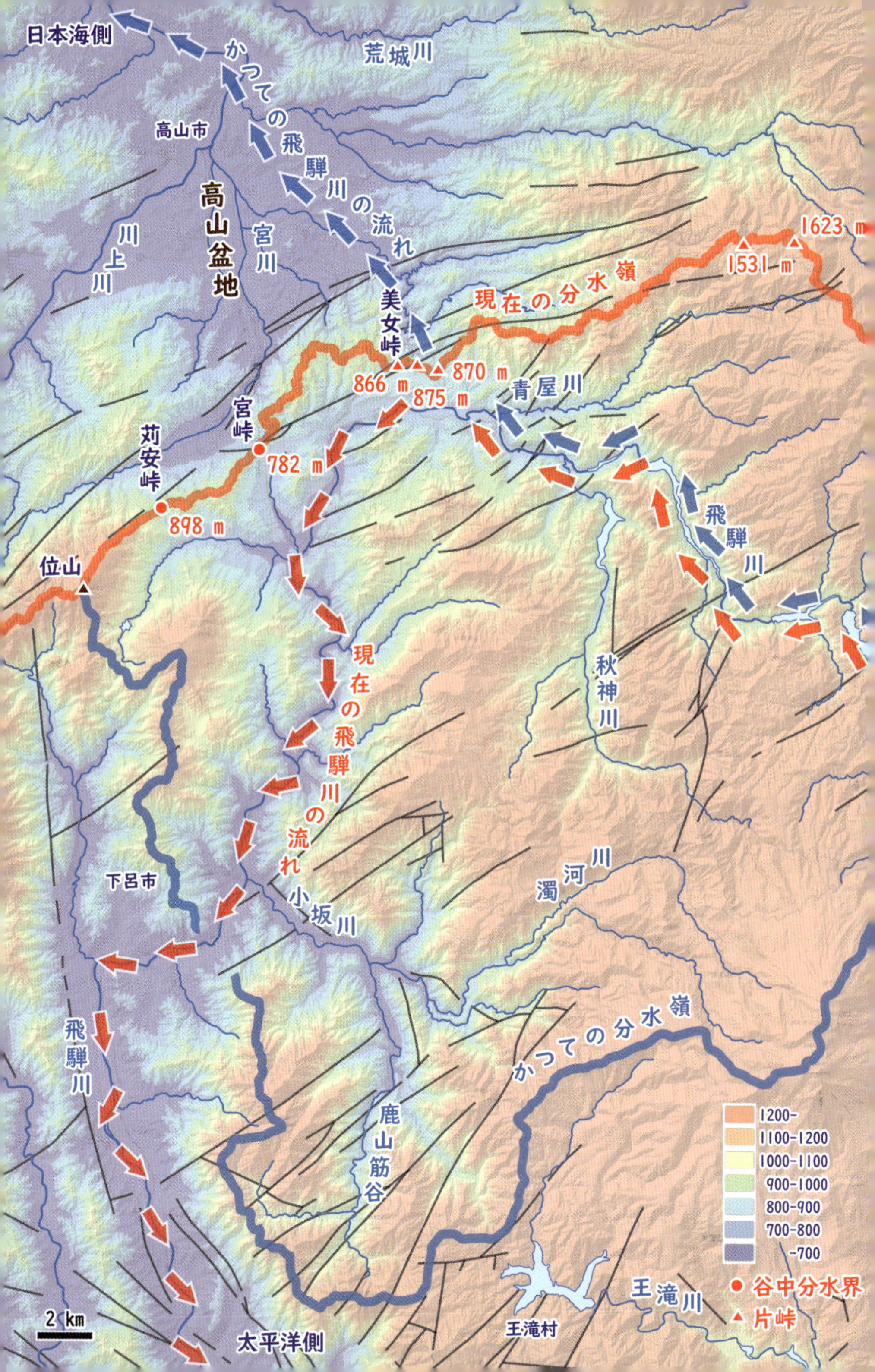
日本海側
かつての飛驒川の流れ
荒城川
高山市
高山盆地
川上川
宮川
美女峠
現在の分水嶺
1623 m
1531 m
866 m
870 m
875 m
青屋川
宮峠
782 m
苅安峠
898 m
位山
飛驒川
現在の飛驒川の流れ
秋神川
濁河川
下呂市
小坂川
かつての分水嶺
鹿山筋谷
飛驒川
1200-
1100-1200
1000-1100
900-1000
800-900
700-800
-700
谷中分水界
片峠
王滝川
王滝村
2 km
太平洋側

残しつつ、地質と地形を見比べながら思考実験を繰り返しています。そして、河川成の可能性を排除しないのと同様に、海成の可能性も考えているのです。

残された6m

「上越国境を水源とし関東平野を西から東へ横断した坂東太郎（利根川）は、平野の東端に突き出た銚子から太平洋へと注いでいる。銚子は日本屈指の漁港として、また最近では旅情あふれるローカル線（銚子電気鉄道）存続のために〝濡れ煎〟が話題となった町としても知られている。その銚子の北端に建つ千葉ポートタワーの展望台からは太平洋が一望でき、地球が丸いことを実感することができる。西を望めば、都心の超高層ビル群の背後に、伊豆半島から丹沢山地、さらに関東山地へと連なるスカイラインが続き、その向こうにひときわ高い富士山の端正な威容を観ることができる。

ところで、このポートタワーの脇にある小さな露頭に気づく人は、ほとんどいないであろう（図8-9）。南にわずかに傾斜した縞模様は、もともとは水平に堆積した泥の重なりを表している。この地層は今からおよそ169０～165０万年前に深い海の底に堆積したもので、夫婦ヶ鼻層と呼ばれている。現在では夫婦ヶ鼻の地名は地図からも消え、夫婦ヶ鼻層も厚さが6mほどのこの露頭しか残っていない。ところが、この地層が日本列島の地質を二分する境界論争の主役として注目されることになる。それは、わずか10年ほど前のことであった」

高橋（2016）より

これは、私が在籍していた研究所の広報誌に連載した、『東西日本の地質学的境界』という記事の始まりです。入所以来、研究に没頭していた私ですが、50歳を過ぎると年齢相応の管理業務から逃れることができず、研究部門の研究主幹として広報を担当することになりました。ド

図8-9 ポートタワーの横に露出する夫婦ヶ鼻層（左上）と、地質調査所（現産総研地質調査総合センター）の一階ロビーの壁面（右上）。夫婦ヶ鼻層の全景（下）に示されている番号は、珪藻化石を分析した試料。〔35.74,140.86〕

イツ人地質学者のナウマンによって1882年に設立された地質調査所（現産総研）は130年以上の歴史があって、月刊の広報誌『GSJ地質ニュース（旧地質ニュース）』は、1953年の第一巻からすでに60年以上も発行されてきました。日本の経済成長とともに歩んできた、地質調査所（GSJ）の歴史の貴重な語り部です。

ところが、昨今の業績主義・評価主義の波は研究の世界にも蔓延し、広報誌に記事を書いても研究者の評価にほとんどカウントされないため、慢性的な原稿不足が続いていました。何度も廃刊が議論されるも、上層部からは継続するよう指示が降りてくるだけ。広報担当として所内を回り研究者に記事の投稿をお願いしても、忙しいからと断られ続けていました。

次号の発行日から逆算すると、刷り上がり10ページ程度の原稿が一週間以内に必要。大学祭でサークルのスパゲッティー店の売り上げを確保するために、サークル員が自ら事前にチケットの束を買い取って、それを知り合いに売りまくる。友人の少ない私は結局チケットを売ることができず、大学祭の期間中の食事はすべてスパゲッティー。そんなことを思い出しながら、何かネタをひねり出して記事を書くことにしました。悩んでいる時間の余裕はなかったのです。

それでも、『GSJ地質ニュース』は学術論文と異なり、やりたい放題・書きたい放題なのはありがたいです。編集委員会のチェックはありますが、論文の査読（審査）のような畏まった儀式はなく、その後は空き時間に記事を書いては投稿していました。今数えてみると、2016年からの5年間で23編も記事を載せています。『東西日本の地質学的境界』は全10回の連載で、その頃は「GSJには高橋しかいないらしい」という噂を耳にしたこともありました。所外の研究者も含め、呆れられていたのでしょう。

ところで、ここに出てくる夫婦ヶ鼻層は、記事に書かれているように、厚さがわずか6m分の地層しか残っていません。古い写真を見ると、かつては海食崖に続く夫婦ヶ鼻層の見事な露頭があったようですが、波浪による侵食や漁港の拡張工事などによって、現在ではほとんど消失してしまったのです。学術的に貴重な地層であることを、どこかの地質研究者が教育委員会などに懇願してくれたのでしょう。現在では夫婦ヶ鼻層を解説する看板が掲げられ、ひっそりと、でも大切に地層は保存されています。

もし、この最後の6mが消失したあとに私が銚子を訪れていたとしたら、どのような展開になっていたでしょうか。本邦地質学の難問の一つである東西日本の地質学的境界問題を解くことは、もちろんできなかったはずです。それだけではありません。それに引き続く、フォッサマグナの成因や、三波川変成帯の成立と中央構造線の出現、黒瀬川帯の起源や跡倉クリッペ問題などなど、100年以上にわたって地質学者の挑戦をことごとく跳ね返してきた地質学的難問に、新たな展開が始まることはなかったでしょう。私は科学者なので〝奇跡〟という言葉は使いませんが、最後に残された6mの夫婦ヶ鼻層の露頭を訪れると、〝奇跡〟という言葉が脳裏を横切ります。

真っ直ぐ進むプレートは回転運動

前置きが長くなりました。なぜ私がこれほど地形にはまっているのか、今日はその理由をお話ししましょう。2017年に放送されたNHKスペシャル『列島誕生ジオ・ジャパン』は、その3年前の2014年に企画が始まりました。私は企画の最初から関わっていましたので、ときには渋谷のホテルに寝泊まりしながら、昼間はスタッフと100万分の1の縮尺の日本地質図を広げては、思いつくジオネタをつぎからつぎへとしゃべり続けていました。

口から生糸を吐く蚕のように、話題が尽きることはありませんでした。私はいつも一人で山に入って地質を調べるので、誰とも話さない日が続いても苦にはなりません。しかし、ひとたび地質の話題を求められると、思考実験（ほぼ妄想）で得た貯金を使い果たすまで語る癖があります。いわゆる〝危ない人〟に分類される人物です。

その頃は、私はフィリピン海プレートの過去の運動に関する研究に没頭していて、２５００万年前から現在までの運動の復元に成功していました。その巨大なプレートは、球面である地球の表面を移動しています。球面上を移動するプレートの運動は、オイラー極と呼ばれる回転の中心と回転角速度で記述されます（図８‐10）。研究者でも勘違いしている方がいるので、簡単に説明しましょう。

たとえば、赤道上を東から西に移動する船をイメージしてください。この船は北極点を中心に時計回りに回転していますね。あるいは、南極点を中心に反時計回りに回転しています。この回転の中心をオイラー極といいます。回転の中心は二つあるので、数学では反時計回りの回

図 8-10　プレートの運動と、オイラー極および回転角速度の関係。

転に対する回転の中心を、オイラー極と定義しています。船の例でいえば、南極点がオイラー極です。ところが、それだとプレートを表示した地図にオイラー極を示すことができない場合があるので、時計回りの回転の中心もオイラー極とし、回転の向き（時計回りか、反時計回りか）を並記して対処しています。

フィリピン海プレートの現在のオイラー極は北海道の北東方の千島列島付近に位置していて、100万年でおよそ1度の回転角速度で回転しています。100万年で1度とは、ずいぶん小さく感じるかもしれません。しかし、プレートの運動は回転運動なので、オイラー極から離れるほど速度は増加します。半径が大きくなるほど円周が長くなるのと同じです。そして、回転角速度が2倍になれば、プレートの速度も2倍になるわけです。

ただし、プレートの運動は、平面上の円運動ではなく球面上の運動です。オイラー極から90度離れた位置（オイラー赤道という）でプレート速度は最大になり、さらに離れると速度は小さくなってしまいます。先ほどの船の例では、北極点では速度がゼロで、赤道で最大となり、南極点で再びゼロに戻ります。これは、プレートテクトニクスの試験によく出題されます。

骨格はできたけれど……

模型づくりが得意な私でも、さすがに球面のプレート模型をつくるのは難しいです。フィリピン海プレートの運動を過去にさかのぼって復元するためには、正確なオイラー極と回転角速度を計算しなければなりません。そのため、途中から手作りの模型と平行して、コンピュータでプレート運動を定量的に解析することにしました。その一例を図8-11に示しましょう。

フィリピン海プレートの過去の運動は、2500万年前まで復元しています。コンピュータなので、過去2500万年間を100万年刻みなら26コマ（現在は年代ゼロ）、10万年刻みなら

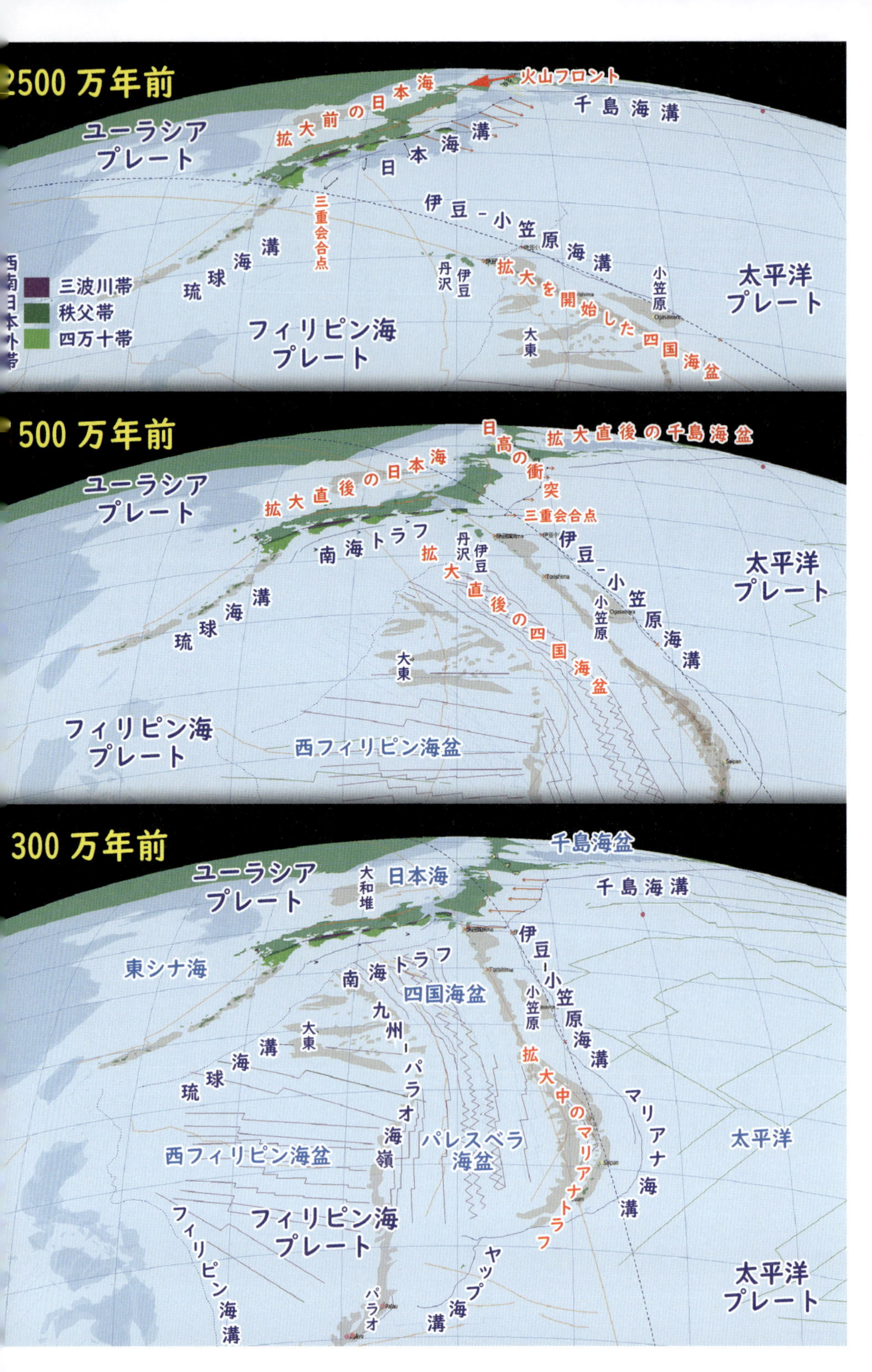
2500 万年前
火山フロント
千島海溝
ユーラシアプレート
拡大前の日本海
日本海溝
三重会合点
伊豆-小笠原海溝
琉球海溝
丹沢
伊豆
拡大を開始した四国海盆
小笠原
太平洋プレート
西南日本外帯
三波川帯
秩父帯
四万十帯
フィリピン海プレート
大東
500 万年前
日高の衝突
拡大直後の千島海盆
ユーラシアプレート
拡大直後の日本海
三重会合点
南海トラフ
丹沢
伊豆
伊豆-小笠原海溝
拡大直後の四国海盆
太平洋プレート
琉球海溝
小笠原
大東
フィリピン海プレート
西フィリピン海盆
300 万年前
千島海盆
ユーラシアプレート
大和堆
日本海
千島海溝
伊豆-小笠原海溝
東シナ海
南海トラフ
四国海盆
小笠原
九州-パラオ海嶺
大東
琉球海溝
拡大中のマリアナトラフ
マリアナ海溝
太平洋
パレスベラ海盆
西フィリピン海盆
フィリピン海プレート
フィリピン海溝
ヤップ海溝
パラオ
太平洋プレート

251コマの動画にして再生することができます。日本列島を取り巻くプレートの運動を動画にしては再生し、日本列島の地殻変動の変遷（へんせん）と見比べながら、新たな制約条件を探しているのです。

図8-11は、日本列島がまだ大陸だった2500万年前（上）と、日本海の拡大が終了して列島の時代に移行した1500万年前（中）、そしてフィリピン海プレートの運動方向が変わって東西圧縮が開始した300万年前（下）のスナップショットです。

このことを話し始めると、京都から下関までもう一度エア旅するくらい時間がかかってしまうので、その内容は『フィリピン海プレートの謎解きの旅』として将来に企画しましょう。ここでは、なぜ私が地形の研究に没頭しているのかが焦点ですから。

NHKのスタッフにこのような復元図を示しながら番組の構想を練っていくわけですが、ある日、スタッフの一人から質問を受けたのです。

「高橋さん、あのCGに海と陸を重ねて表示することは可能ですか？」。それは古地理図（海陸分布）といって……とても難しいのです。

日本列島の成り立ちの骨格（枠組み）は、ほぼ完成しています。しかし、骨格の上に着せる衣装をつくるのは、とても骨の折れる作業なのです。しかも、材料が足らないことは明らかでした。とくに、西南日本については、圧倒的に生地が足りないのです。

衣装をつくるための生地が足りない

図8-12は、日本列島の地質の概要を表したものです。ユーラシア大陸の東端に位置する日本列島は、東から太平洋プレートが、南からフィリピン海プレートが沈み込んでいて、典型的なプレート収束境界に位置しています。日本列島とユーラシア大陸との間には日本海が広がっているので、日本列島は大陸ではなく列島です。弓なりに反った島のつながりなので、地球科学

図8-11　コンピュータで復元した日本列島の成り立ちのスナップショット。

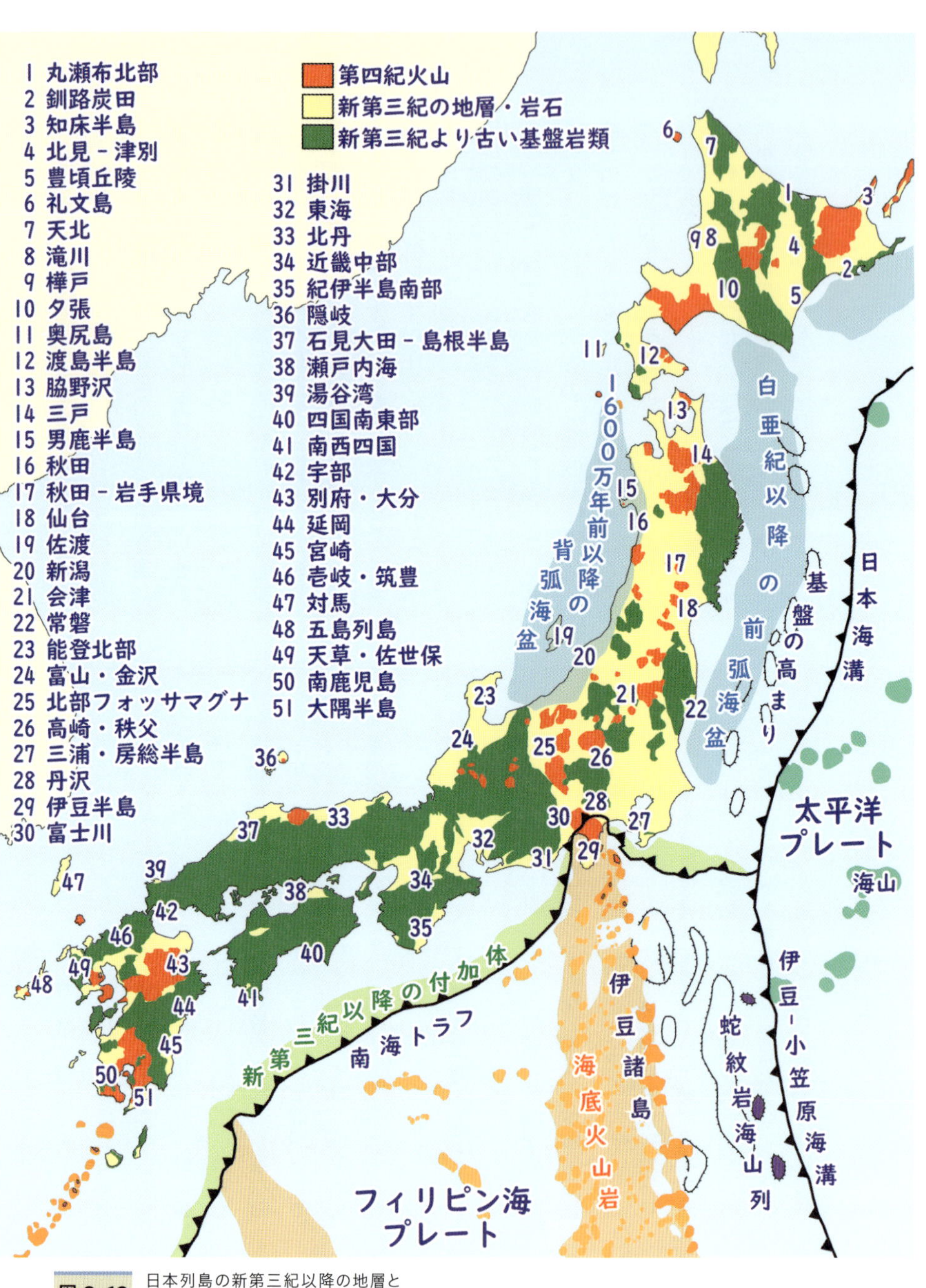

図 8-12 日本列島の新第三紀以降の地層とそれより古い基盤岩類の分布。

では弧状列島とか島弧と呼ばれています。

たとえば、北海道の樺戸山地より東は千島弧、樺戸山地からフォッサマグナまでは東北日本弧、九州までは西南日本弧で南西諸島は琉球弧です。そして、伊豆諸島と小笠原諸島を合わせた島弧が伊豆‐小笠原弧です。それらは沈み込むプレートの年代と陸側のプレートの組み合わせの違いに基づいた区分です。

もちろん、地質学的過去にさかのぼれば組み合わせが変わるので、その時々に合わせた区分に再定義しなければなりません。このように、日本列島は世界で最も典型的な弧状列島（島弧）ですが、それは日本海の拡大が終了した1500万年前以降だけになります。

ところで、北海道・本州・四国、そして九州の主要な四島からなる日本列島の地質には、不可思議な特徴があります。フォッサマグナを境に東北日本弧と西南日本弧に大別してみると、東北日本弧には新第三紀以降の地層や岩石が広い範囲に分布しているのに、西南日本弧では新第三紀よりも古い地層や岩石（基盤岩）が露出しています。日本海の拡大はおよそ2000～1500万年前なので、東北日本弧には列島の時代に堆積した新しい地層が、西南日本弧には日本がまだ大陸だった頃の古い基盤岩が分布しているのです。

もちろん、東北日本弧の新しい地層の下には、大陸時代に形成された古い基盤岩が伏在しています。その一部は、北上山地や阿武隈山地などにまとまって露出していますが、それらは新しい地層の間から顔を出している程度なのです。

このことから、東北日本弧はそれほど隆起していないため、基盤岩を覆う新しい地層が侵食し尽くされてはいないことが分かります。反対に、古い基盤岩が広い範囲に露出している西南日本弧では、かつて基盤岩を覆っていた新しい地層のほとんどが削剥されてしまったと考えられます。

つまり、東北日本弧に比べて西南日本弧は総隆起量が大きく、相対的に深い部分が地表に現れているのです。言い換えるなら、西南日本弧のほうが深くまで削り去られているのです。その結果、古地理図に使用する生地（新第三紀の地層）の大半が、失われてしまっているのです。

古地理図を描くには覚悟が必要

それでも、古地理図の作成に挑んだ研究者がいないわけではありません。図8-13は、古生物学者の鎮西清高先生がまとめられた図（鎮西、1981）をもとに作成しました。沿岸の岩礁や浅い砂地の海底に棲息する貝化石群集をもとに、およそ1600万年前の古地理図を推定したものです。日本海の拡大末期、日本列島は熱帯から亜熱帯の環境だった時期が短期間あり、地質学で注目されていました。私が大学生だった頃も、花粉や陸上植物の化石などを用いた多角的な研究が進められていました。

ここで図8-13を図8-12と比較すると、興味深い一致に気がつくと思います。推定された1600万年前の古地理図（図8-13）の陸地は、日本列島の新第三紀よりも古い基盤岩の分布（図8-12）によく対応しています。大きな違いは、中国地方を斜めに横切る幅の広い海峡くらいでしょう。この海峡は、『分水嶺の謎』の旅でも紹介した備北層群（びほくそうぐん）の分布から推定されています。備北層群の分布は散点的で、残された地層は薄いですが、わずかでもそこに海成層が残っていれば、当時その場所が海だったことは確実です。つまり、この部分は生地が足りていました。

しかし、ほかの陸域はどうだったのでしょうか？　たとえば北海道の日高山脈（ひだかさんみゃく）は、少なくとも1600万年前以降、10km以上は隆起したはずです。地殻の下部までが露出しているからです。1600万年前に海が広がって海成層が堆積していたとしても、それらはすべて削剥されてしまったでしょう。その結果、当時その場所が海だったのか陸だったのか、判断することはできません。判断材料である地層がない限り、海か陸か決められないのです。中部山岳地帯や紀伊（きい）

図 8-13 鎮西（1981）に基づいて作成した、およそ1600万年前の日本列島の古地理図（海陸分布図）。

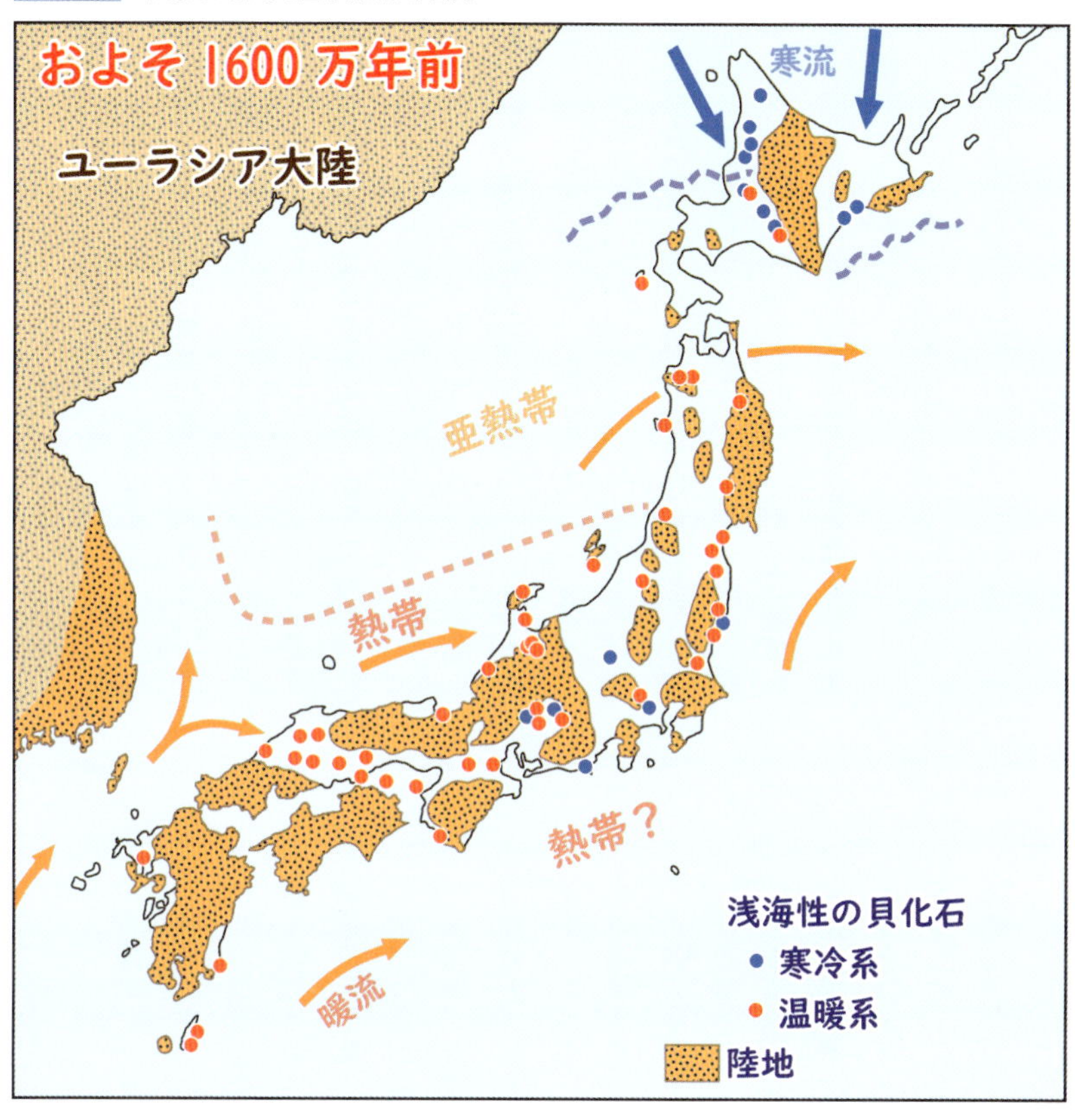

山地、四国山地なども同じ理由から陸域と推定されているのです。

なぜ鎮西先生は、基盤岩類が分布する地域を陸と示したのでしょうか。その理由は、「当時は海だった」と積極的に示す根拠がないからです。もし、基盤岩がつくるこれらの山地を、当時は海底だったとして復元図を描いたらどうなるでしょうか。日本中の地質研究者は、その根拠を示すよう求めるでしょう。「そこには海底に堆積した地層があるのですか？」とか、「海棲生物の化石を発見したのですか？」とか。もちろん、そのような質問をする地質研究者はいません。みな、事情を知っていますから。

海成層が残っていれば、当時は海だったことが分かります。陸成層が分布していれば、当時は海ではなく陸だったと主張できます。ところが、そもそも地層が分布しておらず、古い基盤岩だけが露出している地域は、かつて海だったのか陸だったのか判断できないのです。

つまり、海成層がないからといって、即座に海ではなかったとはいえないのです。にもかかわらず「海ではなかった」といってしまうと、それは同時に「当時は陸だった」といっていることになってしまいます。海か陸のどちらかしかあり得ませんから。すると、間髪入れず、陸であったとする根拠を求められます。基盤岩を覆う地層がない限り、それに答えられる地質研究者はいないのです。

250万年前の日本列島は陸だった？

鎮西先生がおよそ1600万年前の古地理図をまとめられたちょうど10年後、私が勤務していた地質調査所（現産総研）から、日本列島の新生代について11の時期に分けた古地理図が公表されました（鹿野他編、1991）。地質図幅に携わっている地質研究者を中心にまとめられた大作で、誰かがまとめなければならないだろうけれど、私が頼まれたら無理ですと断ったかもしれません。私が地質調査所に入所したのは、古地理図が出版された翌年（1992年）でした。

11枚に示された日本列島の古地理図は、図8-12に番号で示した地域ごとに地質柱状図を整理し、各種の地質情報を年代軸に沿って書き込んで推定したものです。それは、2000ピースのジグソーパズルに描かれている絵が何なのか、手持ちの100ピースで推定するような作業の連続だったでしょう。

ここで古地理図の一枚を示しましょう（図8-

図 8-14 第四紀の始め頃の日本列島の古地理図(海陸分布図)。
鹿野他編(1991)より作成。

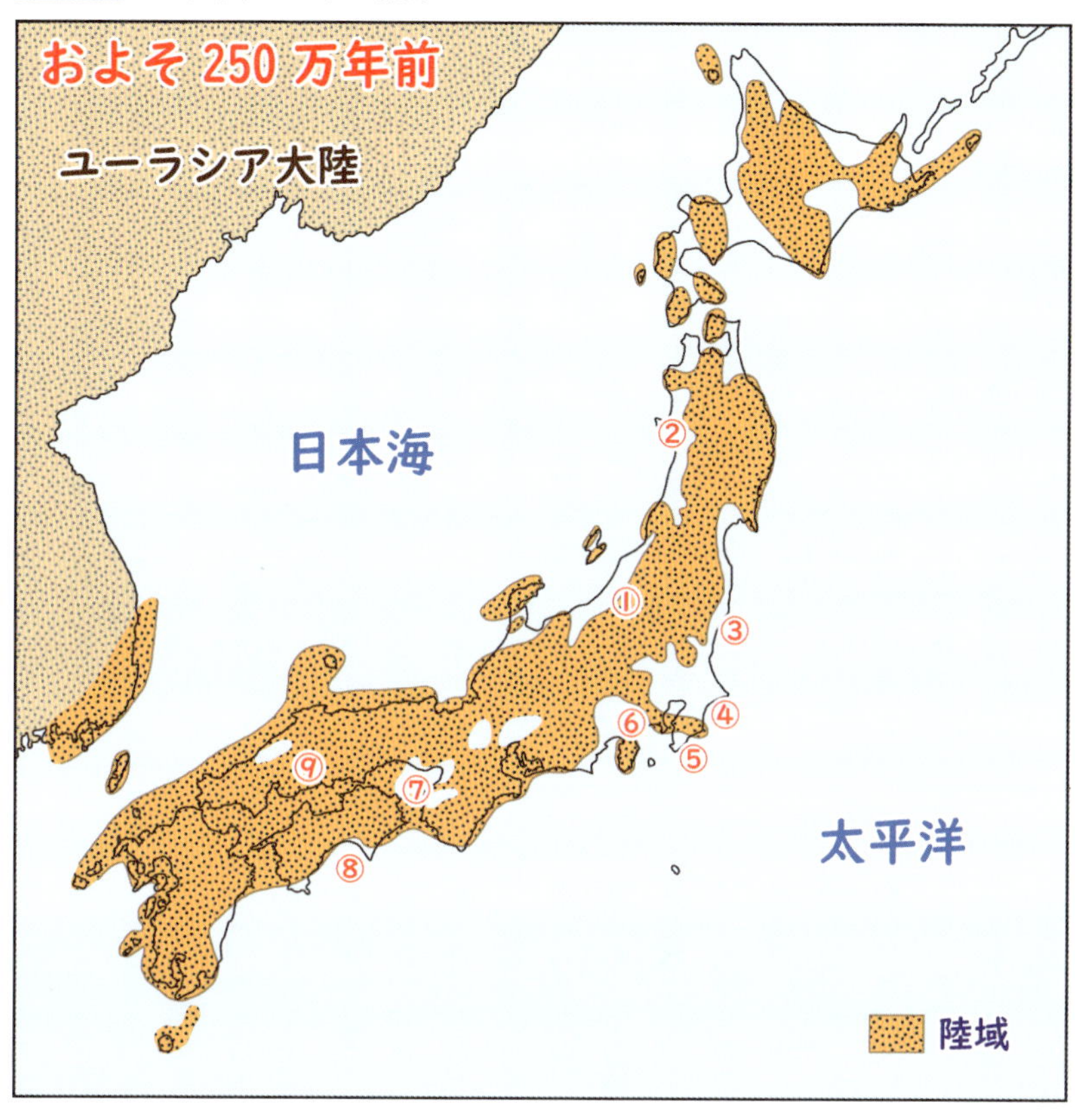

14)。第四紀の始め、およそ250万年前の推定図です。当時、海岸平野の多くは海域でした。川によって運ばれてきた土砂による埋め立てや日本列島の隆起運動によってこれらの海域は離水し、現在は海岸平野になっているのです。

簡単に説明すると、図8-14の①は第4日に訪れた新潟県越後平野の長岡市や小千谷市、②は秋田県の能代平野です。いずれも、秋田-新潟油田褶曲帯で、厚い海成層が分布しています。③は阿武隈山地の東側に続く常磐地域で、中生代の白亜紀以降、陸域と海域を何度も繰り返してきた地域です。④は銚子（犬吠層群）から房総半島（上総層群）に続く海域で、⑤は陸上に露出した世界で最も若い付加体ですね。⑥は足柄層群で、伊豆半島（当時は〝伊豆島〟）が本州（丹沢山地）に衝突する直前に、両者の間の海溝を充填した地層です。昨日、簡単に説明しました。

西南日本に目を移すと、⑦は大阪層群ですから、ちょっと地質に詳しい方なら聞いたことがあるでしょう。陸成層に海成粘土層が何枚も挟まれていて、地殻変動と海水準変動の重ね合わせでつくられた地層です。⑧は高知市から室戸岬にかけて分布する唐ノ浜層群で、四国では珍しい第四紀の海成層です。そして、⑨は島根県江津市周辺に分布する都野津層で、陸成層に海成粘土層が繰り返し挟まれていることから、大阪層群のミニチュア版といえるでしょう。

このように、およそ250万年前の日本列島は、広い範囲がすでに陸域だったと推定されています。しかし、それは陸だったことを積極的に示す根拠があるからではありません。海だったことを示す根拠（地層）がないため、消極的理由で陸域であろうと推定しているのです。

もちろん、陸上に噴出した火山もあります。しかし、海水準変動にともなって海面が低下すれば、西南日本の広い範囲は陸化してしまいます。海水準が高かった間氷期に海がどこまで広がっていたのか、残念ながら地質では判断できません。地層がなければ、海だったのか陸だったのか決められないのです。

前回の『分水嶺の謎』の旅で、私は中国地方が海（多島海）から生まれたと考えました。もちろん、中国地方に第四紀の海成層がほとんど存在していないことは知っています。第四紀だけでなく、新第三紀の海成層も、鍋の底にわずかに残ったカレーのような備北層群しかないことも知っています。だからといって、当時（第四紀）は海でなかったとはいえないのです。

銚子の夫婦ヶ鼻層は6mだけ残っていたので、およそ1690〜1650万年前、銚子は深い海底だったと自信を持っていえました（図8-

9)。一方、根拠(地層)のない中国地方は、海だったとも陸だったともいえません。しかし、地質学ではお手上げだった海か陸かの判断が、『分水嶺の謎』の旅で得た〝鍵〟によって可能になる気配を感じたのです。

もしかすると、地形から海の痕跡が見つかるかもしれない。その先には、今まで誰も見たことのない世界が広がっているに違いない。ここまで来たら、自分の直感を信じて進むだけです。地形のセレンディピティが微笑んでくれると、私は信じているのです。

column vol.5

「百円玉」

百円玉を拾いました。とてもついていると思う反面、これで今年の運をすべて使い果たしてしまったと感じるのは、自分が年をとったからでしょうか。それでも、まだほかにも落ちていまいかと、下ばかりに目がいきます。小さい男だなぁと気が滅入ります。案の定、十円玉すら落ちていません。がっかりする自分に、ますます落ちこみます。

科学の世界では、幸運の女神が微笑むことがあります。「科学史に残る大発見をしたとき、まさに女神が微笑んだ」と。ただし、女神は誰にでも微笑むわけではありません。それどころか、同じ人に何度も微笑むのです。つまり、宝くじとは異なり、確率（運）ではありません。女神は気まぐれです。

女神が微笑む人には、セレンディピティ（serendipity）が備わっているといわれます。セレンディピティとは、何かを発見をする能力を指します。だから、能力を備えている人に、女神は何度も微笑むのです。

では、百円玉を拾う人には、セレンディピティが備わっているのでしょうか。少なくとも、自転車で走っている人が、落ちている百円玉に気がつくことはないでしょう。まして、オートバイや自動車で疾走している人が、百円玉を拾うとはとうてい思えません。下を見ながらゆっくりと歩いていなければ、百円玉を見つけることはできません。

したがって、百円玉を拾う人には、セレンディピティが備わっているといえます。ずいぶんと、お安い女神ではありますが。

（2013年2月10日）

column vol.6

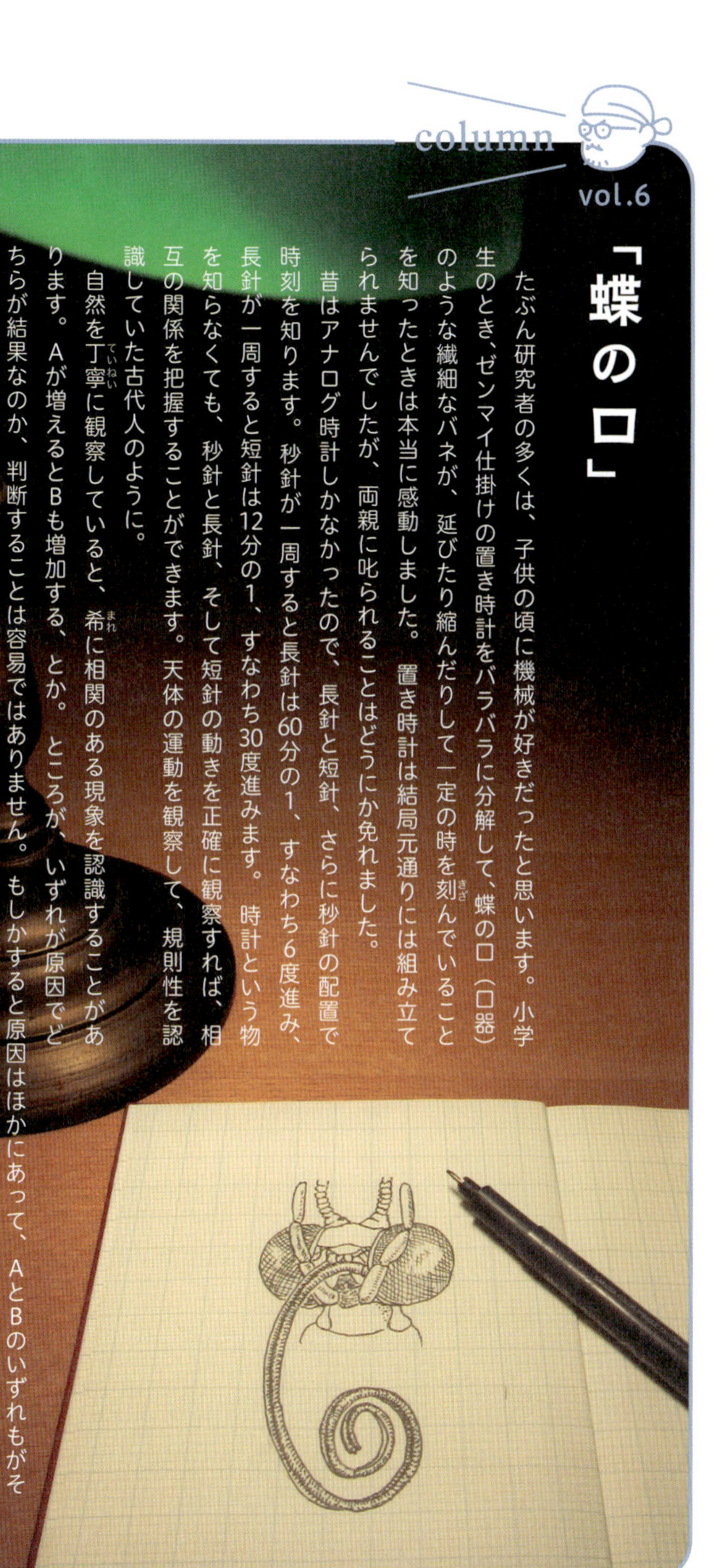

「蝶の口」

たぶん研究者の多くは、子供の頃に機械が好きだったと思います。小学生のとき、ゼンマイ仕掛けの置き時計をバラバラに分解して、蝶の口（口器）のような繊細なバネが、延びたり縮んだりして一定の時を刻んでいることを知ったときは本当に感動しました。置き時計は結局元通りには組み立てられませんでしたが、両親に叱られることはどうにか免れました。

昔はアナログ時計しかなかったので、長針と短針、さらに秒針の配置で時刻を知ります。秒針が一周すると長針は60分の1、すなわち6度進み、長針が一周すると短針は12分の1、すなわち30度進みます。時計という物を知らなくても、秒針と長針、そして短針の動きを正確に観察すれば、相互の関係を把握することができます。天体の運動を観察して、規則性を認識していた古代人のように。

自然を丁寧に観察していると、希に相関のある現象を認識することがあります。Aが増えるとBも増加する、とか。ところが、いずれが原因でどちらが結果なのか、判断することは容易ではありません。もしかすると原因はほかにあって、AとBのいずれもがその結果であることもあり得ます。あるいは、偶然現れた相関かもしれません。そして、悶々と悩むのです。

観察事実の背後に潜むメカニズムまで理解しないと、気持ちがスッキリしません。研究とは、置き時計の奥に隠れている蝶の口にたどり着きたい欲求です。精神的安堵感を求める、きわめて個人的な営みなのです。

（2013年11月20日）

第8日

高所に残る海の痕跡

脊梁山地面も盆地の集まりでした。海が削った盆地が組み合わさって、中国地方の地形がつくられたのです。

〝天空の聖地〟もかつては内湾

今日は、中国地方の侵食小起伏面のうち、最も標高が高い脊梁山地面に出かけましょう。最初は広島県の北西端、〝天空の聖地〟の八幡盆地です（図9-1）。前回の『分水嶺の謎』の旅では第8日に訪れましたね。柴木川の源流域に広がる八幡盆地は標高が800m前後の高地にもかかわらず、水田が広がる真っ平らな低地が印象的でした。

八幡盆地に降った雨は南に流れ、聖湖に集められたあと、中国山地を深く穿つ渓谷を下っていきます。地理院地図を見ると、柴木川に沿って三ッ滝や竜門、出合滝や三段峡、黒淵や天狗岩、龍の口などの文字が書かれていて、蛇行する深いV字谷はまさに龍をイメージさせます。

聖湖を境に下流の渓谷と上流の平原の対照的な光景は、『分水嶺の謎』の旅では何度も見てきました。今回の『準平原の謎』の旅でも、盆地と一段低い盆地をつなぐ峡谷（狭窄部）がいく

図9-1 八幡盆地の地形と分水界。〔34.71,132.17〕

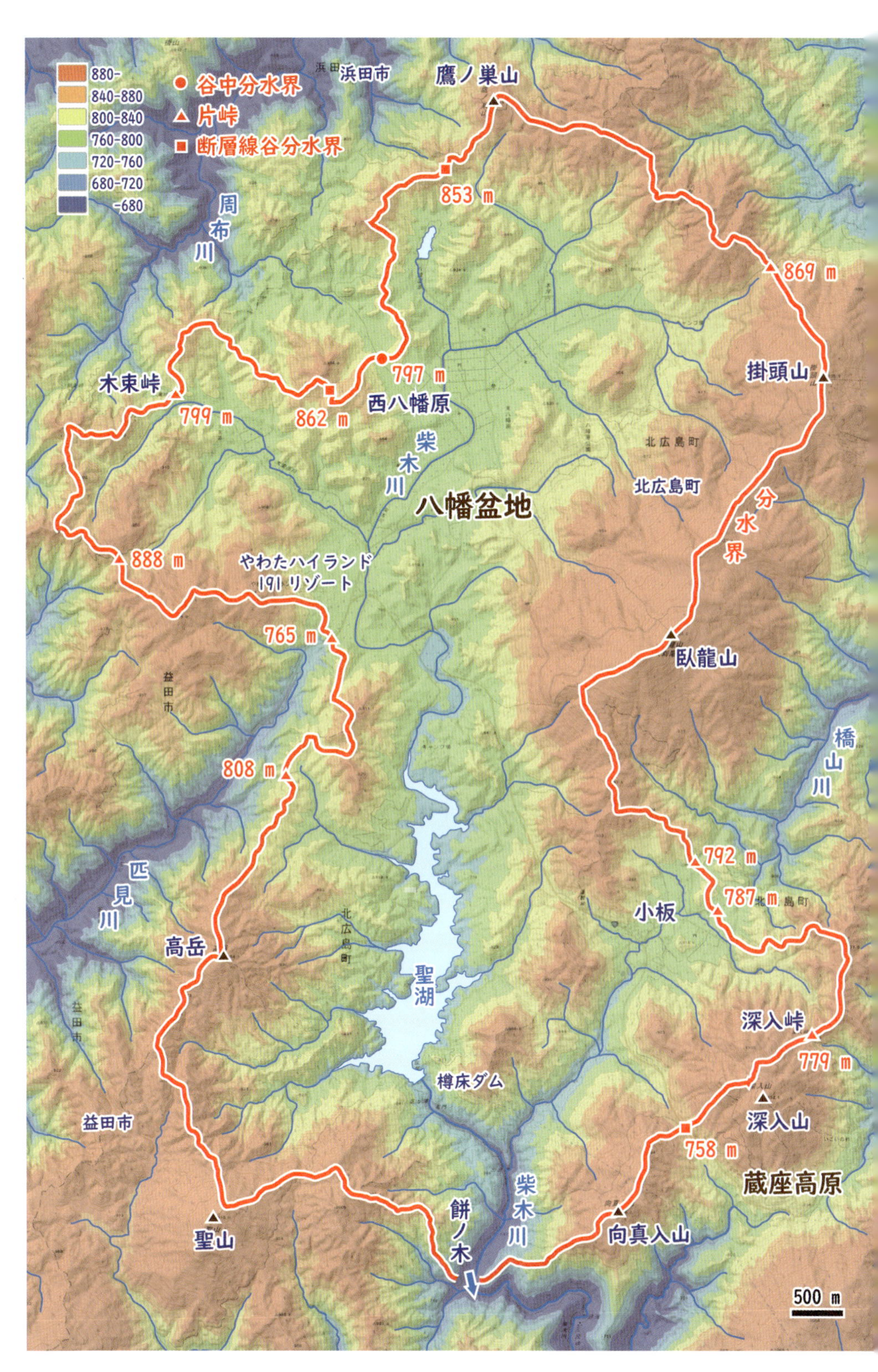

880-
840-880
800-840
760-800
720-760
680-720
-680
谷中分水界
片峠
断層線谷分水界
浜田市
鷹ノ巣山
853 m
周布川
869 m
掛頭山
797 m
西八幡原
木束峠
799 m
862 m
柴木川
北広島町
北広島町
八幡盆地
分水界
888 m
やわたハイランド191リゾート
765 m
臥龍山
益田市
808 m
橋山川
792 m
787 m
小板
西見川
高岳
北広島町
聖湖
深入峠
779 m
樽床ダム
深入山
益田市
758 m
蔵座高原
柴木川
餅ノ木
聖山
向真入山
500 m

つもありました。海成段丘と段丘崖（かつての海食崖）が繰り返す階段状の地形を川が下っていると思えば、盆地と盆地の間の緩急の繰り返しも納得できます。

ここで樽床ダムの少し下流に位置する餅ノ木付近を起点に、八幡盆地を取り囲む分水界を描いてみましょう。分水界に囲まれた範囲には、標高800mほどの平坦な地形が広がっていることが分かります。分水界は臥龍山（1223m）や掛頭山（1126m）、高岳（1054m）や聖山（1113m）など、中国山地を代表する山頂を通過していて、盆地底との高度差は300～400mもあります。

しかし、盆地底とほとんど標高が変わらない谷中分水界や片峠も、いくつも通過しています。それらの標高は800m前後ですね。谷中分水界はもともと海峡だったので、それらの海峡が陸化する直前には、現在の盆地底は浅く平坦な海底だったことが分かります。当時の臥龍山や聖山は、2日前に瀬戸内海で見た上蒲刈島や豊島、大崎下島のような立派な島だったのでしょう。

標高800mにある背中合わせの盆地

つづいて、広島県と山口県の県境付近に広がる冠山高原に移動しましょう（図9-2）。標高は800mほどと高所ですが、起伏の小さい地形は吉備高原や世羅台地にそっくりです。冠山高原のなだらかな地形は、太田川と小瀬川の源流域に広がっています。さっそく、図9-2の青矢印で示した地点を起点として、分水界を描いてみました。二つの分水界が重なる飯山貯水池周辺は、標高が800m前後の谷中分水界がたくさんあります。とくに、松の木峠（793m）の片峠は見事ですね。

一方、冠山高原の西側の宇佐川水系は侵食が進んでいて、冠山（1339m）から鬼ヶ城山（1031m）に続く分水界を境に東側と西側の地形は対照的です。松の木峠から『分水嶺の謎』で野宿した田野原の谷中分水界までは、直線距

図9-2 冠山高原の地形と分水界。〔34.43,132.10〕

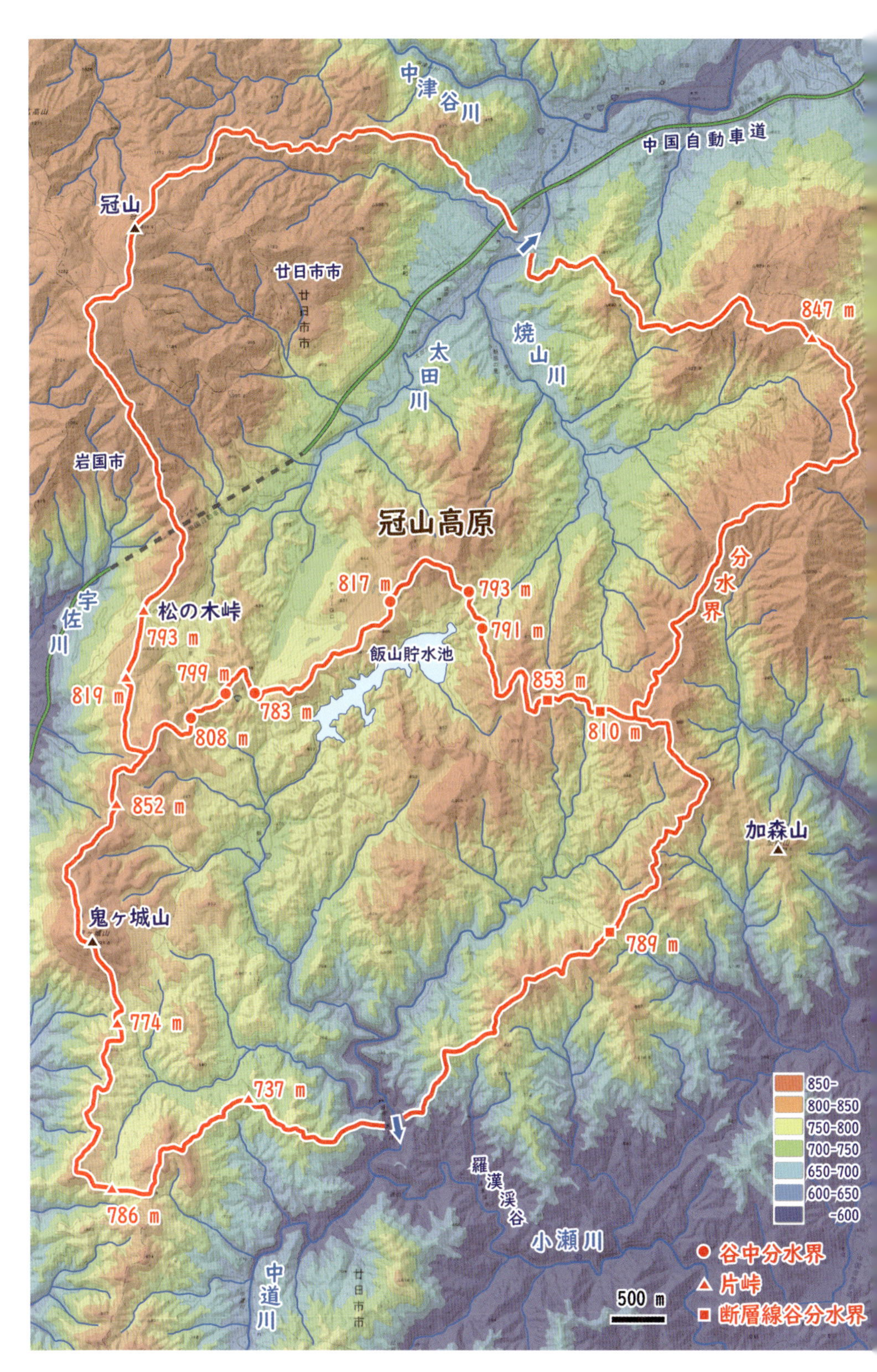

中津谷川
中国自動車道
冠山
廿日市市
廿日市市
焼山川
太田川
847 m
岩国市
冠山高原
分水界
宇佐川
松の木峠
817 m
793 m
791 m
793 m
飯山貯水池
799 m
819 m
783 m
853 m
808 m
810 m
852 m
加森山
鬼ヶ城山
789 m
774 m
737 m
786 m
羅漢渓谷
小瀬川
中道川
廿日市市
850-
800-850
750-800
700-750
650-700
600-650
-600
谷中分水界
片峠
断層線谷分水界
500 m

離でわずか9㎞ほど。宇佐川の水源から、河川の争奪があったとされる宇佐川と深谷川の合流点までは12㎞くらいです。これでは、現在の高津川に沿う幅の広い谷をつくることはできないでしょう。私には、平らな盆地底も幅の広い谷も、河川の侵食ではなく海によって削られた地形に思えるのです。

さて、冠山高原の侵食小起伏面は、太田川と小瀬川の源流域に広がる二つの盆地で構成されていることが分かります。第6日に見た背中合わせに隣接する西条盆地と高屋盆地と同じです。みなさんはすでに、この地域が瀬戸内海のような多島海だった頃の様子を脳裏に描いているのではないでしょうか。

冠山高原が現在よりも800mほど低かった頃、このあたりは浅い海からなる多島海だったはずです。その後、飯山貯水池の近くにある海峡（現在は783m）が閉じて、二つの盆地（当時は内湾）が分離しました。

もちろん、〝松の木海峡（793m）〟はすでに陸化していました。現在の太田川の流路に沿っては、それらよりも低い（深い）海峡があったはずです。一方、小瀬川の源流域では774mから737mへと周囲の海峡が閉じていき、小瀬川に沿ってはそれらよりも深い海峡があったため、最終的には河川の流路になったのです。

標高900mの〝ミニ吉備高原〟

冠山の北東側には、さらに標高の高い侵食小起伏地形が見られます。太田川の支流の細見谷と中津谷川および主川に挟まれた範囲には、台地状の丘陵地が広がっています（図9-3）。地理院地図を詳しく見ても、地名が全くありません。中津谷川から分かれた大町谷の源流域では、1本の県道と2本の送電線しか見当たりません。台地の南東側にあるドーム状の女鹿平山（1084m）が唯一の目印です。

シームレス地質図で確認すると、女鹿平山は古生代ペルム紀の斑れい岩のようです。侵食に

図9-3 太田川支流の大町谷源流域に広がる侵食小起伏地形。〔34.50,132.11〕

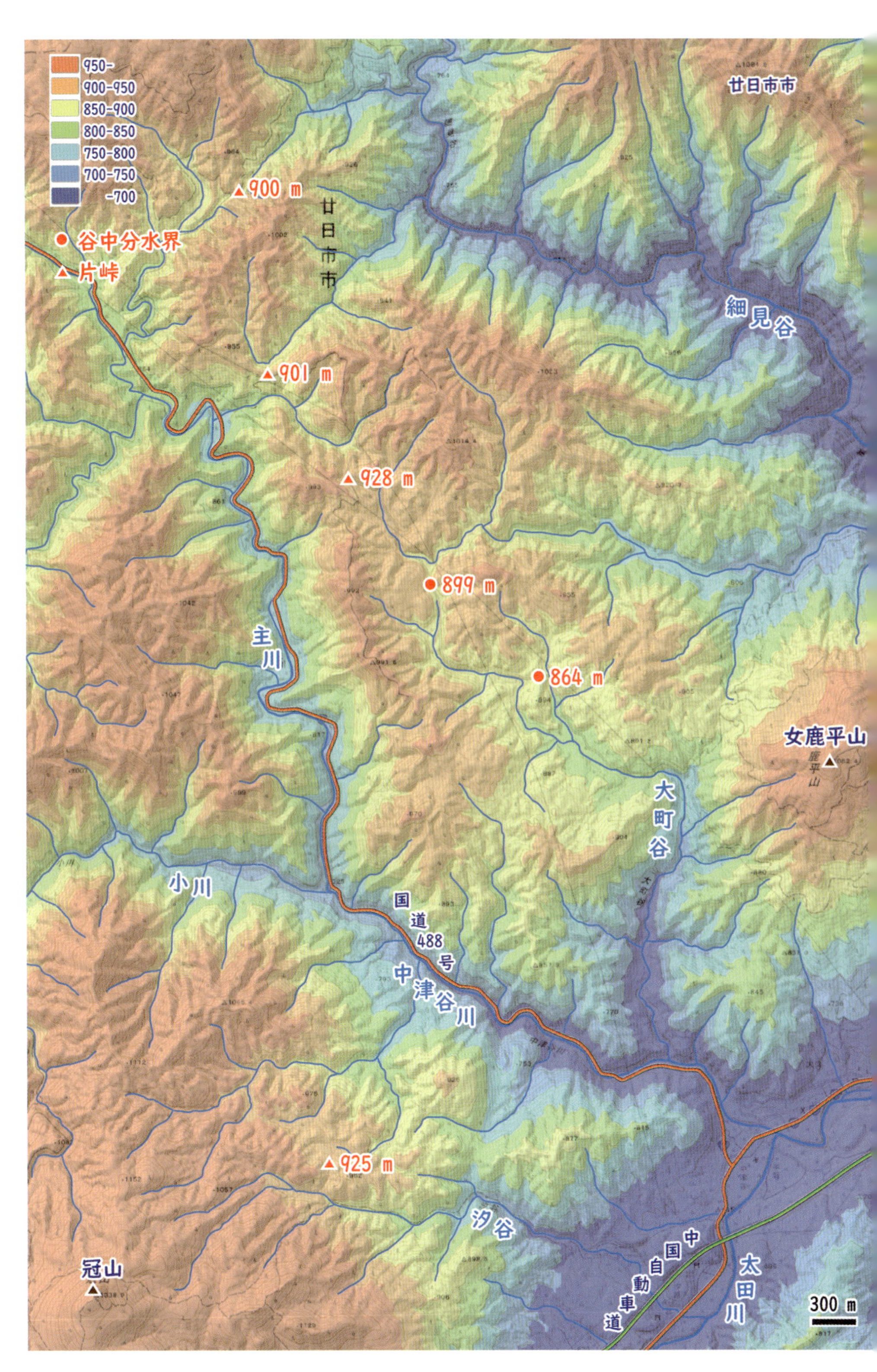

950-
900-950
850-900
800-850
750-800
700-750
-700
900 m
谷中分水界
片峠
廿日市市
廿日市市
細見谷
901 m
928 m
899 m
864 m
主川
女鹿平山
大町谷
小川
国道488号
中津谷川
925 m
汐谷
中国自動車道
太田川
冠山
300 m

強い斑れい岩が塊状の山をつくるのは、『分水嶺の謎』の旅の第6日に見た岩樋山（1271m）や、私が勤務していた地質調査所（現産総研）から見える筑波山（877m）があります。地質が地形に反映された一例です。

さて、中津谷川から分かれた大町谷の源流域には、標高が900mほどの台地状の地形が広がっていて、ミニ吉備高原といったところでしょうか。もちろん吉備高原より標高はかなり高いですが、侵食小起伏面であることは間違いありません。

今回は、あえて分水界を描きませんでした。いくつか認められた谷中分水界や片峠の標高が900m前後にそろっているので、この地域が現在よりも900m低かった頃のリアス海岸と多島海、そして火山島のような〝女鹿平島〟をイメージすることができるでしょう。先ほど訪れた冠山高原は、その頃はもちろん海の底でした。

イメージしてみましょう！

分水界の月桂冠

今度は兵庫県の中央部の峰山高原にひとっ飛びです（図9-4）。周囲を高度差が400m以上の急崖に囲まれていて、ギアナ高地のミニチュア版といったら言い過ぎでしょうか。深いV字谷の小田原川をさかのぼっていくと、いよいよ谷の両側斜面が迫ってきて、黒岩滝を越えると、先ほどまでの圧迫感が嘘のように穏やかな峰山高原が広がっています。

黒岩滝を起点に分水界を描くと、それはまさに峰山高原を称える月桂冠のようです。急崖によって周囲と隔離された峰山高原の分水界には片峠が多く、それらの標高は900〜1000mです。

谷中分水界や片峠は、もともと海峡だったと考えられます。試しに、現在に比べて920m低かった頃の様子を復元すると、隣り合う〝暁晴島〟と〝夜鷹島〟が現れました（図9-4下）。暁晴山（1077m）と夜鷹山（1056m）は、

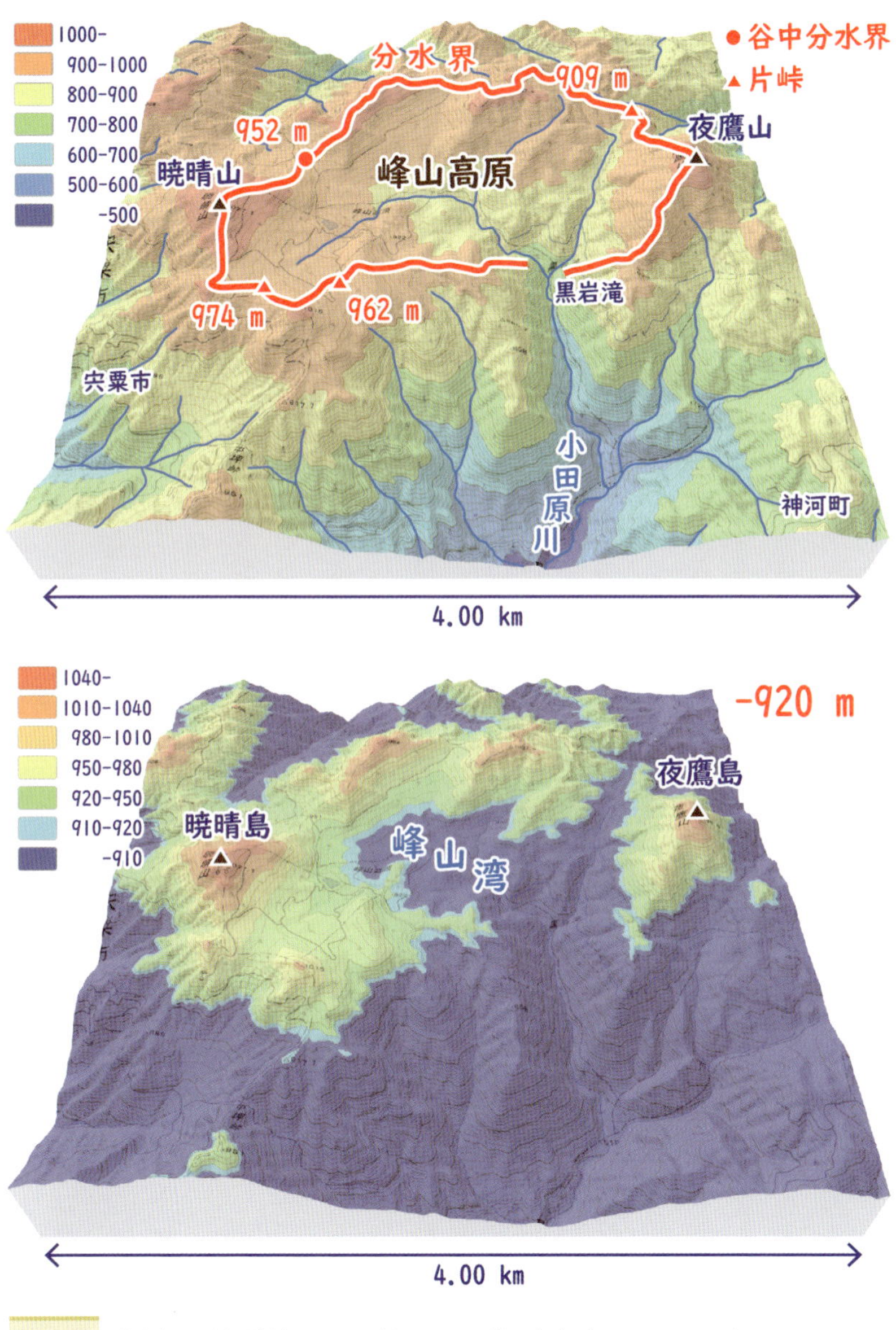

図 9-4 峰山高原の地形(上)と９２０m低かった頃の様子(下)。(35.13,134.67)

当時は標高が百数十ｍほどの小山で、緩斜面の先にはなだらかな海岸低地が続いています。あと少し海が退いてくれれば、〝夜〟は〝暁〟に合体するでしょう。峰山高原の夜明けです。

　このように、脊梁山地面とされた侵食小起伏面も、吉備高原面や世羅台地面、瀬戸内面を構成する盆地と同様の地形です。山並みがつくる分水界に囲まれて、かつての内湾の平らな海底地形が残されていれば典型的な盆地です。

　一方、周囲の分水界が低ければ、地形は平原のように見えるでしょう。しかし、それも水にとっては盆地です。縁の低い盆地が連なれば、広大な侵食小起伏面がつくられます。デービスの説いた侵食輪廻説の最末期の地形、すなわち準平原ではないのです。

　吉備高原や世羅台地など中国地方に見られる複数段の侵食小起伏面は、海底が隆起して海面を通過するとき、あるいは海面が低下して海底を通過するとき、波浪によって平らに削られた海食台です。それらが標高１０００ｍもの高所に位置していることは、中国山地が隆起した証拠です。中国地方の地形は、大地を隆起させた地殻変動と、陸化を拒む海との攻防によってつくられたのです。

ひと休みした〝海の腰掛け〟

　隆起準平原とされた地形が、実はいろいろなタイプの盆地で構成されていることは分かりました。しかし、盆地とはいえない侵食小起伏地形もあります。今度は中国山地の中央部、広島県と島根県の境にある吾妻山（１２３８ｍ）に行ってみましょう（図９-５）。そこでは、中国地方の隆起準平原とされた、脊梁山地面を代表する侵食小起伏地形を見ることができます。

　吾妻山の東には、比婆山（１２６４ｍ）や立烏帽子山（１２９９ｍ）、竜王山（１２５６ｍ）など１２００ｍ級の山並みが続いています。すそ野を刻む谷や河川は山地らしく深く険しいですが、標高が１０００ｍを超えると地形は比較

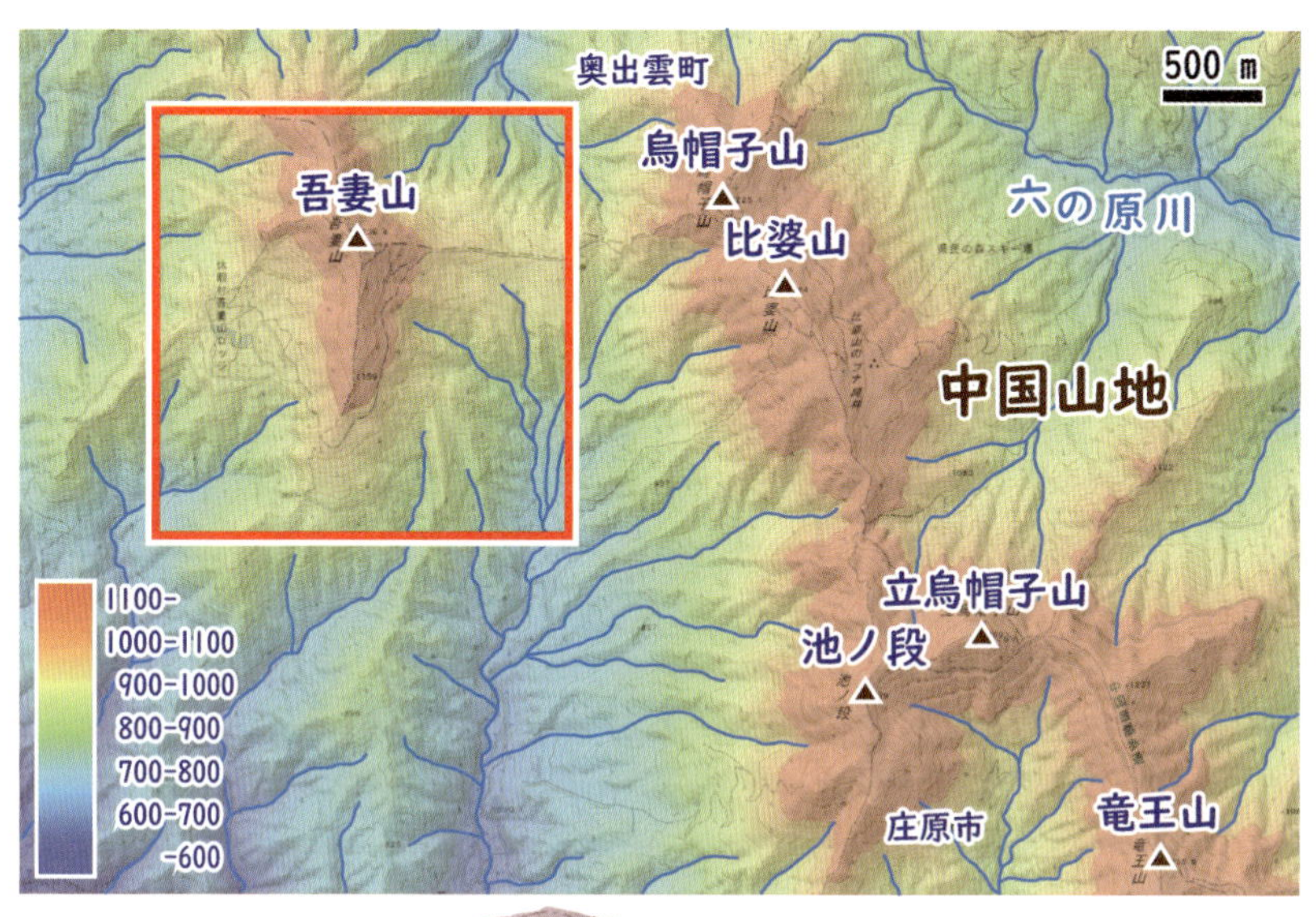

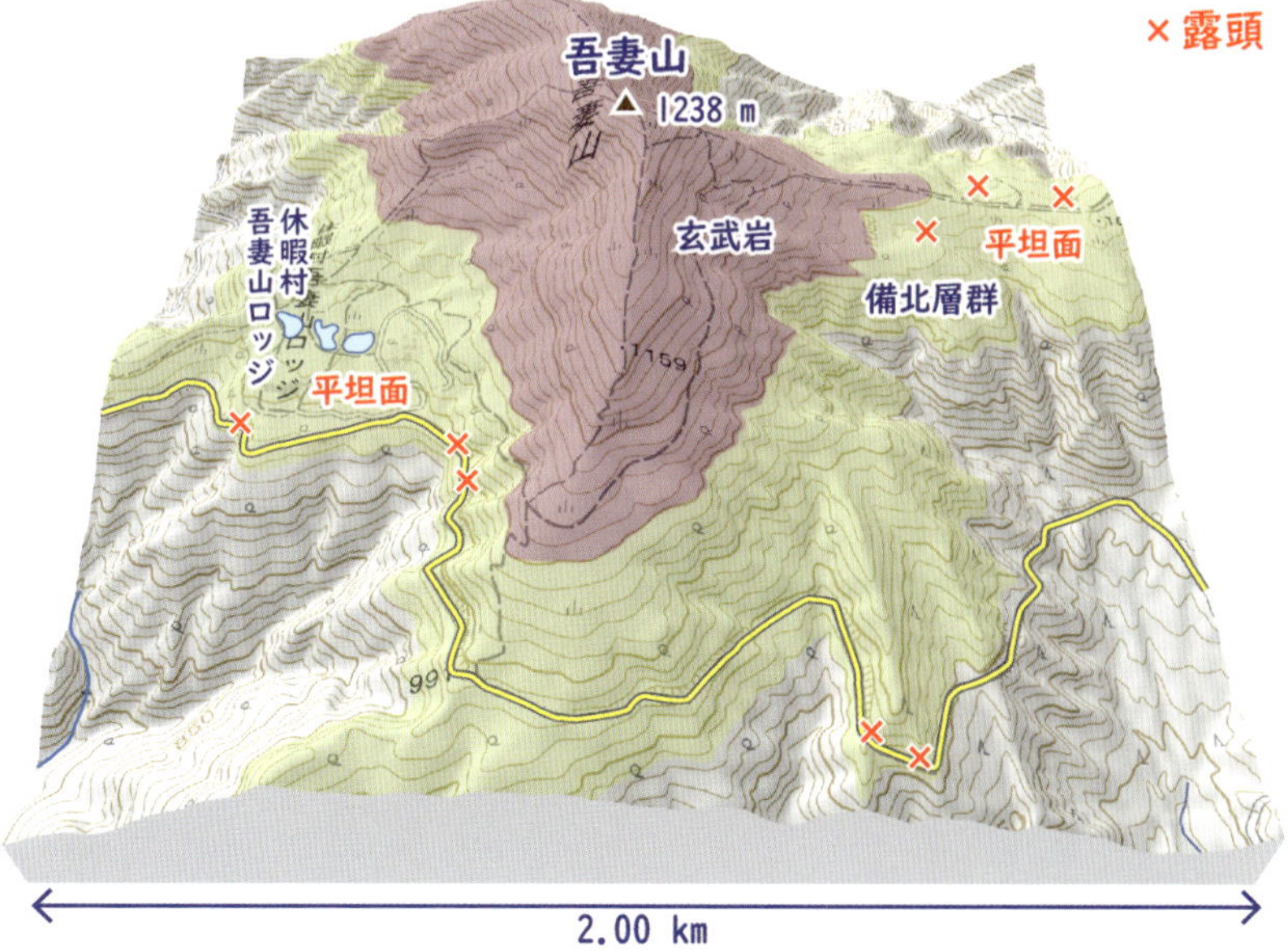

図 9-5 中国山地、吾妻山周辺に見られる侵食小起伏地形(上)と、多井他(1980)による備北層群の露頭位置(下)。〔35.07,133.03〕

的なだらかです。

　特徴的なのは吾妻山の東西にある平坦な地形。ちょうど、マネキン人形の両肩のように、緩斜面が広がっています。ちょっと、なで肩ですね。とくに、向かって左側の肩は平坦で広く、不思議な地形です（図９-５下）。地形図には休暇村吾妻山ロッジと書かれていますが、今は閉鎖されているようです。かつては牧場として利用されていたのもうなずけます。

　この地形、なんとなく腰掛けに見えませんか？平らな座面には吾妻山の背もたれがついています。小さな池が三つあり、分水界を描いて盆地の地形を想像することもできそうです。小起伏地形が狭いのでイメージしにくいでしょうが、もしこの平坦な地形が細長く続いていて、東側が山地で西側が急斜面を経て大海原に接していたら、誰でも海成段丘と思うでしょう。私には海成段丘の名残に見えるのです。

　吾妻山の両脇にある侵食小起伏地形に、あの備北層群がわずかに分布していることが報告されたのは１９８０年でした（多井他、１９８０）。この発見は、中国地方の複数段の侵食小起伏面が隆起量の違いによってつくられたことを示唆していて、隆起準平原の成因論に大きなインパクトを与えました。

　つまり、吾妻山にあるこの小さな侵食小起伏地形は、中国地方の隆起準平原問題を象徴する地形なのです。この〝海の腰掛け〟、私は前回の『分水嶺の謎』の旅で似たような地形を見ています。さっそく、その場所に移動しましょう。

２人がけのハイバックチェア

　図９-６は兵庫県の姫路駅と朝来市の和田山駅を結ぶＪＲ播但線が、分水嶺を通過する生野駅付近の地形図です。標高３２０ｍの生野北峠は、『分水嶺の謎』の旅の第３日の終着地でした。生野北峠を境に円山川は北に流れて日本海へ、市川は南に流れて瀬戸内海に注ぎます。真っ直ぐな断層線谷を横切る谷中分水界なので、断

層線谷分水界と名付けました。

　その生野北峠から北西に向かって分水嶺を上っていくと、定高性（ていこうせい）のある尾根の左手に不思議な形の山が見えたのです。標高９１３ｍの達磨ヶ峰（だるまがみね）は、確かにダルマに見えたのです。２カ所の平坦な地形がダルマの丸い目に相当します。

確かにダルマに見えてきます。
高橋まさき

　群馬県の前橋市に生まれ育った私は、子供の頃は毎年１月９日の初市（通称ダルマ市）に連れて行ってもらうのが楽しみでした。赤い姿に白い顔、鶴と亀をデフォルメした黒いひげのダルマを買って、墨で片目を入れたら１年間神棚に飾っていました。念願が叶ったらもう一方の目を入れて、新春の「どんど焼き」で焼いてこの１年の無病息災に感謝します。

　標高５００〜５５０ｍの平坦な緩斜面は侵食地形です。日当たりの良いなだらかな傾斜地は、ゴルフ場や別荘地に利用されているようです。座面の高さが５００ｍほどで、背もたれの高さ

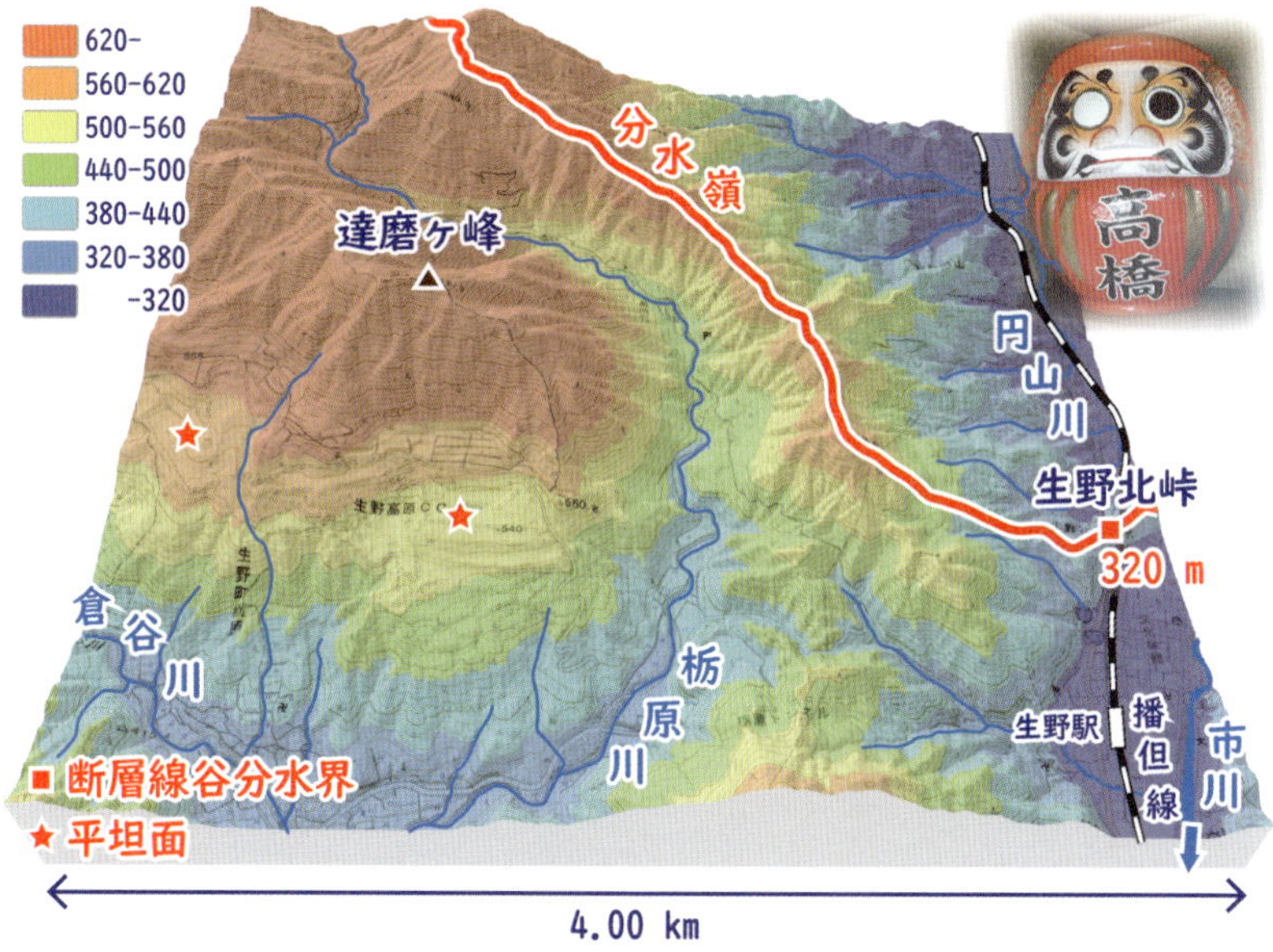

図 9-6　兵庫県朝来市、達磨ヶ峰南面の侵食小起伏地形。〔35.17,134.76〕

が300mを超す達磨ヶ峰を見ると、骨董好きの私は英国製アンティークのハイバックチェアを連想してしまいます。しかも、珍しい座面が二つの2人がけです。

達磨ヶ峰の地形は、吾妻山に似ていると思いませんか？ どちらも同じ成因の侵食地形に思えるのです。海が削った海食台がその後の侵食を免れて、ひと休みするにはちょうど良い、小さな腰掛けに思えるのです。

地滑り地形か区別できない

今度は新潟県と福島県の境界にある、田代平周辺に出かけてみましょう（図9-7）。魚野川の支流の破間川の源流域には気になる地形がたくさんあって、ずっと気になっていました。その一つが図9-7上の田代平です。

ハマグリの貝殻のような円弧状の急斜面と真っ平らな湿原、その端は突然断崖絶壁となって、その先には破間川が流れています。地質系コンサルタントの技術者の方なら、一見して地滑り地形と判断するのではないでしょうか。シームレス地質図を確認すると、やはり地滑りと解釈しているようです。

でも不思議です。これほど大規模な地滑りが発生したのに、崩落した土砂はどこに行ってしまったのでしょうか。崩落したと考えられる地層はおよそ200万年前の火山岩類です。地理院地図で周囲を散策してみると、痩せた尾根と急峻な斜面、そして崖マークが連続する、侵食に耐性がある火山岩の地形です。

この凹地が地滑りによるとしたら、川原には乗用車くらいの岩塊がゴロゴロ残っているはずです。しかし、破間川は源流域なので水量はたいしたことはなく、漬物石程度の大きさの石ころすら運べそうにありません。私には、ひと休みした〝海の腰掛け〟に見えるのです。

田代平の周辺には、同様の平坦な地形がたくさん見られます。たとえば、田代平の6㎞ほど南東に位置する沼の平では、背後に円弧状の急

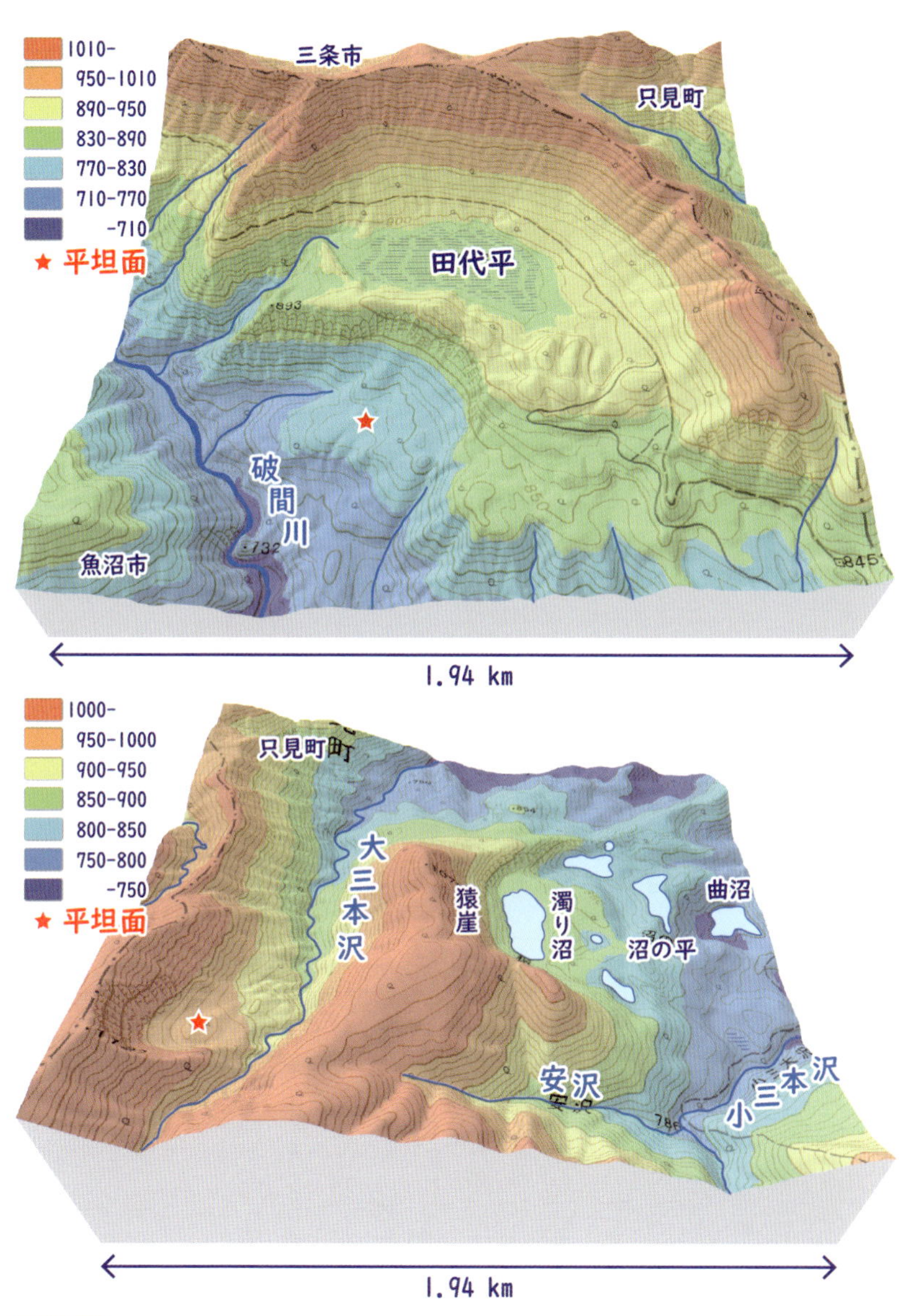

図 9-7 新潟県魚沼市、田代平の地形(上)と、隣接する沼の平周辺の地形(下)。(37.40,139.20)および(37.37,139.25)

崖を持つ、起伏の小さい地形が広がっています（図9-7下）。田代平は湿原でしたが、こちらは多数の沼地です。普通は地滑り地形と解釈するでしょう。

しかし、同様の地形は大三本沢の左岸にも認められます。崩落崖と考えられる円弧状の急崖は、尾根からほとんど谷の底の高さまで続いています。もしこの地形が地滑りによるとしたら、移動した土砂は大三本沢を完全に堰き止めたでしょう。崩落した先には、低い尾根が遮っていますから。

とすると、沢を堰き止めた大量の土砂は、誰がこの場所から運び去ったのでしょうか。そもそもこれほどの土砂が沢を堰き止めたら、大三本沢の水は尾根を越流して、小三本沢の方に流れ下るかもしれません。しかし、そのようなことが起こった形跡は見られません。

濁り沼の標高が、田代平とほとんど一致しているのも不思議です。私には、これらの地形が〝海の腰掛け〟に思えて仕方がないのです。地滑り地形か波浪による侵食地形か、区別する方法はないのでしょうか。新たな課題です。

本当にカール？

つづいて向かうのは、飛驒山脈（北アルプス）の笠ヶ岳（2898m）です（図9-8）。写真は1994年に西穂独標（2701m）に調査に行ったとき、新穂高ロープウェイの西穂高口駅から撮影しました。1992年に地質調査所（現産総研）に入所した私は、〝地質探偵ハラヤマ〟こと原山智さんと所内の研究費を獲得し、当時、世界で最も若い地上に露出した深成岩（滝谷花崗閃緑岩）の研究を開始しました。

槍ヶ岳（3180m）から奥穂高岳（3190m）、そして西穂高岳（2909m）にかけて、穂高安山岩類と呼ばれる岩石が分布しています。穂高安山岩については、昨日少しお話ししました。穂高安山岩類はおよそ180万年前の陥没カルデラを埋積した溶結凝灰岩で、厚さは3000m

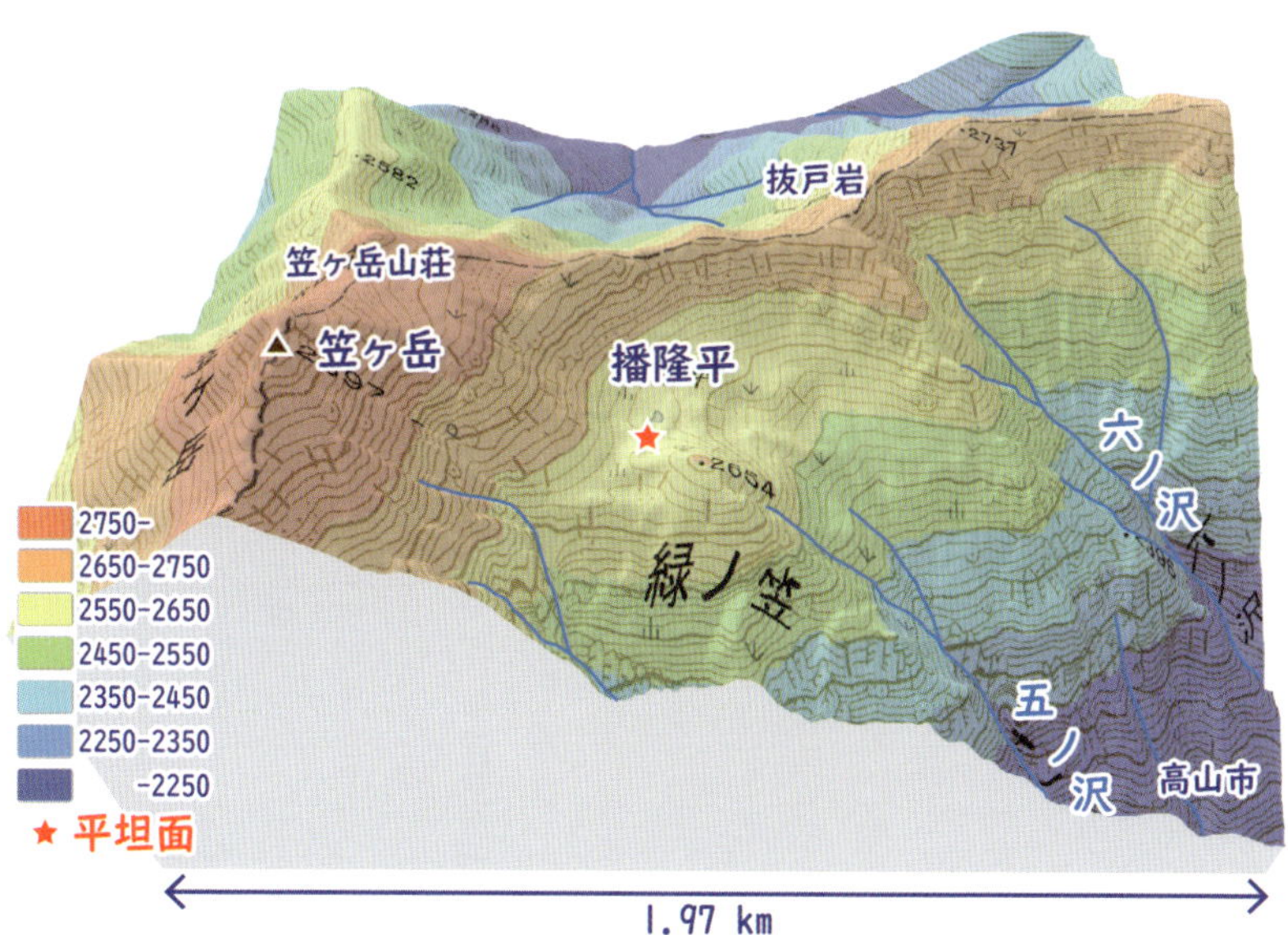

図 9-8 新穂高ロープウェイの西穂高口駅から見た笠ヶ岳(上)と、笠ヶ岳山頂付近の地形(下)。〔36.32,137.56〕

を超える膨大な量の火砕流堆積物です。

そのカルデラの地下にはマグマ溜まりがあって、ゆっくり冷えて固まった岩石が滝谷花崗閃緑岩です。滝谷花崗閃緑岩は絶壁に囲まれた滝谷のほか、西穂高岳の西斜面の柳谷に沿っても露出しています。そこで、柳谷を登って岩石試料を採取し、深成岩に記録された地磁気の逆転史を探る戦略を立てたのです。

本来、地下深部で形成された地層や深成岩が現在地表で観察できるのは、北アルプスが第四紀に急激に隆起しているからにほかなりません。その原因はフィリピン海プレートによる東西圧縮だと分かったのは、この10年後でした。コールドロン（陥没カルデラの地質構造）の全体が東に傾いているので、山稜の西斜面に滝谷花崗閃緑岩の断面が露出しているのです。

地質研究者としてスタートを切った私はエンジンドリルを背負って柳谷を登り、古地磁気測定用のコア試料をせっせと採取。〝世界一〟という冠言葉に頼り切った私の研究の第一弾は見事失敗し、ビギナーズラックはありませんでした。

その西穂高岳から見た笠ヶ岳の東斜面は迫力があって、白亜紀（はくあき）のコールドロンの水平な地質断面には何度も見とれてしまいました。わずか180万年前の穂高安山岩類からなるコールドロンは大きく東に傾いているのに、6500万年前の笠ヶ岳のコールドロンは全く傾いていない。その謎解きの詳細（しょうさい）は、原山さんの著書『「槍・穂高」名峰誕生のミステリー』（原山・山本、2014）に書かれています。すでに読まれている方も多いのではないでしょうか。

前置きが長くなってしまいました。その笠ヶ岳の地形で気になっているのが播隆平（ばんりゅうだいら）なのです（図9-8下）。私には、〝海の腰掛け〟に思えるのです。もちろん、ハマグリの貝殻ですくい取ったようなこの地形が、氷河によって削られたカール（圏谷）と考えられていることは知っています。しかし、北アルプスのほかの典型的なカールとは、地形の特徴が異なるように思えるのです。

そんなことをいったら、〝ハラヤマ探偵〟に鼻

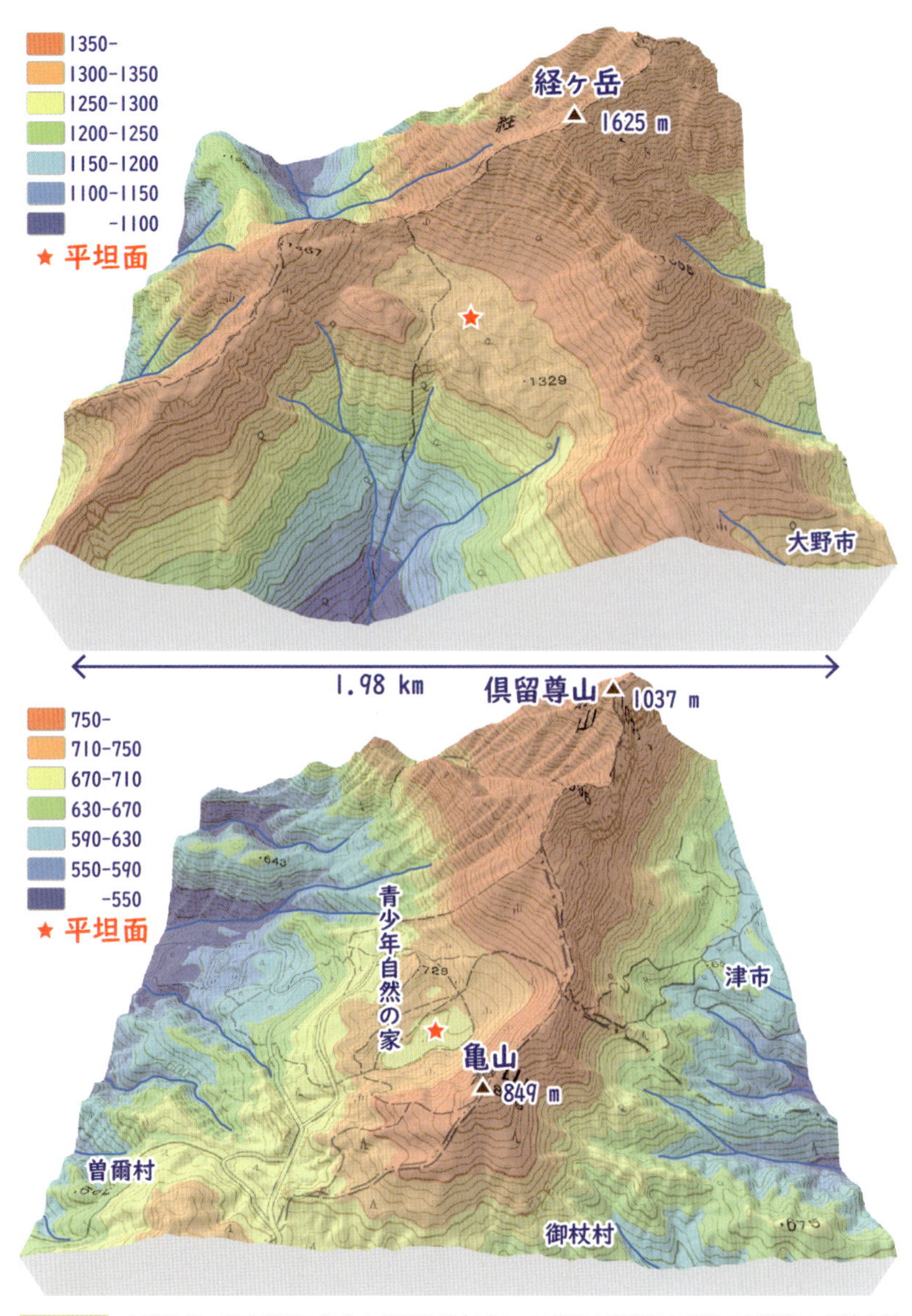

図 9-9 福井県経ヶ岳南斜面の侵食小起伏地形(上)と、三重県と奈良県の境界の倶留尊山付近の侵食小起伏地形(下)。〔36.04,136.62〕および〔34.52,136.16〕

で笑われてしまうかもしれませんね。しかし、やはり気になるのです。アイスクリームをスプーンですくったような杓子平や播隆平の地形は、標高の低い場所にも見られます（図９-９）。それらまでカールとは思えないでしょう。

そもそも、なぜ杓子平と播隆平には氷河ができて、周囲の斜面にはカールがつくられなかったのでしょうか？　もちろん、ほかの斜面は急すぎて、雪氷が溜まることができなかったからでしょう。しかし、仮に杓子平と播隆平が氷河による侵食地形だとしても、その場所には氷河がつくられる地形の条件が最初にあったはずです。その最初の地形を誰がつくったのか、そのことが気になるのです。

河川が運んだ砂礫が覆っているから、盆地や河岸段丘は川がつくった地形であるといわれています。河川の侵食ではとうていつくれそうもない地形があれば、地滑りと解釈されています。氷期に雪氷に覆われる高山に、円弧状の地形があればカールであると考えられています。しかし、最初の地形はどのようであったのでしょうか。誰がその地形をつくったのでしょうか。私はずっと気になっているのです。

海で見つけた〝海の腰掛け〟

そして、今日の最後は、瀬戸内海に浮かぶ山口県の屋代島（周防大島）です（図９-10）。海の気配を感じたら、海に出かけるのが一番です。『分水嶺の謎』の旅では、片峠探しで屋代島を訪れましたね。あのときすでに、気になっていたのです。

図９-10上は屋代島の南端部の地形図で、下は馬の背（５３８ｍ）付近の拡大図です。説明しなくても、気がつきますよね。馬の背の西側に、標高４００ｍほどの平坦な地形があります。

この平坦な地形は、白亜紀の花崗岩の上に噴出した、およそ１５００万年前の火山岩が削られた侵食地形です。なめらかな座面となだらかな背もたれ、そして花崗岩がつくる緩やかなフッ

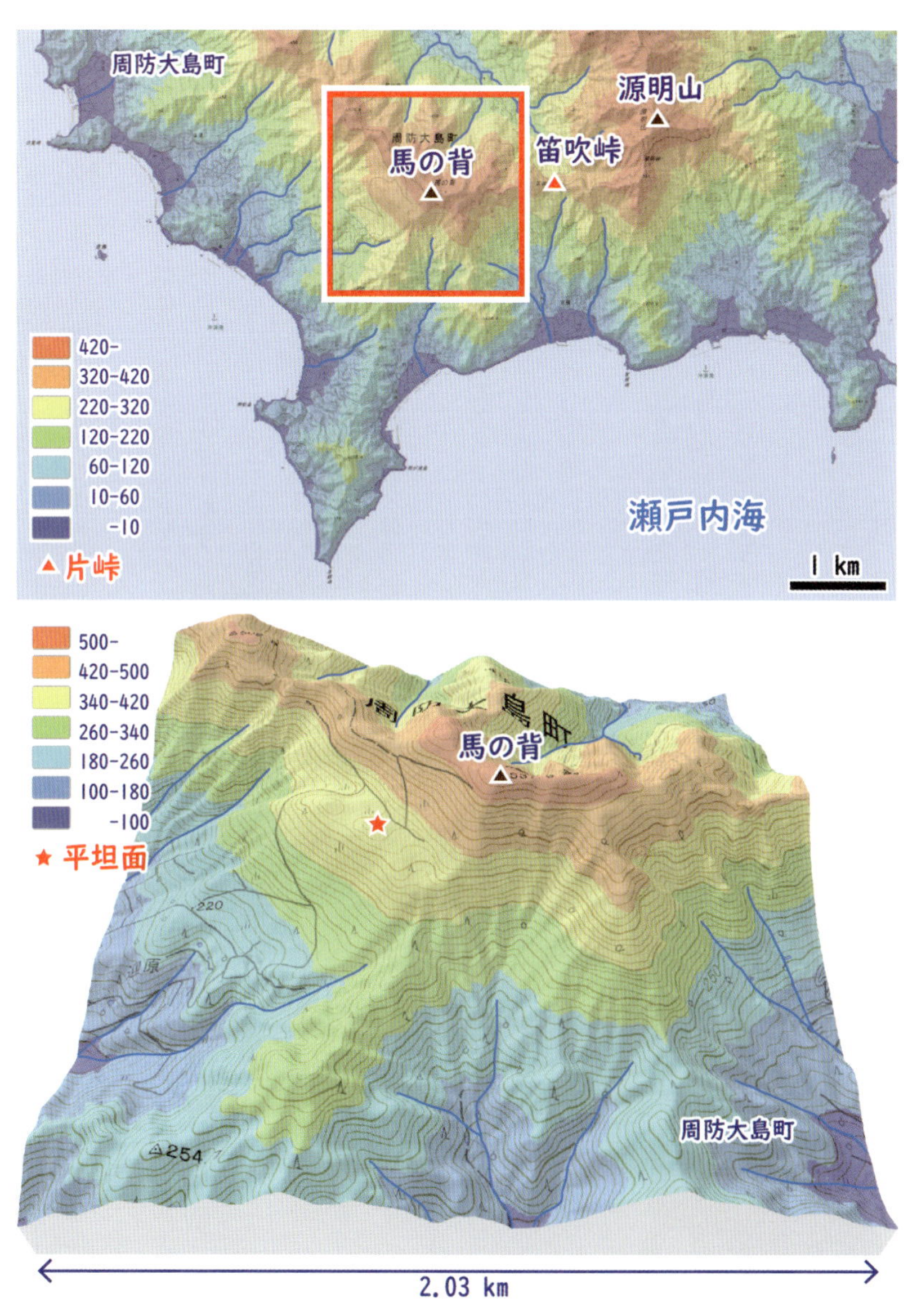

図 9-10 山口県屋代島（周防大島）南部の地形（上）と、馬の背の西斜面に見られる侵食小起伏地形。〔33.89,132.22〕

トレストはまさにロッキングチェアです。海はひと休みするどころか、すっかりくつろいだことでしょう。

　この地形は地滑りではないですね。もちろん、氷河が削ったカール（圏谷）ではありません。では、この平坦な地形は川が削ってできたのでしょうか。それも考えられません。私には、この平坦面は離水（りすい）した海食台、すなわち海成段丘に思えるのです。つまり、〝海の腰掛け〟は海成段丘だと考えているのです。

　もちろん、証拠を示せといわれても、何が証拠になるのかすら分かりません。地形という表面形態の類似（るいじ）性だけを根拠に、そう考えているのです。

　同じ地質でも、異なる地形がつくられることは知っています。違う地質でも、同じ地形がつくられることも知っています。だから、よりどころは似ているか、似ていないかしかないのです。

　それは、古生物学における化石の分類に類似します。あるいは、牧野富太郎博士が苦労してまとめた植物分類学も同じでしょう。今日では、DNA解析に基づいて、生物集団の遺伝的距離が定量的に考察されています。しかし、そのような手段を未だ手に入れていない地形学においては、形の類似性に基づく議論に終始せざるを得ないのは仕方がありません。

　だからといって、新たな技術開発を待っているわけにはいきません。現段階で手にしている情報から、どのようなことが考えられるのか。今目の前に広がっている景色から、どのような成り立ちを推定することができるのか。〝思考実験の繰り返し〟そのものがサイエンスだからです。〝海の腰掛け〟も、その一つなのです。

第9日

川を下ればタイムトラベル

海がつくった中国地方の侵食小起伏地形。日本中のそこかしこに、同じ地形が見られます。いいえいいいえ、目の前に広がる景色には、海がつくった痕跡ばかり。静かに耳を傾ければ、海の記憶が聞こえます。

海から生まれた盆地

人にとっては盆地に見えなくても、空から降ってくる雨にとって地形はすべて盆地です。分水界という越えることができないお盆の縁に行く手を阻まれ、唯一残された出口を目指して川は流れるのです。中国地方の地形がそうであるならば、ほかの地域でも確認できるでしょう。『準平原の謎』解きの旅の最終日は、日本の各地に出かけて侵食小起伏面を探してみましょう。

最初は京都府の亀岡盆地と、亀岡盆地より一段高い神吉盆地です（図10-1）。神吉盆地はコンパクトながら、周囲を囲む低い山並みと真っ平らな盆地底がくっきり分かれていて見事です。南側の亀岡盆地との高度差は200mほど。盆地の南縁に続く低い山並みは、まるでバルコニーの手すりのようです。北側は屋敷森（林）のように真っ直ぐな崖が続いていて、日当たりの良い神吉盆地を冬の北風から守っています。

神吉盆地の西端に標高376mの片峠があり

図10-1 神吉盆地と一段低い亀岡盆地（上）、さらに京都盆地に下る保津峡周辺の地形（下）。〔35.10,135.59〕および〔35.02,135.60〕

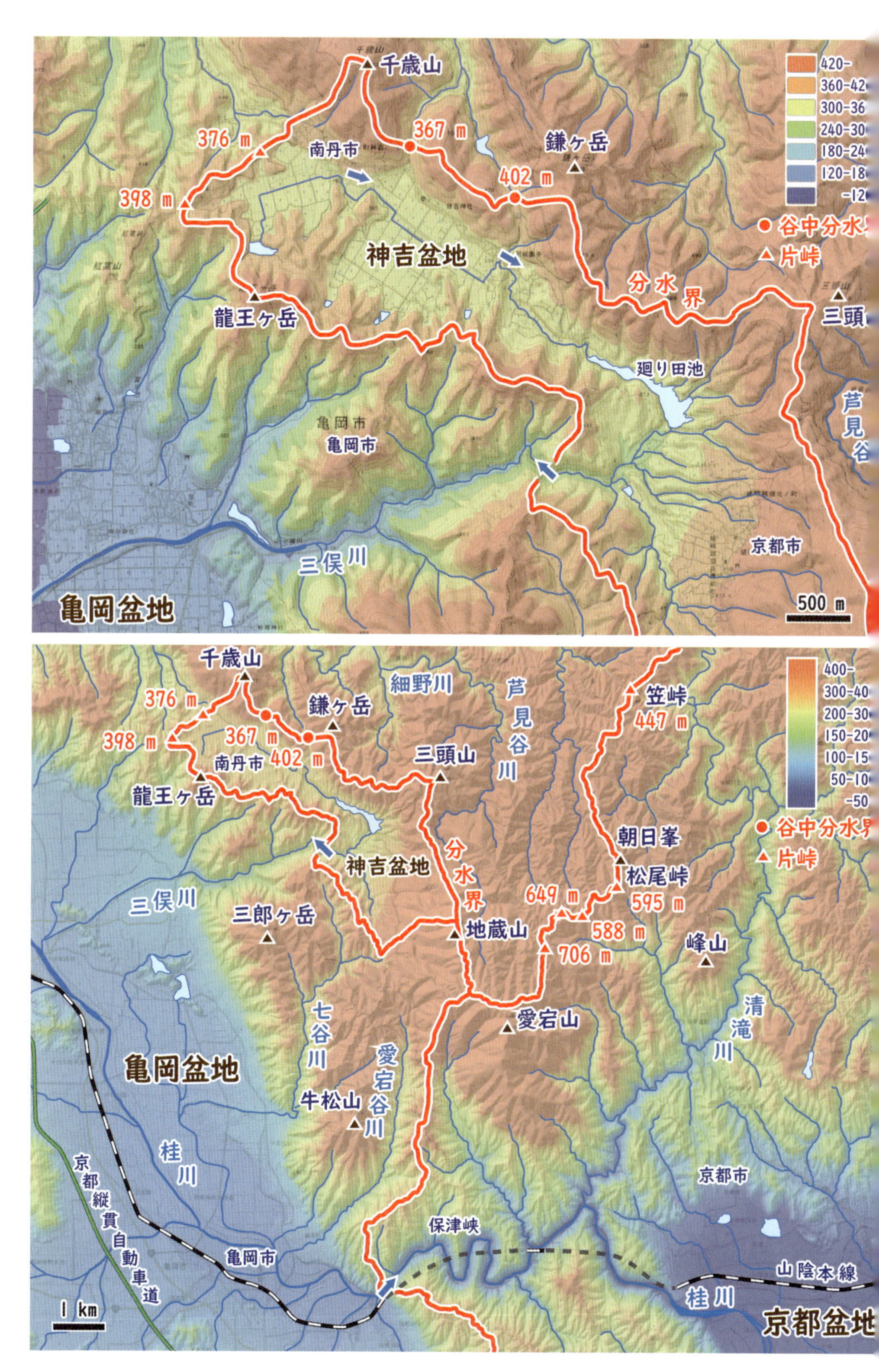
千歳山
376 m
367 m
鎌ケ岳
南丹市
402 m
398 m
神吉盆地
谷中分水界
片峠
龍王ケ岳
分水界
三頭山
廻り田池
亀岡市
亀岡市
芦見谷
京都市
三俣川
亀岡盆地
500 m
千歳山
376 m
鎌ケ岳
細野川
芦見谷川
笠峠
447 m
398 m
367 m
南丹市
402 m
三頭山
龍王ケ岳
朝日峯
谷中分水界
片峠
神吉盆地
分水界
松尾峠
649 m
595 m
三俣川
三郎ケ岳
地蔵山
588 m
706 m
峰山
愛宕山
七谷川
清滝川
亀岡盆地
愛宕谷川
牛松山
桂川
京都縦貫自動車道
京都市
保津峡
亀岡市
山陰本線
桂川
1 km
京都盆地

ますが、一番低い谷中分水界は北側の山並みの切れ目で標高は367mです。神吉盆地に降った雨はこの谷中分水界から北にあふれることはなく、廻り田池で小休止したあと、三保川に沿って一段低い亀岡盆地に流れ下ります。典型的な〝盆地の親子〟ですね。盆地と盆地の境が地形の狭窄部なのは、最後に陸化した海峡の幅が狭かったからでしょう。

今度は少し広い範囲を見てみましょう（図10-1下）。標高350mほどの小さな神吉盆地に降った雨は三保川に集められ、200mほど峡谷を下って広大な亀岡盆地に流れています。その後、三保川は桂川に合流し、保津峡を経て京都盆地に流れ込みます。保津峡の手前の亀岡盆地は標高が90mほど、一方、保津峡の出口付近の京都盆地の標高は30mほどなので、ここから高度差60mの川下りです。

京都盆地の地下には、基盤岩を覆う厚い地層が伏在しています。したがって、京都盆地の平坦な地形は侵食面ではなく堆積面です。その地層には海成粘土層が何枚も挟まれているので、かつて海域と陸域が繰り返されてきました。そして、現在は陸になっています。ちょうど、第四紀に海域と陸域を繰り返しながら最終的に陸になった、新潟県の越後平野（図5-1）や秋田県の能代平野（図5-8）のように。

そして、平らな地表は最も新しい地層で覆われています。したがって、京都盆地や亀岡盆地の平坦な地形は、海によってつくられた地形ではないと思われるでしょう。川が運んできた土砂が堆積してできた平らな地形なので、川がつくった地形であると。

しかし、私が気にしているのは、お盆に流し込んだゼリーの表面ではなく、お盆の底なのです。中身の表面ではなく、器の底を誰が広げたのかを気にしているのです。お盆の底が広くなければ、ゼリーを流し込んでも広い平坦な表面は生まれません。京都盆地も亀岡盆地も、起伏の小さい広大な地形を最初につくったのは海だったと考えているのです。

神吉盆地に降った雨は神吉盆地から一段下がって亀岡盆地に、さらに一段下がって京都盆地に流れ下ります。盆地は棚田のように不連続に標高を下げ、盆地と盆地をつなぐ河川は峡谷になっています。この図式も一般化できそうですね。標高の異なる海成段丘の段差が段丘崖（海食崖）であるように、標高の異なる盆地の高度差を峡谷がつないでいるのです。

標高500mで競っている最後の海峡

つぎは愛知県豊橋平野のすぐ北、美濃三河高原にある小さな作手盆地です（図10-2）。作手盆地は、西側に広がる標高600〜700mの起伏の小さい丘陵と、東側の深い峡谷に挟まれた、南北方向に細長く延びる平坦地です。盆地底の標高は520〜530mで、中国地方の吉備高原面に相当します。盆地の中央部にある長者平と市場の間の谷中分水界（532m）によって、作手盆地は北部と南部に二分されます。作手盆地は、背中合わせの二つの盆地で構成されているのです。

北側の盆地に降った雨は巴川となり、矢作川に合流したあと知多湾に注ぎます。一方、南側に降った雨は名前が同じ別の巴川となり、豊川に合流したあと渥美湾に流れ出ます。わずかな高まりによって離ればなれになった雨水は、それぞれ異なる旅路の末に三河湾で再会です。そのあとは、知多半島と渥美半島に挟まれた、一つの出口から太平洋に流れ出ていくのです。

作手盆地を囲む分水界には、谷中分水界や片峠がたくさんありますね。北側の盆地の分水界で最も低いのは標高532mの谷中分水界なので、〝作手湾〟が離水したとき、盆地から北へ巴川に流れ出る場所には、さらに低い（深い）海峡があったのでしょう。そのとき作手盆地の西側には、のちの美濃三河高原となる標高150

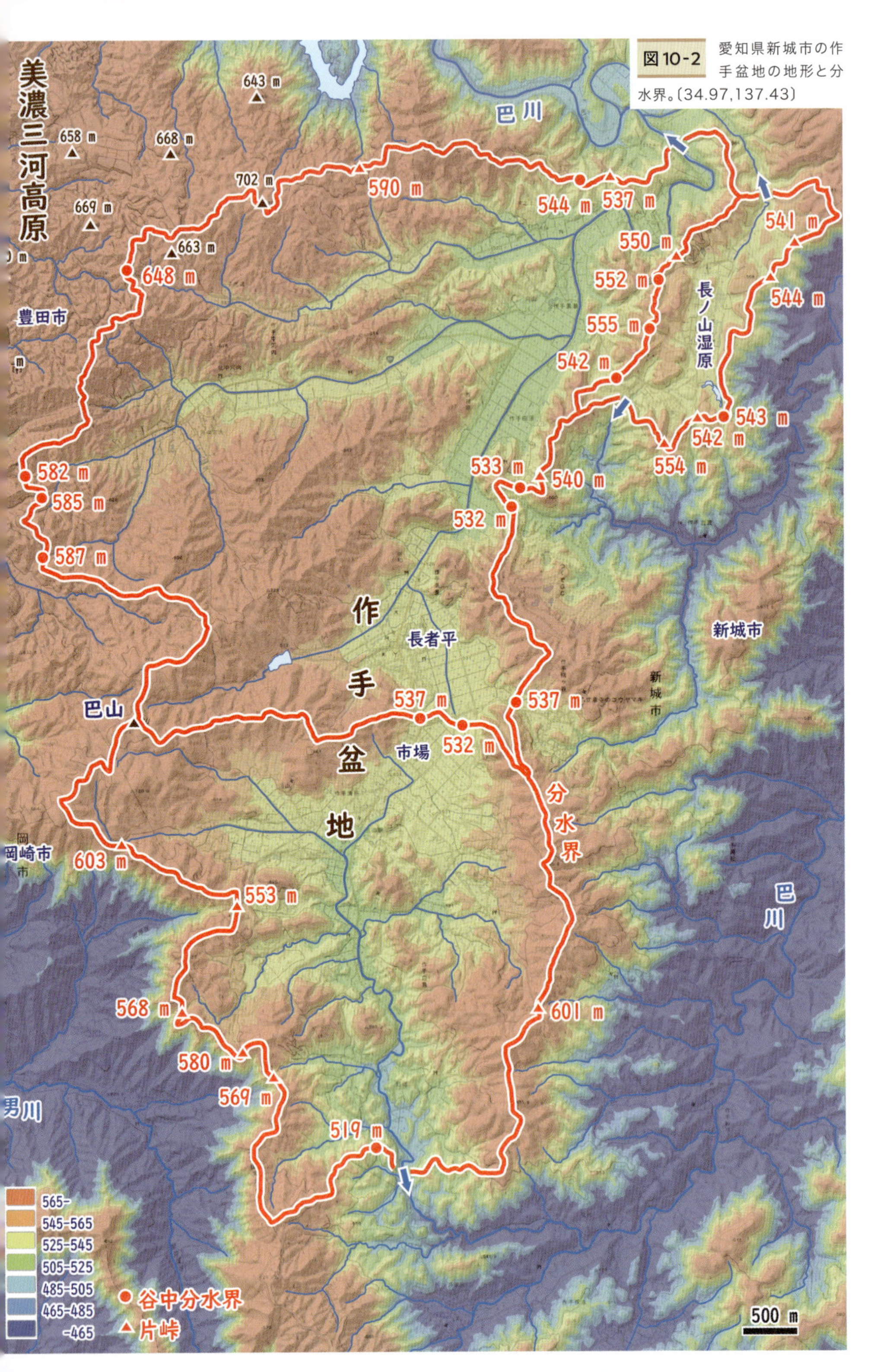

図10-2 愛知県新城市の作手盆地の地形と分水界。(34.97,137.43)

m前後の平坦な台地が広がっていたはずです。

興味深いのは、作手盆地に隣接した小さな盆地です。標高が540mほどの谷中分水界や片峠に囲まれた盆地底は、長ノ山湿原になっています。この小さな湿原に降った雨は、北と南から排水されています（図10-3）。地理院地図の標高を1m刻みで着色しても、分水界を描くことができませんでした。

湿原は水の流れが遅いので、北と南の排水口の標高が多少異なっていても、高い排水口側が離水しないのでしょう。湿原や湿地ではなく池や湖なら、水面は一番低い排水口の高さまですぐ下がるので、高い排水口は閉じてしまいます。長ノ山湿原は、まだ海だった頃の記憶を引きずっているようです。

隆起準平原と紹介されている阿武隈山地

つぎは福島県の阿武隈山地（高地）に移動しましょう（図10-4）。郡山盆地の南東に広がる

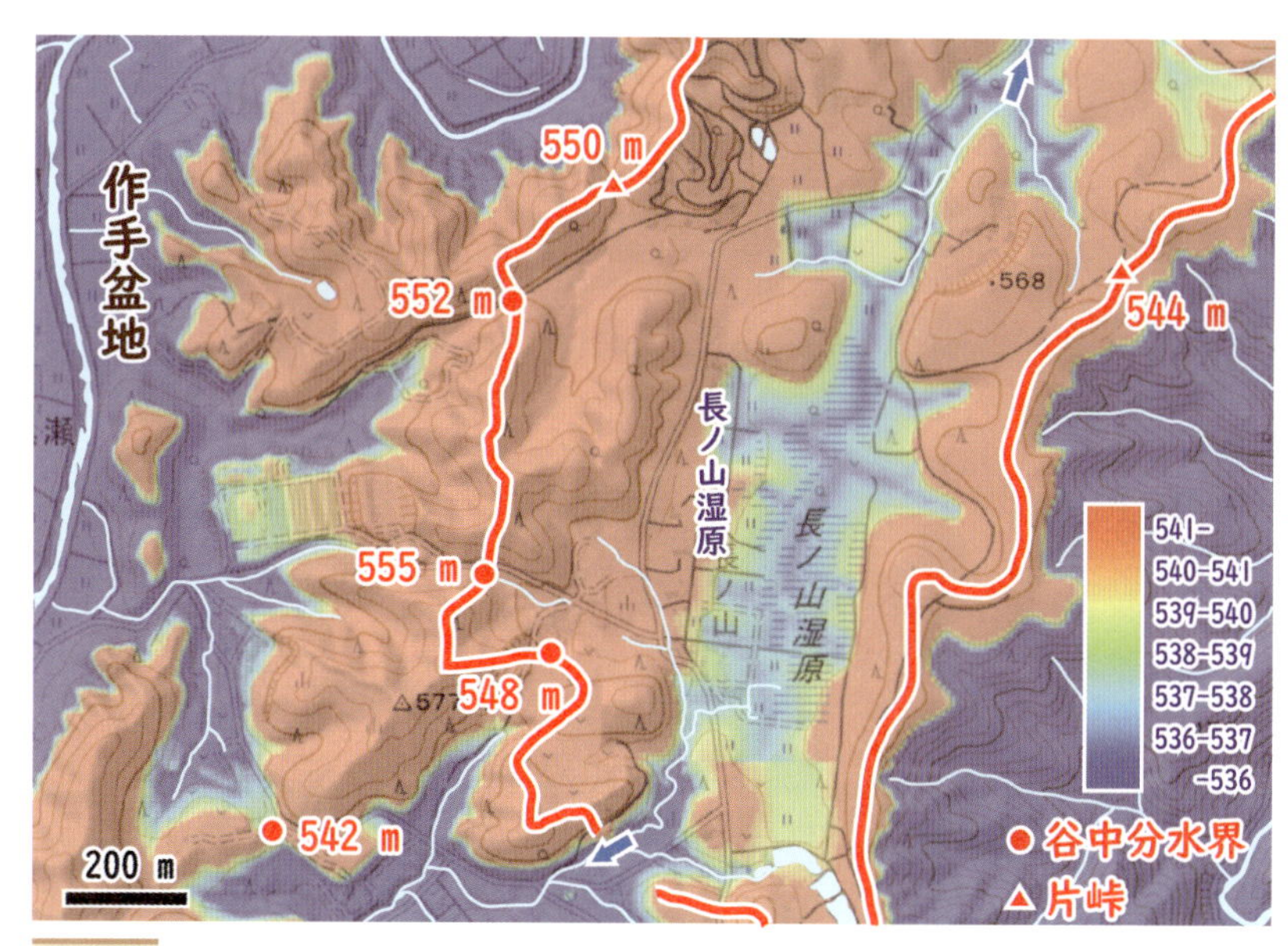

図10-3　長ノ山湿原周辺の地形と分水界。

起伏の小さい丘陵地です。図10-4の場所は、『建設技術者のための地形図読図入門 第3巻 段丘・丘陵・山地』（鈴木、2000）に、隆起した準平原として紹介されていました。

この書籍には国土地理院の地形図「上蓬田」の一部が示されているのですが、地理院地図で探すのに苦労しました。地図の中に、目印になりそうな地名や山名などがほとんどないのです。ようやく見つけて、ほぼ同じ範囲を切り抜きました。

地形図（図10-4上）を見ると、平田川や北須川がどちらに流れているのかさえ分かりません。まさにクシャクシャにしたアルミ箔を、テーブルの上に広げたような地形です。標高は500mほどなので中国地方の吉備高原と同じですが、地形の特徴はさらに起伏の小さい世羅台地にそっくりです。

少し広い範囲を見てみると、懐かしい場所が目に入りました（図10-4下）。前回の『分水嶺の謎』の旅の準備で紹介した、標高333mの竹ノ花の谷中分水界です。南に流れる組矢川と北に流れる飛鳥川を分ける竹ノ花の谷中分水界は、阿武隈山地を浜通り側と中通り側に分ける最も低い分水界です。

さらに、図10-4下の地形図の北須川より西側には、青系統の色で塗られた標高350～400mの起伏の小さい地形が広がっています。〝竹ノ花海峡〟が離水した頃に陸化した、広大な海食台でしょう。標高は中国地方の世羅台地面に相当します。

北須川を境に東側に広がる標高500mほどの侵食小起伏地形と西側に広がる標高350～400mの平坦な地形の組み合わせは、吉備高原面と世羅台地面の組み合わせと同じですね。地形図を見比べると、阿武隈山地西部の侵食小起伏地形も、中国地方に負けず劣らず見事です。

母畑湖の6㎞ほど北西には、福島空港がつくられています。滑走路の標高は370mほどで、低いほうの侵食小起伏地形を上手に活用しています。世羅台地面や瀬戸内面につくられた、広

図10-4 福島県平田村の平田川周辺の地形（上）と、阿武隈山地の西側に広がる侵食小起伏面（下）。〔37.19,140.56〕

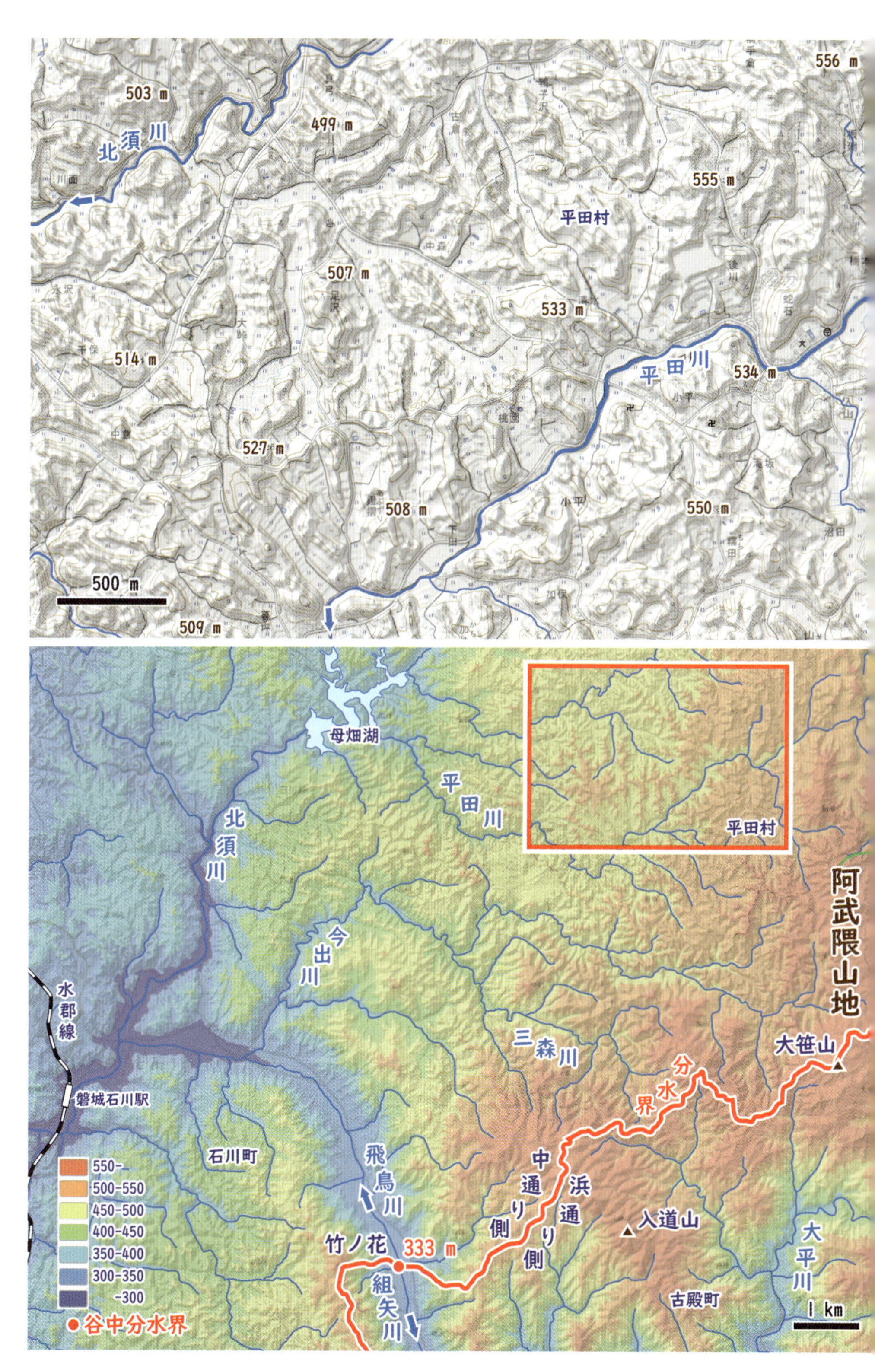

503 m
499 m
556 m
北須川
555 m
平田村
507 m
533 m
514 m
平田川
534 m
527 m
508 m
550 m
500 m
509 m
母畑湖
平田川
平田村
北須川
今出川
阿武隈山地
水郡線
三森川
大笹山
分水界
磐城石川駅
中通り側
浜通り側
石川町
飛鳥川
入道山
竹ノ花
333 m
組矢川
大平川
古殿町
1 km
550-
500-550
450-500
400-450
350-400
300-350
-300
谷中分水界

島空港や岡山空港と同じです。侵食小起伏地形は分水界を追跡するのは大変ですが、空港をつくるのには適しています。

標高600mの盆地

今度は岐阜県の南東部、木曽川と飛騨川に挟まれた八百津町に移動しましょう（図10-5）。標高600mほどの起伏の小さい台地と、高度差が300mほどもある幅が広くて深い谷とのコントラストは迫力があります。平坦な吉備高原と、台地を深く穿つ成羽川の組み合わせにそっくりです（図1-4）。

吉備高原を隆起準平原と捉えれば、図10-5の地形は悩むことなく隆起準平原と解釈するでしょう。吉備高原を隆起し離水した海食台と考えている私は、海が削った地形と解釈します。みなさんにはどのように見えますか？　誰も正解は分からないので、各人が判断するしかありません。そのような態度は、自然科学においてきわめて健全です。人によって、見える景色が異なる所以です。

さて、木曽川の支流の旅足川の源流域は小さな盆地になっているので、ここでは福地盆地と呼びましょう。盆地に降った雨が排水される下落合付近を起点に分水界を描くと、標高600mほどの片峠をいくつも通過していることが分かります。最も低いのは起点から最も遠い盆地の北端で、赤川の側が300m以上も切れ落ちた標高618mの片峠です。これではお盆の縁の役割などできなさそうですが、盆地に降った雨がこの片峠からあふれることはありません。

福地盆地の標高は吉備高原面に相当し、地形の特徴も同じです。氷河など特殊な営力が働いていなければ、中国地方と中部地方の地形の特徴が一致するのは当然でしょう。同じ作用によって、地形はつくられるのですから。その作用の犯人が、河川か海かが問題なのです。

その他、福地付近を通過する北東-南西方向の尾根は、直線状で定高性があり見事です。あま

図10-5　岐阜県旅足川源流域、福地付近に広がる侵食小起伏地形（福地盆地）。〔35.53,137.24〕

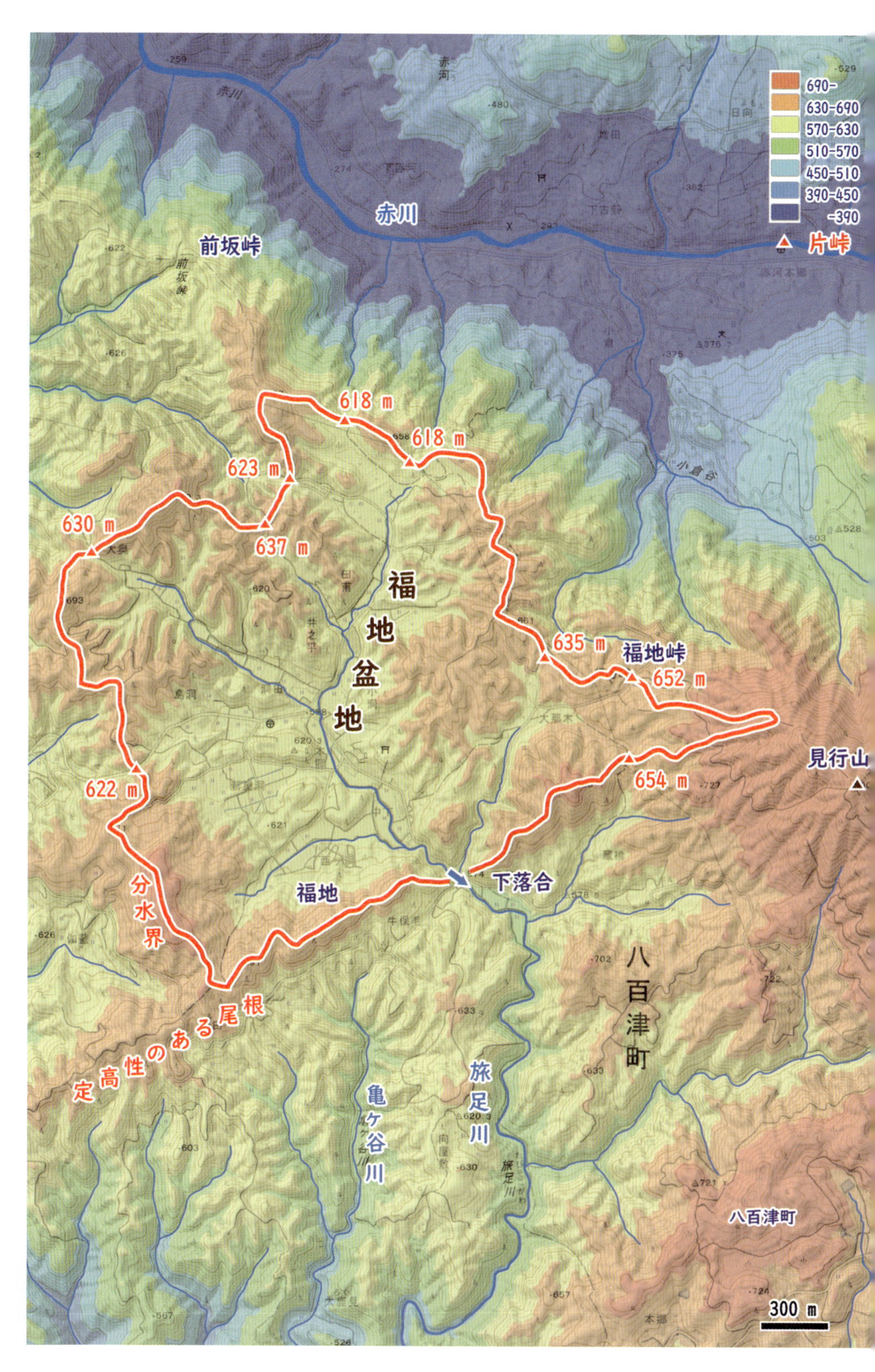

690-
630-690
570-630
510-570
450-510
390-450
-390
片峠
赤川
前坂峠
618 m
618 m
623 m
630 m
637 m
福
地
盆
地
635 m
福地峠
652 m
654 m
見行山
622 m
下落合
福地
分
水
界
八
百
津
町
定高性のある尾根
旅
足
川
亀
ケ
谷
川
八百津町
300 m

りに真っ直ぐなので、丸いお盆というよりも四角い枡といったほうが良さそうです。旅足川が福地盆地から流れ出ると、突然蛇行し始めるのも意味がありそうです。平らな盆地底では蛇行せず、起伏のある丘陵地で蛇行する理由は気になります。福地盆地の盆地底は、もともと平らな海底面でした。その後に陸化した周囲の地形はどのようにつくられたのでしょうか。川が流れ始めたときの最初の地形に、謎を解く〝鍵〟がありそうです。

標高1000m超えの侵食小起伏地形

岐阜県は日本を代表する山岳県で、標高の高い侵食小起伏地形をいくつも見ることができます。つぎは岐阜県の最北部、高原川と宮川の合流点のすぐ南に広がる台地状の地形を見てみましょう（図10-6）。

この場所、覚えていますか？ 標高1082mの片峠は、前回の『分水嶺の謎』の旅の最後に、「わずか10mに満たない高まり（片峠）を越えられない、高原川からの侵食フロント」として紹介しました。ソンボ谷水系の分水界には片峠がいくつも見られますが、それらの標高は1100mくらいにそろっています（図10-6上）。

縁の低いお盆のようなソンボ谷水系はあまり侵食が進んでおらず、起伏の小さい丘陵状の地形が広がっています。高原川や宮川が流れる深い谷底との高度差は800mもあって、分水界の内側と外側の地形の差は歴然です。さっそく、この場所が1080m低かった頃の様子を復元してみました（図10-6下）。

当時は東側が高い〝漆山島〟で、東海岸は海食崖が連続する断崖絶壁でした。それに対して島の西側は標高が低く、〝ソンボ湾〟は穏やかなリアス海岸でした。〝漆山島〟の北東には細長い半島が続いていますね。分水界に囲まれた範囲はその後の侵食を免れて、標高が1000mを超える高地の盆地になったのです。

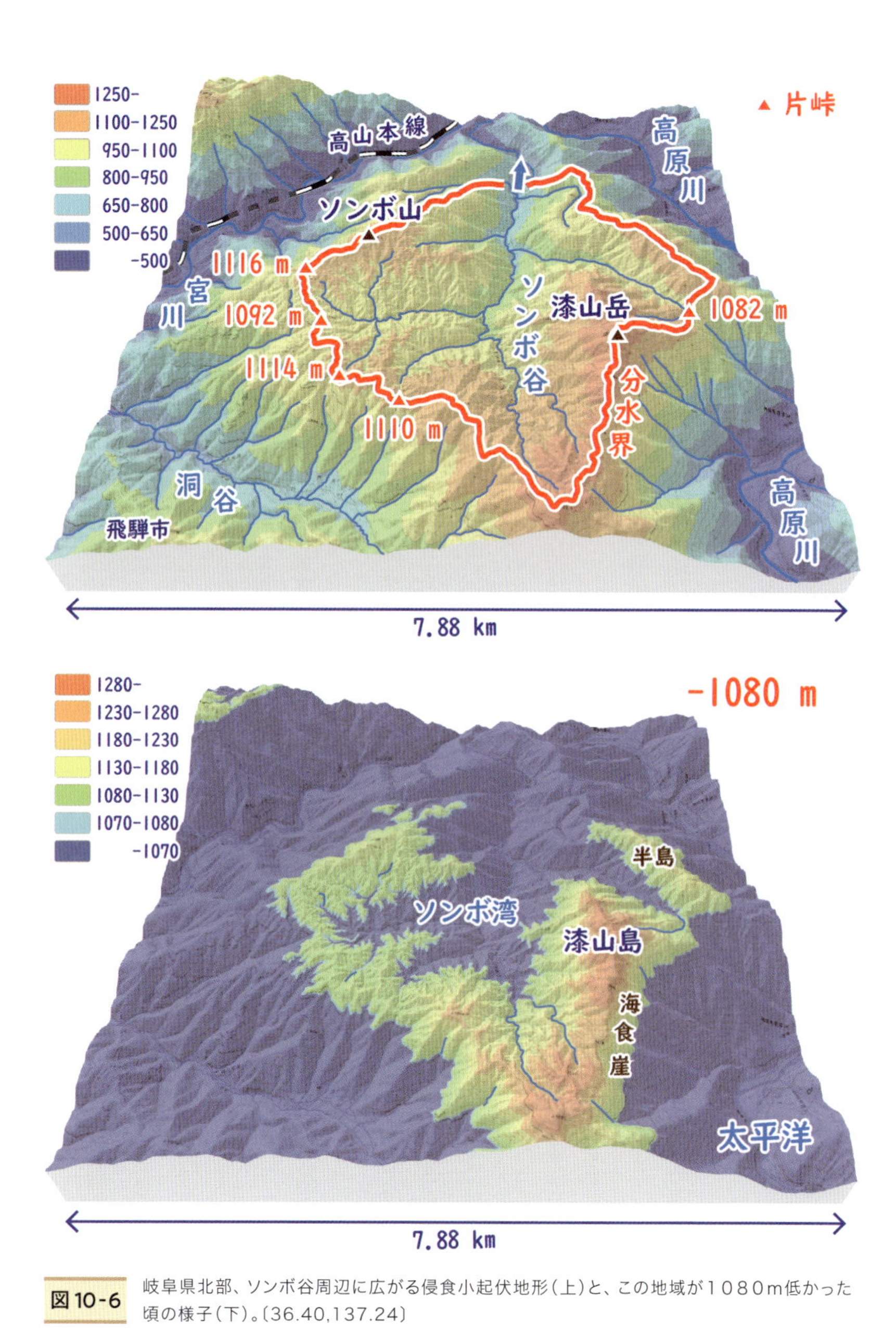

図10-6 岐阜県北部、ソンボ谷周辺に広がる侵食小起伏地形（上）と、この地域が1080m低かった頃の様子（下）。〔36.40,137.24〕

高野山を超える〝天空の聖地〟大台ヶ原

今度はさらに高い場所にある盆地に出かけてみましょう。紀伊山地を代表する大台ヶ原山の周辺です（図10-7）。中ノ滝と西ノ滝を起点に分水界を描いてみると、標高が1300mを超えているとは思えないほどなだらかな地形が浮かび上がります。

それに対し、分水界の外側は断崖絶壁が続き、人が近づくことを強烈に拒んでいるようです。この地が山岳信仰の場となったのもうなずけます。陰と陽、そして静と動。分水界に囲まれた穏やかな地形と外側の険しい地形との対比は、まるで彼岸と此岸を表しているようです。

なぜ日本人は、このような山奥を信仰の聖地としたのでしょうか。その理由は違和感ではないかと思うのです。山の奥に海の気配を感じていたのかもしれません。海の気配には気がつかなくとも、山のごく当たり前の風景とは思えない違和感を覚えたのではないでしょうか。

もしかすると、地理院地図を見て私が抱く違和感も、古代の日本人が修験場として選んだ理由も、同じ感覚から導かれたのかもしれません。言葉で表すことはできないけれど、確かに存在していると思えるのです。

隔離された標高1300m超えの盆地

もっと高い場所にある盆地はないでしょうか。地理院地図で探していたら、標高が1300mを超える、下界と隔離された地形を見つけました。場所は木曽山脈（中央アルプス）の西側、JR中央本線の田立駅の北にある木曽田立の滝の上流です（図10-8上）。滝も見事ですが、滝の上に広がる侵食小起伏地形も絶景です。奈良の都が近くにあれば、間違いなく修験の場に選ばれたはずです。

滝の落口付近を起点に分水界を描くと、こぢんまりとした天空の盆地が現れます。分水界の周囲は高度差のある断崖に囲まれていて、こち

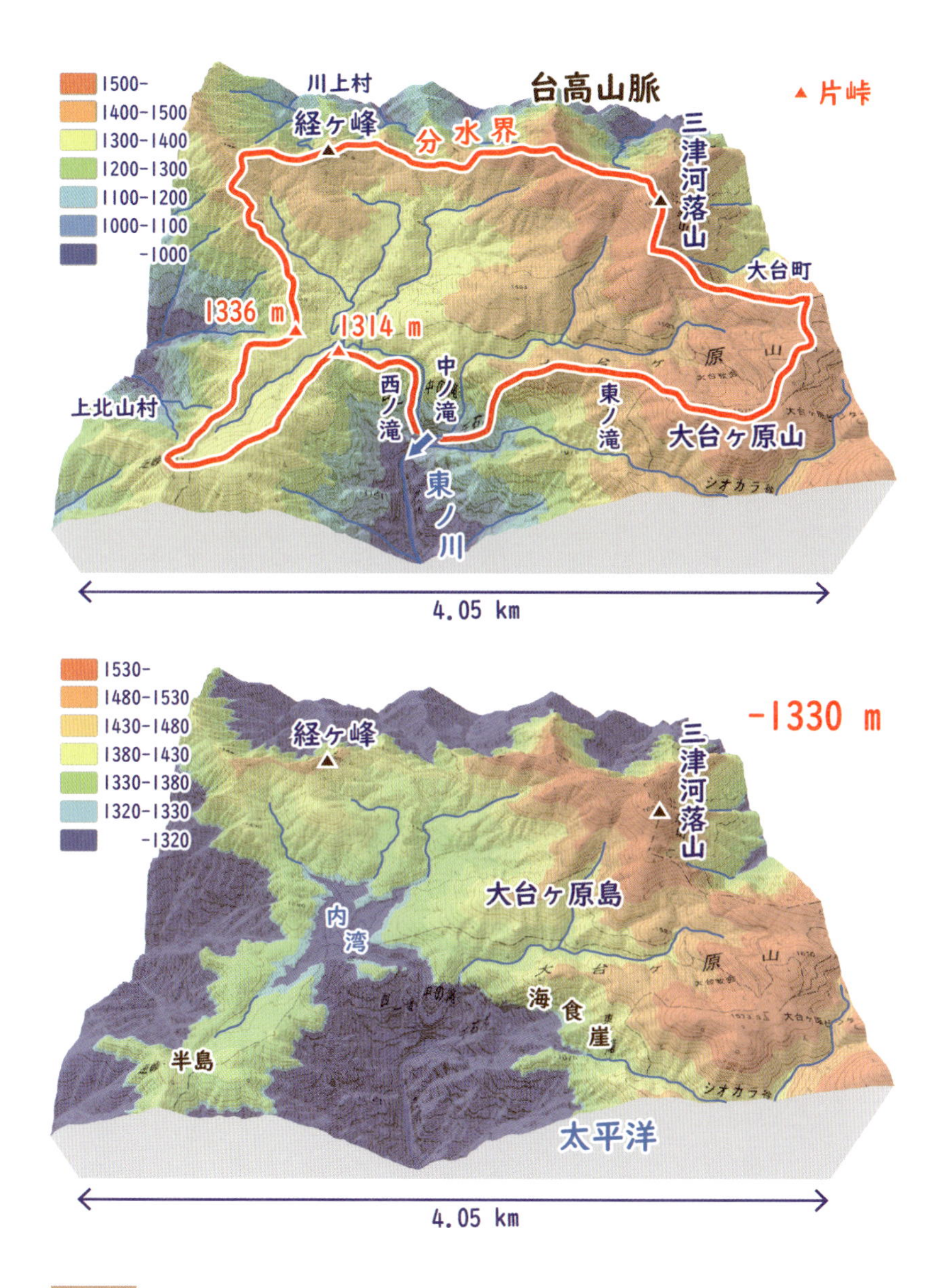

図 10-7 紀伊山地の大台ヶ原に広がる侵食小起伏地形。(34.19,136.08)

らもギアナ高地のミニチュア版といったところでしょうか。

この場所が1350m低かった頃の様子を復元すると、なだらかな台地と二つの半島、そして半島に挟まれた湾が浮かび上がります（図10-8下）。その後、1300m以上も隆起しましたが、分水界の内側は河川の侵食を免れて、下界から完全に切り離された〝天空の盆地〟になったのでしょう。

標高1500m級のなだらかな盆地

探せばまだまだたくさんあります。つぎは群馬県の野反湖です（図10-9）。野反ダム付近を起点に分水界を描くと、カルデラ湖のような地形が浮かび上がります。もちろん、野反湖はカルデラ湖ではありません。数百万年前の大規模火砕流堆積物が侵食された小起伏地形です。

野反湖を囲む分水界のうち、南側は本州を太平洋側と日本海側に分ける分水嶺です。野反ダムの500mほど北に群馬・新潟県境があるので、野反湖は群馬県です。普通に考えたら分水嶺が県境になりそうですが、国境は自然ではなく人が決めるので、このようなこともあるのでしょう。群馬県出身の私としては、ちょっと得をした気になります。

野反湖は高校の地学部に所属していたとき、夏のペルセウス座流星群の観測をおこなった思い出の場所。街の明かりが届かないため、プラネタリウムよりも鮮明な天の川の下、すべての星が明るいために星座が分からず大変でした。地質学者である私はいつもうつむいて地面ばかり見ているので、たまには上を向いて星を眺めるのも良いかもしれません。少しは気持ちが前向きになる気がします。

その野反湖は、湖面の標高が1513mで、水深は25mしかありません。25mは、図10-9下の地形図では等高線の2本半分です。堆積物によって多少は湖底が底上げされているでしょうが、湖水を取り除けば、牧場のようななだらか

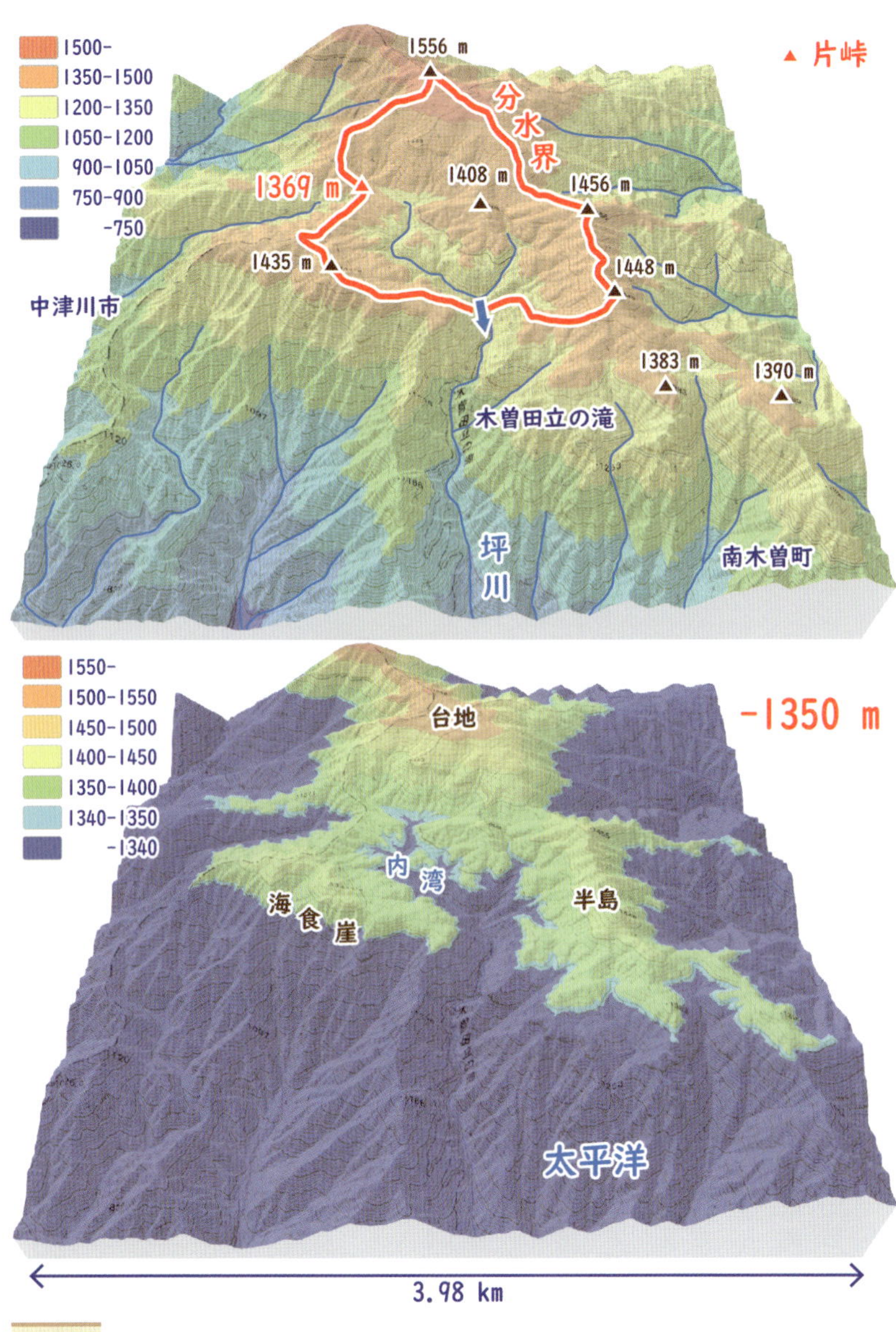

図10-8 長野県南木曽町、木曽田立の滝の上流の盆地地形。(35.63,137.55)

な地形が広がるでしょう。

野反湖の周辺は、標高が2000m前後とは思えないほど穏やかな景色です。山は高く登れば登るほど険しくなると思っていましたが、実際にはそうでないケースもあるのですね。デービスの侵食輪廻説が、先入観として思考を偏らせていたのかもしれません。

野反湖周辺のなだらかな地形は、これまで見てきた盆地の特徴と何ら変わりません。この場所が1550m低かった頃の様子を脳裏に描くことは容易でしょう。弁天山（1653m）とエビ山（1744m）の間の海峡は水深が6mほど、今にも閉じてしまいそうです。もちろん、当時は標高が200~300mの低い山に挟まれた海峡です。

あと数m海面が低下して海峡が閉じれば、八間山（1935m）へと続く分水界に囲まれた、アケビのような形の〝野反湾〟の誕生です。アケビのつるは、のちの千沢になるのです。

外海の荒波に侵食され、険しい地形が連続する分水界の外側とは対照的に、〝野反湾〟の浜辺は、現在の野反湖畔のように穏やかだったはずです。1日2回の干潮となれば浅い〝野反湾〟には干潟が広がって、カニやアサリがたくさん採れたでしょう。いや、海老がたくさん採れたので、エビ山と名付けたのかもしれません。

八間山からエビ山に続く分水界が、分水嶺になるのはずっと先の話。この頃の奥羽山脈はほとんど海面下で、中国山地は陸の気配すらありません。〝貝梨海峡（447m）〟が閉じるまで1100m、〝堺田海峡（338m）〟が陸化するにはあと100m、〝石生海峡（95m）〟が干上がって、分水嶺が完成するためにはさらに200m以上の隆起が必要です。もちろん、その隆起は野反湖の話。それぞれの海峡は個別に隆起を開始して、その歩みの速さもそれぞれの事情によるのです。

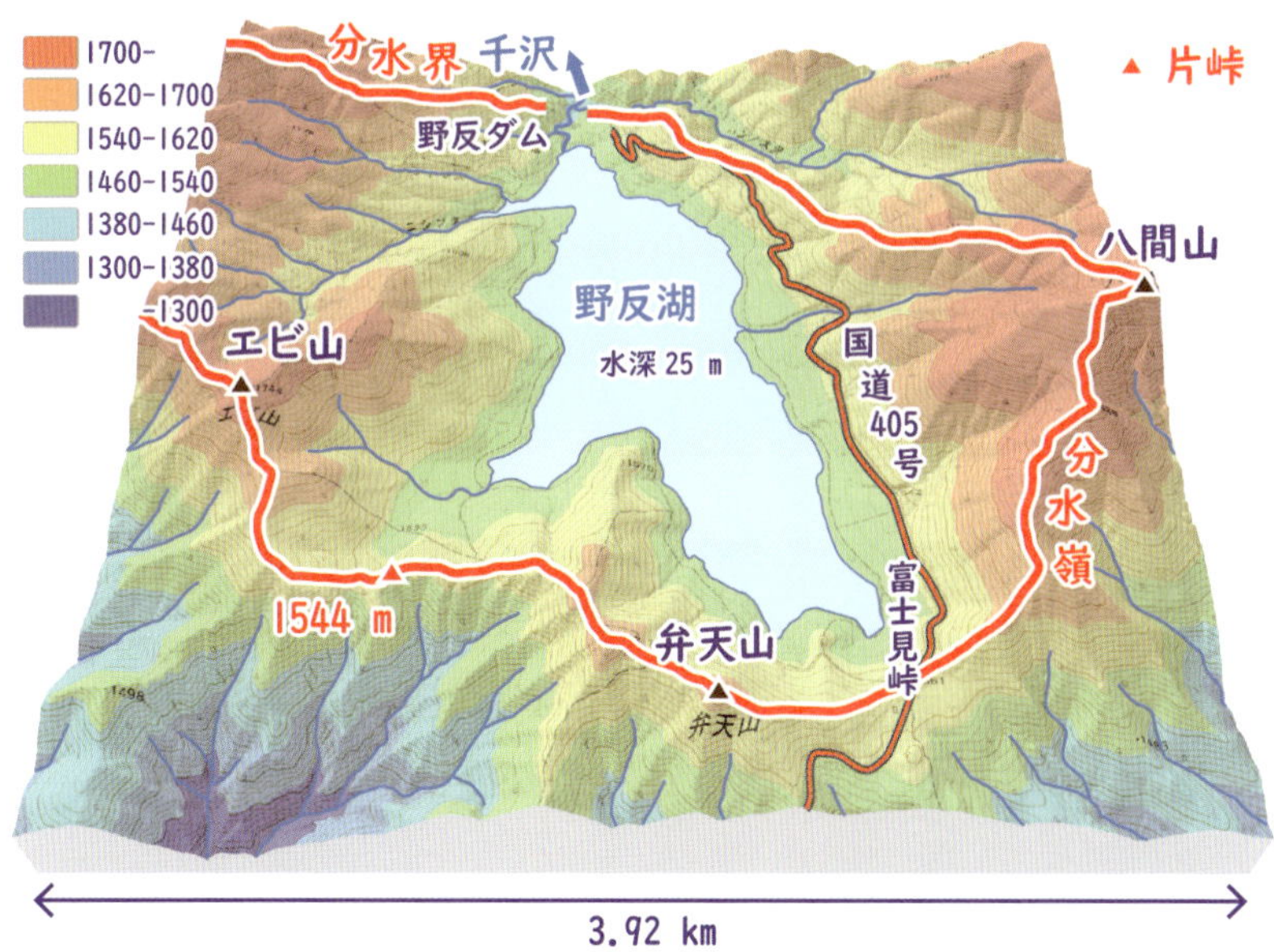

図10-9 富士見峠から望む初夏の野反湖(上)と、野反湖周辺の地形と分水界(下)。〔36.70,138.65〕

出発は水深150mのタイムトラベル

『準平原の謎』の旅の最後は、5日ぶりに秋田県を訪れましょう。能代平野から日本海に注ぐ、米代川の源流です（図10-10）。大河である米代川も、本州を太平洋側と日本海側に分ける分水嶺の近くまでさかのぼると、ずいぶんか細い河川になってしまいます。

JR花輪線の田山駅周辺には小さな川が集まっていて、それらの川に沿って幅の広い谷がつくられています。ちょうど、広げた手のひらのようですね。盆地というのはおこがましいですが、仮に田山盆地と呼びましょう。田山駅に集合した小さな川たちは、日本海までの長い旅路に備えています。

ここで、戸鎖を起点として、田山盆地に雨水を集める分水界を描いてみましょう。分水界は一部しか図示していませんが、標高447mの貝梨峠は立派な谷中分水界ですね。田山盆地の東縁の分水界は、本州を太平洋側と日本海側に分ける分水嶺です。したがって、貝梨峠は太平洋側と日本海側をつなぐ峠です。

貝梨峠の東側に降った雨は、5㎞ほど東に流れて安比川に合流し、馬淵川となって青森県の八戸市から太平洋に注ぎます。一方、西側に降った雨は米代川として西に流れ、能代市から日本海に注ぎます。海に出るまで、二つの水が交わることはありません。

ところが、この地域が450m低かった頃、貝梨峠の谷中分水界は太平洋と日本海をつなぐ細い海峡でした。深さは数mで長さは300mほどの非常に狭い海峡ですが、降った雨は太平洋と日本海のどちらにも移動できました。そのあとすぐに関所は閉じて、太平洋側に降った雨が日本海側に移動することはできなくなりました。

それでも、まだ開いている関所が残っています。芭蕉が越えた〝堺田海峡（338m：図1-25下）〟と、JR北上線が通過する〝巣郷海峡（296m：図1-29下）〟です。もちろん、降

図10-10 米代川源流域の地形と分水界。〔40.13,140.97〕

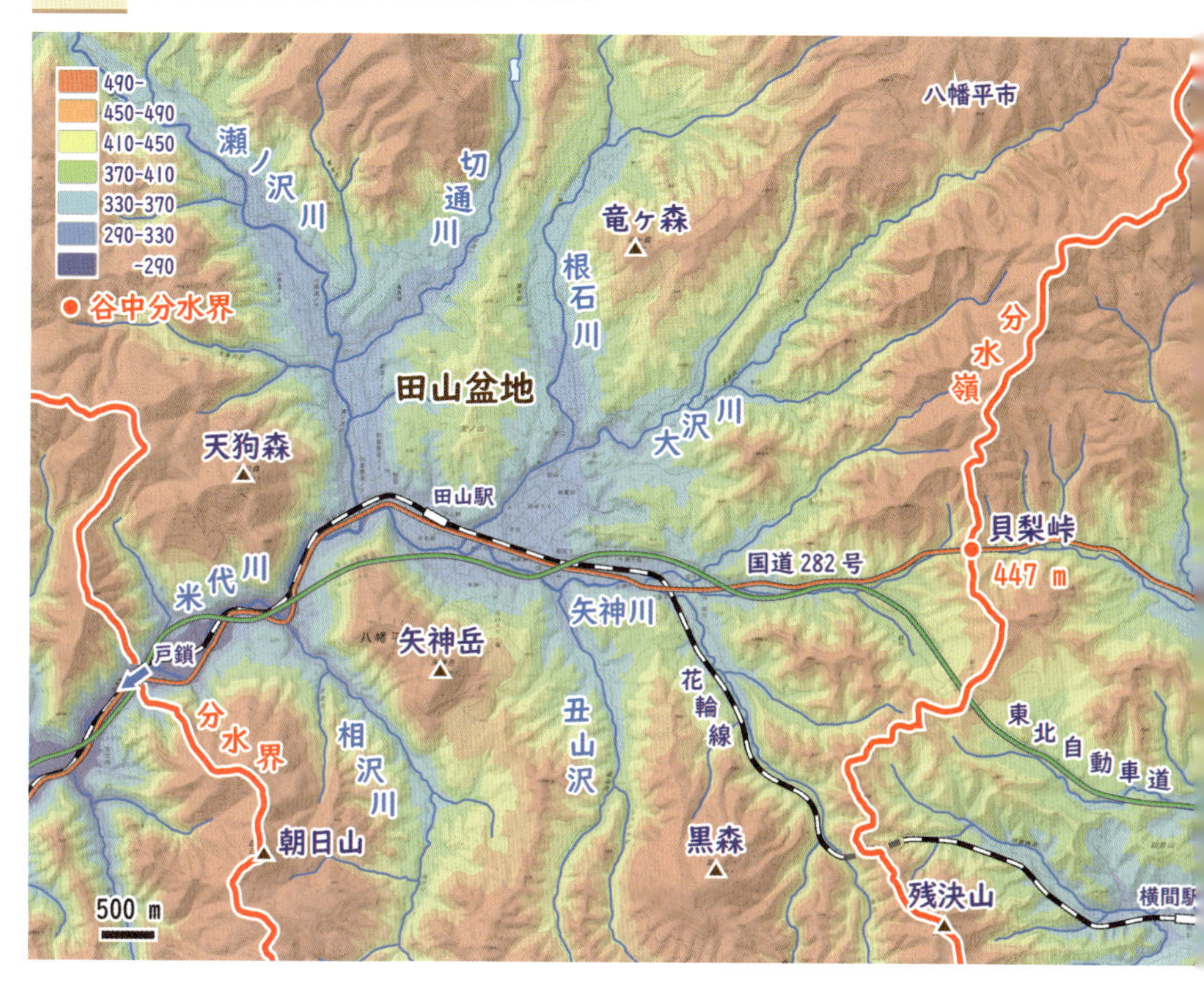

起速度が同じと仮定しての話です。

〝貝梨海峡〟が閉じると、このあたりには〝田山湾〟が広がっていました。〝田山湾〟の湾口は天狗森（756m）と矢神岳（666m）の間の狭窄部で、日本海からの荒波を遮る天然の防波堤だったでしょう。

それでは今からJR花輪線に乗って、東北地方の大地の成り立ちをたどるタイムトラベルに出かけましょう。といっても、今日はあちこち飛び回ってきたのでもう午後です。ゆっくりしている時間の余裕はありません。

〝貝梨海峡〟が閉じてしまうと、日本海はどんどん西に追いやられてしまいます。東北日本の大地が隆起すると、海岸線は沖へ沖へと退くからです。その海岸線に追いつかれぬよう、水深150mの海底に敷かれた線路の上を、2両編成のキハ110系でたどるのです。

追憶の〝花輪湾〟

田山駅14時05分発の大館行きに乗車すると、花輪線は米代川を何度も横切りながら西に進んでいきます。深いV字の谷底と低い初冬の日差しが相まって、まだ午後2時過ぎなのに車窓の外はずっと日影。圧迫感の旅路も、途中の湯瀬温泉駅でちょっと一息。地蔵岩を過ぎると突然視界が開けて花輪盆地に入ります（図10-11）。

いいえいいえ、花輪盆地ではありません。〝田山湾〟に少し遅れて誕生した、三角形の〝花輪湾〟です。西側は細長い半島で日本海と隔てられ、東側には標高が数百mの山並みが迫る〝花輪湾〟は、200万年前の越後平野（〝越後湾〟）を彷彿させます。

浅い〝花輪湾〟の海底からでも、左側の車窓から、キラキラ光る逆光の水晶山（549m）がうっすら見えています。尾去沢の鉱山跡は、能代の地質調査の帰路に立ち寄った思い出の場所。今さっき、〝花輪湾〟に沿う国道282号を、白いレオーネが通り過ぎていきました。

北からは小坂川が、東からは大湯川が合流すると、花輪線はスイッチバックの準備です。時刻はもうすぐ午後3時。ここからつぎの〝大館湾〟まで、再び海峡を進んでいきます。といっても海底は浅く、幅も広いしカーブも緩やか。のちの米代川の左岸を進むので、右側の座席に移動しました。

図10-11 花輪盆地周辺の地形。〔40.19,140.78〕

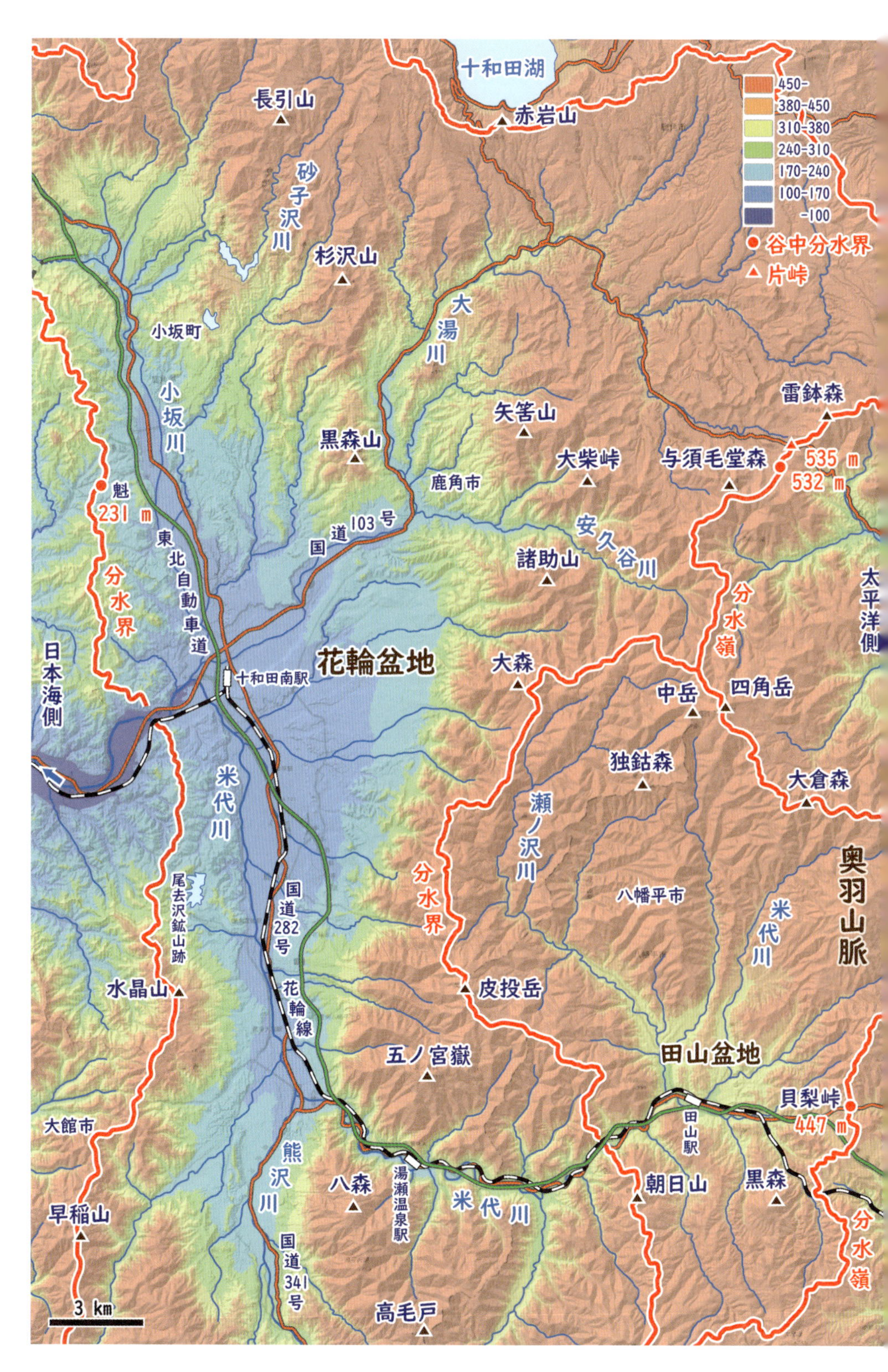
十和田湖
赤岩山
長引山
450-
380-450
310-380
240-310
170-240
100-170
-100
谷中分水界
片峠
砂子沢川
杉沢山
大湯川
小坂町
小坂川
矢筈山
雷鉢森
黒森山
大柴峠
与須毛堂森
535 m
532 m
魁
231 m
鹿角市
国道103号
安久谷川
諸助山
東北自動車道
分水界
分水嶺
太平洋側
日本海側
花輪盆地
大森
十和田南駅
中岳
四角岳
独鈷森
大倉森
米代川
瀬ノ沢川
奥羽山脈
尾去沢鉱山跡
国道282号
分水界
八幡平市
米代川
水晶山
花輪線
皮投岳
五ノ宮嶽
田山盆地
貝梨峠
447 m
大館市
田山駅
熊沢川
八森
湯瀬温泉駅
米代川
朝日山
黒森
早稲山
分水嶺
国道341号
3 km
高毛戸

かつての内湾は海岸平野、そして内陸盆地へ

30分ほどで海峡を通過すると、〝花輪湾〟より40m分だけ遅れて生まれた〝大館湾〟に到着です（図10-12）。浅い〝大館湾〟の海底から振り返ると、〝花輪湾〟はすでに山に囲まれた小さな平野に姿を変えていました。海が市街地の脇まで入り込んだ高知港のように、〝大館湾〟から延びた細長い入り江が十和田南（とわだみなみ）駅の目の前まで続いています。潮が引いた駅前は、さぞかし海産物の積み卸しで賑やかでしょう。良港に恵まれた尾去沢鉱山も、活気づいているはずです。

15時25分に大館駅に到着したら、ここでJR奥羽本線の秋田行きに乗り換えです。出発は15時33分だから、乗り換え時間はたった8分。大館駅の名物、駅弁「鶏めし」を買う時間の余裕はなさそうです。

大館駅を出発すると、再び海峡です。でも短い海峡なので、あっという間に〝鷹巣湾（たかのすわん）〟に入ってきました。標高30mほどの平坦な地形はまさにお盆のようです。〝大館湾〟の誕生に30mほど遅れて生まれた〝鷹巣湾〟から振り返ると、〝大館湾〟はすでに岡山市のような海岸平野に変わっていました。

といっても周囲を山に囲まれているので、鳥になって上空から眺めなければ、山奥の盆地と区別できません。湾口から離れた大館駅は日々後退する海岸線を追うように、西へ西へと線路を延ばしたことでしょう。

さらに遠くに目を向ければ、鉱山で栄えたかつての〝花輪湾〟は奥に追いやられ、海から30㎞も内陸の、典型的な盆地に変わっています。〝鷹巣湾〟で獲れた新鮮な魚介類を届けるには、奥羽本線と花輪線の連携が不可欠。海がつくった道筋に沿って、線路が続いているのです。

そうそう、ずっと忘れていました。まだ2時間もたっていないけれど、田山駅の周辺は、今頃どうしているでしょうか。すでに東北地方の大地は十分広くなって、太平洋からも日本海か

らも、遠く離れた山奥の小さな盆地になっていました。

　でも大丈夫。すぐそこの貝梨峠を歩いて越えれば、そこは間違いなく太平洋側。北に津軽海峡を回らなくても、西に関門海峡を迂回しなくても、容易に太平洋側に移動できるのです。

平野の先には孵化を待つ日本海の海底

　15時51分に鷹巣駅を出発すると、城壁のような山稜が両側から迫ってきました。〝鷹巣湾〟の湾口は、硬い七座凝灰岩がつくる堅強な二ツ井の関所。ここを通過しなければ、日本海にはたどり着けません。幅がわずか260mの難所は、松尾芭蕉が難儀した尿前の関よりも厳しそうです。

　16時03分に二ツ井駅を出発すれば、旅の終着地・能代駅まではあとわずかです。標高10mほどの真っ平らな能代平野を一気に進み、東能代駅には16時19分に到着。残りはあと一駅。今日の日没は16時38分だから、日本海に沈む夕日にはギリギリ間に合いそうです（図10-13）。

　ここで奥羽本線を降りて、JR五能線の深浦行きに乗り換えます。東能代駅の出発時刻は……、エッ、16時42分？　能代駅まではわずか4分の乗車だけれど、残念ながら日本海に沈む夕日は次回までお預けです。

　旅の目的地・能代駅から2kmほど西に歩けば、砂丘の上から日本海の大海原が望めたはずです。その海の下には、将来新たな平野になるために、少しずつ隆起を続ける海底が順番待ちをしているでしょう。その海底が新たな陸地になるためには、海面の関所を越えなければなりません。

図10-12 米代川流域の地形と盆地を囲む分水界。

200-
150-200
80-150
60-80
40-60
10-40
-10
谷中分水界
試掘井
二ツ森
小岳
白神山地
八峰町
長場内岳
藤里町
藤琴川
分水界
早口川
萩ノ方山
日本海
五能線
粕毛川
北秋田市
鷹巣駅
米代 AK-1
東雲 AK-1
常磐 SK-1
米代川
奥羽本線
二ツ井駅
能代駅
東能代駅
能代市
鷹巣盆地
秋田内陸縦貫鉄道
内川
能代平野
阿仁川
図 5-8
三種町
小阿仁川
秋田自動車道
太平山地
姫ヶ岳
大潟村
五城目町
上小阿仁村
奥羽本線
2 km
根烈岳

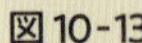

図10-13　能代平野から望む日本海に沈む夕日。

　しかし、心配することはありません。能代平野も鷹巣盆地も、大館盆地も花輪盆地も、そして小さな小さな田山盆地も、みんな海面を越えてやって来ました。背中を押してくれるのは、地殻変動（隆起）だけではありません。たくさんの河川によって盆地に集められた土砂は、米代川が運んできてくれます。その大量の土砂は、これから陸になろうと試みる海底への、とても心強い贈り物。

　ちょっとでも海面上に顔を出したら、周囲を見渡して隣の島を探しましょう。か細い腕を精一杯伸ばし、隣の島と手をつないだら、分水界の月桂冠をつくりましょう。その輪の中は湾となり、ゆくゆくは立派な盆地に育ちます。盆地と盆地が組み合わさって、日本の大地がつくられるのです。

　すでに日が落ちてしまいましたが、海のように真っ平らな能代平野は、地質学的には生まれたばかりの陸地です。その内陸側には一足早く陸になった鷹巣盆地が、その上流にはさらに先輩の大館盆地が広がっています。

花輪盆地は大館盆地がまだ内湾だった頃に陸化し、田山盆地に至っては、東北日本がまだ海峡によって分断されていた頃陸になったのです。褶曲（しゅうきょく）しながら隆起する海底を海面の波浪（はろう）が削り去り、平坦な盆地の底がつくられました。川が削ってつくったわけではないのです。

100年を超す日本の地形学において、中国地方の侵食小起伏面は多くの地形研究者を魅了し続けてきました。私が知る限り、すべての研究において、その侵食地形は隆起した準平原であるとされてきました（図10-14）。言い換えるなら、平坦な地形は陸上でつくられたと信じられてきたのです。

しかし、地質学者である私の目には、それらの小起伏地形が海によって削られた地形に見えるのです。地殻変動によって海底が隆起し、海面を通過するときに、波浪によって水平に削られた海食台に見えるのです。中国地方に限らず、日本の各地に見られる侵食小起伏地形は、陸（河川）ではなく海によってつくられたと思えるのです。

デービスが説くように、河川に

よって大地が削られて地形がつくられるのでしょうか。河川の侵食は、それほど強力なのでしょうか。線状に下刻（かこく）する河川によって、面状の平坦な地形がつくられるというのでしょうか。

河川の侵食によって地形がつくられるとするデービスの仮説、いや、すべての地形研究者が受け入れ、世界中の人々が信じている河川の侵食による地形の形成説は、私には受け入れることができないのです。

次回の旅の行く先を今決めました。次回は川の謎解きの旅に出かけます。必ず挑まなければならないテーマです。ここまで来たら、避けることなどできません。栄養をとって、たっぷり休養して、つぎの旅に備えましょう。次回はハードな旅になりそうですから。

図10-14 晩秋の早坂高原（岩手県）。なだらかな地形は隆起した準平原と考えられてきた。〔39.86,141.51〕

旅のおわりに

地形の謎解きの原点は、40年前の卒業研究でした。すべての研究がそうであるように、ほんの些細な違和感が合流を繰り返し、戻ることができない大河へと成長するのです。

地質との出会い

オイルショック前だったから、小学校の3年生か4年生の頃だったと思います。その頃は、上条恒彦＋六文銭の歌謡曲『出発の歌－失われた時を求めて－』が流行っていました。ラジオから流れてくるメロディーを聞きながら、「未来にはどのような世界が待っているのだろう」と空想の世界に耽っていました。とくに、「おまえの目に焼き付いたものは〝化石〟の町♪」の歌詞の中の、〝化石〟という言葉に強く惹かれていた記憶があります。もちろん、それまで化石など見たことはありませんでした。

田中角栄首相が「日本列島改造論」を発表した昭和40年代後半、日本の経済は高成長を続けていて、忙しいサラリーマンの父は、毎月家族を日帰りのドライブに連れて行ってくれました。5月は沼田市の迦葉山弥勒寺に参詣し、1年間お借りした天狗のお面を奉納します。夏は赤城山の滝澤不動尊から国定忠治の岩屋、さらに滝沢の大滝まで沢伝いに散策。秋は妙義山へ紅葉狩りに出かけ、冬は榛名湖でスケート。物質的には今ほど豊かではなかったけれど、周囲の誰もが未来に夢を抱いていた時代でした。

日帰りドライブの中でも、埼玉県の秩父盆地には何度も連れて行ってもらいました。春は蓑山の桜、夏は荒川の船下り、秋は奥秩父の紅葉、そして冬は秩父夜祭り。四季折々の風物詩を楽しむことができる秩父盆地は、私の家族にとっては手軽な観光地でした。前橋市の自宅からは自動車で2時間ほど、とくに長瀞の岩畳は日本有数の景勝地なので、秩父へのドライブでは必ず立ち寄りました。私はそこで、初めて地質と出会ったのです。

秩父鉄道の長瀞駅から荒川河岸の岩畳までは歩いてわずかでしたが、道の両側には観光地らしく食堂や土産物屋が続いていて、季節を問わず観光客で賑わっていました。土産物屋の店先には、プラスチックでできたカラフルな玩具が子供の目を惹くように置かれ、店内には賞味期限などお構いなしの乾物や豆、茸や山菜類が並び、奥の棚には盆景に使うのでしょう小さな奇岩や、どこかから仕入れてきた水晶の塊などが埃をかぶっていました。夏の心太やかき氷の暖簾、寒い季節の山菜蕎麦や味噌おでんの匂いなど、それらのすべてが観光地特有の非日常の雰囲気を満喫させてくれました。

その頃の私は土産物屋の前ですぐ立ち止まってしまう普通の子供でしたが、両親はなかなかそれらを買ってはくれませんでした。玩具にしろ目新しい土産物にしろ、買ってもすぐに飽きてしまう子供の気まぐれを両親は承知していたし、そもそも土産とは物ではなく記憶であるべきと考えていたからであろうことは、子供心にも十分理解していました。それでも、私がある物を欲しいといって父がすんなり買ってくれたときには、予想外の反応にちょっと驚いたことを今でも覚えています。それは、子供の手のひらほどの大きさの、化石が入った石でした（図11-1）。

図11-1 長瀞駅前の怪しい出店で手に入れた化石。青灰色硬質な凝灰質砂岩で、今から思うと、秩父盆地の地層の最下部に位置する子ノ神層。

昭和40年代でしたから、世の中は適当に余裕がありました。長瀞駅前の広場には観光馬車乗り場があって、そこから岩畳に続く道沿いには、焼きそばや焼きトウモロコシなどの屋台が出ていました。その脇に林檎の木箱だったかをひっくり返して机代わりに置き、その上に化石の入った石を無造作に並べて売っている不思議な〝おじさん〟がいました。五十代か六十代か、小学生だった私にはずいぶん年配の人に思えました。日焼けした色黒い顔には皺が刻まれ、当時としてもちょっとみすぼらしい風体に躊躇しましたが、初めて目にする〝石になった貝〟の魅力に吸い付けられるように、私は木箱の前にずっとしゃがみ込んでいました。

しばらく化石を見つめていると、そのおじさんが何か専門的な説明をし始めました。適当な石を手に取ると、「この貝は今から2000万年前の……という化石で……」と小学生相手に丁寧に話し続けるのは、私のほかには誰もこの小さな出店に立ち寄る人がいなかったからでしょう。すべての売り物がバラバラで、値段もついていなかったし、そもそもどこかで拾ってきた石だったので、たいていの観光客がその怪しい店に立ち寄るはずはありませんでした。「これは、いくらですか?」と尋ねると、子供相手だから払えそうな金額をその場で考えたのでしょう「五百円」と答えました。

気がつけば、しゃがんだまま動かない息子に呆れた両親が、待ちくたびれたように後ろに立っていて、早くしなさいと目で合図を送っています。欲しかったカニの化石は八百円でしたが、「安いほうにしなさい」といわれることを恐れて五百円の貝化石を選びました。宝物は、自分が気に入ったから買ってもらったことにしたかったのです。

店の〝おじさん〟は茶色い油紙に二枚貝や巻き貝の化石の種名を鉛筆で書いて、そのまま化石を包んで手渡してくれました。シジミとタニシのようなその化石は海の貝であるそうで、貝が石になってしまったことも、

海が山になってしまったことも、子供を空想世界に引き込むには十分でした。机の引き出しに大切にしまっておいた小学生のロマンを、二十歳になった私はひもとくことになるのです。

秩父盆地との再会

1981年に東北大学に入学した私は2年間の教養課程を終え、学部に進学すると本格的に地質学を学ぶことになりました。理学部の地学系に進学した40名ほどは、地層や古生物（化石）を扱う地質教室と、主に岩石を研究する岩鉱教室、そして地形を専門とする地理教室に分かれます。私は迷わず地質教室を選びました。

地質調査の野外実習という洗礼を受けた3年生は、梅雨明け頃になると、一人一人に卒業研究のテーマが与えられます。私が進学した地質学古生物学教室の十数名の同級生は、これから2年間の卒業研究として、北は北海道から南は九州まで散らばることになります。私は埼玉県の秩父盆地の地質を調べることになりました。神様のいたずらか、学生たちに提示された20ほどの調査地域の中に、秩父盆地があったのです（図11-2）。指導教官は石崎国熙（くにひろ）助教授（現在の准教授）、両親と同じ頑固で寡黙（かもく）な昭和一桁生まれです。

学部に進学すると講義と実習の大半は3年生の夏休み前までで、卒業研究を2年間かけておこないます。事前の文献調査から始まって、地形から地質、化石、岩石、地質構造、堆積構造などなど、地質に関する基礎的技能のすべてをマスターしなければなりません。私が選択した秩父盆地の中に、国土地理院の20万分の1地形図のつなぎ目が位置しているので、5万分の1や2万5千分の1の地形図も、毎回必ず4枚以上購入しなければなりませんでした。地形図の代金も、貧乏学生にはかなりの出費です。苦労してまとめた卒業論文の一部を以下に紹介しましょう。

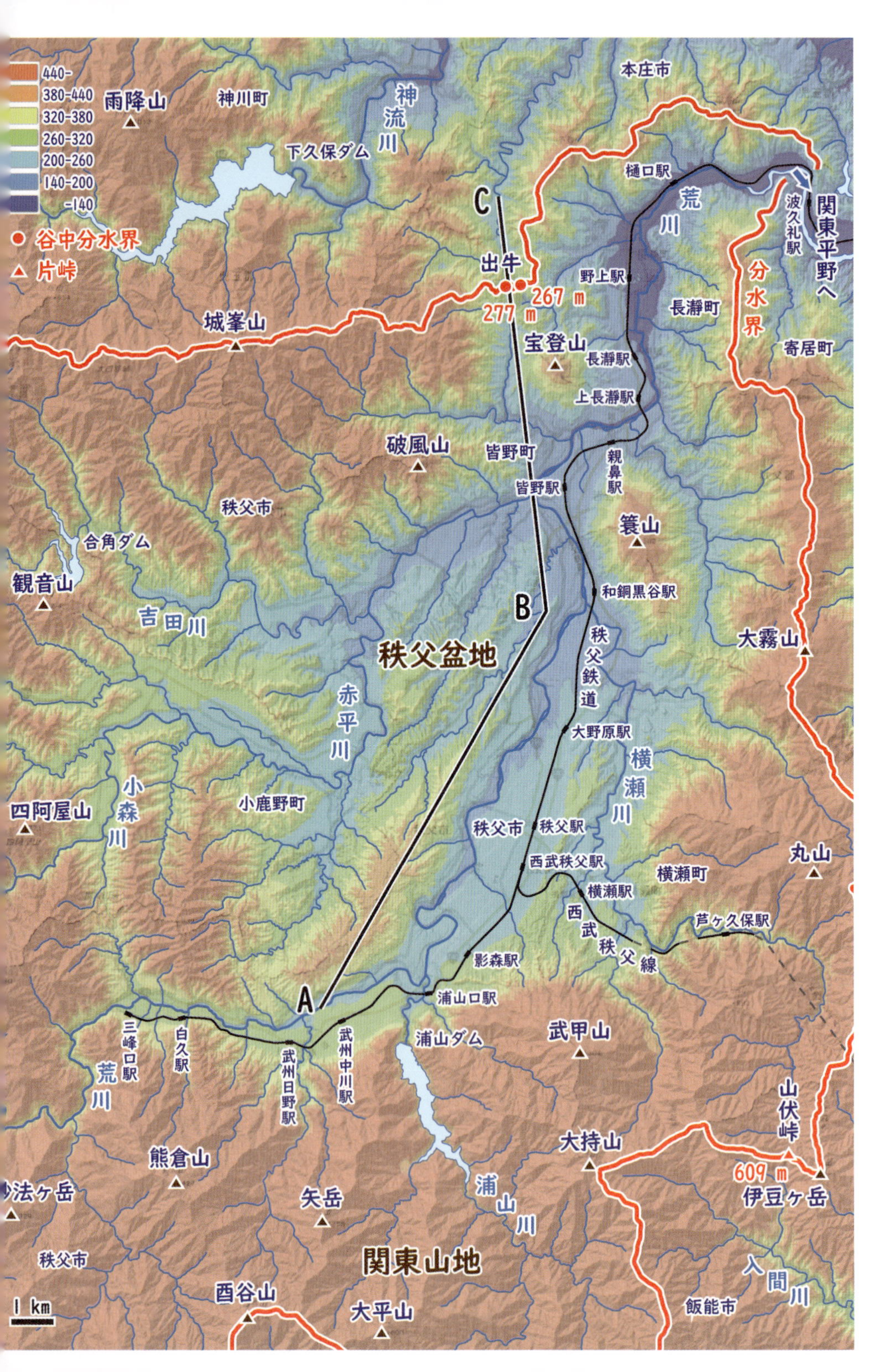
440-
380-440
320-380
260-320
200-260
140-200
-140
谷中分水界
片峠
雨降山
神川町
神流川
下久保ダム
本庄市
樋口駅
荒川
波久礼駅
関東平野へ
C
出牛
267 m
277 m
城峯山
野上駅
長瀞町
分水界
宝登山
長瀞駅
寄居町
上長瀞駅
破風山
皆野町
親鼻駅
皆野駅
秩父市
蓑山
合角ダム
観音山
和銅黒谷駅
B
吉田川
秩父盆地
大霧山
秩父鉄道
赤平川
大野原駅
横瀬川
小森川
小鹿野町
四阿屋山
秩父市
秩父駅
西武秩父駅
丸山
横瀬町
横瀬駅
芦ヶ久保駅
西武秩父線
影森駅
A
浦山口駅
三峰口駅
白久駅
武州中川駅
浦山ダム
武甲山
武州日野駅
荒川
山伏峠
大持山
609 m
熊倉山
伊豆ヶ岳
法ヶ岳
矢岳
浦山川
秩父市
関東山地
入間川
1 km
西谷山
大平山
飯能市

図11-2　秩父盆地および周辺の地形。

【第三章　地形】

関東山地北東部に位置する秩父盆地の外形は、東西、南北ともそれぞれ約13㎞の四辺形である。調査地域の南には、白石山、雲取山、天目山を中心とする標高2000m前後の奥秩父連峰がそびえる。

本地域の地形は、分布する岩相および構造をよく反映している。調査地域は標高が200〜1500mで、さらに北東の標高は100m前後の比企丘陵へと続く。秩父盆地は標高200〜700mであるが、盆地周辺の関東山地は標高300〜1500mで、斜面も急である。秩父盆地の東は、三波川変成岩類の分布域でなだらかであるが、盆地の西および南は秩父帯の分布域で、急峻である。とくに武甲山の石灰岩は浸食に強く、その北側斜面の所々に絶壁をつくっている。

なお、地形解析は5万分の1の水系図、5万分の1の接峰面図、2万5千分の1の起伏量図（1辺250m方眼の単位面積内の高度差を、0〜30m、40〜60m、70〜90m、100〜130m、140〜170m、180〜210m、220〜250m、260m以上の8段階に分けて着色）に基づいている。

【水系】

秩父盆地の西部には樹枝状、北東部には格子状の水系が認められる。盆地の北西方および南東方では格子状の水系が、秩父帯のWNW-ESEの構造方向に一致している。また、盆地の西北西方では、山中地溝帯のWNW-ESE方向の構造を反映して、格子状水系が顕著である。これに対し、盆地の南西方および東方は樹枝状水系である。また盆地の北方の鬼石町西方では御荷鉾緑色岩類が分布しており、水系は樹枝状である。三波川変成岩類が分布している美の山や宝登山は放射状水系を示す。

【接峰面】

盆地の南西部をかすめ、WNW-ESE方向の線構造が認められる。これは山中地溝帯の方向に一致し、その延長方向にも同様の方向の峰が認められる。これに対し、盆地の東には南北性の峰が顕著である。また盆地の北方では東西性の峰が顕著である。

【起伏量】

秩父盆地は周囲の関東山地と比べると、かなり起伏量が小さい。盆地の東方は三波川変成岩類の分布域でなだらかであるが、南方および西方では起伏量が大きく、またWNW-ESE方向に起伏量の大きい地帯が続いていることが認められる。これは秩父帯の構造方向と一致する。また秩父帯におけるほど起伏量は大きくないが、盆地北西縁からWNW方向に帯状構造が認められる。これは、山中地溝帯に相当する。

『埼玉県秩父市秩父盆地及びその周辺の地質』東北大学卒業論文（高橋、1985手記）より。


40年ぶりに自分の卒業論文を読んでみると、地形に関する記載（きさい）に苦労していた記憶が蘇（よみがえ）ります。何を書けば良いのかさっぱり分かりませんでした。地質教室の卒業論文には、【水系図】と【接峰面図】、そして【起伏量図】を作成して添付しなければなりません。発表までの限られた時間に地形図を何セットも貼り合わせ、鉛筆で線を描き込み、製図ペンでトレーシングペーパーに写し取る作業は修行そのものでした。

苦労して図面を作成し、手持ちの限られた用語を駆使（くし）して地形の特徴を記載しても、それが何を意味しているのか学生にはさっぱり分かりません。卒業論文の口頭発表は一人あたり1時間ほどかけ、十数名の卒論生の発表会は2日間に分けておこなわれます。口頭発表をおこなっても、卒業論文を提出しても、教官から地形に関する質問や考察などはなく、学生たちの間では〝意味なし3図〟と呼ばれていました。そのときの経験が40年後に役に立つのですから、人生とは不思議なものです。今なら、関東山地の地形だけで1冊本を書くことができます。

“炭”も積もれば……

学部4年の春には卒業研究の中間発表があって、教官や大学院生を前に1年間の調査・研究状況を報告しなければなりません。他の学生の進行状況が、そのまま自分へのプレッシャーになります。生まれて初めて人前で自分の研究を説明する学生は、毎朝挨拶(あいさつ)する教官の質問やコメントにも、しどろもどろにならざるを得ません。それでも、ほかの研究室の教官や大学院生に自分の研究を説明すると、新たな戦略が見えてくることがあります。私にとって、博士課程に進学したばかりの山路敦さんとの初めての共同研究は、その後の研究の方向を決定する大きなきっかけとなりました。

山路さんは地質研究者の中では珍しく、お猪口(ちょこ)1杯の酒でも酔ってしまうほどアルコールは弱いのに、数学はめっぽう強い研究者です。いつも無口で飄々(ひょうひょう)としていて、後輩に対する話し方も皇室の方を彷彿(ほうふつ)させる淡々としたものだったので、最初はちょっと近づきにくい先輩でした。言葉数が少なくキーワードを一つか二つしか話さないので、後輩たちは彼が何をいいたいのか分からないことがしばしばでした。

会話が停止して居心地の悪い空気がしばらく続くと、「じゃ、また」といってスタスタと歩いていってしまう。感情は表さず表情もほとんど変えないので、大学院生の中ではひときわ異質な雰囲気の持ち主でした。

概して、地質学ではいろいろなデータをグラフに書き込んでみてもなかなか直線に乗らず、傾向があるのかないのか分からないようなことがほとんどです、ところが、山路さんはこのようなバラバラなデータからも傾向を見いだし、もっともらしい理屈を組み立てる能力は教室の誰よりも優れていました。

私が卒業研究で秩父盆地を調査していた頃、山路さんは山形県の日本海側の地層を修士論文の研究テーマとして調査していました。彼が調べていたのは日本海が拡大した頃に堆積した地層で、陸の地層が多かったので、石炭層や石炭ほどには炭化していない亜炭層(あたんそう)がしばしば地層中に挟まっていました。それらの炭質物を分析して、日本海拡大時期の東北日本の地殻の地温勾配や、その後の地殻温度構造の変遷（熱史）を復元するというのが彼の博士論文のテーマでした。だから、同じ日本海拡大時期の地層が厚く堆積している秩父盆地の地質に彼が関心を持つのは当然でした。

私の中間発表が終わるや否や私に近づいてきた山路さんは、「高橋君、秩父盆地へ行ったら、亜炭を採ってきてくれないか」と、淡々と後輩に宿題を与えました。当初はそれが何を意味しているのか分かりませんでしたが、とりあえずいわれた通り、調査中に亜炭を見つけたら、小指の先ほどの塊を小さなビニール袋に入れ、帰仙（仙台に戻る）するたびに山路さんにお土産として手渡しました。

凹んで持ち上がった秩父盆地

採取してきた亜炭の塊を樹脂で固めて紙やすりで磨いていくと、光沢のある亜炭の断面が現れてきます。山路さんはその表面を特殊な顕微鏡で観察しながら、ビトリナイトという部分に光を当てては反射率を測っていました。このビトリナイト反射率は、石炭業界で石炭の熟成度を表す指標として使われていたもので、反射率が高いほど石炭化度が高い（熟成している）ことを表しています。もともと木っ端であったものが地下に埋没し、高い温度にさらされたものほどビトリナイト反射率が高くなることは、多くの測定データや実験からすでに明らかにされていました。その経験則を地質学に応用しようというのが、山路さんの博士論文の戦略だったのです。

秩父盆地の地層は千数百万年前に堆積した地層ですが、数千mに達する厚い地層はたかだか百万年間ほどの短期間に堆積したことが明らかにされています。ビトリナイト反射率は、厳密には温度と時間に起因して値が高くなりますが、秩父盆地の地層は地質学的には短期間に堆積した地層なので、測定された反射率は温度の関

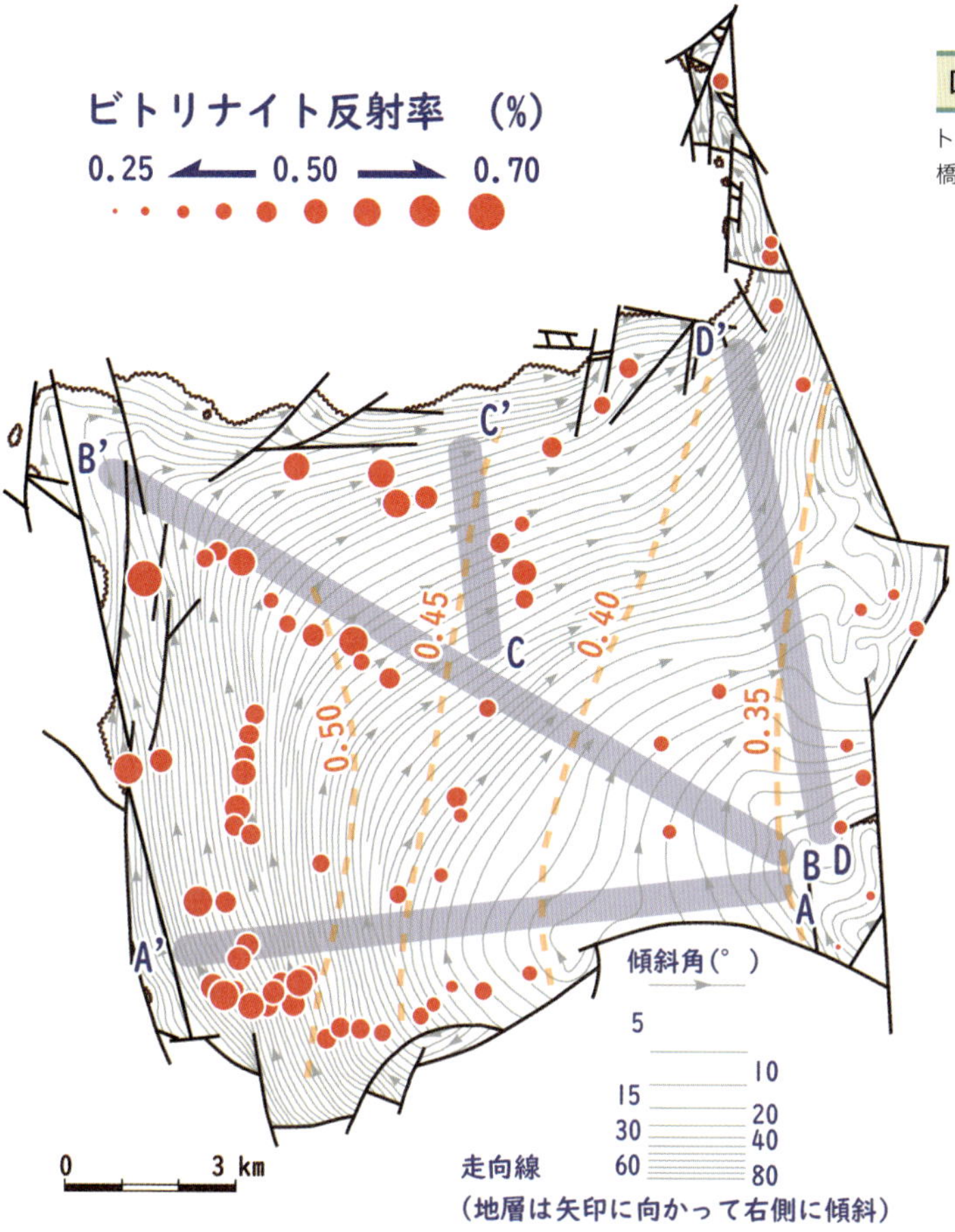

図11-3 秩父盆地の地層中の亜炭のビトリナイト反射率。山路・高橋（1988英）より作成。

数と見なすことができます。そのため、秩父盆地のあちこちから亜炭を採取してビトリナイト反射率を測定すれば、現在地表に現れている部分が被った最高温度を知ることができるのです。

もし採取してきた試料の反射率が場所ごとに異なっていたとしたならば、現在では同じ標高に露出している地層でも、もともとは異なる深さに埋没していたことが示唆されます。地下は深いほど、温度は高くなるのですから。ということは、その後の差別的な隆起運動を復元することが可能になるはずです。

まさにテクトニクスそのものと感激した私は、露頭で石炭になり損なった亜炭を見つけるたびに、まるで宝物を見つけたような気持ちで採取し続けました。

学部4年の秋には、盆地全域から集めた亜炭のビトリナイト反射率の結果が出そろいました（図11-3）。ビトリナイト反射率が高い地層ほど、かつては深い場所に埋没していたと考えられます。反対に、一番上の地層はほとんど埋没していないので、ビトリナイト反射率は一番低いと予想されます。仮に、地層が堆積したあと、そのまま隆起して侵食されたとしたら、地表面には同じ深さに埋没していた亜炭が露出します。したがって、地表で採取した亜炭のビトリナイト反射率は、いずれも同じ値を示すことになるはずです。しかし、実際にはそうではありませんでした。

盆地の南縁から採取した亜炭のビトリナイト反射率をグラフに描くと、最も新しい地層が分布する東ほど反射率が低く、より古い地層が露出する西ほど反射率が高いことが分かります（図11－4A）。古い地層の上に新しい地層が重なると、古い地層ほど地下深くに埋没するので高い温度を被ります。その結果、古い地層が分布する西側ほど、ビトリナイト反射率が高いことは何ら不思議ではありません。

ところが、盆地の東縁に沿って南北方向に採取した試料の値をグラフに表すと、反射率の変化が小さいことが示されました（図11－4D）。このことは、南端の新しい地層と北端に露出する古い地層は、被った温度履歴（りれき）に大差がないことを示唆しています。秩父盆地は東西・南北がせいぜい十数kmほどの小さな堆積盆地

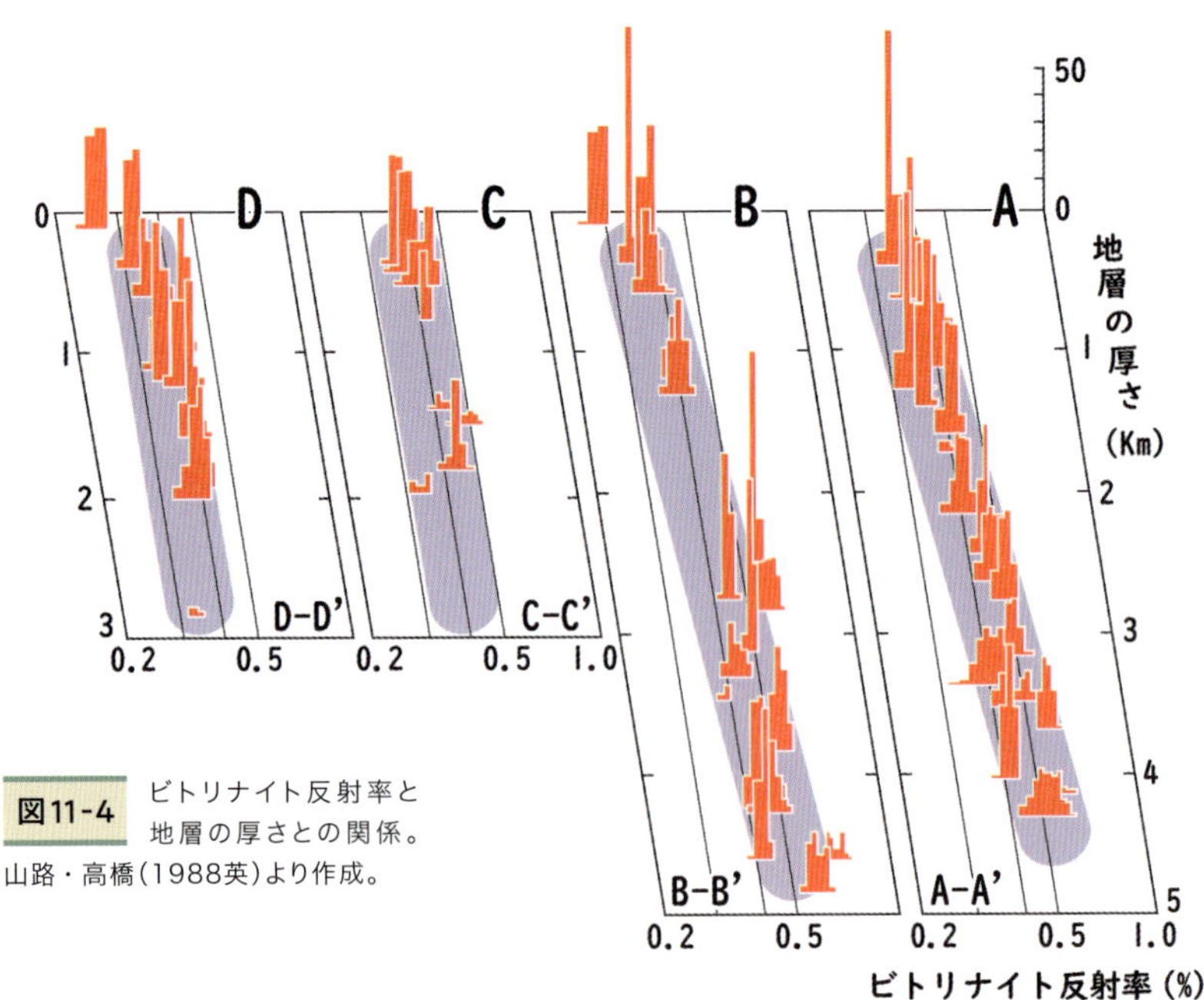

図11-4 ビトリナイト反射率と地層の厚さとの関係。山路・高橋（1988英）より作成。

図11-5 地層の堆積過程と古等温線との関係を示す概念図。山路・高橋（1988英）より作成。

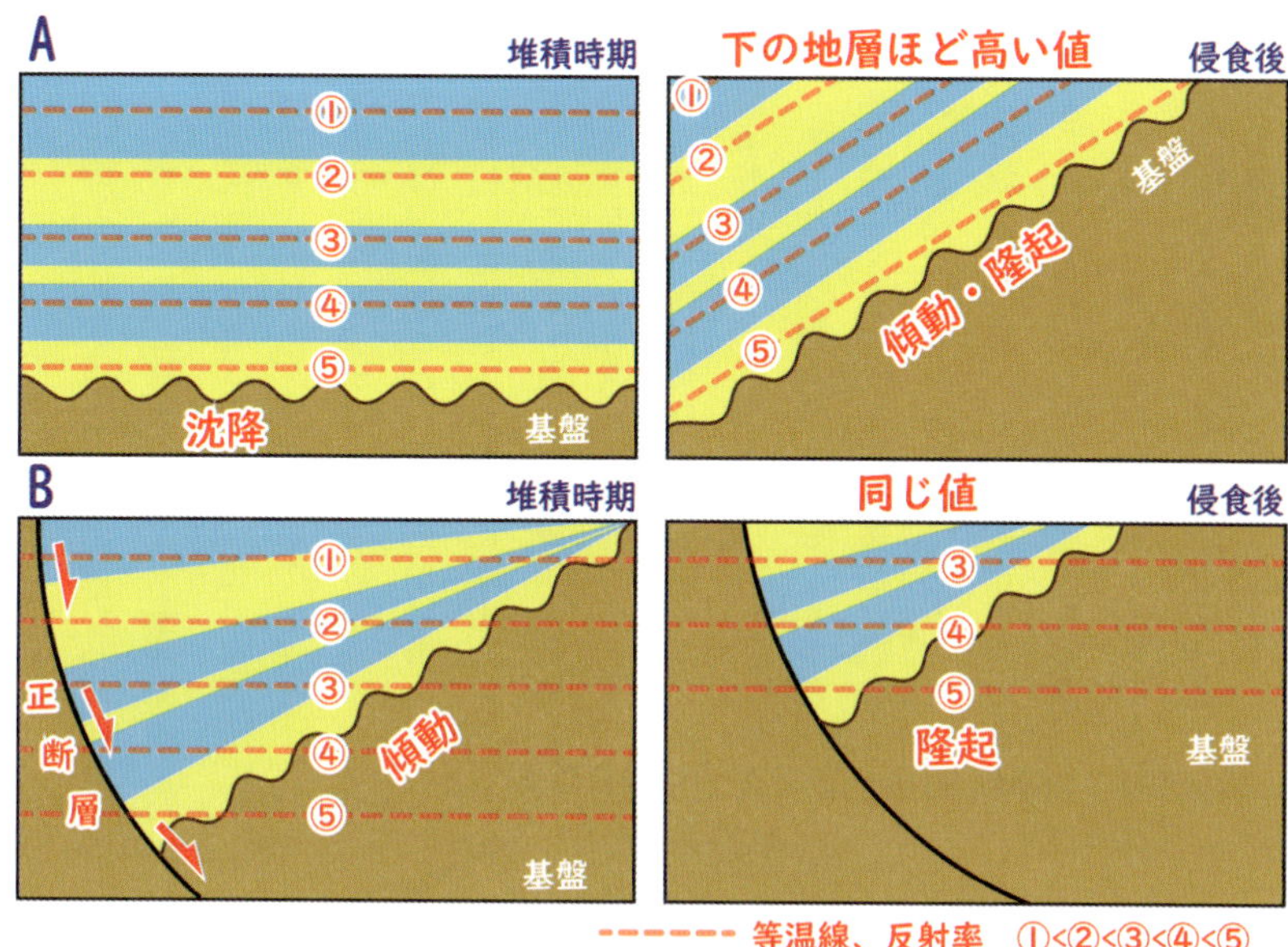

なので、場所によって地温勾配が大きく異なるとは考えられません。一体どういうことなのでしょうか。山路さんは明快な解釈をひねり出しました。

"炭"が語る秩父盆地の成り立ち

もし基盤が水平を保ったまま沈降し、その上に厚い地層が堆積したとしたら、古い地層ほど深く埋没するのでビトリナイト反射率は高くなります。このとき、地温勾配が調査範囲で一定であったと仮定すると、地下の等温面は地表面と平行なので地層面とも平行になります（図11－5A左）。

その後、地層全体が傾きながら隆起したあと水平に侵食されると、地表には古い地層から新しい地層までが露出します。そして、露頭から試料（亜炭）を採取してビトリナイト反射率を測定すれば、当然のことながら古い地層ほど反射率は高くなります（図11－5A右）。

ここで、反射率の値が等しい地点をつないだ等反射率線を地質図に描くと、等反射率線と地層の境界線はおおよそ平行になるはずです。つまり、秩父盆地の南縁で古い地層ほどビトリナイト反射率が高いのは、地層がこのように上へ上へと積み重なったと考えられます。

これに対し、正断層に沿って基盤が傾きながらできた凹みを地層が順次埋積（まいせき）したとすると、基盤の上面や地層面と地下の等温面は斜交（しゃこう）してしまいます（図11-5B左）。その後、そのまま隆起して地層が水平に侵食されれば、先ほどと同様に古い地層から新しい地層までが地表に露出します。ところが、亜炭が記録する過去の等温面（古等温面）は地表面と平行なので、地表には古等温面がそのまま現れることになります。

ここで、古い地層から新しい地層まで亜炭を採取すると、試料は過去の等温面に沿って採取しているので反射率の値は等しくなります。このように考えれば、秩父盆地の東縁のビトリナイト反射率がおおよそ一定であることを説明することができます（図10-5B右）。

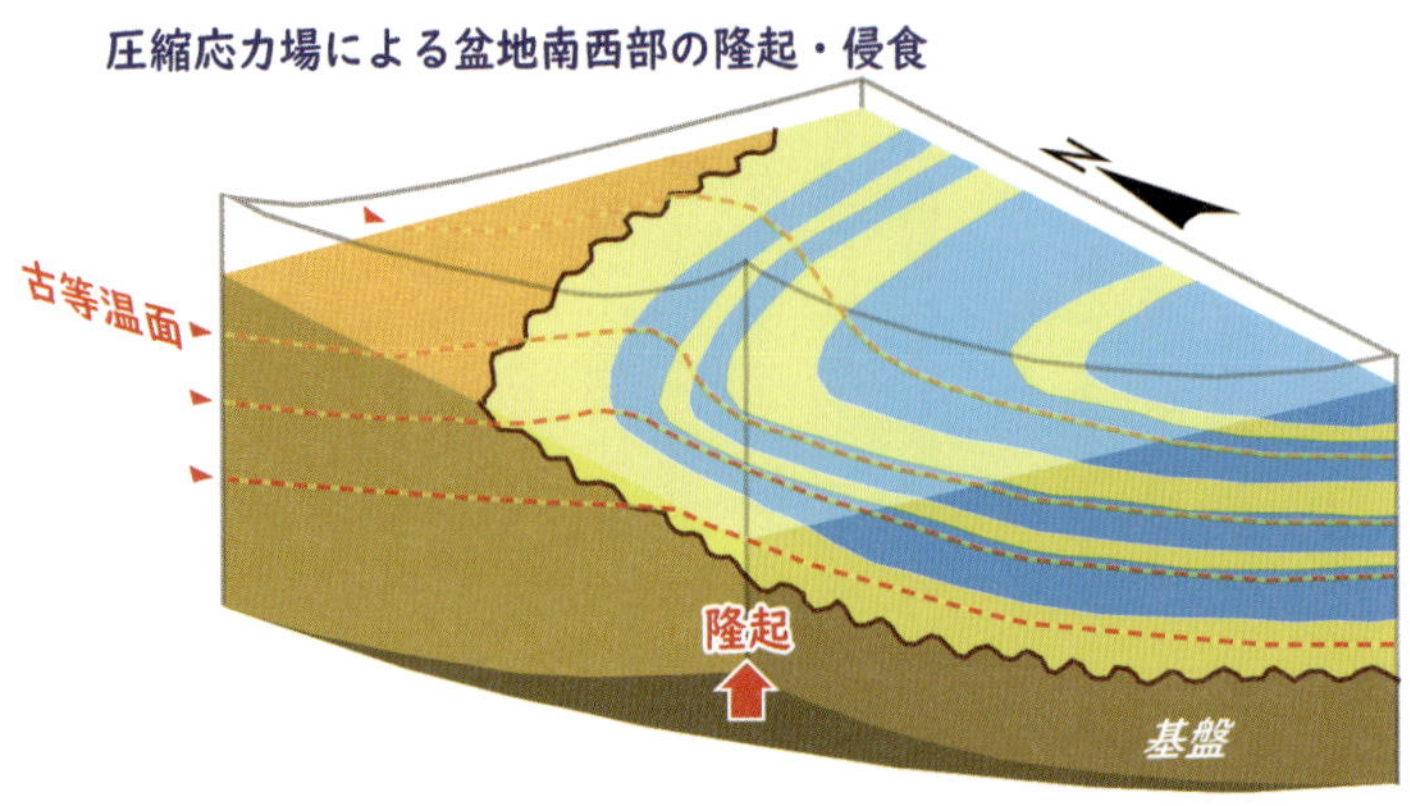

図11-6　秩父盆地の堆積過程(上)と、その後の変形(下)の概念図。

興奮の卒業研究

それでは、これらを同時に再現し、秩父盆地の形成過程を復元してみましょう。秩父盆地の基盤は南に傾きつつ沈降し、南ほど深くなる基盤の凹みを地層が順次埋積しました（図11-6上）。実際、正断層の活動を示す不淘汰角礫岩が盆地の南縁と東縁に沿って分布していることから、秩父盆地は典型的なハーフグラーベン（半地溝）と考えられます（図11-7）。卒業研究でおこなった小断層解析の結果も、秩父盆地が伸張変形を被っていたことが示されています。

その後、秩父盆地の南西の端が隆起すると盆地南縁の地層は東に傾斜し、過去の等温面と地表面は大きく斜交しました（図11-6下）。この状態で秩父盆地が隆起し水平に削剥されれば、秩父盆地で測定されたビトリナイト反射率と地層境界との一致・不一致を再現することができます。

さらに、ひらがなの〝く〟の字のように折れ曲がっている秩父盆地の地層の分布も説明することができ

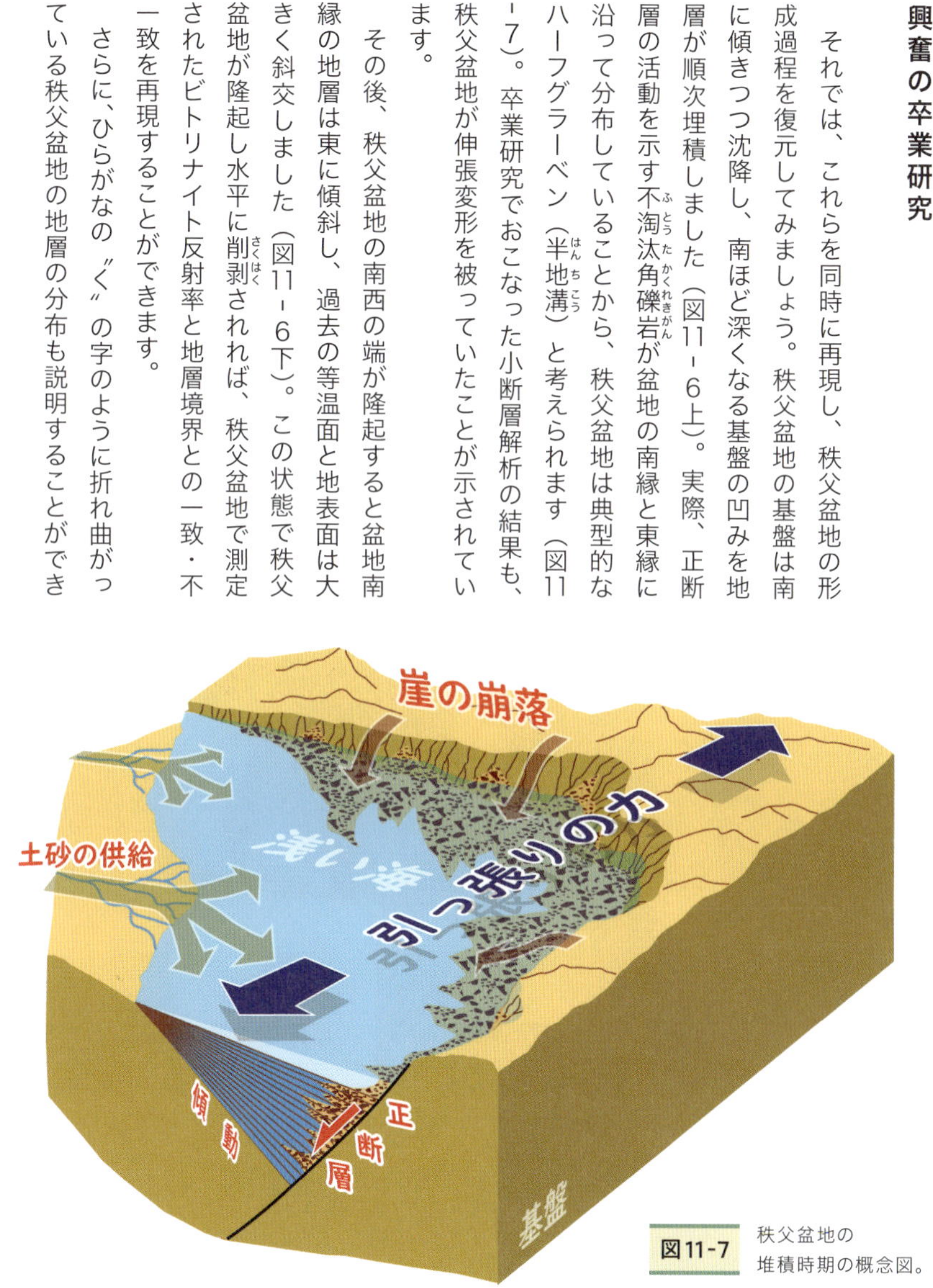

図11-7 秩父盆地の堆積時期の概念図。

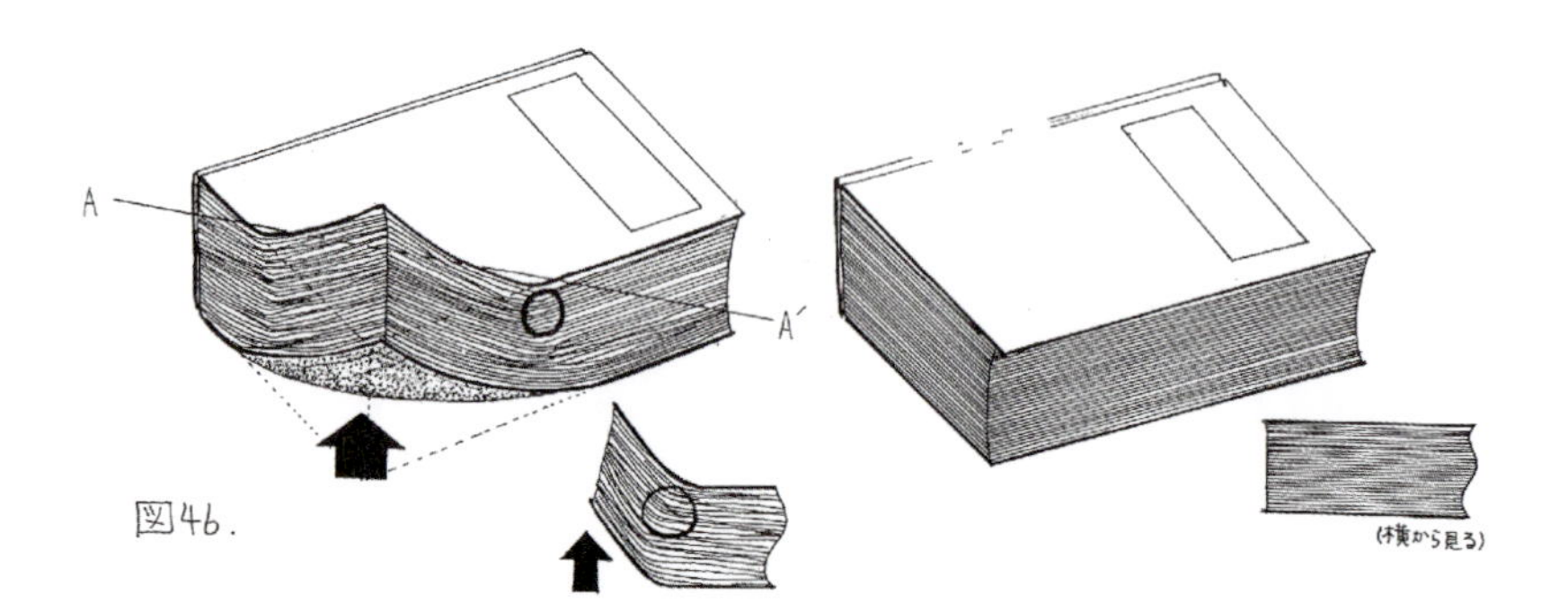

図11-8 本を使って再現した秩父盆地の地層の変形過程(上)と、2時間の口頭発表直後の後輩たちとの記念写真(下)。1985年撮影。

ます。地層のこの形状は古くから指摘されていて、かつては当時の海岸線がそのような形状であったと推定されていました。しかし、褶曲(しゅうきょく)し傾いた地層の水平断面に現れた構造であると考えれば、容易に理解することができます。

卒業研究の発表時には、学部生部屋に転がっていた漫画本2冊をガムテープで貼り合わせ、両手で押しつぶしながら地層の変形の様子を再現しました（図11-8）。地層に含まれている亜炭のビトリナイト反射率から、秩父盆地の形成過程と変形過程の大枠を復元した私の卒業研究は興奮の連続でした。

40年前の違和感

小学生のロマンを自分でひもとく喜びを感じてしまった私は、地質研究者の道を選びました。私が卒業したのは1985年の3月ですから、世の中はまさにバブル景気のまっただ中です。地質学古生物学教室は三講座からなり、教授3名、助教授（准教授）3名、そして助手（助教）6名の計12名が、毎年十数名の学生を指導して社会に送り出していました。十分な野外調査（図11-9）と地質学の基礎を学んでいたので、教授の推薦状を持って面接に行けば、石油会社は学生を即採用してくれました。

ところが、日本の好景気は学生の就職意識を変え、証券会社や銀行など高収入の就職先を学生が自ら決めてくるようになると、「うちは手作りなんだ！」と教授陣は不満。それは時代背景だから仕方がないのですが、結果として本当に研究をやりたい学生だけが大学院に残る時代でもあったのです。私は当然、就職活動は一切せずに大学院に進みました。私には、研究以外に生きる理由が見つからなかったのです。

図11-9　卒業研究で調査した秩父盆地の野稿図（ルートマップ）の一部（三峰口駅周辺）。表土が洗い流されている川や沢に沿って露出している地層を調べ、地質図学に基づいて地質図を完成させる。私は2年間で140日ほど調査した。（35.96,139.00）

野沢
上野沢
大指
上平
橋場

それから40年後の今、自分が調査し作成した秩父盆地の地質図(図11-10)と地形図(図10-2)を見直してみると、今まで気づかなかったものがたくさん見えてきます。地質図とは、見方を変えれば地層の水平断面図ですね。地層がひらがなの〝く〟の字のように折れ曲がっているのがよく分かります。

また、地層の走向・傾斜(地層の姿勢を表す)をもとに作成した地質断面図を見ると、厚さが数千mに達する地層が東に傾斜していることも分かります(図11-10下)。西側の古い地層ほど急傾斜で、東側の新しい地層の傾斜は緩(ゆる)くなっていますね。地層の傾斜が変わる部分(変換点)は、図11-8の本が折れ曲がった部分に相当します。

そして地質断面図を見ると、急傾斜した地層がほとんど水平に侵食されています。平らな侵食面の上を、段丘堆積物が薄く覆っています。それは、能代平野の地質断面図(図5-8)と全く同じです。

つまり、秩父盆地の厚い地層は、堆積後に大きく変形しました。その後、誰かが水平に侵食して、秩父盆地の地形の原形をつくったのです。その上を荒川などの河川によって運ばれた砂礫が薄く覆(おお)い、現在では見事な階段状の段丘が広がっているのです。もうお分かりでしょう。卒業研究で秩父盆地の地質断面図を描いたとき、起伏の小さい盆地の地形が荒川の侵食によってつくられたことに、私は違和感を覚えていたのです。

図11-10 表土や段丘堆積物の下の地層の分布を表した秩父盆地の地質図(上)と地質断面図(下)。卒業論文をもとに作成。

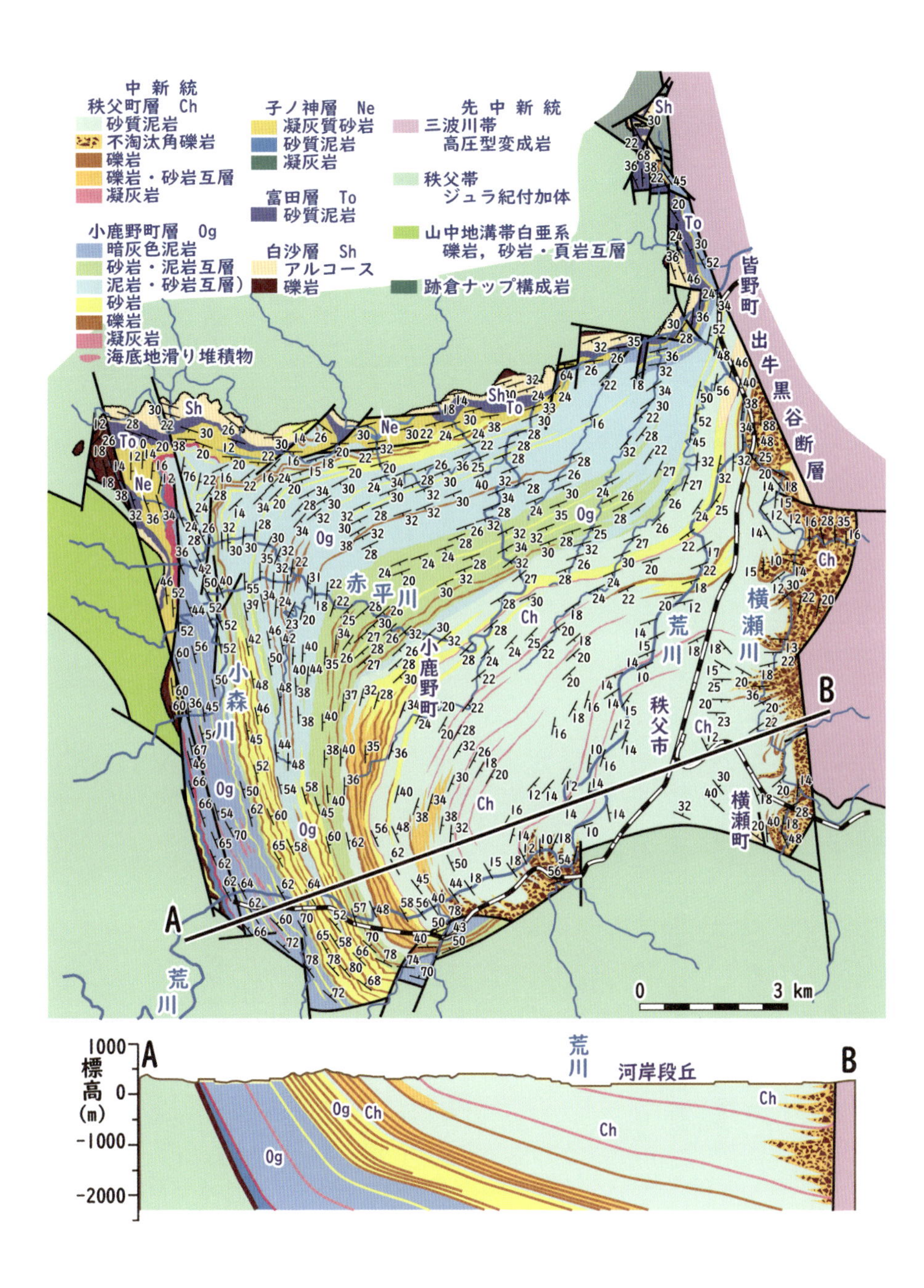
中新統
秩父町層 Ch
砂質泥岩
不淘汰角礫岩
礫岩
礫岩・砂岩互層
凝灰岩
子ノ神層 Ne
凝灰質砂岩
砂質泥岩
凝灰岩
富田層 To
砂質泥岩
白沙層 Sh
アルコース
礫岩
先中新統
三波川帯
高圧型変成岩
秩父帯
ジュラ紀付加体
山中地溝帯白亜系
礫岩，砂岩・頁岩互層
跡倉ナップ構成岩
小鹿野町層 Og
暗灰色泥岩
砂岩・泥岩互層
泥岩・砂岩互層)
砂岩
礫岩
凝灰岩
海底地滑り堆積物
皆野町
出牛黒谷断層
赤平川
小森川
小鹿野町
荒川
秩父市
横瀬川
横瀬町
0 3 km
A
B
標高 (m)
1000
0
-1000
-2000
河岸段丘

40年後の視点で見れば

今度は、荒川が関東山地から関東平野に流れ出る秩父鉄道の波久礼駅付近を起点に、分水界を描いてみましょう（図11-2）。数は限られていますが、典型的な谷中分水界と片峠を確認することができます（図11-11）。横瀬川水系と入間川水系を分ける山伏峠の片峠は見事ですね（図11-11下）。標高は６０９ｍなので、〝山伏海峡〟が閉じた頃、秩父盆地はまだ海底だったはずです。

一方、図11-11上は出牛の谷中分水界で、標高は２６７ｍと２７７ｍです。どちらも断層に起因する侵食地形です。このあたりは断層が多く地形も複雑で、地質調査は難航しました。今から思うと、〝秩父湾〟が離水して秩父盆地が誕生する頃に閉じた海峡だったのですね。〝出牛海峡〟が閉じたため、〝秩父湾〟の湾口は波久礼付近に確定しました。〝秩父湾〟と外海（太平洋）をつなぐ最後の海峡を行き来する潮流が、長瀞の岩畳を削ったのでしょう。

河成段丘？　海成段丘？

さらに、秩父盆地を特徴づける段丘地形と、出牛の谷中分水界の関係も見てみましょう。秩父盆地は荒川に沿った何段もの段丘が見事です（図11-12）。そのうち、標高が最も高いのは尾田蒔丘陵の段丘面（尾田蒔面）で、標高は南端で４５０ｍほど、北に向かって２５０ｍほどへと低くなっています。そこで、尾田蒔丘陵を縦断し、さらに出牛の谷中分水界を通過する地形断面図をつくってみました（図11-13）。地形断面図の測線は、図11-2に示しました。

地形断面図を見ると、北に傾斜する平坦な高位段丘面（尾田蒔面）が見事ですね。高さ方向を15倍に強調し

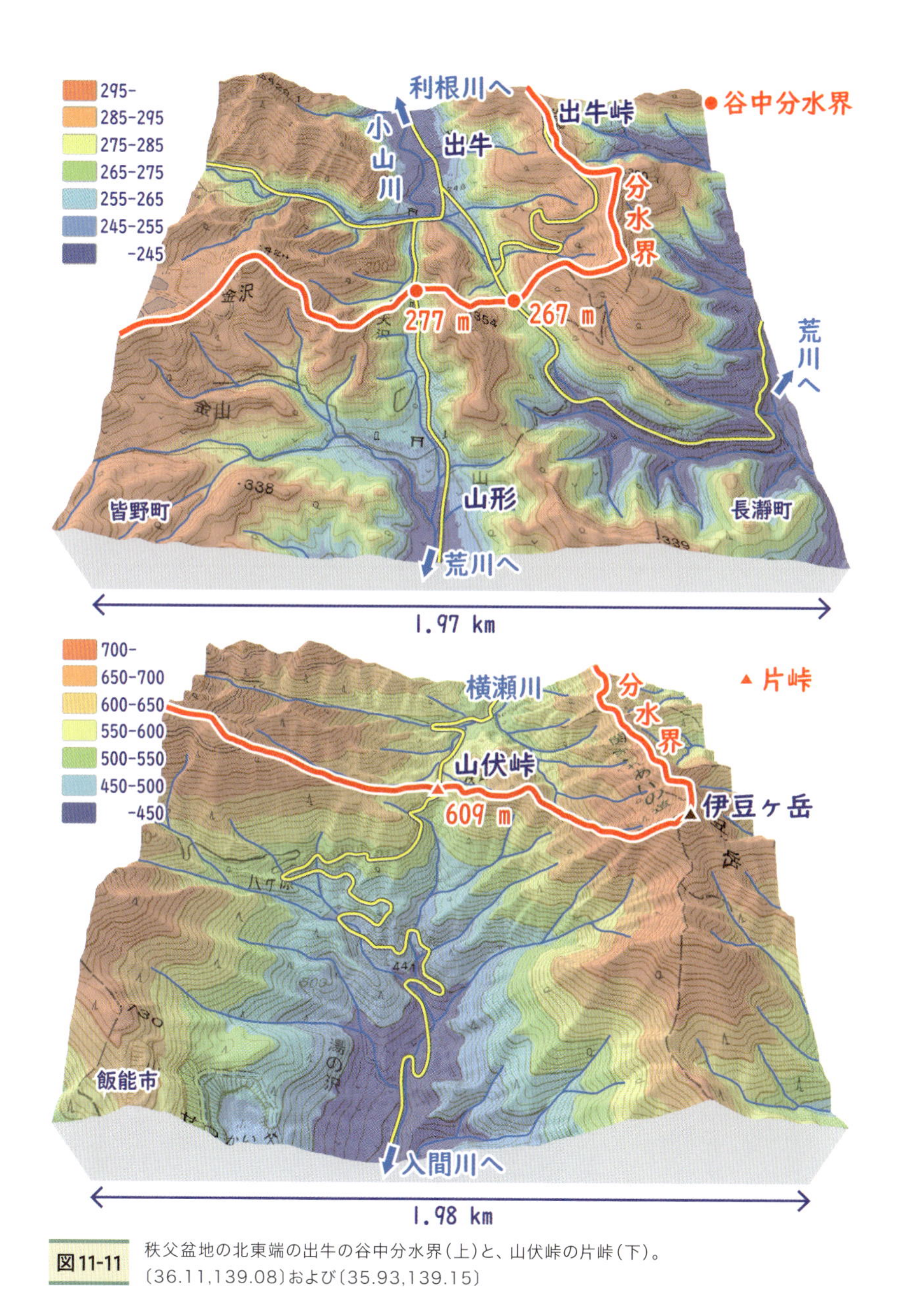

図11-11 秩父盆地の北東端の出牛の谷中分水界(上)と、山伏峠の片峠(下)。
〔36.11,139.08〕および〔35.93,139.15〕

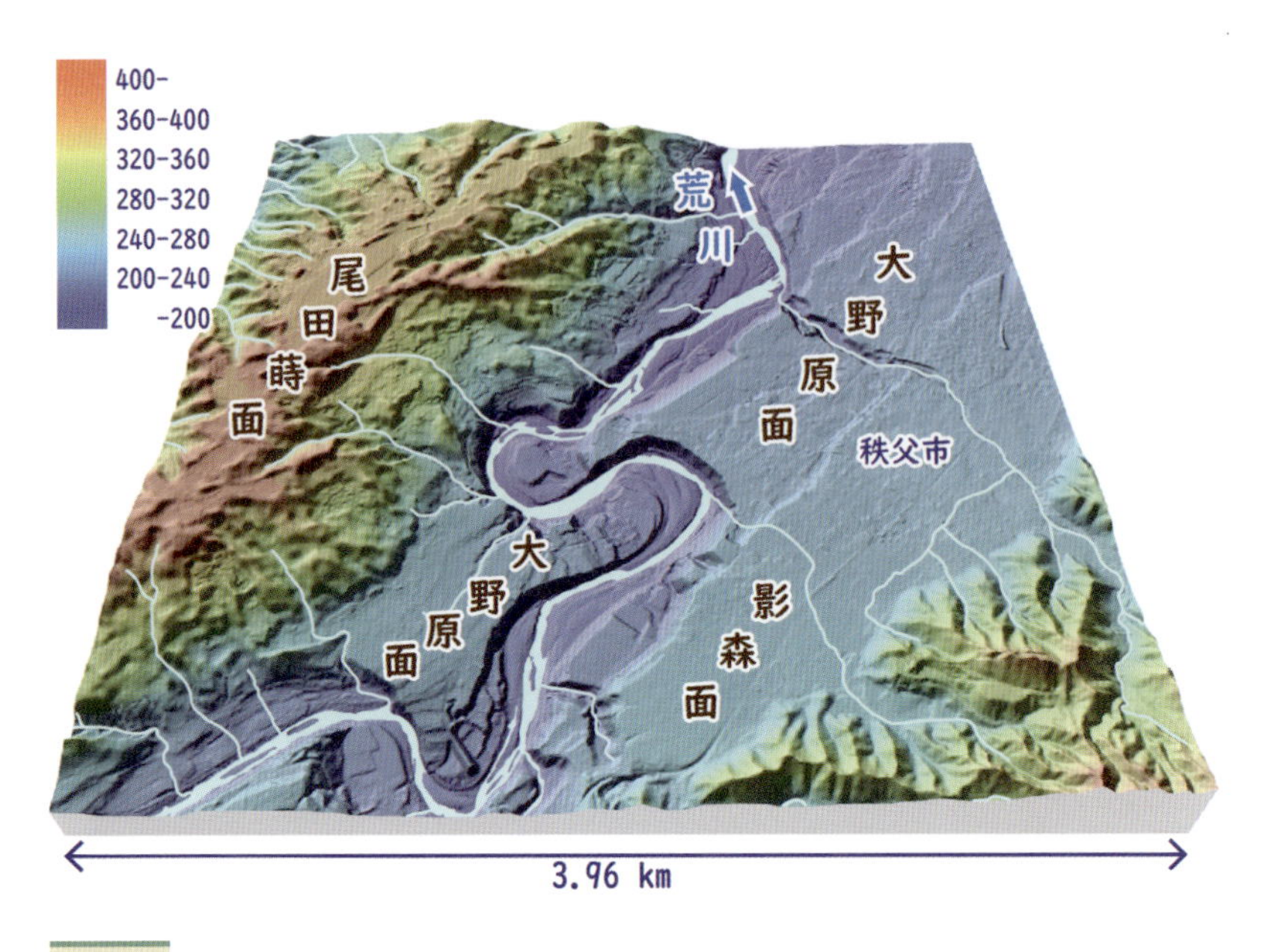

図11-12 秩父盆地の荒川に沿って発達する段丘地形。〔35.98,139.06〕

ていることに注意してください。そして、出牛の谷中分水界（２６７ｍ）は、北に傾斜する高位段丘面より数十ｍほど高い位置にあることが分かります。測線が折れ線なので、その分を補正すると差は若干小さくなるでしょう。

つまり、〝出牛海峡〟が閉じて波久礼が〝秩父湾〟の湾口になったとき、高位段丘面は〝秩父湾〟の海面下数十ｍ付近にあったことになります。それは、今回の旅で見てきた中国地方の盆地の成り立ちと全く同じです。

〝秩父湾〟と高位段丘の形成に、何らかの関連がありそうな予感がします。もしかして、秩父盆地の地形は海がつくったのでしょうか？　それでは河成段丘ではなく、海成段丘（かいせいだんきゅう）になってしまいます。

そもそも、秩父盆地の段丘の年代は、高位段丘で14～50万年前、中位段丘では6～13万年前、秩父の市街地が広がる低位段丘はわずか2～3万年前です（村主・早川、２００９）。それほど新しい時代に、関東山地の内部まで海が入り込んでいたのでしょうか? 秩父盆地が海だったとしたら、関東平野も海の底だったことになってしまいます。さらに、関東山地が1年間に数㎜以上の隆起速度で上昇してきたことを意味します。

『準平原の謎』の旅の終わりは、実は40年前の卒業研究のときの違和感の原因を探る、新たな旅の始まりなのです。〝宿題は、忘れた頃にやってくる〟。もはや、逃げ通すことなど許されないのです。

40年前の私が
気づかせて
くれました。

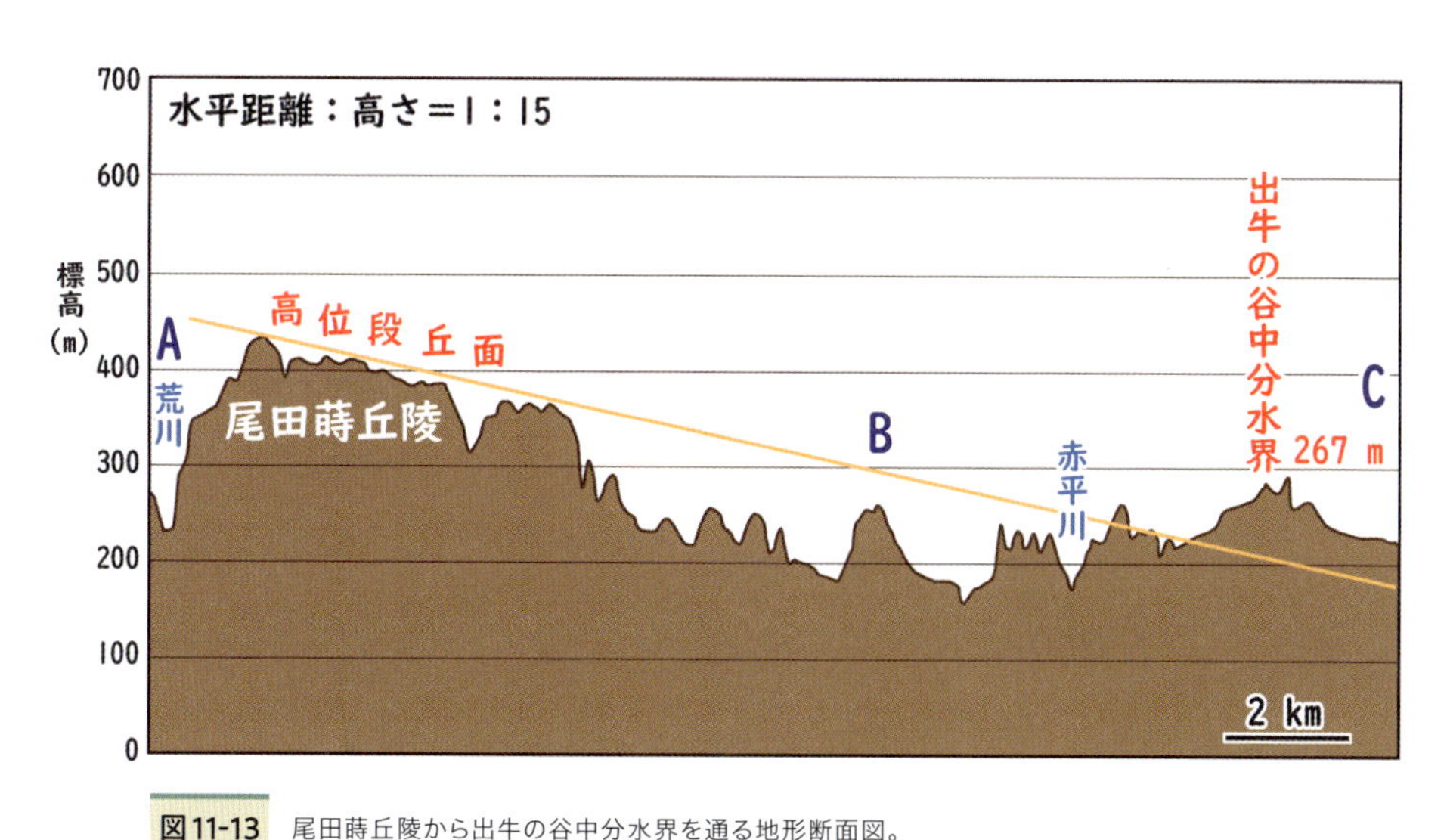

図11-13 尾田蒔丘陵から出牛の谷中分水界を通る地形断面図。

感謝

今回の旅も、無事終えられたことに感謝しなければなりません。最初に国土地理院の地理院地図に、お礼を述べなければならないでしょう。前回の『分水嶺（ぶんすいれい）の謎』の旅も今回の『準平原の謎』の旅も、地理院地図がなければどこにも出かけることができませんでした。

学生時代には国土地理院の2万5千分の1の地形図をたくさん買って、カッターで四隅を切り取り、博士課程の指導教官であった中川久夫先生の、〝糊代（のりしろ）は2㎜〟の助言に従って地形図を貼り合わせていました。地理院の地形図にはずいぶんお金を使いました。

一方、ネットで見られる地理院地図は無料であるだけでなく、地形図の切れ目がなく、ズームも陰影も着色もこなせる素晴らしいサービスです。パソコンの画面で拡大と縮小を繰り返（くりかえ）し、何度も行ったり来たりすれば、ほんの些細（ささい）な違和感の原因を見つけることができます。技術の進歩が科学の進歩を後押しする好例だと思っています。

私が所属していた産総研のシームレス地質図にも、謝意を表さなければならないでしょう。現役時代には、20万分の1の地質図幅ですら情報が大雑把（おおざっぱ）なのに、さらに地層の区分を間引いて簡略化したシームレス地質図など、地質研究者にとっては全く役に立たないと思っていました。しかし、自宅でネットからの情報取得がメインになると、シームレス地質図は本当に便利です。

そもそも、関東地方を研究してきた私にとって、中国地方の地質はほとんど見たことがありません。最新の地質データを適宜シームレス地質図に反映されている担当者の皆様に、心からお礼を申し上げます。研究所に所属しているときに、直接お礼をいうべきでした。お世話になった方々には、生きているうちに感謝の気持ちを伝えようと思いました。

Google Earthもありがたいです。植生があるので地形の特徴を確認するのは地理院地図でおこなっていますが、わずかな起伏はストリートビューで現地に降り立ち確認しています。地理院地図は国内だけですが、Google Earthなら世界中のどこへでも旅に出かけられます。植生のない乾燥地帯へ行けば、地質構造がそのまま地形に現れていて、藪漕ぎの連続であった日本の地質調査との違いを痛感しました。「よく40年間も、日本の地質を調べてきたなぁ」とつくづく思います。

卒業研究の指導教官だった石崎国熙先生には、本当に感謝しています（図1）。昭和9年（1934年）生まれですから、今年は90歳になられるのでしょう。卒業研究を進めていた大学4年の夏、滅多にないのですが突然先生から呼び出しがあり、恐る恐る研究室のドアをノックしました。最初に仁丹を数粒口に入れ、しばらくしてから話し始めるのは先生のいつもの儀式です。石崎先生は「これ、貝形虫のリストだから」と、A4用紙を1枚手渡してくれました。

「貝形虫って何ですか?」。この質問はいけなかったです。貝形虫化石は石崎先生の専門でした。先生はフズリナ化石の専門家だと思っていました。実際、秩父盆地の影森

図1 現地指導のために秩父に来られた石崎先生と、一学年後輩の入月俊明君。1984年9月、定峰川にて。

から採取した古生代ペルム紀のフズリナ石灰岩は、石崎先生に鑑定していただいていましたから。

どうやら秩父盆地の泥岩試料を処理し、双眼実体顕微鏡を覗きながら、星砂のような有孔虫化石(ゆうこうちゅうかせき)を数百個体ピッキング（小筆で採取）した中に、ミジンコのような貝形虫化石が含まれていたようです。ちょうど、釜ゆでしらすの中に紛れ込んだ、ちりめんモンスター（小さなイカやタコや小魚など）のように。尾田太良先生が浮遊性有孔虫化石を、長谷川四郎先生が底生有孔虫化石を鑑定したあと、残ったピッキング試料が石崎先生に回されていたのです。幸い後輩の入月俊明君が石崎先生の唯一の弟子となり、現在では島根大学において研究と教育の両面で活躍しています。

そのようなことなど全く気にしない石崎先生が、あるときお気に入りの居酒屋に連れて行ってくれました。そのときは酒の勢いもあり、「どうして先生は、いつも仁丹を噛まれるのですか？」と質問してしまったのです。すると先生は、仁丹を数粒口に入れて間をおいてから、「昔タバコを吸っていて、タバコをやめようと思って仁丹を噛み始めたんだ。そうしたら、タバコも仁丹も止められなくなって……」とおっしゃって笑われました。

何かを止めることは、何かを始める

図2　大学3年生のときの男鹿半島地質巡検の一コマ（1983年）。

こと以上に難しいのです。確かに、私は地質学を卒業するのに40年もかかってしまいました。乗り移る船がないのに、大海に飛び込む勇気などありません。私は地形という船を見つけたので、地質という船から海に飛び込むことができたのです。

山路敦さんとの共同研究がきっかけとなり、大学の修士課程は構造地質を専門とする地質学講座に進みました（図2）。そもそも、貝形虫化石すら知らない私が古生物学講座に進めるはずはありません。修士課程は北村信教授が指導教官となりました。北村先生は地質学古生物学教室の大黒柱で、先生と廊下ですれ違うとき、学生は必ず壁際に立ち止まって会釈します。それは、旧帝国大学にはまだそのような雰囲気が残っていたというわけではなく、北村先生にだけ、そのような態度を取らざるを得ない威厳があったからです。

図3　毎年春に、仙台空港の脇にある貞山堀でおこなわれる4人漕ぎボート（ナックル艇）の大会にて。1986年。

博士課程に進むと北村先生は定年退官となり、中川久夫先生が教授に就任されて私の指導教官になりました（図3）。といっても、当時の中川先生は本邦地質学最大の難問である黒瀬川帯の謎を追っていて、私の研究テーマである新生代のテクトニクスにはあまり関心はありませんでした。その分、私は他大学に出かけて、好き勝手に研究をおこなうことができました。この頃から、私は〝放牧・放任・放し飼い〟だったのです。

あとから知ったのですが、中川先生はもともと第四紀地質が専門で、１９６０年代には「仙台市付近の第四系および地形」や「東北日本南部太平洋沿岸の段丘群」、「本邦太平洋沿岸地域における海水準静的変化と第四紀編年」や「大陸接続期の海水準と陸橋の高さ－大陸接続に関する２・３の問題－」など、今私が進めている地形の先駆的研究をおこなっていました。

その研究が第四紀地殻変動の解明へと発展するのは自明で、１９７０年前後にはそのような研究論文をいくつも発表されています。私は古い地質時代からようやく第四紀に戻ってきて、地殻変動（テクトニクス）と地形の形成過程の解明を試みているわけですが、中川先生は第四紀研究のど真ん中から謎解きに挑んでいたのです。

先生は１９６９年の「房総半島新生代地磁気編年」からグローバルな研究を精力的に進め、とくに房総半島とイタリアの地層を用いた精密年代解析と国際対比は、中川先生を中心とするグループの最も注目された研究でしょう。当時、新第三紀と第四紀の境界の年代は、およそ１８０万年前でした。

今回の旅の第7日に、北アルプスの穂高岳付近を噴出源とする丹生川火砕流堆積物について、少しだけお話ししました。丹生川火砕流堆積物と恵比寿峠火砕流堆積物は偏西風によって広い範囲に飛散し、それぞれKd－39とKd－38火山灰層として房総半島の海成層にも挟まっています。房総半島ではKd－38付近に新第三紀－第四紀境界があるので、中川先生たちは、その付近について古地磁気や浮遊性微化石による複合的なアプローチを進めました。

房総半島の地層（セクション）を世界の模式地として強く推奨する中川研究グループとヨーロッパの研究グループの攻防の末、最終的にはイタリアのブリカセクションにゴールデンスパイクが打ち込まれました。中川先生からこのことを聞いたことはありませんが、酒に酔うとイタリア語をペラペラ話し始めるのは、このときの経験があったからでしょう。

2020年の1月に、地質時代の区分の一つにチバニアンが採択されました。このときも、日本とイタリアのし烈なバトルがありました。チバニアンの申請から研究全般を率いた茨城大学の岡田誠先生(古地磁気学)は、中川研究グループで古地磁気を担当した新妻信明先生（静岡大学名誉教授）の一番弟子です。チバニアンの採択は、半世紀前の日本とイタリアのバトルの雪辱戦だったといえるかもしれません。

この間の研究は、地質学における別の研究を大きく推し進めることになりました。地層の年代を決める年代尺度の構築です。溶岩や火山灰などに放射年代の測定が可能な鉱物が入っていれば、直接数値年代を得ることができます。ところが、海底に堆積した地層の年代を決めるためには、年代尺度と呼ばれるスケール（時を測る〝ものさし〟）が不可欠なのです。地層の重なりを層序といいますが、地層から浮遊性微化石（微化石層序）や古地磁気の極性（古地磁気層序）、さらに、希に挟まれている火山灰の放射年代を統合して、年代を測る〝ものさし〟を組み上げるのです。

1986年に尾田太良先生が公表した『古地磁気－微化石年代尺度』は国内の多くの地質研究者に利用され、地層の年代の推定や広域の対比に活用されていました。もちろん、複数の研究分野のデータを統合してつくられる〝ものさし〟なので、データの蓄積や古地磁気層序のもととなる海洋底地磁気異常の解析結果の修正にともない、年代尺度が定期的に改訂されます。「基準である〝ものさし〟そのものを修正し続けるのは、科学としていかがなものか」と思われるかもしれませんが、地質学のような歴史科学ではやむを得ないのです。1990年にまとめた私の博士論文は、この年代尺度を用いて地層の広域対比をおこない、関東地方の成り立ちを復元しました。

特別研究員を経て2002年に地質調査所に入所した私は、年代尺度の時間分解能を一桁高める研究を始めました。といっても、一人では何もできないので、所内外の微化石研究者や放射年代測定を専門とする地球物理研究者に声をかけ、フランスの研究グループとも共同で10年ほどおこないました。

2008年に出版された『日本地方地質誌3 関東地方』（朝倉書店）では、私は新生代の地層について200ページほど執筆しました。その際、新しい年代尺度に基づいて地層の年代を決め、遠く離れた地層を対比し、日本海の拡大から現在までの関東地方の成り立ちを復元しました。今から思うと、私は中川先生の後ろをずっと追いかけていたのかもしれません。

中川先生が最後まで挑み、結局解くことができなかった本邦地質学における最大の難問『黒瀬川帯の謎』についても、私は知らないうちにのめり込んでいました。たぶん解決したのではないかと思っています。地形の謎解きの旅が一段落したら、『黒瀬川帯の謎』解きの旅を企画するつもりです。私の人生が終わったら、その本を手土産に、中川先生のところにうかがいたいと思っているのです。

そうそう、奨学金を受けていなかった私は博士課程2年の春、日本学術振興会の特別研究員制度に応募するため、中川先生に推薦状をお願いしていました。研究室に呼ばれると、春でもないのに室内に霞がかかっていたのは、中川先生もヘビースモーカーだったからです。壁一面の本棚は書籍と報告書でいっぱいで、机の上には書類や郵便物が絶妙なバランスで積み重なっていました。もし地震が来たら、中川先生もろとも地層になってしまったでしょう。そういえば、中川先生の専門は巨大な海底地滑り（オリストストローム）でした。

中川先生は万年筆でサラッと書いた推薦状を私に一読させ、「これでいいか？」といってから封筒に入れて糊付けし、封印して手渡してくれました。立派な文言を寄せ集めて見事な推薦文を書いてくださいましたが、もしかすると、思ってもいない事柄ほどすらすら書けるのでしょう。お陰で研究を続けることができました。

博士号取得後、科学技術庁（現文科省）の特別研究員として地質調査所に受け入れてくださった平山次郎部長も恩人の一人です（図4）。平山さんは声が大きい豪快な方で、組織にとっては必ずいなければならない人物ですが、あまり多いとそれはそれで組織が回っていかないような人です。歯に衣着せぬ人柄で所内に敵・味方をつくっていましたが、お話しすると驚くほど謙虚で繊細（せんさい）な感性の持ち主です。組織における、あるいはこの世における役割を、無意識に演じていたのかもしれません。

地質学者・平山次郎といえば、小断層解析をいち早く取り入れた研究者として学生時代から知っていました。英語が堪能な平山さんはロシア語も得意で、その頃はソビエト連邦で構造地質学が進んでいたことから、ロシア語の教科書を平山さんが日本語に訳しながら話し、それを垣見俊弘さんが手書きして仕上げたのが『地質構造の解析』（垣見、1978）と生前にうかがっています。私が学生だった頃はすでに絶版で、全部コピーして勉強していました。現在では構造地質学の教科書は何冊も出版されていますが、当時はこの本しかありませんでした。

30年間の地質調査所（現産総研）での研究は、まさに〃光陰矢の如く〃でした。多くの研究者と切磋琢磨し、その積分した結果が現在の私です。前回の『分水嶺の謎 峠は海から生まれた』も、今回の『準平原の謎 盆地は海から生まれた』も、私が関わることができた多くの方々との縁がなければ、書くことはできなかったと思っています。

この本を出版するにあたり、技術評論社の大倉誠二さんには全面的にサポートしていただきました。問題が出たら、ことが大きくなる前に早めに解決する〃地雷潰し〃の役割を担っていただいたお陰で、私は本の執筆に集中することができました。

今回も、本のデザインと〃まさき先生〃のカットは本多翔さんが担当してくれました。ときおりメールで送られてくる〃まさき先生〃のカットは、つい力みすぎてしまう私にとって、本当にありがたい気分転換になり

図4 特別研究員として受け入れていただいた燃料資源部の桜の花見にて。1991年春

ます。「本多さんなら、ここにどのようなカットを挟むだろう」とつい空想しながら原稿を書いていました。

今回は、伊勢出版の伊勢新九朗さんが編集を担当してくれました。お若いのに、神経質な私を上手に泳がせながらも、要所では的確なアドバイスをしてくれました。安心して相談することができました。

もちろん、家族にはいつも感謝しています。2022年の暮れ、「どうしても本が書きたいので、研究所を定年退職したあと再雇用は辞退したい」と家内に相談すると、慌ててパートを増やして家計を支えてくれています。本当に申し訳ないのだけれど、私はどうしても本を書かなければならないのです。これは、もはや私個人の問題ではないのです。研究内容を理解することができない家族にとっては、ただただ私を信じることしかできません。信じてくれる人がいれば、人はどのような難題にも挑戦することができます。感謝の気持ちしかありません。

さて、次回はどのような旅になるのでしょうか。〝まさき先生〟が案内する謎解きの旅は、すでに解明されたことをきれいにまとめ上げた本ではありません。現在進行中の研究なので、ヒッチハイクのようなものです。そのため、予定くらいしかお知らせできません。旅の途中で新たな出会いがあり、それがきっかけでつぎの目的地が見えてくるような旅なのです。

次回の地形の謎解きのテーマは川でしたね。みなさんがこの本を読んでいる頃、私はつぎの旅の計画を練っているはずです。行ってみたい場所がたくさんあります。どこから見に行きましょうか。今からワクワクしています。準備が完了したらご連絡しますね。またご一緒できる日を楽しみにしています。

第1稿　2024年1月8日　高橋雅紀

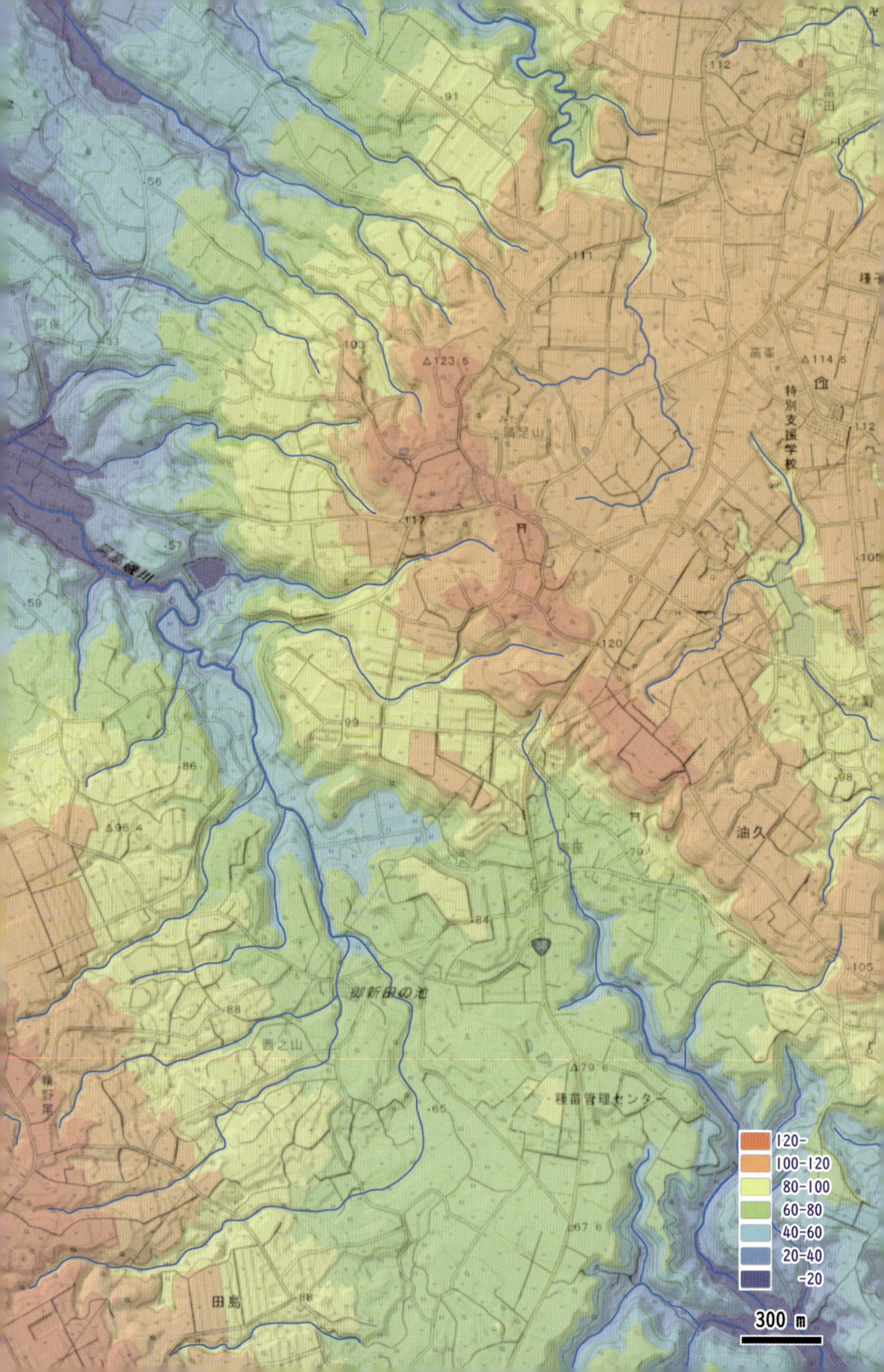

120-
100-120
80-100
60-80
40-60
20-40
-20
300 m
△123.5
高峯
△114.5
特別支援学校
油久
御新田の池
西之山
種苗管理センター
田島
△96.4
△79.6

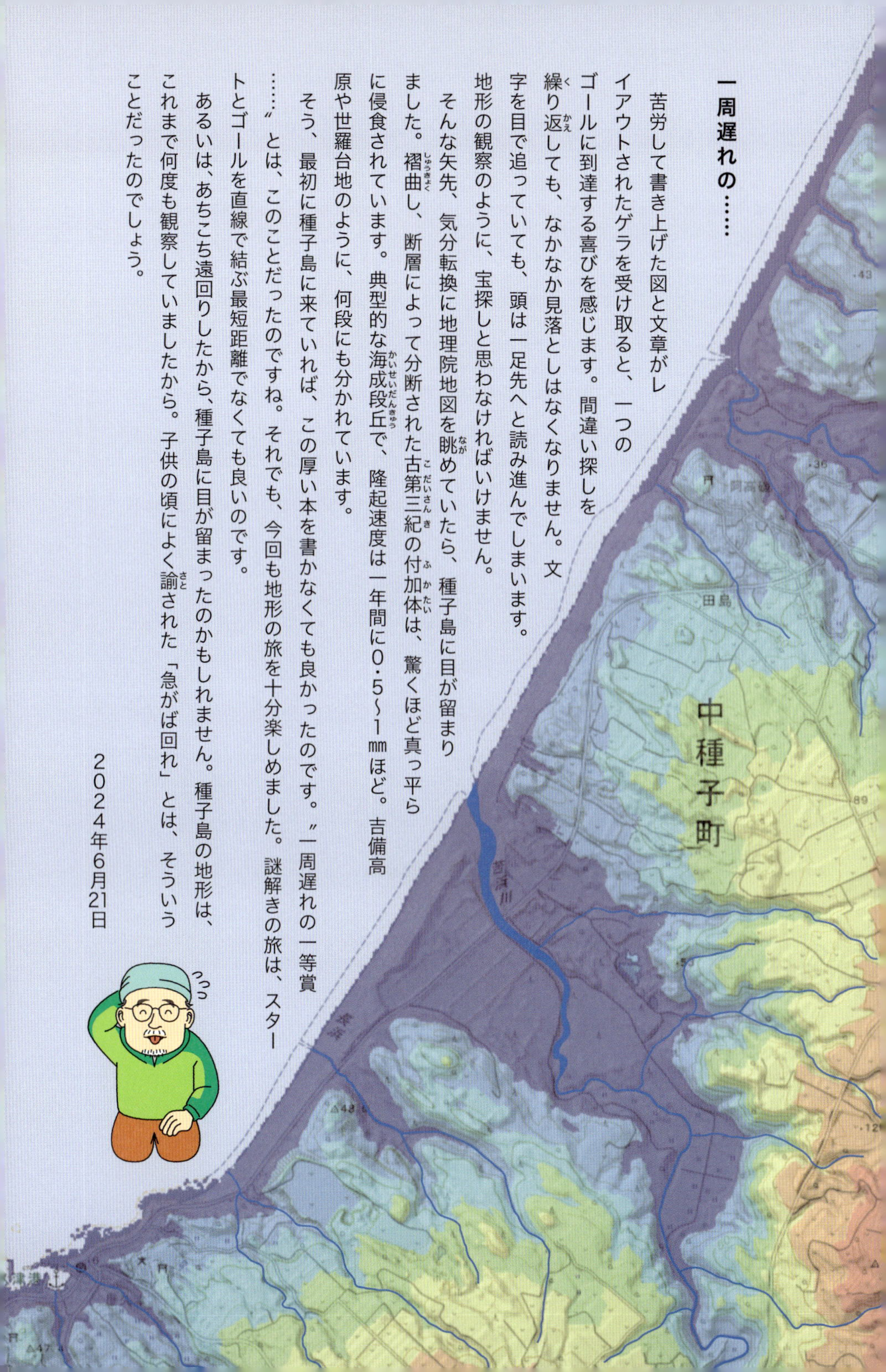

一周遅れの……

苦労して書き上げた図と文章がレイアウトされたゲラを受け取ると、一つのゴールに到達する喜びを感じます。間違い探しを繰り返しても、なかなか見落としはなくなりません。文字を目で追っていても、頭は一足先へと読み進んでしまいます。地形の観察のように、宝探しと思わなければいけません。

そんな矢先、気分転換に地理院地図を眺めていたら、種子島に目が留まりました。褶曲し、断層によって分断された古第三紀の付加体は、驚くほど真っ平らに侵食されています。典型的な海成段丘で、隆起速度は一年間に0・5〜1㎜ほど。吉備高原や世羅台地のように、何段にも分かれています。

そう、最初に種子島に来ていれば、この厚い本を書かなくても良かったのです。〝一周遅れの一等賞……〟とは、このことだったのですね。それでも、今回も地形の旅を十分楽しめました。謎解きの旅は、スタートとゴールを直線で結ぶ最短距離でなくても良いのです。

あるいは、あちこち遠回りしたから、種子島に目が留まったのかもしれません。種子島の地形は、これまで何度も観察していましたから。子供の頃によく諭された「急がば回れ」とは、そういうことだったのでしょう。

2024年6月21日

大沢　穠・池辺　穣・平山次郎・栗田泰夫・高安泰助 (1984)「森岳地域の地質」. 地域地質研究報告 (5 万分の 1 図幅), 地質調査所 , 69 pp.
大沢　穠・鯨岡　明・栗田泰夫・高安泰助・平山次郎 (1985) 「能代地域の地質」. 地域地質研究報告 (5 万分の 1 図幅), 地質調査所 , 91 pp.
太田陽子・小池一之・鎮西清高・野上道男・町田　洋・松田時彦 (2010)「日本列島の地形学」. 204 pp., 東京大学出版会 .
杉谷　隆・平井幸弘・松本　淳 (2005)「風景の中の自然地理」, 140 pp., 古今書院 .
鈴木秀夫 (1960) 北海道北部の周氷河地形 . 地理学評論 , vol. 33, no. 12, p. 625-628.
鈴木隆介 (2000)「建設技術者のための地形図読図入門 第3巻 段丘・丘陵・山地」. p. 555-942, 古今書院 .
多井義郎 (1975) 中新世古地理からみた中国山地の準平原問題 . 地学雑誌 , vol. 84, no. 3, p. 23-29.
多井義郎・今村外治・柴田喜太郎・加藤道雄 (1980) 中国山地の吾妻山脊梁面上で発見された海成中新統 . 地質学雑誌 , vol. 86, no. 11, p. 771-773.
高橋雅紀 (1985 手記) 埼玉県秩父市秩父盆地及びその周辺の地質 . 東北大学理学部地質学古生物学教室 卒業論文 , 149 pp.
高橋雅紀 (2016) 東西日本の地質学的境界【第一話】. GSJ 地質ニュース , vol. 5. No. 7, p. 218-225.
高橋雅紀 (2023)「分水嶺の謎 峠は海から生まれた」. 416 pp., 技術評論社 .
泊　次郎 (2008)「プレートテクトニクスの拒絶と受容 戦後日本の科学史」. 258 pp., 東京大学出版会 .
辻村太郎 (1923)「地形学」. 610 pp., 古今書院 .
辻村太郎 (1929)「日本地形誌」. 455 pp., 古今書院 .
辻村太郎 (1952) 日本の準平原問題 . 東京大学地理学研究 , no. 2, p. 1-21.
山田直利・足立　守・梶田澄雄・原山　智・山崎晴雄・豊　遙秋 (1985)「高山地域の地質」. 地域地質研究報告 (5 万分の 1 図幅), 地質調査所 , 111 pp.
Yamaji, A. and Takahashi, M. (1988) Estimation of relative depth of burial using vitrinite reflectance: Implications for a sedimentary basin formation by basement tilting. International Journal of Coal Geology, no. 10, p. 41-50.
山崎晴雄 (2006)「4-5 飛騨高原・高山盆地」. 米倉伸之・貝塚爽平・野上道男・鎮西清高 , 編 ,「日本の地形 5 中部」, p. 182-187, 東京大学出版会 .
柳沢幸夫・小林巌雄・竹内圭史・立石雅昭・茅原一也・加藤碩一 (1986)「小千谷地域の地質」地域地質研究報告 (5 万分の 1 地質図幅), 地質調査所 , 177 pp.
米倉伸之・貝塚爽平・野上道男・鎮西清高 , 編 (2001)「日本の地形1 総説」. 349 pp., 東京大学出版会 .
吉川虎雄 (1985)「湿潤変動帯の地形学」144 pp., 東京大学出版会 .
吉川虎雄・杉村　新・貝塚爽平・太田陽子・阪口　豊 (1973)「新編 日本地形論」. 415 pp., 東京大学出版会 .

本書の引用例

高橋雅紀 (2024)「準平原の謎 盆地は海から生まれた」. 技術評論社 , 368 pp.

Takahashi, Masaki (2024) *Mystery of the peneplain : The basin was born from the sea* . Tokyo, Japan: Gijyutsu Hyohron Co., Ltd.,

文献リスト(アルファベット順)

浅野　隆 (1976) 二井宿峠の河川争奪について . 東北地理 , vol. 28, no. 2, p. 121-123.

鎮西清高 (1981) 底生貝化石群からみた中新世における日本列島の海洋生物地理 . 化石 , no. 30, p. 7-15.

原山　智・山本　明 (2014)「槍・穂高」名峰誕生のミステリー 地質探偵ハラヤマ出動 . 352 pp., ヤマケイ文庫 .

平山次郎・角　清愛 (1963) 5 万分の 1 地質図幅「鷹巣」, 地質調査所 .

石渡　明・田上雅彦・谷　尚幸・大橋守人・内藤浩行 (2019) 海岸礫は河川礫より丸くて扁平である . 日本地質学会 News, vol. 22, no. 10, p. 6-7.

貝塚爽平 (1950) 中国地方西部の地形 . 東京大学地理学研究 , no. 1, p. 87-98.

貝塚爽平 (1998)「発達史地形学」, 286 pp., 東京大学出版会 .

貝塚爽平・太田陽子・小疇　尚・小池一之・野上道男・町田　洋・米倉伸之 , 編 久保純子・鈴木毅彦 , 増補 (2019)「写真と図で見る地形学 増補新装版」. 272 pp., 東京大学出版会 .

垣見俊弘 (1978)「地質構造の解析」. 240 pp, 地学双書 .

鹿野和彦・加藤碵一・柳沢幸夫・吉田史郎 (1991) 日本の新生界層序と地史 . 地質調査所報告 , no. 274, 114 pp.

河田清雄 (1982)「三日町地域の地質」. 地域地質研究報告 (5 万分の 1 図幅), 地質調査所 , 72 pp.

小林文夫 (2002) 三田盆地西部の谷中分水界 兵庫県三田盆地西部における武庫川水系と加古川水系の谷中分水界 . 人と自然 , no. 13, p. 29-35.

小林巌雄・立石雅昭・吉岡敏和・島津光夫 (1991) 5 万分の 1 地質図幅「長岡」, 地質調査所 .

小藤文次郎 (1908) 中国筋の地貌式 . 震災予防調査会報告 , no. 63, p. 1-15.

桒畑光博 (2020) 九州における鬼界アカホヤ噴火前後の縄文遺跡の動態 . 環太平洋文明研究 , no. 4, p. 21-31.

町田　貞・井口正男・貝塚爽平・佐藤　正・榧根　勇・小野有五， 編 (1981)「地形学事典」. 767 pp., 二宮書店 .

McKenzie, D. P. and Morgan, W. J. (1969) Evolution of triple junction. Nature, vol. 224, p. 125-133.

松倉公憲 (2021)「地形学」. 308 pp., 朝倉書店 .

水山高幸・守田　優 , 訳 (1969)「W. M. デービス著 地形の説明的記載」. 517 pp., 大明堂 .

村中沙江・於保幸正 (2011) 津山市南部に広がる侵食小起伏面の分布 . 広島大学総合科学研究科紀要 II , no. 6, p. 53-64.

村主光一朗・早川唯弘 (2009) 荒川合流点付近の遷急区間における蒔田川・篠葉沢の河岸段丘の発達 . 茨城大学教育学部紀要 (自然科学), no. 58, p. 1-17.

内藤博夫 (1977) 秋田県能代平野の段丘地形 . 第四紀研究 , vol. 16, no. 2, p. 57-70.

中山正臣 (1965) 礫浜における堆積物の諸性質について . 地理学評論 , vol. 32, no. 2, p. 103-120.

中山　茂 , 訳 (1971) トーマス・S・クーン 著「科学革命の構造」. 296 pp., みすず書房 .

日本地形学連合 , 編 (2017)「地形の辞典」. 1018 pp., 朝倉書店 .

西村寿雄 (2017)「ウェゲナーの大陸移動説は仮説実験の勝利」. 137 pp., 文芸社 .

小畑　浩 (1991)「中国地方の地形」. 262 pp, 古今書院 .

小川琢治 (1907) 西南日本地質構造論 . 地学雑誌 , vol. 19, no. 3, p.161-188.

岡　義記 (1986) 日本における山地地形形成発達史研究の方法に関する考察 . 地理科学 , vol. 41, no. 3, p. 150-164.

岡　義記 (1990) 侵食輪廻説の歴史と日本の地形学への影響 . 地理学評論 , vol. 63 A-2, p. 55-73.

岡崎セツ子 (1967) 日本各地の山地内に認められる浸食平坦面の性質とその成因に対する考察 . お茶の水女子大学人文科学紀要 , vol. 20, p. 193-204.

高橋 雅紀 たかはし まさき

1962年、群馬県前橋市生まれ。1990年に東北大学大学院理学研究科博士課程を修了後、日本学術振興会特別研究員および科学技術特別研究員を経たのち、1992年に通商産業省(現経済産業省)工業技術院地質調査所(現産総研)に入所。専門は地質学、テクトニクス、層序学。大学の卒業研究以来、関東地方の地質を調べ日本列島の成り立ちを研究。NHKスペシャル『列島誕生ジオ・ジャパン』や『ジオ・ジャパン絶景100の旅』のほか、NHK番組『ブラタモリ』秩父、長瀞、下関、日本の岩石SP、つくば、東京湾、前橋、世界の絶景SP、行田、長岡に出演。著書に『分水嶺の謎 峠は海から生まれた』(技術評論社)や『日本地方地質誌3 関東地方』(朝倉書店、分担)のほか、『日本海の拡大と伊豆弧の衝突-神奈川の大地の生い立ち-』(有隣堂、分担)や『トコトンやさしい地質の本』(B&Tブックス日刊工業新聞社、分担)など。好きな言葉は「放牧、放任、放し飼い」、座右の銘は「退路を断たないと、つぎの扉は開かない」。いつも心がけている自身の矜持は「初代で一代限り」。

装丁・デザイン・イラスト	本多 翔
図・写真	高橋雅紀
写真提供	山田大輔(著者近影)
	高橋啓伍(図1-16)
	田島(図6-11)
	じゅんさい次郎(図10-13)
校 正	及川浩平 小林寛明
編 集	伊勢新九朗(株式会社伊勢出版)
スペシャルサンクス	地名辞典に掲載されていない地名の確認をしてくださった 各市町村の自治体の方々や郷土研究家の皆様

準平原の謎 盆地は海から生まれた

2024年10月23日 初版 第1刷発行
2024年12月 4日 初版 第2刷発行

『準平原の謎』書籍ページのQRコード

書籍の概要をはじめ、正誤表などの情報をご覧いただけます。

著 者	高橋雅紀
発行者	片岡 巖
発行所	株式会社技術評論社
	東京都新宿区市谷左内町 21-13
電 話	03-3513-6150 販売促進部
	03-3267-2270 書籍編集部
印刷/製本	株式会社シナノ

定価はカバーに表示してあります。

造本には細心の注意を払っておりますが、万一、乱丁(ページの乱れ)や落丁(ページの抜け)がございましたら、小社販売促進部までお送りください。
送料小社負担にてお取り替えいたします。

ISBN978-4-297-14437-1 C3044
Printed in Japan